Baustatik – Weggrößenverfahren

Jetzt diesen Titel zusätzlich als E-Book downloaden und 70 % sparen!

Als Käufer dieses Buchtitels haben Sie Anspruch auf ein besonderes Kombi-Angebot: Sie können den Titel zusätzlich zum Ihnen vorliegenden gedruckten Exemplar für nur 30 % des Normalpreises als E-Book beziehen.

Der BESONDERE VORTEIL: Im E-Book recherchieren Sie in Sekundenschnelle die gewünschten Themen und Textpassagen. Denn die E-Book-Variante ist mit einer komfortablen Volltextsuche ausgestattet!

Deshalb: Zögern Sie nicht. Laden Sie sich am besten gleich Ihre persönliche E-Book-Ausgabe dieses Titels herunter.

In 3 einfachen Schritten zum E-Book:

❶ Rufen Sie die Website **www.beuth.de/e-book** auf.

❷ Geben Sie hier Ihren persönlichen, nur einmal verwendbaren E-Book-Code ein:

256310C8KD00789

❸ Klicken Sie das „Download-Feld“ an und gehen dann weiter zum Warenkorb. Führen Sie den normalen Bestellprozess aus.

Hinweis: Der E-Book-Code wurde individuell für Sie als Erwerber dieses Buches erzeugt und darf nicht an Dritte weitergegeben werden. Mit Zurückziehung dieses Buches wird auch der damit verbundene E-Book-Code für den Download ungültig.

Baustatik –
Weggrößenverfahren

Prof. Dr.-Ing. Gerd Wagenknecht

Baustatik – Weggrößenverfahren

Grundlagen
Finite Elemente der Stabstatik
Theorie I. und II. Ordnung

Beuth Verlag GmbH · Berlin · Wien · Zürich

Bauwerk

Berlin · Wien · Zürich
Am DIN-Platz
Burggrafenstraße 6
10787 Berlin

Telefon: +49 30 2601-0
Telefax: +49 30 2601-1260
Internet: www.beuth.de
E-Mail: kundenservice@beuth.de

Druck und Bindung:
Leyko, Kraków

Gedruckt auf säurefreiem, alterungsbeständigem Papier nach DIN EN ISO 9706.

ISBN 978-3-410-25631-1
ISBN (E-Book) 978-3-410-25632-8

Vorwort

Der Fachausschuss Konstruktiver Ingenieurbau des Fachbereichstages Bauingenieurwesen trifft sich jährlich, um Erfahrungen über Studium und Lehre auszutauschen. Im Jahre 1988 fand diese Tagung an der Fachhochschule Gießen-Friedberg statt. Herr Prof. Dr.-Ing. Jürgen Hagedorn, dem ich vieles verdanke, gestaltete das Programm. Da ich gerade aus der Praxis kam, bat er mich, den Fachvortrag zu übernehmen und schlug als Thema vor, wie das Fachgebiet Baustatik zu gestalten ist, um die Anforderungen der Praxis und die stürmische Entwicklung der EDV zu berücksichtigen. Die wesentlichen Vorschläge sind im Kapitel 1 über moderne Baustatik wiedergegeben.
Anschließend wurde ich gebeten, eine entsprechende Vorlesung über das Weggrößenverfahren in Matrizenschreibweise anzubieten. Grundlage meiner Vorlesung war ein Bericht des Institutes für Konstruktiven Ingenieurbau der Ruhr-Universität Bochum, den ich 1972 verfasst und entsprechend didaktisch überarbeitet habe.
Seit zwei Jahren biete ich diese Vorlesung wieder in erweiterter Form im Studiengang Bauingenieurwesen am Wissenschaftlichen Zentrum Duales Hochschulstudium – StudiumPlus – an der Technischen Hochschule Mittelhessen (THM) an. Mein Anliegen ist es, dass der Leser den zum Teil schwierigen Stoff problemlos verstehen kann.
Im Kapitel 1 werden an einem einfachen Fachwerk die Grundlagen des Weggrößenverfahrens beispielhaft dargestellt. Es wird noch keine Matrizenschreibweise gewählt, aber die einzelnen Schritte werden erläutert.
Das ebene Fachwerk in Kapitel 2 ist das einfachste Tragwerk und besonders geeignet, die Vorgehensweise der Finiten-Elemente-Methode (FEM) zu erklären. Ausgehend von der ursprünglichen Elementsteifigkeitsmatrix, die die Elementverformung des Stabelementes beschreibt, werden die lokale und die globale Elementsteifigkeitsmatrix des Fachwerkstabes hergeleitet. Es wird an einem Beispiel gezeigt, wie die Systemsteifigkeitsmatrix in der FEM aufgebaut wird und wie die Auflagerbedingungen berücksichtigt werden. Weiterhin wird gezeigt, wie die Stabkräfte und die Auflagerkräfte ermittelt werden, wenn die Knotenweggrößen bekannt sind. Die Darstellung des Beispiels ist computerorientiert aufgebaut.
In den weiteren Kapiteln wird das finite Element des Biegestabes nach Theorie I. und II. Ordnung nach verschiedenen Berechnungsmethoden, die in der FEM angewendet werden, hergeleitet.
Das unverschiebliche Balkenelement in Kapitel 3, d. h. keine Knotenverschiebungen an den Stabenden, kann für den Durchlaufträger mit starrer Stützung angewendet werden. Die Herleitung der Elementsteifigkeitsmatrix erfolgt in einfacher Weise mit dem Kraftgrößenverfahren. Ein Momentengelenk

an den Stabenden kann ebenfalls berücksichtigt werden. Dieses Element kann auch für unverschiebliche Systeme mit dehnstarren Stäben angewendet werden.
In Kapitel 4 wird das verschiebliche Balkenelement behandelt. Die lokale Elementsteifigkeitsmatrix des verschieblichen Balkenelementes kann über die Starrkörperverschiebungen und die Gleichgewichtsbedingungen am Balkenelement abgeleitet werden Es wird allgemein dargestellt, wie Elemente der Steifigkeitsmatrix modifiziert werden, wenn spezielle Elementrandbedingungen vorliegen. Auch auf die Lagerung mit Federn wird in diesem Kapitel eingegangen. Dieses Balkenelement kann auch für verschiebliche Systeme mit dehnstarren Stäben angewendet werden.
Das Weggrößenverfahren in Matrizenschreibweise ist auch für die Handrechnung einfacher Systeme geeignet. In Kapitel 4 und 5 werden dazu viele Beispiele berechnet.
Der ebene Rahmen nach Theorie I. Ordnung mit der vollständigen globalen Elementsteifigkeitsmatrix folgt in Kapitel 6. Das Beispiel ist computerorientiert aufbereitet.
Das eleganteste Verfahren für die Berechnung der Elementsteifigkeitsmatrix von Stabelementen nach Theorie I. und II. Ordnung ist die numerische Integration des zugehörigen Differenzialgleichungssystems 1. Ordnung. Es können alle veränderlichen Werte in Stablängsrichtung, die Schubweichheit und elastische Bettungen berücksichtigt werden. In Kapitel 7 wird das Verfahren am Beispiel des verschieblichen Balkenelementes erläutert. Es wäre interessant, ob dieses Verfahren auch für Plattenelemente angewendet werden kann.
Im Kapitel 8 werden die Grundlagen der Theorie II. Ordnung dargestellt. Im folgenden Kapitel 9 wird die exakte Elementsteifigkeitsmatrix des Balkens nach Theorie II. Ordnung mit der numerischen Integration berechnet sowie eine Näherung angegeben. Es wird auch auf die Stabilität eingegangen.
Das Prinzip der virtuellen Arbeiten ist von zentraler Bedeutung in der Finiten-Elemente-Methode. Mithilfe von geeigneten Ansatzfunktionen für die virtuellen Verschiebungen können näherungsweise Lösungen für die Elementsteifigkeitsmatrizen von Stäben, Scheiben, Platten usw. ermittelt werden. Im Kapitel 10 wird dieses Verfahren am Beispiel des Balkenelements nach Theorie II. Ordnung erläutert.
In Kapitel 11 wird gezeigt, wie geometrische Ersatzimperfektionen berücksichtigt werden können. Kapitel 12 behandelt den schubweichen Biegestab und Kapitel 13 die nachgiebigen Verbindungen, die im Holzbau und im Stahlbau gegebenenfalls zu berücksichtigen sind. Die Fließgelenktheorie und die Momentenumlagerung werden im Kapitel 14 behandelt.
Im Kapitel 15 wird das Programm GWSTATIK vorgestellt, das auf der numerischen Integration beruht.
Eine Aufgabensammlung mit Lösungen bildet den Abschluss.

Herrn Dipl.-Ing. Gerhard Gröger möchte ich für die langjährige Weiterentwicklung des Programms GWSTATIK meinen Dank sagen.
Meinem Sohn, dem Architekten Frank Wagenknecht, möchte ich besonders danken. Er hat alle Zeichnungen dieses Buches angefertigt und das Layout gestaltet. Ohne seine ständige Mitarbeit und seine Geduld bei den vielen Änderungen wäre dieses Buch nicht zustande gekommen.
Danken möchte ich auch den Studierenden Laura-Marie Müller, Ulrike Müller, Chiara Schmidt, David Becker und Dennis Schreiber des Sommersemesters 2018 bei StudiumPlus der THM für die Hilfe bei der Korrektur des Manuskripts und der Übungsaufgaben.
Dem Beuth Verlag möchte ich für die gute Zusammenarbeit bei der Herausgabe dieses Buches meinen Dank aussprechen.

Gießen, Juni 2018 Gerd Wagenknecht

Gabi, Dieter und Volker gewidmet

Inhaltsverzeichnis

1 Moderne Baustatik

1.1 Einleitung

Das Fachgebiet Baustatik stellt an den Lehrenden und die Lernenden hohe Anforderungen, da die Baustatik die Grundlage für den Nachweis der Tragsicherheit und Gebrauchstauglichkeit von Tragwerken darstellt. Es müssen in der Baustatik die unterschiedlichsten Werkstoffe wie Holz, Stahl und Beton berücksichtigt werden.
Von den vielen Arten der Tragwerke sollen hier ausführlich die ebenen Stabtragwerke behandelt werden, wie Fachwerke, Durchlaufträger und Rahmentragwerke.
Der Kernbereich der Kenntnisse in der Baustatik sind die Grundlagen der Elastizitätstheorie. Die Plastizitätstheorie wird im Allgemeinen als ergänzende Statik in den Fachgebieten Stahlbetonbau und Stahlbau gelehrt.

1.2 Entwicklung der Berechnungsverfahren

Die Entwicklung der Berechnungsverfahren, die sich auch in den Normen wiederspiegelt, geht dahin, dass nicht mehr zwischen einem baustatischen Nachweis und einem Stabilitätsnachweis unterschieden wird. Das Gleichgewicht für das Bauteil oder das Tragwerk wird nicht mehr am unverformten System, was als Berechnung nach Theorie I. Ordnung bezeichnet wird, sondern am verformten System ermittelt. Diese Berechnung ist als Theorie II. Ordnung bekannt.
Baustatik und Stabilität werden durch die Berechnung nach Theorie II. Ordnung ersetzt und es werden Grenzen definiert, wann die Berechnung nach Theorie II. Ordnung notwendig ist.
Es ist deshalb sinnvoll, im Fach Baustatik auch Berechnungsverfahren zu vermitteln, die den Übergang von der Theorie I. Ordnung zu der Theorie II. Ordnung leicht ermöglichen.

1.3 Entwicklung der Rechenhilfsmittel

Man wird schon von den Studierenden bestaunt, wenn man die Eulerlast mit einer Genauigkeit von 3 Ziffern mit dem Rechenschieber, den viele Studierende überhaupt nicht kennen, berechnet. Dabei ist noch eine überschlägige Kopfrechnung erforderlich, um die Größenordnung zu bestimmen.
Die Entwicklung der Rechenhilfsmittel in den letzten 60 Jahren ist aus Sicht des "Statikers" als ein Segen zu bezeichnen. Das mühevolle Lösen eines Gleichungssystems mit einer Handrechenmaschine gehört seitdem der

Vergangenheit an. Die Lösung eines Gleichungssystems mit vielen Unbekannten mit einer elektronischen Rechenmaschine, die von dem Bauingenieur Konrad Zuse entwickelt wurde, war der Beginn des Computerzeitalters.
Mit den elektronischen Rechnern und entsprechenden Programmen können große Gleichungssysteme gelöst werden. Damit ist die wichtigste Aufgabe der klassischen Baustatik entfallen, für statisch unbestimmte Systeme möglichst kleine Gleichungssysteme zu erhalten.
Man kann es auch so formulieren:
Je allgemeiner und verständlicher die Herleitung der erforderlichen Gleichungen ist, umso größer ist das Gleichungssystem.
Neuartige komplexe Tragwerke, die von den Architekten entworfen werden, sind erst möglich geworden durch die Leistungsfähigkeit der Computer und der entwickelten Programme.

1.4 Entwicklung der Programme

In der täglichen Praxis stehen dem "Tragwerksplaner" nicht nur unterschiedliche Rechnerkonfigurationen zur Verfügung, es wird auch eine Vielzahl von Programmen zur statischen Berechnung von Tragwerken angeboten. Der Wettbewerb im Softwarebereich konzentriert sich verstärkt auf die Benutzerfreundlichkeit in der Eingabe der erforderlichen Daten und der Ausgabe der Ergebnisse:

- automatische Generierung der Geometrie,
- Dateien mit Querschnittswerten,
- Berechnung von Querschnittswerten,
- Erstellung von Lastkombinationen,
- Berechnung extremer Schnittgrößen,
- Nachlaufprogramme für die Nachweise nach den Fachnormen,
- grafische Ausgabe der Geometrie,
- farbige Darstellung der Ergebnisse.

Der Nutzer dieser Programme sollte in der Lage sein:
- die Verarbeitung der eingegebenen Daten zu kennen,
- die angewendeten Berechnungsverfahren zu verstehen,
- die Ergebnisse zu beurteilen und zu kontrollieren.

Wie ist vor diesem Hintergrund das Fachgebiet Baustatik zu gestalten?

1.5 Gliederung des Fachgebietes Baustatik

Die Baustatik wird im Allgemeinen folgendermaßen gegliedert:

- Statik der starren Körper
- Statisch bestimmte Tragwerke
- Formänderungslehre
- Statisch unbestimmte Tragwerke
  - a) Kraftgrößenverfahren
  - b) Weggrößenverfahren

Statik starrer Körper
Bei der Statik starrer Körper sind die Grundlage die Kräftelehre und die Gleichgewichtslehre. Damit können Auflagerkräfte von statisch bestimmt gelagerten Systemen berechnet werden.

Statisch bestimmte Tragwerke
Bei den statisch bestimmt gelagerten Tragwerken ist zunächst die Art der Lagerung zu definieren. Ziel ist die Berechnung der Auflagerkräfte und der Schnittgrößen von Vollwandträgern, Fachwerkträgern, Rahmen und gemischten Tragwerken. Spezielle Tragwerke werden oft in den baustofforientierten Fächern wie Massivbau, Stahlbau, Holzbau und Grundbau behandelt.

Formänderungslehre
Die Formänderungslehre hat eine zentrale Bedeutung. Sie liefert die Grundlage für die Berechnung statisch unbestimmter Systeme. Es sind dies die Differentialgleichung der Biegelinie, die Verformungen infolge Normalkraft und Querkraft, die Formänderungsarbeit sowie das Prinzip der virtuellen Arbeit.

Kraftgrößenverfahren
Bei der Gliederung des Kraftgrößenverfahrens fällt auf, dass die Größe des zu lösenden Gleichungssystems entscheidend ist. Es wird im Allgemeinen nach der Anzahl der statisch Unbestimmten vorgegangen. Symmetrie- und Antimetriebedingungen von Tragwerk und Belastung helfen, die Anzahl der Unbekannten zu vermindern.

Weggrößenverfahren
Das Weggrößenverfahren wurde häufig im Fachgebiet Baustatik nicht angeboten. Gerade dieses Verfahren fördert das Verständnis für die Verformungen und ermöglicht den Übergang zu der Finiten-Elemente-Methode.

Die FE-Methode ist die Grundlage der meisten Berechnungsprogramme.

- Das Verfahren ist systematisierbar.
- Es ist für beliebige Tragwerke anwendbar, z. B. Fachwerke, Rahmen, Flächentragwerke.
- Die Erweiterung für die Berechnung nach Theorie II. Ordnung ist leicht möglich.

Die Berücksichtigung des Weggrößenverfahrens in Matrizenschreibweise im Fachgebiet Baustatik ist die Antwort auf die gestellte Frage.

1.6 Einführungsbeispiel

Das Einführungsbeispiel in Abb. 1.1 ist ein Fachwerk aus drei Stäben. Die drei Stäbe 1, 2 und 3 sind an den Auflagerknoten 2, 3 und 4 unverschieblich gelagert und am Knoten 1 gelenkig miteinander verbunden. Das System und die Belastung sind symmetrisch. Die Stäbe sind Rundstäbe aus dem Werkstoff S 235.

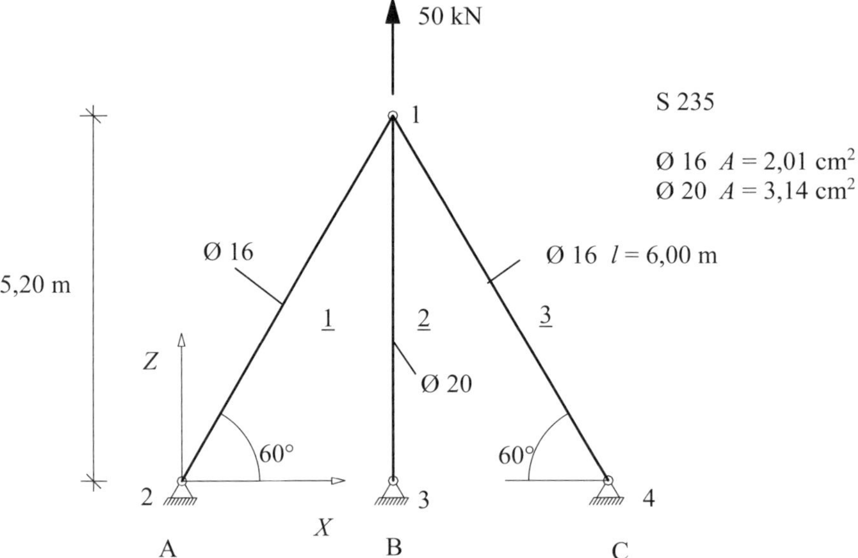

Abb. 1.1 Tragwerk aus Normalkraftstäben

Im Weggrößenverfahren werden alle unbekannten Weggrößen, dies sind hier die Verschiebungen der Knoten, ermittelt. Sind diese bekannt, dann können alle unbekannten Schnittgrößen und Auflagerkräfte berechnet werden.
Die Berechnungsmethode ist im Prinzip sehr einfach. An jedem Knoten des Tragwerkes, s. Abb. 1.1, werden die Gleichgewichtsbedingungen aufgestellt.

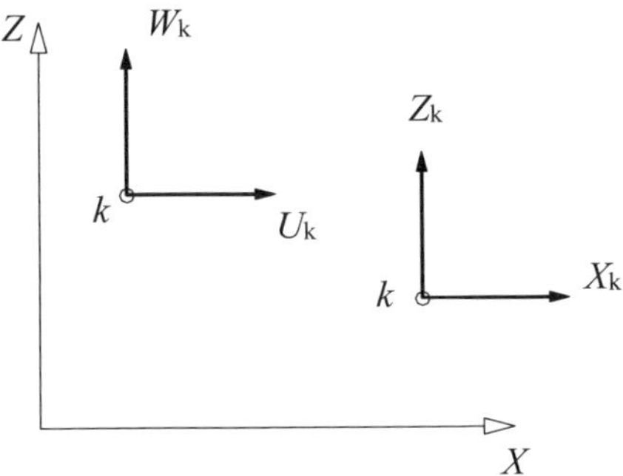

Abb. 1.2 Knotenweggrößen und Knotenschnittgrößen

Bei einem ebenen Rahmentragwerk sind es drei und bei einem ebenen Fachwerk zwei Gleichgewichtsbedingungen. Die Gleichgewichtsbedingungen werden dann in Abhängigkeit von den Knotenweggrößen formuliert. Die Vorgehensweise ist folgendermaßen:

1. Es werden für alle Stäbe die Beziehungen der Schnittgröße zu den zugehörigen Verformungen (Elementverformung) angegeben. Die Beziehung zwischen der Schnittgröße N und der Elementverformung Δl eines Fachwerkstabes s wird in 2.2 hergeleitet und lautet:

$$N_s = \frac{E_s \cdot A_s}{l_s} \cdot \Delta l_s$$

Der Elastizitätsmodul E ist in diesem Beispiel für alle Stäbe gleich. Die Gleichungen werden hier in kN und cm formuliert.

$$E = 21000 \text{ kN/cm}^2$$

$$N_1 = \frac{E \cdot A_1}{l_1} \cdot \Delta l_1 = \frac{21000 \cdot 2{,}01}{600} \cdot \Delta l_1 = 70{,}35 \cdot \Delta l_1 \qquad (1.1)$$

$$N_2 = \frac{E \cdot A_2}{l_2} \cdot \Delta l_2 = \frac{21000 \cdot 3{,}14}{520} \cdot \Delta l_2 = 126{,}8 \cdot \Delta l_2 \qquad (1.2)$$

$$N_3 = \frac{E \cdot A_3}{l_3} \cdot \Delta l_3 = \frac{21000 \cdot 2{,}01}{600} \cdot \Delta l_3 = 70{,}35 \cdot \Delta l_3 \qquad (1.3)$$

2. Es wird die kinematische Verträglichkeit der Elementverformungen Δl_s zu den Knotenweggrößen U_k und W_k an jedem Knoten k angegeben. Dies bedeutet, dass alle Stäbe, die sich unter der Belastung verlängern oder verkürzen, wieder am verformten Knoten zusammenkommen müssen. Das Beispiel ist einfach gehalten. Die drei Stäbe sind an einem Ende am Auflager gehalten. Die zugehörigen Knotenweggrößen am Auflager sind null. Deshalb sind in diesem Beispiel die Elementverformungen Δl_s nur von den Knotenweggrößen U_1 und W_1 des Knotens 1 abhängig, s. Abb. 1.3.

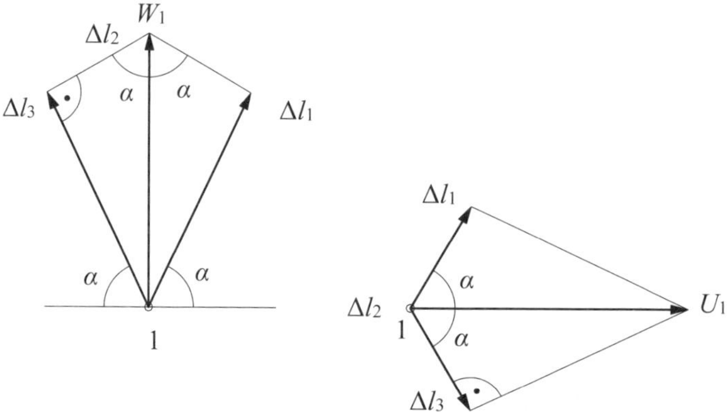

Abb. 1.3 Kinematische Verträglichkeit am Knoten 1

Die kinematische Verträglichkeit ist eine geometrische Beziehung. Sie gibt an, wie groß die Elementverformung Δl_s ist, wenn sich der Knoten um U_1 und W_1 verformt. Aus Abb. 1.3 folgt:

$$\Delta l_1 = +U_1 \cdot \cos\alpha + W_1 \cdot \sin\alpha \tag{1.4}$$

$$\Delta l_2 = +W_1 \tag{1.5}$$

$$\Delta l_3 = -U_1 \cdot \cos\alpha + W_1 \cdot \sin\alpha \tag{1.6}$$

3. Es werden an jedem Knoten die Gleichgewichtsbedingungen formuliert. Dabei ist zwischen freien Knoten und Auflagerknoten zu unterscheiden. Die Gleichgewichtsbedingungen für die freien Knoten sind für die Berechnung der unbekannten Knotenweggrößen erforderlich. Die Gleichgewichtsbedingungen am Auflagerknoten liefern als Ergebnis die Auflagerkräfte.

Zunächst werden die Gleichgewichtsbedingungen für die freien Knoten aufgestellt. Es wird ein globales Koordinatensystem eingeführt und die Gleichgewichtsbedingungen in Richtung der globalen Achsen gebildet, s. Abb. 1.4.

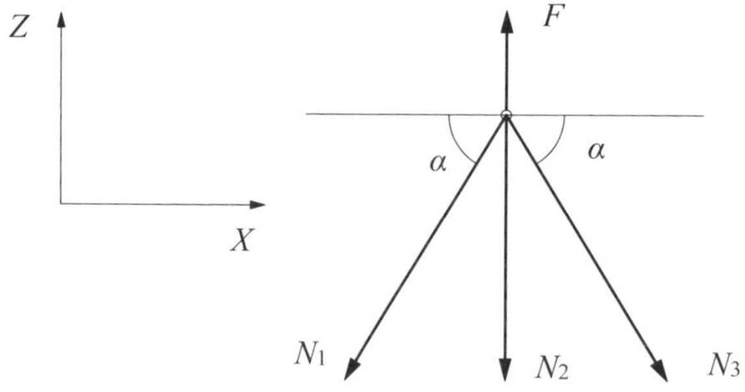

Abb. 1.4 Gleichgewicht am Knoten 1

$$\sum X = 0 \qquad -N_1 \cdot \cos\alpha + N_3 \cdot \cos\alpha = 0 \qquad -N_1 + N_3 = 0 \tag{1.7}$$

$$\sum Z = 0 \qquad -N_1 \cdot \sin\alpha - N_2 - N_3 \cdot \sin\alpha + F_z = 0 \tag{1.8}$$

4. Für die acht Unbekannten stehen acht Gleichungen zur Verfügung.
Unbekannte: U_1, W_1, Δl_1, Δl_2, Δl_3, N_1, N_2, N_3
Dieses Gleichungssystem mit allen acht Unbekannten kann aufgestellt werden und liefert direkt alle Ergebnisse. Dadurch entsteht aber ein sehr großes Gleichungssystem.
Im Weggrößenverfahren werden die Gleichgewichtsgleichungen durch die unbekannten Weggrößen ausgedrückt. Zunächst werden die Gleichungen (1.1), (1.2) und (1.3) in die Gleichgewichtsgleichungen (1.7) und (1.8) eingesetzt.

$$-70{,}35 \cdot \Delta l_1 + 70{,}35 \cdot \Delta l_3 = 0 \tag{1.9}$$

$$-70{,}35 \cdot \Delta l_1 \cdot \sin\alpha - 126{,}8 \cdot \Delta l_2 - 70{,}35 \cdot \Delta l_3 \cdot \sin\alpha + 50 = 0 \tag{1.10}$$

Dann werden die Elementverformungen durch die Knotenweggrößen ausgedrückt. In die Gleichungen (1.9) und (1.10) werden die Gleichungen (1.4), (1.5) und (1.6) eingesetzt. Man erhält das Gleichungssystem für die zwei unbekannten Knotenweggrößen.

$$-70{,}35 \cdot (+U_1 \cdot \cos\alpha + W_1 \cdot \sin\alpha) + 70{,}35 \cdot (-U_1 \cdot \cos\alpha + W_1 \cdot \sin\alpha) = 0$$

$$-2 \cdot 70{,}35 \cdot U_1 \cdot \cos\alpha = 0 \tag{1.11}$$

$$\begin{aligned} &-70{,}35 \cdot (+U_1 \cdot \cos\alpha + W_1 \cdot \sin\alpha) \cdot \sin\alpha - 126{,}8 \cdot W_1 \\ &-70{,}35 \cdot (-U_1 \cdot \cos\alpha + W_1 \cdot \sin\alpha) \cdot \sin\alpha + 50 = 0 \end{aligned} \tag{1.12}$$

Aus Gleichung (1.11) folgt $U_1 = 0$.
Damit erhält man:

$$-70{,}35 \cdot \sin^2\alpha \cdot W_1 - 126{,}8 \cdot W_1 - 70{,}35 \cdot \sin^2\alpha \cdot W_1 + 50 = 0$$

$$W_1 = \frac{50}{2 \cdot 70{,}35 \cdot \sin^2\alpha + 126{,}8} = \frac{50}{2 \cdot 70{,}35 \cdot 0{,}866^2 + 126{,}8} = 0{,}2152 \text{ cm}$$

$$U_1 = 0 \qquad W_1 = 0{,}2152 \text{ cm} \tag{1.13}$$

5. Mit den bekannten Knotenweggrößen (1.13) werden die Elementverformungen mit den Gleichungen (1.4), (1.5) und (1.6) berechnet.

$$\Delta l_1 = +U_1 \cdot \cos\alpha + W_1 \cdot \sin\alpha = 0{,}2152 \cdot 0{,}866 = 0{,}1864 \text{ cm} \tag{1.14}$$

$$\Delta l_2 = +W_1 = 0{,}2152 \text{ cm} \tag{1.15}$$

$$\Delta l_3 = -U_1 \cdot \cos\alpha + W_1 \cdot \sin\alpha = 0{,}2152 \cdot 0{,}866 = 0{,}1864 \text{ cm} \quad (1.16)$$

6. Mit den bekannten Elementverformungen werden die Schnittgrößen mit den Gleichungen (1.1), (1.2) und (1.3) ermittelt.

$$N_1 = 70{,}35 \cdot \Delta l_1 = 70{,}35 \cdot 0{,}1864 = 13{,}1 \text{ kN} \quad (1.17)$$

$$N_2 = 126{,}8 \cdot \Delta l_2 = 126{,}8 \cdot 0{,}2152 = 27{,}3 \text{ kN} \quad (1.18)$$

$$N_3 = 70{,}35 \cdot \Delta l_3 = 70{,}35 \cdot 0{,}1864 = 13{,}1 \text{ kN} \quad (1.19)$$

7. Die Auflagerkräfte werden mit den nun bekannten Schnittgrößen mit den Gleichgewichtsbedingungen an den Auflagerknoten berechnet.

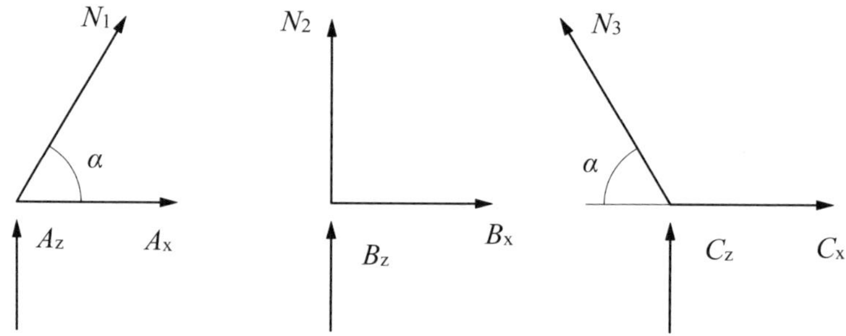

Abb. 1.5 Gleichgewicht an den Auflagerknoten

Knoten 2:

$\sum X = 0 \quad +N_1 \cdot \cos\alpha + A_x = 0 \quad A_x = -N_1 \cdot \cos\alpha = -13{,}1 \cdot 0{,}5 = -6{,}56 \text{ kN}$

$\sum Z = 0 \quad +N_1 \cdot \sin\alpha + A_z = 0 \quad A_z = -N_1 \cdot \sin\alpha = -13{,}1 \cdot 0{,}866 = -11{,}3 \text{ kN}$

Knoten 3:

$\sum X = 0 \quad B_x = 0$

$\sum Z = 0 \quad +N_2 + B_z = 0 \quad B_z = -N_2 = -27{,}3 \text{ kN}$

Knoten 4:

$\sum X = 0 \quad -N_3 \cdot \cos\alpha + C_x = 0 \quad C_x = +N_3 \cdot \cos\alpha = +13{,}1 \cdot 0{,}5 = +6{,}56 \text{ kN}$

$\sum Z = 0 \quad +N_3 \cdot \sin\alpha + C_z = 0 \quad C_z = -N_3 \cdot \sin\alpha = -13{,}1 \cdot 0{,}866 = -11{,}3 \text{ kN}$

Kontrolle am Gesamtsystem:

$\sum X = 0 \quad A_x + B_x + C_x = 0 \quad -6{,}56 + 0 + 6{,}56 = 0$

$\sum Z = 0 \quad A_z + B_z + C_z + F_z = 0 \quad -11{,}3 - 27{,}3 - 11{,}3 + 50 = 0$

2 Ebenes Fachwerk

2.1 Beschreibung des Systems

Die Grundlagen des Weggrößenverfahrens sollen an Systemen aus Stäben, die nur durch Normalkräfte beansprucht werden, erläutert werden. Diese Systeme sind die Fachwerke. Das einfachste Fachwerk ist ein System mit zwei Stäben, die an den Enden gelenkig gelagert sind, s. Abb. 2.1.

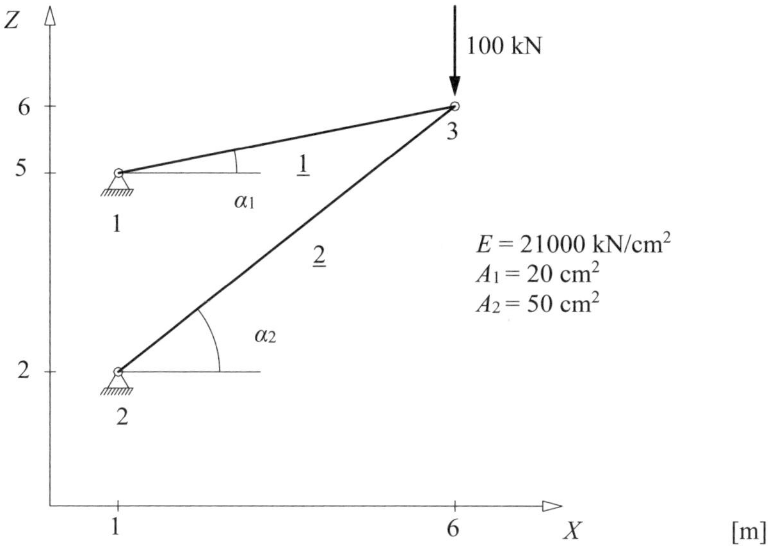

Abb. 2.1 System und Belastung eines Fachwerkes

Zunächst wird die Geometrie des Tragwerkes beschrieben. Die Knoten und die Stäbe werden fortlaufend nummeriert. Für die Zuordnung der Knoten zu einem Stabelement gilt folgende Regelung für die Indices:
Der Knoten *a* ist stets der Anfangsknoten und der Knoten *e* der Endknoten des Stabelementes *s*. Damit wird die positive Stabrichtung und das lokale Koordinatensystem, festgelegt.
k – Index für den Knoten
s – Index für das Stabelement
a – Index für den Anfangsknoten des Stabelementes
e – Index für den Endknoten des Stabelementes

Stabelement *s*	Knoten *a*	Knoten *e*
1	1	3
2	2	3

Jeder Fachwerkstab besteht aus einem Werkstoff mit dem Elastizitätsmodul E und einem Querschnitt mit der Fläche A. Die äußeren Kräfte F greifen bei einem idealen Fachwerk nur in den Knoten des Systems an. In einem Stabwerksprogramm werden diese Informationen als Eingabedaten bezeichnet. Die Eingabe des Systems erfolgt dann folgendermaßen:

1. Eingabe der Koordinaten

Für die Beschreibung des Systems in einem Stabwerksprogramm ist es notwendig, ein Koordinatensystem einzuführen. Dieses Koordinatensystem wird als globales Koordinatensystem bezeichnet. Es werden hier die Großbuchstaben X und Z gewählt, da die Kleinbuchstaben x und z für das lokale Koordinatensystem, das noch erläutert wird, festgelegt sind. Die zugehörigen globalen Knotenweggrößen werden entsprechend mit U und W bezeichnet. Der Ursprung des Koordinatensystems kann beliebig gewählt werden. Man wählt meist einen Knotenpunkt des Systems aus, der eine einfache Eingabe der Koordinaten ermöglicht. Hier wird exemplarisch ein beliebiger Punkt angenommen.

Eingabe der Koordinaten:

Knoten 1 $\quad X_1 = 1{,}00 \text{ m} \qquad Z_1 = 5{,}00 \text{ m}$

Knoten 2 $\quad X_2 = 1{,}00 \text{ m} \qquad Z_2 = 2{,}00 \text{ m}$

Knoten 3 $\quad X_3 = 6{,}00 \text{ m} \qquad Z_3 = 6{,}00 \text{ m}$

In einem Stabwerksprogramm werden die Eingabedaten tabellarisch abgespeichert.

Knoten	X in m	Z in m
1	1,00	5,00
2	1,00	2,00
3	6,00	6,00

Aus den Koordinaten kann dann der Abstand der Knoten a und e berechnet werden, der die Stablänge l_s ist.

Stablänge l_s

$$l_s = \sqrt{(X_e - X_a)^2 + (Z_e - Z_a)^2} \tag{2.1}$$

$$l_1 = \sqrt{(X_3 - X_1)^2 + (Z_3 - Z_1)^2} = \sqrt{(600 - 100)^2 + (600 - 500)^2} = 510 \text{ cm}$$

$$l_2 = \sqrt{(X_3 - X_2)^2 + (Z_3 - Z_2)^2} = \sqrt{(600 - 100)^2 + (600 - 200)^2} = 640 \text{ cm}$$

Die Neigung des Stabelementes wird durch den Winkel α_s festgelegt.

Winkel α_s

$$\sin\,\alpha_s = \frac{Z_e - Z_a}{l_s} \tag{2.2}$$

$$\cos\,\alpha_s = \frac{X_e - X_a}{l_s} \tag{2.3}$$

Für die folgende einfachere Darstellung wird die Abkürzung gewählt:

$$\begin{aligned} s_s &= \sin\,\alpha_s \\ c_s &= \cos\alpha_s \end{aligned} \tag{2.4}$$

Für das Beispiel erhält man

$$s_1 = \frac{Z_3 - Z_1}{l_1} = \frac{600 - 500}{510} = 0{,}196 \qquad c_1 = \frac{X_3 - X_1}{l_1} = \frac{600 - 100}{510} = 0{,}980$$

$$s_2 = \frac{Z_3 - Z_2}{l_2} = \frac{600 - 200}{640} = 0{,}625 \qquad c_2 = \frac{X_3 - X_2}{l_2} = \frac{600 - 100}{640} = 0{,}781$$

2. Eingabe der Werkstoffe

Hier ist tabellarisch anzugeben, welche Werkstoffe in dem System benutzt werden. Die einzelnen Stabelemente können in einem Tragwerk aus unterschiedlichen Werkstoffen bestehen. Für die Berechnung des Systems ist der Elastizitätsmodul E erforderlich. Die Werkstoffe sind zu nummerieren. Dieses System hat nur einen Werkstoff. Der Werkstoff sei Baustahl S 235.

Eingabe der Werkstoffe

Werkstoff	Elastizitätsmodul E in kN/cm^2
1	21 000

3. Eingabe der Querschnitte

Da es sich hier um ein System handelt, das aus Normalkraftstäben besteht, ist nur die Querschnittsfläche A erforderlich. Die Querschnitte sind zu nummerieren.

Eingabe der Querschnitte

Querschnitt	Fläche A in cm^2
1	20
2	50

4. Eingabe der Stabelemente

Nun ist anzugeben, welche Knotenpunkte durch Stabelemente miteinander verbunden sind. In dieser Datei sind zusätzlich die Informationen zu speichern, welcher Werkstoff und welche Querschnittswerte den Stabelementen zuzuordnen sind. Weiterhin ist anzugeben, dass es sich um einen Fachwerkstab handelt.

Eingabe der Zuordnung

Stabelement	Element	Knoten *a*	Knoten *e*	Werkstoff	Querschnitt
1	Fachwerk	1	3	1	1
2	Fachwerk	2	3	1	2

5. Eingabe der Lagerungsbedingungen

Das System muss so gelagert werden, dass es nicht kinematisch ist. Bei Fachwerken gibt es feste und lose Auflager. Bei einem festen Auflager sind die Verschiebungen in allen Richtungen verhindert, bei einem losen Auflager nur in einer Richtung. In diesem Beispiel sind der Knoten 1 und 2 ein festes Auflager. Dies bedeutet für die Verschiebungen in Richtung der globalen Achsen, die als globale Knotenweggrößen bezeichnet werden:

$$U_1 = 0{,}00 \text{ cm} \qquad W_1 = 0{,}00 \text{ cm}$$
$$U_2 = 0{,}00 \text{ cm} \qquad W_2 = 0{,}00 \text{ cm}$$

Eingabe der Lagerungsbedingungen

Auflagerknoten	*X*-Richtung	*Z*-Richtung
1	fest	fest
2	fest	fest

6. Eingabe der Belastungen

Um das System zu berechnen, muss noch die Belastung eingegeben werden. Bei Fachwerken können nur an den Knoten Kräfte $F_{X,k}$ und $F_{Z,k}$ eingegeben werden. Der Stab selbst wird hier als gewichtslos angenommen. Es sind die Knotennummer, die Richtung und der Betrag der Kraft anzugeben. Für die Richtung gilt hier das globale Koordinatensystem.

$$F_{Z,3} = -100 \text{ kN}$$

Eingabe der Knotenlasten

Knoten		F_X in kN	F_Z in kN
3		0	−100

Mit einem Stabwerksprogramm kann nun die Berechnung gestartet werden. Im Allgemeinen werden dann folgende Größen berechnet:

1. die globalen Knotenweggrößen,
2. die Normalkräfte der Stabelemente,
3. die Auflagerkräfte.

Im Folgenden soll gezeigt werden, wie diese Berechnung nach dem Weggrößenverfahren erfolgt und die Eingabedaten genutzt werden.

2.2 Verformung unter Normalkraft

Ein Stabelement der Länge l mit konstantem Querschnitt und kontanter Normalkraft verformt sich in Richtung der Längsachse.

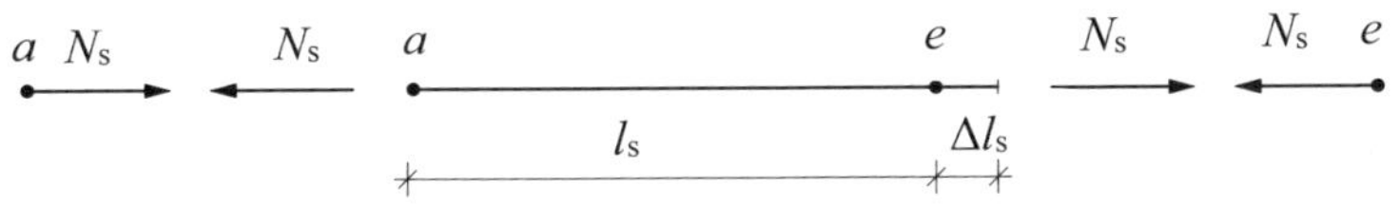

a N_s N_s a e N_s N_s e

l_s Δl_s

Abb. 2.2 Verformung des Normalkraftstabes

Diese Verformung soll als Elementverformung Δl bezeichnet werden. Die Dehnung ε ist das Verhältnis der Elementverformung Δl zur Stablänge l.

$$\varepsilon = \frac{\Delta l}{l} \tag{2.5}$$

Die Spannung σ des Stabelementes beträgt:

$$\sigma = \frac{N}{A} \tag{2.6}$$

Es gilt weiterhin das *Hooke*sche Gesetz für den Werkstoff.

$$\sigma = E \cdot \varepsilon \tag{2.7}$$

Mit den Gleichungen (2.5), (2.6) und (2.7) erhält man die elastostatische Grundgleichung für den Normalkraftstab.

$$\varepsilon = \frac{N}{E \cdot A} \tag{2.8}$$

Die Beziehung zwischen der Schnittgröße N_s und der Elementverformung Δl_s lautet:

$$N_s = \frac{E_s \cdot A_s}{l_s} \cdot \Delta l_s \tag{2.9}$$

Diese Gleichung (2.9) stellt die ursprüngliche Elementsteifigkeitsmatrix des Fachwerkstabes dar.
Die Steifigkeit wird als die Elementsteifigkeit des Fachwerkstabes bezeichnet.

$$k_s = \frac{E_s \cdot A_s}{l_s} \tag{2.10}$$

$$N_s = k_s \cdot \Delta l_s \tag{2.11}$$

In Abb. 2.2 ist die baustatische Vorzeichenregelung für den Fachwerkstab dargestellt, die sich aus der Differenzialgleichung des Normalkraftstabes ergibt. Diese Vorzeichenregelung soll als Vorzeichenkonvention DGL bezeichnet werden. Der Stab ist mit den Normalkräften N_s am Stabanfang und Stabende im Gleichgewicht. Am Knoten a und e ist die Richtung entgegengesetzt. Der Stab ist ein Zugstab, wenn die Normalkraft positiv ist. Ist die Normalkraft negativ, handelt es sich um einen Druckstab.

Für das Beispiel lauten die Elementsteifigkeiten:

$$k_1 = \frac{E_1 \cdot A_1}{l_1} = \frac{21000 \cdot 20}{510} = 823{,}5 \ \frac{\text{kN}}{\text{cm}}$$

$$k_2 = \frac{E_1 \cdot A_2}{l_2} = \frac{21000 \cdot 50}{640} = 1640{,}6 \ \frac{\text{kN}}{\text{cm}}$$

$$N_1 = k_1 \cdot \Delta l_1 = 823{,}5 \cdot \Delta l_1$$

$$N_2 = k_2 \cdot \Delta l_2 = 1640{,}6 \cdot \Delta l_2$$

2.3 Lokale Randschnittgrößen

Um den Ablauf der Berechnung zu systematisieren, wird für das Stabelement ein lokales Koordinatensystem eingeführt, s. Abb. 2.3. Die Achsen werden mit den Kleinbuchstaben x und z bezeichnet. Der Ursprung ist der Stabanfang mit dem Knoten a. Die zugehörigen lokalen Knotenweggrößen werden entsprechend mit u und w bezeichnet.

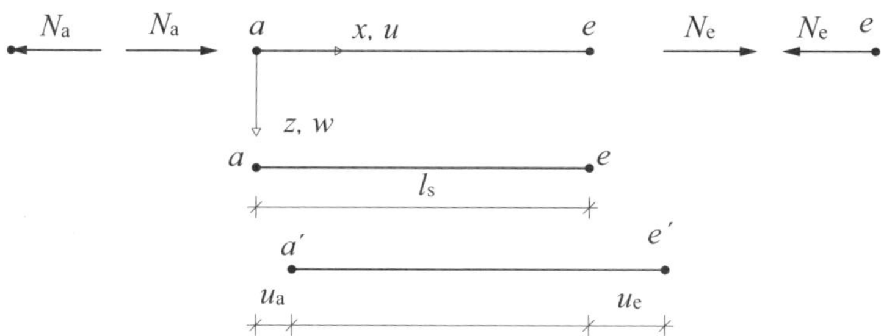

Abb. 2.3 Lokales Koordinatensystem

Am Knoten e, dem positiven Schnittufer, wirkt die Normalkraft N_e in Richtung der lokalen Achse x. Es wird eine neue Vorzeichenregelung am Stabanfang eingeführt. Am Knoten a, dem negativen Schnittufer, wirkt die Normalkraft N_a ebenfalls in Richtung der lokalen Achse x. Diese Vorzeichenregelung wird in der Finiten-Elemente-Methode angewendet und soll als Vorzeichenkonvention FEM bezeichnet werden. Diese Vorzeichenregelung ist entscheidend für die Systematisierung der modernen Berechnungsverfahren. Die Normalkräfte N_a und N_e werden als lokale Randschnittgrößen bezeichnet. Der Stab ist ein Zugstab, wenn die Normalkraft N_e am positiven Schnittufer positiv ist. Ist die Normalkraft N_e negativ, handelt es sich um einen Druckstab. Bei der Darstellung der Ergebnisse wird stets die baustatische Vorzeichenregelung gewählt.
Für das Gleichgewicht am Stabelement in Abb. 2.3 gilt:

$$N_e = N_s$$
$$N_a = -N_s$$

In Abb. 2.3 ist weiterhin dargestellt, dass die Elementverformung Δl_s durch die lokalen Knotenweggrößen u_a und u_e berechnet werden kann. Diese Beziehung lautet:

$$\Delta l_s = u_e - u_a \tag{2.12}$$

Mit den Gleichungen (2.10) und (2.11) erhält man die Beziehung zwischen den lokalen Randschnittgrößen und den lokalen Knotenweggrößen.

$$N_e = N_s = k_s \cdot \Delta l_s = k_s \cdot (u_e - u_a) = -k_s \cdot u_a + k_s \cdot u_e$$
$$N_e = -k_s \cdot u_a + k_s \cdot u_e$$
$$N_a = +k_s \cdot u_a - k_s \cdot u_e$$

Diese beiden Gleichungen können in Matrizenschreibweise formuliert werden.

$$\begin{bmatrix} N_a \\ N_e \end{bmatrix} = \begin{bmatrix} k_s & -k_s \\ -k_s & k_s \end{bmatrix} \cdot \begin{bmatrix} u_a \\ u_e \end{bmatrix} \tag{2.13}$$

$$\boldsymbol{s}_n = \boldsymbol{K}_{n,n} \cdot \boldsymbol{v}_n \tag{2.14}$$

n Ordnung der lokalen Elementsteifigkeitsmatrix $n = 2$

$\boldsymbol{s}_n$ Vektor der lokalen Randschnittgrößen

$\boldsymbol{K}_{n,n}$ lokale Elementsteifigkeitsmatrix

$\boldsymbol{v}_n$ Vektor der lokalen Knotenweggrößen

Die lokale Elementsteifigkeitsmatrix $\boldsymbol{K}_{n,n}$ des Stabelementes beschreibt die matrizielle Beziehung zwischen den lokalen Randschnittgrößen und den lokalen Knotenweggrößen. Die Ordnung dieser Matrix ist $n = 2$. Bei der Berechnung der lokalen Elementsteifigkeitsmatrix ist ein weiterer Index s erforderlich, um die Stabelemente zu unterscheiden.

$$\begin{bmatrix} N_{a,s} \\ N_{e,s} \end{bmatrix} = \begin{bmatrix} k_s & -k_s \\ -k_s & k_s \end{bmatrix} \cdot \begin{bmatrix} u_{a,s} \\ u_{e,s} \end{bmatrix} \tag{2.15}$$

Die Gleichungen (2.15) für die zwei Stabelemente lauten:

$$\begin{bmatrix} N_{1,1} \\ N_{3,1} \end{bmatrix} = \begin{bmatrix} 823,5 & -823,5 \\ -823,5 & 823,5 \end{bmatrix} \cdot \begin{bmatrix} u_{1,1} \\ u_{3,1} \end{bmatrix}$$

$$\begin{bmatrix} N_{2,2} \\ N_{3,2} \end{bmatrix} = \begin{bmatrix} 1640,6 & -1640,6 \\ -1640,6 & 1640,6 \end{bmatrix} \cdot \begin{bmatrix} u_{2,2} \\ u_{3,2} \end{bmatrix}$$

2.4 Kinematische Verträglichkeit

Das System verformt sich unter der Belastung. Die Stäbe müssen unter Beachtung der Lagerungsbedingungen im verformten Zustand wieder an den Knoten zusammenpassen. Dies bedeutet, dass die Elementverformungen Δl nach Gleichung (2.12) mit den globalen Knotenweggrößen an jedem Knoten kinematisch verträglich sein müssen. Die kinematische Verträglichkeit ist die Beziehung zwischen den lokalen und den globalen Knotenweggrößen.

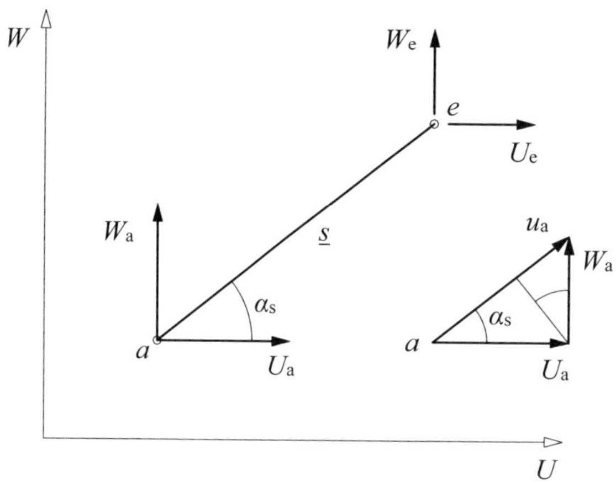

Abb. 2.4 Kinematische Verträglichkeit

In Abb. 2.4 ist diese Beziehung für das Beispiel dargestellt. Die kinematische Verträglichkeit lautet:

$$u_a = U_a \cdot \cos\ \alpha_s + W_a \cdot \sin\ \alpha_s$$

$$u_e = U_e \cdot \cos\ \alpha_s + W_e \cdot \sin\ \alpha_s$$

Ist $u_a = u_e$, dann ist $\Delta l = 0$. Dies bezeichnet man als Starrkörperverschiebung des Stabelementes. Die kinematische Verträglichkeit kann auch in Matrizenschreibweise formuliert werden. Für die folgende einfachere Darstellung wird die Abkürzung gewählt:

$$s_s = \sin\ \alpha_s \qquad c_s = \cos \alpha_s$$

$$\begin{bmatrix} u_{a,s} \\ \hline u_{e,s} \end{bmatrix} = \left[\begin{array}{cc|cc} c_s & s_s & 0 & 0 \\ \hline 0 & 0 & c_s & s_s \end{array}\right] \cdot \begin{bmatrix} U_a \\ W_a \\ \hline U_e \\ W_e \end{bmatrix} \tag{2.16}$$

$$\boldsymbol{v}_n = \boldsymbol{A}_{n,m} \cdot \boldsymbol{v}_m \tag{2.17}$$

n Ordnung der lokalen Elementsteifigkeitsmatrix $n = 2$
m Ordnung der globalen Steifigkeitsmatrix $m = 4$
$\boldsymbol{v}_{\mathrm{n}}$ Vektor der lokalen Knotenweggrößen
$\boldsymbol{A}_{\mathrm{n,m}}$ kinematische Verträglichkeit
$\boldsymbol{v}_{\mathrm{n}}$ Vektor der globalen Knotenweggrößen

Die Gleichungen (2.16) für die zwei Stabelemente lauten:

$$\begin{bmatrix} u_{1,1} \\ \hline u_{3,1} \end{bmatrix} = \left[\begin{array}{cc|cc} 0,980 & 0,196 & 0 & 0 \\ \hline 0 & 0 & 0,980 & 0,196 \end{array}\right] \cdot \begin{bmatrix} U_1 \\ W_1 \\ \hline U_3 \\ W_3 \end{bmatrix}$$

$$\begin{bmatrix} u_{2,2} \\ \hline u_{3,2} \end{bmatrix} = \left[\begin{array}{cc|cc} 0,781 & 0,625 & 0 & 0 \\ \hline 0 & 0 & 0,781 & 0,625 \end{array}\right] \cdot \begin{bmatrix} U_2 \\ W_2 \\ \hline U_3 \\ W_3 \end{bmatrix}$$

Die Beziehung zwischen den lokalen Randschnittgrößen und den globalen Knotenweggrößen erhält man durch die folgende Matrizenmultiplikation.

$$\boldsymbol{s}_{\mathrm{n}} = \boldsymbol{K}_{\mathrm{n,n}} \cdot \boldsymbol{v}_{\mathrm{n}} = \boldsymbol{K}_{\mathrm{n,n}} \cdot A_{\mathrm{n,m}} \cdot \boldsymbol{v}_{\mathrm{m}} = \boldsymbol{K}_{\mathrm{n,m}} \cdot \boldsymbol{v}_{\mathrm{m}} \qquad (2.18)$$
$$\boldsymbol{K}_{\mathrm{n,m}} = \boldsymbol{K}_{\mathrm{n,n}} \cdot \boldsymbol{A}_{\mathrm{n,m}}$$

$$\begin{bmatrix} N_{\mathrm{a,s}} \\ \hline N_{\mathrm{e,s}} \end{bmatrix} = k_{\mathrm{s}} \cdot \left[\begin{array}{cc|cc} c_{\mathrm{s}} & s_{\mathrm{s}} & -c_{\mathrm{s}} & -s_{\mathrm{s}} \\ \hline -c_{\mathrm{s}} & -s_{\mathrm{s}} & c_{\mathrm{s}} & s_{\mathrm{s}} \end{array}\right] \cdot \begin{bmatrix} U_{\mathrm{a}} \\ W_{\mathrm{a}} \\ \hline U_{\mathrm{e}} \\ W_{\mathrm{e}} \end{bmatrix} \qquad (2.19)$$

Die Gleichungen (2.19) für die zwei Stabelemente lauten:

$$\begin{bmatrix} N_{1,1} \\ \hline N_{3,1} \end{bmatrix} = 823,5 \cdot \left[\begin{array}{cc|cc} 0,980 & 0,196 & -0,980 & -0,196 \\ \hline -0,980 & -0,196 & 0,980 & 0,196 \end{array}\right] \cdot \begin{bmatrix} U_1 \\ W_1 \\ \hline U_3 \\ W_3 \end{bmatrix}$$

$$\begin{bmatrix} N_{2,2} \\ \hline N_{3,2} \end{bmatrix} = 1640,6 \cdot \left[\begin{array}{cc|cc} 0,781 & 0,625 & -0,781 & -0,625 \\ \hline -0,781 & -0,625 & 0,781 & 0,625 \end{array}\right] \cdot \begin{bmatrix} U_2 \\ W_2 \\ \hline U_3 \\ W_3 \end{bmatrix}$$

2.5 Globale Randschnittgrößen

Die Formulierung des Gleichgewichtes an den Knoten vereinfacht sich sehr, wenn die lokalen Randschnittgrößen N_a und N_e durch die globalen Randschnittgrößen X_a, Z_a und X_e, Z_e ersetzt werden, s. Abb. 2.5.

$$\begin{aligned} X_a &= N_a \cdot \cos\ \alpha_s = N_a \cdot c_s \\ Z_a &= N_a \cdot \sin\ \alpha_s = N_a \cdot s_s \\ X_e &= N_e \cdot \cos\ \alpha_s = N_e \cdot c_s \\ Z_e &= N_e \cdot \sin\ \alpha_s = N_e \cdot s_s \end{aligned} \tag{2.20}$$

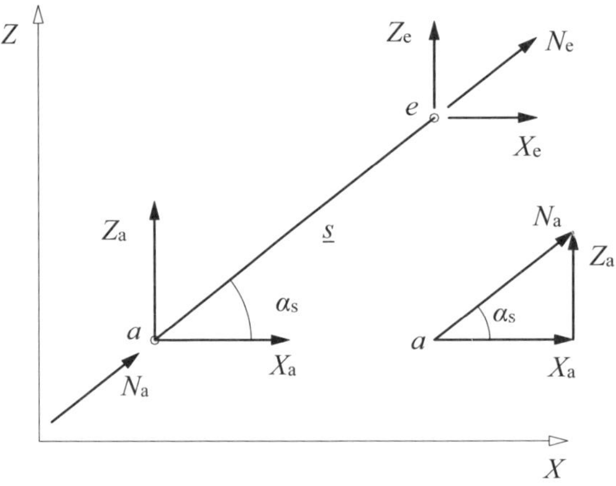

Abb. 2.5 Globale Randschnittgrößen

Die Zerlegung der lokalen Randschnittgrößen in die globalen Randschnittgrößen soll in Anlehnung an die kinematische Verträglichkeit als statische Verträglichkeit bezeichnet werden. Die statische Verträglichkeit kann auch in Matrizenschreibweise formuliert werden.

$$\begin{bmatrix} X_{a,s} \\ Z_{a,s} \\ \hline X_{e,s} \\ Z_{e,s} \end{bmatrix} = \left[\begin{array}{c|c} c_s & 0 \\ s_s & 0 \\ \hline 0 & c_s \\ 0 & s_s \end{array}\right] \cdot \begin{bmatrix} N_{a,s} \\ \hline N_{e,s} \end{bmatrix} \tag{2.21}$$

$$\boldsymbol{s}_m = \boldsymbol{A}^T_{m,n} \cdot \boldsymbol{s}_n \tag{2.22}$$

n Ordnung der lokalen Elementsteifigkeitsmatrix $n = 2$

m Ordnung der globalen Elementsteifigkeitsmatrix $m = 4$

$\boldsymbol{s}_m$ Vektor der globalen Randschnittgrößen

$\boldsymbol{A}^T_{m,n}$ statische Verträglichkeit

$\boldsymbol{s}_n$ Vektor der lokalen Randschnittgrößen

Man erkennt, dass die Matrix der statischen Verträglichkeit die Transponierte der Matrix der kinematischen Verträglichkeit ist. Die Gleichungen (2.21) für die zwei Stabelemente lauten:

$$\begin{bmatrix} X_{1,1} \\ Z_{1,1} \\ \hline X_{3,1} \\ Z_{3,1} \end{bmatrix} = \left[\begin{array}{c|c} 0{,}980 & 0 \\ 0{,}196 & 0 \\ \hline 0 & 0{,}980 \\ 0 & 0{,}196 \end{array}\right] \cdot \begin{bmatrix} N_{1,1} \\ \hline N_{3,1} \end{bmatrix}$$

$$\begin{bmatrix} X_{2,2} \\ Z_{2,2} \\ \hline X_{3,2} \\ Z_{3,2} \end{bmatrix} = \left[\begin{array}{c|c} 0{,}781 & 0 \\ 0{,}625 & 0 \\ \hline 0 & 0{,}781 \\ 0 & 0{,}625 \end{array}\right] \cdot \begin{bmatrix} N_{2,2} \\ \hline N_{3,2} \end{bmatrix}$$

2.6 Globale Elementsteifigkeitsmatrix

Die globale Elementsteifigkeitsmatrix ist die Beziehung zwischen den globalen Randschnittgrößen und den globalen Knotenweggrößen. Die globale Elementsteifigkeitsmatrix erhält man durch die folgende Matrizenmultiplikation.

$$\boldsymbol{s}_{\mathrm{m}} = \boldsymbol{K}_{\mathrm{m,m}} \cdot \boldsymbol{v}_{\mathrm{m}} \tag{2.23}$$

$$\boldsymbol{s}_{\mathrm{m}} = \boldsymbol{A}^{\mathrm{T}}_{\mathrm{m,n}} \cdot \boldsymbol{s}_{\mathrm{n}} = \boldsymbol{A}^{\mathrm{T}}_{\mathrm{m,n}} \cdot \boldsymbol{K}_{\mathrm{n,n}} \cdot \boldsymbol{v}_{\mathrm{n}} = \boldsymbol{A}^{\mathrm{T}}_{\mathrm{m,n}} \cdot \boldsymbol{K}_{\mathrm{n,n}} \cdot A_{\mathrm{n,m}} \cdot \boldsymbol{v}_{\mathrm{m}}$$

$$\boldsymbol{K}_{\mathrm{m,m}} = A^{\mathrm{T}}_{\mathrm{m,n}} \cdot \boldsymbol{K}_{\mathrm{n,n}} \cdot A_{\mathrm{n,m}}$$

m Ordnung der globalen Elementsteifigkeitsmatrix $m = 4$

$\boldsymbol{s}_{\mathrm{m}}$ Vektor der globalen Randschnittgrößen

$\boldsymbol{K}_{\mathrm{m,m}}$ globale Elementsteifigkeitsmatrix

$\boldsymbol{v}_{\mathrm{m}}$ Vektor der globalen Knotenweggrößen

Die globale Elementsteifigkeitsmatrix des Fachwerkstabes für das ebene Fachwerk ist symmetrisch und lautet:

$$\begin{bmatrix} X_{\mathrm{a,s}} \\ \hline Z_{\mathrm{a,s}} \\ \hline X_{\mathrm{e,s}} \\ \hline Z_{\mathrm{e,s}} \end{bmatrix} = k_{\mathrm{s}} \cdot \left[\begin{array}{cc|cc} c_{\mathrm{s}}^2 & s_{\mathrm{s}} \cdot c_{\mathrm{s}} & -c_{\mathrm{s}}^2 & -s_{\mathrm{s}} \cdot c_{\mathrm{s}} \\ s_{\mathrm{s}} \cdot c_{\mathrm{s}} & s_{\mathrm{s}}^2 & -s_{\mathrm{s}} \cdot c_{\mathrm{s}} & -s_{\mathrm{s}}^2 \\ \hline -c_{\mathrm{s}}^2 & -s_{\mathrm{s}} \cdot c_{\mathrm{s}} & c_{\mathrm{s}}^2 & s_{\mathrm{s}} \cdot c_{\mathrm{s}} \\ -s_{\mathrm{s}} \cdot c_{\mathrm{s}} & -s_{\mathrm{s}}^2 & s_{\mathrm{s}} \cdot c_{\mathrm{s}} & s_{\mathrm{s}}^2 \end{array}\right] \cdot \begin{bmatrix} U_{\mathrm{a}} \\ \hline W_{\mathrm{a}} \\ \hline U_{\mathrm{e}} \\ \hline W_{\mathrm{e}} \end{bmatrix} \tag{2.24}$$

Die Gleichungen (2.24) für die zwei Stabelemente lauten:

$$\begin{bmatrix} X_{1,1} \\ Z_{1,1} \\ X_{3,1} \\ Z_{3,1} \end{bmatrix} = k_1 \cdot \begin{bmatrix} c_1^2 & s_1 \cdot c_1 & -c_1^2 & -s_1 \cdot c_1 \\ s_1 \cdot c_1 & s_1^2 & -s_1 \cdot c_1 & -s_1^2 \\ -c_1^2 & -s_1 \cdot c_1 & c_1^2 & s_1 \cdot c_1 \\ -s_1 \cdot c_1 & -s_1^2 & s_1 \cdot c_1 & s_1^2 \end{bmatrix} \cdot \begin{bmatrix} U_1 \\ W_1 \\ U_3 \\ W_3 \end{bmatrix} \tag{2.25}$$

$$\begin{bmatrix} X_{2,2} \\ Z_{2,2} \\ X_{3,2} \\ Z_{3,2} \end{bmatrix} = k_2 \cdot \begin{bmatrix} c_2^2 & s_2 \cdot c_2 & -c_2^2 & -s_2 \cdot c_2 \\ s_2 \cdot c_2 & s_2^2 & -s_2 \cdot c_2 & -s_2^2 \\ -c_2^2 & -s_2 \cdot c_2 & c_2^2 & s_2 \cdot c_2 \\ -s_2 \cdot c_2 & -s_2^2 & s_2 \cdot c_2 & s_2^2 \end{bmatrix} \cdot \begin{bmatrix} U_2 \\ W_2 \\ U_3 \\ W_3 \end{bmatrix} \tag{2.26}$$

Die Gleichung (2.24) besteht aus vier Untermatrizen, die die Elementsteifigkeiten zwischen den Randschnittgrößen an einem Knoten mit Knotenweggrößen am Knoten a und am Knoten e beschreiben. Die Ordnung dieser Untermatrizen ist $m/2 = 2$.

$$\begin{bmatrix} s_a \\ s_e \end{bmatrix} = \begin{bmatrix} K_{a,a} & K_{a,e} \\ K_{a,e} & K_{e,e} \end{bmatrix} \cdot \begin{bmatrix} v_a \\ v_e \end{bmatrix} \tag{2.27}$$

Die vier Untermatrizen sind bis auf das Vorzeichen gleich. Deshalb kann die Gleichung (2.27) auch so formuliert werden.

$$\begin{bmatrix} s_a \\ s_e \end{bmatrix} = \begin{bmatrix} K_s & -K_s \\ -K_s & K_s \end{bmatrix} \cdot \begin{bmatrix} v_a \\ v_e \end{bmatrix} \tag{2.28}$$

mit $$K_s = \begin{bmatrix} k_s \cdot c_s^2 & k_s \cdot s_s \cdot c_s \\ k_s \cdot s_s \cdot c_s & k_s \cdot s_s^2 \end{bmatrix} \tag{2.29}$$

2.7 Gleichgewicht am Knoten

Bei dem Weggrößenverfahren werden alle Knoten frei geschnitten. Es werden die äußeren Kräfte, die globalen Randschnittgrößen und die unbekannten Auflagerkräfte an jedem Knoten eingetragen, s. Abb. 2.6.

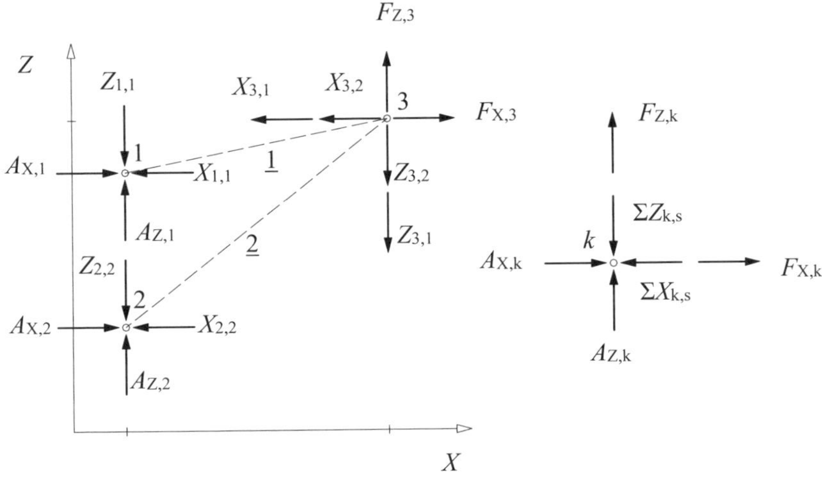

Abb. 2.6 Gleichgewicht am Knoten

Die unbekannten Auflagerkräfte $A_{X,k}$ und $A_{Z,k}$ und die äußeren Kräfte $F_{X,k}$ und $F_{Z,k}$ wirken am Knoten in Richtung der globalen Koordinatenachsen, die globalen Randschnittgrößen $X_{k,s}$ und $Z_{k,s}$ wirken in entgegengesetzter Richtung.

$$\sum X = 0 \qquad A_{X,k} + F_{X,k} - \sum X_{k,s} = 0$$

$$\sum Z = 0 \qquad A_{Z,k} + F_{Z,k} - \sum Z_{k,s} = 0$$

Die Gleichungen werden in folgender Art umgestellt:

$$\sum X_{k,s} = A_{X,k} + F_{X,k}$$
$$\sum Z_{k,s} = A_{Z,k} + F_{Z,k} \tag{2.30}$$

An jedem Knoten des Systems gibt es bei Fachwerken zwei Gleichgewichtsbedingungen. Die Gleichgewichtsbedingungen werden in Richtung der globalen Achsen formuliert. Insgesamt sind das bei k Knoten $j = 2 \cdot k$ Gleichungen. Dieses Gleichungssystem kann in Matrizenschreibweise formuliert werden.

$$\boldsymbol{s}_j = \boldsymbol{K}_{j,j} \cdot \boldsymbol{v}_j \tag{2.31}$$

j Ordnung der Systemsteifigkeitsmatrix

$\boldsymbol{s}_j$ Vektor der Auflagerkräfte und äußeren Kräfte

$\boldsymbol{K}_{j,j}$ Systemsteifigkeitsmatrix

$\boldsymbol{v}_j$ Vektor aller globalen Knotenweggrößen

Die Matrix des Gleichungssystems bezeichnet man als Systemsteifigkeitsmatrix des Tragwerkes.

Es wird nun für das Beispiel die Systemsteifigkeitsmatrix mit den Gleichgewichtsbedingungen (2.30) aufgestellt. Das System hat drei Knoten, d. h. $j = 2 \cdot k = 6$ Gleichungen.

Knoten 1
$$A_{X,1} = X_{1,1}$$
$$A_{Z,1} = Z_{1,1}$$

Knoten 2
$$A_{X,2} = X_{2,2}$$
$$A_{Z,2} = Z_{2,2}$$

Knoten 3
$$F_{X,3} = X_{3,1} + X_{3,2}$$
$$F_{Z,3} = Z_{3,1} + Z_{3,2}$$

Die globalen Randschnittgrößen $X_{k,s}$ und $Z_{k,s}$ sind in den globalen Elementsteifigkeitsmatrizen (2.25) und (2.26) in Abhängigkeit der globalen Knotenweggrößen U_k und W_k angegeben.
In der folgenden Darstellung des Gleichungssystems wird der Vektor der globalen Knotenweggrößen $\boldsymbol{v}_j$ wie in [13] oberhalb der Systemsteifigkeitsmatrix $\boldsymbol{K}_{j,j}$ angegeben, was eine bessere Lesbarkeit des Gleichungssystems ermöglicht.

		U_1	W_1	U_2	W_2	U_3	W_3
$A_{X,1}$		$k_1 \cdot c_1^2$	$k_1 \cdot s_1 \cdot c_1$	0	0	$-k_1 \cdot c_1^2$	$-k_1 \cdot s_1 \cdot c_1$
$A_{Z,1}$		$k_1 \cdot s_1 \cdot c_1$	$k_1 \cdot s_1^2$	0	0	$-k_1 \cdot s_1 \cdot c_1$	$-k_1 \cdot s_1^2$
$A_{X,2}$		0	0	$k_2 \cdot c_2^2$	$k_2 \cdot s_2 \cdot c_2$	$-k_2 \cdot c_2^2$	$-k_2 \cdot s_2 \cdot c_2$
$A_{Z,2}$	=	0	0	$k_2 \cdot s_2 \cdot c_2$	$k_2 \cdot s_2^2$	$-k_2 \cdot s_2 \cdot c_2$	$-k_2 \cdot s_2^2$
$F_{X,3}$		$-k_1 \cdot c_1^2$	$-k_1 \cdot s_1 \cdot c_1$	$-k_2 \cdot c_2^2$	$-k_2 \cdot s_2 \cdot c_2$	$k_1 \cdot c_1^2 +$ $k_2 \cdot c_2^2$	$k_1 \cdot s_1 \cdot c_1 +$ $k_2 \cdot s_2 \cdot c_2$
$F_{Z,3}$		$-k_1 \cdot s_1 \cdot c_1$	$-k_1 \cdot s_1^2$	$-k_2 \cdot s_2 \cdot c_2$	$-k_2 \cdot s_2^2$	$k_1 \cdot s_1 \cdot c_1 +$ $k_2 \cdot s_2 \cdot c_2$	$k_1 \cdot s_1^2 +$ $k_2 \cdot s_2^2$

Die Systemsteifigkeitsmatrix ist hier zeilenweise über die Gleichgewichtsbedingungen an jedem Knoten aufgestellt worden. Einfacher und in der Finiten-Elemente-Methode üblich ist es, die Untermatrizen der Elementsteifigkeitsmatrix $\boldsymbol{K}_{m,m}$ nach Gleichung (2.27) in der aufbereiteten Form in die Systemsteifigkeitsmatrix einzuordnen und aufzusummieren. Dies ist hier durch die Schattierung gekennzeichnet.

2.8 Systemsteifigkeitsmatrix

Die Systemsteifigkeitsmatrix ist in der bisher aufgestellten Weise singulär, da die Lagerungsbedingungen des Tragwerkes noch nicht berücksichtigt wurden. Die Determinante dieser Matrix ist null und damit das Gleichungssystem nicht lösbar. Werden die Lagerungsbedingungen berücksichtigt, dann kann das Gleichungssystem berechnet werden. In dem Beispiel sind die folgenden Lagerungsbedingungen gegeben:

$U_1 = 0,00 \text{ cm} \qquad W_1 = 0,00 \text{ cm}$

$U_2 = 0,00 \text{ cm} \qquad W_2 = 0,00 \text{ cm}$

Die zugehörigen Werte in den Spalten sind dann ebenfalls null.

		U_1	W_1	U_2	W_2	U_3	W_3
0		1	0	0	0	0	0
0		0	1	0	0	0	0
0		0	0	1	0	0	0
0	=	0	0	0	1	0	0
$F_{X,3}$		0	0	0	0	$k_1 \cdot c_1^2 + k_2 \cdot c_2^2$	$k_1 \cdot s_1 \cdot c_1 + k_2 \cdot s_2 \cdot c_2$
$F_{Z,3}$		0	0	0	0	$k_1 \cdot s_1 \cdot c_1 + k_2 \cdot s_2 \cdot c_2$	$k_1 \cdot s_1^2 + k_2 \cdot s_2^2$

Weiterhin werden die zugehörigen Zeilen des Gleichungssystems ebenfalls null gesetzt. Das Hauptdiagonalelement erhält den Wert 1. Damit wird diese Knotenweggröße identisch null. Dies hat den Vorteil, dass die Systematik der folgenden Berechnung der Randschnittgrößen nicht verloren geht, da stets alle globalen Knotenweggrößen für jeden Knoten im Lösungsvektor auftreten.

Lösung des Gleichungssystems

Die Systemsteifigkeitsmatrix $\boldsymbol{K}_{j,j}$ eines Tragwerkes ist symmetrisch zur Hauptdiagonalen. Dies sollte bei der Lösung des Gleichungssystems ausgenutzt werden. Es besteht darüber hinaus die Möglichkeit, die Systemsteifigkeitsmatrix in Form einer symmetrisch-definiten Bandmatrix abzuspeichern. Eine Bandmatrix ist eine Matrix, deren Elemente außerhalb eines Bandes parallel zur Hauptdiagonalen verschwinden. Die Bandbreite der Systemsteifigkeitsmatrix ist abhängig von der Nummerierung der Knoten und der Anzahl der Unbekannten am Knoten. Sie wird festgelegt durch den maximalen Abstand benachbarter Knoten. Die Auflösung erfolgt nach dem Eliminationsverfahren von Gauß oder mithilfe der Cholesky-Zerlegung.

Für das Beispiel gelten die Werte:

$$k_1 = 823{,}5\ \frac{\text{kN}}{\text{cm}} \qquad k_2 = 1640{,}6\ \frac{\text{kN}}{\text{cm}}$$

$$s_1 = 0{,}196 \qquad c_1 = 0{,}980$$

$$s_2 = 0{,}625 \qquad c_2 = 0{,}781$$

$$F_{X,3} = 0 \qquad F_{Z,3} = -100\ \text{kN}$$

		U_1	W_1	U_2	W_2	U_3	W_3
0		1	0	0	0	0	0
0		0	1	0	0	0	0
0	=	0	0	1	0	0	0
0		0	0	0	1	0	0
0		0	0	0	0	1791,6	959,0
−100		0	0	0	0	959,0	672,5

Die Lösung des Gleichungssystems lautet:

$$U_1 = 0{,}00\ \text{cm} \qquad W_1 = 0{,}00\ \text{cm}$$

$$U_2 = 0{,}00\ \text{cm} \qquad W_2 = 0{,}00\ \text{cm}$$

$$U_3 = +0{,}3363\ \text{cm} \qquad W_3 = -0{,}6283\ \text{cm}$$

2.9 Schnittgrößen und Auflagerkräfte

Mit der Gleichung (2.16) werden die lokalen Knotenweggrößen berechnet. Sie lauten mit den bekannten globalen Knotenweggrößen für die zwei Stabelemente:

$$\begin{bmatrix} u_{1,1} \\ \hline u_{3,1} \end{bmatrix} = \left[\begin{array}{cc|cc} 0{,}980 & 0{,}196 & 0 & 0 \\ \hline 0 & 0 & 0{,}980 & 0{,}196 \end{array}\right] \cdot \begin{bmatrix} 0 \\ 0 \\ \hline +0{,}3363 \\ -0{,}6283 \end{bmatrix} = \begin{bmatrix} 0\ \text{cm} \\ \hline +0{,}2064\ \text{cm} \end{bmatrix}$$

$$\begin{bmatrix} u_{2,2} \\ \hline u_{3,2} \end{bmatrix} = \left[\begin{array}{cc|cc} 0{,}781 & 0{,}625 & 0 & 0 \\ \hline 0 & 0 & 0{,}781 & 0{,}625 \end{array}\right] \cdot \begin{bmatrix} 0 \\ 0 \\ \hline +0{,}3363 \\ -0{,}6283 \end{bmatrix} = \begin{bmatrix} 0\ \text{cm} \\ \hline -0{,}1300\ \text{cm} \end{bmatrix}$$

Die Gleichungen (2.15) für die zwei Stabelemente lauten:

$$\begin{bmatrix} N_{1,1} \\ \hline N_{3,1} \end{bmatrix} = \left[\begin{array}{c|c} 823,5 & -823,5 \\ \hline -823,5 & 823,5 \end{array}\right] \cdot \begin{bmatrix} 0 \\ \hline +0,2064 \end{bmatrix} = \begin{bmatrix} -170,0 \text{ kN} \\ \hline +170,0 \text{ kN} \end{bmatrix}$$

$N_{3,1} = N_1 = +170,0 \text{ kN}$ Zugstab

$$\begin{bmatrix} N_{2,2} \\ \hline N_{3,2} \end{bmatrix} = \left[\begin{array}{c|c} 1640,6 & -1640,6 \\ \hline -1640,6 & 1640,6 \end{array}\right] \cdot \begin{bmatrix} 0 \\ \hline -0,1300 \end{bmatrix} = \begin{bmatrix} +213,3 \text{ kN} \\ \hline -213,3 \text{ kN} \end{bmatrix}$$

$N_{3,2} = N_2 = -213,3 \text{ kN}$ Druckstab

Bei Fachwerken ist auch die folgende Berechnung möglich. Mit der Gleichung (2.19) werden die lokalen Randschnittgrößen berechnet. Sie lauten mit den bekannten globalen Knotenweggrößen für die zwei Stabelemente:

$$\begin{bmatrix} N_{1,1} \\ \hline N_{3,1} \end{bmatrix} = 823,5 \cdot \left[\begin{array}{cc|cc} 0,980 & 0,196 & -0,980 & -0,196 \\ \hline -0,980 & -0,196 & 0,980 & 0,196 \end{array}\right] \cdot \begin{bmatrix} 0 \\ 0 \\ \hline +0,3363 \\ -0,6283 \end{bmatrix} = \begin{bmatrix} -170,0 \text{ kN} \\ \hline +170,0 \text{ kN} \end{bmatrix}$$

$N_{3,1} = N_1 = +170,0 \text{ kN}$ Zugstab

$$\begin{bmatrix} N_{2,2} \\ \hline N_{3,2} \end{bmatrix} = 1640,6 \cdot \left[\begin{array}{cc|cc} 0,781 & 0,625 & -0,781 & -0,625 \\ \hline -0,781 & -0,625 & 0,781 & 0,625 \end{array}\right] \cdot \begin{bmatrix} 0 \\ 0 \\ \hline +0,3363 \\ -0,6283 \end{bmatrix} = \begin{bmatrix} +213,3 \text{ kN} \\ \hline -213,3 \text{ kN} \end{bmatrix}$$

$N_{3,2} = N_2 = -213,3 \text{ kN}$ Druckstab

Die Schnittgrößen können auch vereinfacht mit den globalen Knotenweggrößen nach Gleichung (2.33) berechnet werden.

Die Auflagerkräfte werden durch die Gleichgewichtsbedingungen an den Auflagerknoten ermittelt. Diese Gleichgewichtsbedingungen sind schon in der Systemsteifigkeitsmatrix angegeben und müssen nicht neu formuliert werden. In der folgenden Matrix werden zur besseren Übersicht nur die Elemente angegeben, die für die Berechnung der Auflagerkräfte erforderlich sind. Mit den bekannten globalen Knotenweggrößen erhält man:

		0	0	0	0	$0,3363$	$-0,6283$
$A_{X,1}$		0	0	0	0	$-k_1 \cdot c_1^2$ $-790,9$	$-k_1 \cdot s_1 \cdot c_1$ $-158,2$
$A_{Z,1}$		0	0	0	0	$-k_1 \cdot s_1 \cdot c_1$ $-158,2$	$-k_1 \cdot s_1^2$ $-31,64$
$A_{X,2}$	=	0	0	0	0	$-k_2 \cdot c_2^2$ $-1000,7$	$-k_2 \cdot s_2 \cdot c_2$ $-800,8$
$A_{Z,2}$		0	0	0	0	$-k_2 \cdot s_2 \cdot c_2$ $-800,8$	$-k_2 \cdot s_2^2$ $-640,9$
0		0	0	0	0	0	0
0		0	0	0	0	0	0

$$A_{X,1} = -166,6 \text{ kN}$$
$$A_{Z,1} = -33,3 \text{ kN}$$
$$A_{X,2} = +166,6 \text{ kN}$$
$$A_{Z,2} = +133,3 \text{ kN}$$

Kontrolle am Gesamtsystem:

$$\sum X = 0 \qquad A_{X,1} + A_{X,2} = 0 \qquad -166,6 + 166,6 = 0$$
$$\sum Z = 0 \qquad A_{Z,1} + A_{Z,2} + F_{Z,3} = 0 \qquad -33,3 + 133,3 - 100 = 0$$

2.10 Beispiel Fachwerk

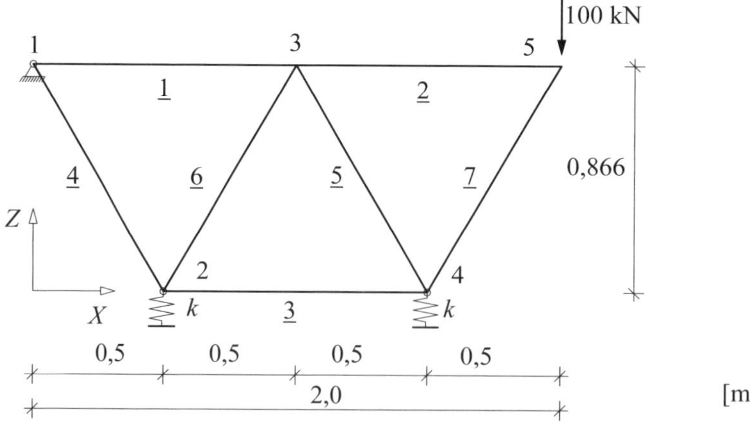

Abb. 2.7 System und Belastung des Fachwerkes

An den Knotenpunkten 2 und 4 ist eine Senkfeder als Lagerung in Z-Richtung vorgesehen. Die Elementsteifigkeitsmatrix lautet:

$$C_Z = k \cdot f \quad k = 10\,000\ \frac{\text{kN}}{\text{cm}} \tag{2.32}$$

Die neue Bezeichnung C wird gewählt, um eine Verwechslung mit der Kraft F zu vermeiden.

Eingabedaten

Eingabe der Koordinaten

Knoten	X in m	Z in m
1	0,000	0,866
2	0,500	0,000
3	1,000	0,866
4	1,500	0,000
5	2,000	0,866

Eingabe des Werkstoffes

Werkstoff	Elastizitätsmodul E in kN/cm^2
1	21 000

Eingabe des Querschnittes

Querschnitt	Fläche A in cm^2
1	10
2	5

Eingabe der Zuordnung

Stabelement	Element	Knoten a	Knoten e	Werkstoff	Querschnitt
1	Fachwerk	1	3	1	1
2	Fachwerk	3	5	1	1
3	Fachwerk	2	4	1	1
4	Fachwerk	1	2	1	2
5	Fachwerk	3	4	1	2
6	Fachwerk	2	3	1	2
7	Fachwerk	4	5	1	2

Eingabe der Lagerbedingungen

Auflagerknoten	X-Richtung	Z-Richtung
1	fest	fest
2		$C_Z = 1000$ kN/cm^2
4		$C_Z = 1000$ kN/cm^2

Eingabe der Knotenlasten:

Knoten	F_X in kN	F_Z in kN
3	0	−100

Untermatrizen

Stab 1

$$l_1 = \sqrt{(X_3 - X_1)^2 + (Z_3 - Z_1)^2} = \sqrt{(100-0)^2 + (86{,}6 - 86{,}6)^2} = 100 \text{ cm}$$

$$s_1 = \frac{Z_3 - Z_1}{l_1} = \frac{86{,}6 - 86{,}6}{100} = 0 \qquad c_1 = \frac{X_3 - X_1}{l_1} = \frac{100-0}{100} = 1{,}000$$

$$k_1 = \frac{E_1 \cdot A_1}{l_1} = \frac{21\,000 \cdot 10}{100} = 2100 \ \frac{\text{kN}}{\text{cm}}$$

$$K_1 = \left[\begin{array}{c|c} k_1 \cdot c_1^2 & k_1 \cdot s_1 \cdot c_1 \\ \hline k_1 \cdot s_1 \cdot c_1 & k_1 \cdot s_1^2 \end{array}\right] = \left[\begin{array}{c|c} 2100 & 0 \\ \hline 0 & 0 \end{array}\right]$$

Stab 2

$$l_2 = \sqrt{(X_5 - X_3)^2 + (Z_5 - Z_3)^2} = \sqrt{(200-100)^2 + (86{,}6 - 86{,}6)^2} = 100 \text{ cm}$$

$$s_2 = \frac{Z_5 - Z_3}{l_2} = \frac{86{,}6 - 86{,}6}{100} = 0 \qquad c_2 = \frac{X_5 - X_3}{l_2} = \frac{200-100}{100} = 1{,}000$$

$$k_2 = \frac{E_1 \cdot A_1}{l_2} = \frac{21\,000 \cdot 10}{1000} = 2100 \ \frac{\text{kN}}{\text{cm}}$$

$$K_2 = \left[\begin{array}{c|c} k_2 \cdot c_2^2 & k_2 \cdot s_2 \cdot c_2 \\ \hline k_2 \cdot s_2 \cdot c_2 & k_2 \cdot s_2^2 \end{array}\right] = \left[\begin{array}{c|c} 2100 & 0 \\ \hline 0 & 0 \end{array}\right]$$

Stab 3

$$l_3 = \sqrt{(X_4 - X_2)^2 + (Z_4 - Z_2)^2} = \sqrt{(150-50)^2 + (0-0)^2} = 100 \text{ cm}$$

$$s_3 = \frac{Z_4 - Z_2}{l_3} = \frac{0-0}{100} = 0 \qquad c_3 = \frac{X_4 - X_2}{l_3} = \frac{150-50}{100} = 1{,}000$$

$$k_3 = \frac{E_1 \cdot A_1}{l_3} = \frac{21\,000 \cdot 10}{1000} = 2100 \ \frac{\text{kN}}{\text{cm}}$$

$$K_3 = \left[\begin{array}{c|c} k_3 \cdot c_3^2 & k_3 \cdot s_3 \cdot c_3 \\ \hline k_3 \cdot s_3 \cdot c_3 & k_3 \cdot s_3^2 \end{array}\right] = \left[\begin{array}{c|c} 2100 & 0 \\ \hline 0 & 0 \end{array}\right]$$

Stab $\underline{4}$

$$l_4 = \sqrt{(X_2 - X_1)^2 + (Z_2 - Z_1)^2} = \sqrt{(50-0)^2 + (0-86,6)^2} = 100 \text{ cm}$$

$$s_4 = \frac{Z_2 - Z_1}{l_4} = \frac{0-86,6}{100} = -0,866 \qquad c_4 = \frac{X_2 - X_1}{l_4} = \frac{50-0}{100} = 0,500$$

$$k_4 = \frac{E_1 \cdot A_2}{l_4} = \frac{21\,000 \cdot 5}{1000} = 1050 \ \frac{\text{kN}}{\text{cm}}$$

$$K_4 = \left[\begin{array}{c|c} k_4 \cdot c_4^2 & k_4 \cdot s_4 \cdot c_4 \\ \hline k_4 \cdot s_4 \cdot c_4 & k_4 \cdot s_4^2 \end{array}\right] = \left[\begin{array}{c|c} 262,5 & -454,7 \\ \hline -454,7 & 787,5 \end{array}\right]$$

Stab $\underline{5}$

$$l_5 = \sqrt{(X_4 - X_3)^2 + (Z_4 - Z_3)^2} = \sqrt{(150-100)^2 + (0-86,6)^2} = 100 \text{ cm}$$

$$s_5 = \frac{Z_4 - Z_3}{l_5} = \frac{0-86,6}{100} = -0,866 \qquad c_5 = \frac{X_4 - X_3}{l_5} = \frac{150-100}{100} = 0,500$$

$$k_5 = \frac{E_1 \cdot A_2}{l_5} = \frac{21\,000 \cdot 5}{1000} = 1050 \ \frac{\text{kN}}{\text{cm}}$$

$$K_5 = \left[\begin{array}{c|c} k_5 \cdot c_5^2 & k_5 \cdot s_5 \cdot c_5 \\ \hline k_5 \cdot s_5 \cdot c_5 & k_5 \cdot s_5^2 \end{array}\right] = \left[\begin{array}{c|c} 262,5 & -454,7 \\ \hline -454,7 & 787,5 \end{array}\right]$$

Stab $\underline{6}$

$$l_6 = \sqrt{(X_3 - X_2)^2 + (Z_3 - Z_2)^2} = \sqrt{(100-50)^2 + (0,866-0)^2} = 100 \text{ cm}$$

$$s_6 = \frac{Z_3 - Z_2}{l_6} = \frac{86,6-0}{100} = 0,866 \qquad c_6 = \frac{X_3 - X_2}{l_6} = \frac{100-50}{100} = 0,500$$

$$k_6 = \frac{E_1 \cdot A_2}{l_6} = \frac{21\,000 \cdot 5}{1000} = 1050 \ \frac{\text{kN}}{\text{cm}}$$

$$K_6 = \left[\begin{array}{c|c} k_6 \cdot c_6^2 & k_6 \cdot s_6 \cdot c_6 \\ \hline k_6 \cdot s_6 \cdot c_6 & k_6 \cdot s_6^2 \end{array}\right] = \left[\begin{array}{c|c} 262,5 & 454,7 \\ \hline 454,7 & 787,5 \end{array}\right]$$

Stab 7

$$l_7 = \sqrt{(X_5 - X_4)^2 + (Z_5 - Z_4)^2} = \sqrt{(200-150)^2 + (0{,}866-0)^2} = 100 \text{ cm}$$

$$s_7 = \frac{Z_5 - Z_4}{l_7} = \frac{86{,}6 - 0}{100} = 0{,}866 \qquad c_7 = \frac{X_5 - X_4}{l_7} = \frac{200-150}{100} = 0{,}500$$

$$k_7 = \frac{E_1 \cdot A_2}{l_7} = \frac{21\,000 \cdot 5}{1000} = 1050 \ \frac{\text{kN}}{\text{cm}}$$

$$K_7 = \left[\begin{array}{c|c} k_7 \cdot c_7^2 & k_7 \cdot s_7 \cdot c_7 \\ \hline k_7 \cdot s_7 \cdot c_7 & k_7 \cdot s_7^2 \end{array}\right] = \left[\begin{array}{c|c} 262{,}5 & 454{,}7 \\ \hline 454{,}7 & 787{,}5 \end{array}\right]$$

Systemsteifigkeitsmatrix
Zuordnung der Untermatrizen

U_1 W_1	U_2 W_2	U_3 W_3	U_4 W_4	U_5 W_5
$\boldsymbol{K}_1+\boldsymbol{K}_4$	$-\boldsymbol{K}_4$	$-\boldsymbol{K}_1$		
$-\boldsymbol{K}_4$	$\boldsymbol{K}_3+\boldsymbol{K}_4+\boldsymbol{K}_6$ $+k$	$-\boldsymbol{K}_6$	$-\boldsymbol{K}_3$	
$-\boldsymbol{K}_1$	$-\boldsymbol{K}_6$	$\boldsymbol{K}_1+\boldsymbol{K}_2+\boldsymbol{K}_5+\boldsymbol{K}_6$	$-\boldsymbol{K}_5$	$-\boldsymbol{K}_2$
	$-\boldsymbol{K}_3$	$-\boldsymbol{K}_5$	$\boldsymbol{K}_3+\boldsymbol{K}_5+\boldsymbol{K}_7$ $+k$	$-\boldsymbol{K}_7$
		$-\boldsymbol{K}_2$	$-\boldsymbol{K}_7$	$\boldsymbol{K}_2+\boldsymbol{K}_7$

Systemsteifigkeitsmatrix

Die Untermatrizen werden zugeordnet, die Summe der Elemente ist fett gedruckt. Die Lagerungsbedingungen sind eingearbeitet.

	U_1	W_1	U_2	W_2	U_3	W_3	U_4	W_4	U_5	W_5
$A_{X,1}$	2100,0 262,5 **1**	0 −454,7 **0**	 −262,5 **0**	 454,7 **0**	−2100 **0**	0 **0**	**0**	**0**	**0**	**0**
$A_{Z,1}$		0 787,5 **1**	 454,7 **0**	 −787,5 **0**	0 **0**	0 **0**	**0**	**0**	**0**	**0**
0			2100 262,5 2625 **2625,0**	0 −454,7 454,7 **0**	−262,5 **−262,5**	−454,7 **−454,7**	−2100 **−2100**	0 **0**	**0**	**0**
0				0 787,5 787,5 10000 **11575**	−454,7 **−454,7**	−787,5 **−787,5**	**0**	**0**	**0**	**0**
0					2100 2100 262,5 262,5 **4725**	0 0 −454,7 454,7 **0**	−262,5 **−262,5**	454,7 **454,7**	−2100 **−2100**	0 **0**
0						0 0 787,5 787,5 **1575**	454,7 **454,7**	−787,5 **-787,5**	0 **0**	0 **0**
0							2100 262,5 262,5 **2625**	0 −454,7 454,7 **0**	−262,5 **−262,5**	−454,7 **−454,7**
0								0 787,5 787,5 10000 **11575**	−454,7 **−454,7**	−787,5 **−787,5**
0									2100 262,5 **2362,5**	0 454,7 **454,7**
-100										0 787,5 **787,5**

Die Lösung des Gleichungssystems lautet:

$U_1 = 0,00$ cm $\quad W_1 = 0,00$ cm

$U_2 = -0,06923$ cm $\quad W_2 = +0,00025$ cm

$U_3 = +0,00871$ cm $\quad W_3 = -0,00136$ cm

$U_4 = -0,08734$ cm $\quad W_4 = -0,01342$ cm

$U_5 = 0,03621$ cm $\quad W_5 = -0,21174$ cm

Berechnung der Schnittgrößen

Da nur die Stabendschnittgröße N_e zu berechnen ist, kann diese Gleichung folgendermaßen geschrieben werden:

$$N_s = k_s \cdot \left[c_s \cdot (U_e - U_a) + s_s \cdot (W_e - W_a)\right] \tag{2.33}$$

$$N_1 = 2100 \cdot \begin{bmatrix} 1{,}000 \cdot (0{,}00871 - 0) \\ +0 \cdot (-0{,}00136 - 0) \end{bmatrix} = +18{,}3 \text{ kN}$$

$$N_2 = 2100 \cdot \begin{bmatrix} 1{,}000 \cdot (0{,}03621 - 0{,}00871) \\ +0 \cdot (-0{,}21174 + 0{,}00136) \end{bmatrix} = +57{,}75 \text{ kN}$$

$$N_3 = 2100 \cdot \begin{bmatrix} 1{,}000 \cdot (-0{,}08734 + 0{,}06923) \\ +0 \cdot (-0{,}01342 - 0{,}00025) \end{bmatrix} = -38{,}0 \text{ kN}$$

$$N_4 = 1050 \cdot \begin{bmatrix} 0{,}500 \cdot (-0{,}06923 - 0) \\ -0{,}866 \cdot (0{,}00025 - 0) \end{bmatrix} = -36{,}57 \text{ kN}$$

$$N_5 = 1050 \cdot \begin{bmatrix} 0{,}500 \cdot (-0{,}08734 - 0{,}00871) \\ -0{,}866 \cdot (-0{,}01342 + 0{,}00136) \end{bmatrix} = -39{,}46 \text{ kN}$$

$$N_6 = 1050 \cdot \begin{bmatrix} 0{,}500 \cdot (0{,}00871 + 0{,}06923) \\ +0{,}866 \cdot (-0{,}00136 - 0{,}00025) \end{bmatrix} = 39{,}46 \text{ kN}$$

$$N_7 = 1050 \cdot \begin{bmatrix} 0{,}500 \cdot (0{,}03621 + 0{,}08734) \\ +0{,}866 \cdot (-0{,}21174 + 0{,}01342) \end{bmatrix} = -115{,}5 \text{ kN}$$

Berechnung der Auflagerkräfte

Die Auflagerkräfte werden durch die Gleichgewichtsbedingungen an den Auflagerknoten ermittelt. Diese Gleichgewichtsbedingungen sind schon in der Systemsteifigkeitsmatrix angegeben.

$$A_{X,1} = -262{,}5 \cdot U_2 + 454{,}7 \cdot W_2 - 2100 \cdot U_3$$

$$= -262{,}5 \cdot (-0{,}06923) + 454{,}7 \cdot 0{,}00025 - 2100 \cdot 0{,}00871 = 0$$

$$A_{Z,1} = 454{,}7 \cdot U_2 - 787{,}5 \cdot W_2$$

$$= 454{,}7 \cdot (-0{,}06923) - 787{,}5 \cdot 0{,}00025 = -31{,}7 \text{ kN}$$

Federkräfte

$$C_{Z,2} = k \cdot f = k \cdot W_2 = 10\;000 \cdot 0{,}00025 = +2{,}5 \text{ kN}$$

$$C_{Z,4} = k \cdot f = k \cdot W_4 = 10\;000 \cdot (-0{,}01342) = -134{,}2 \text{ kN}$$

Kontrolle am Gesamtsystem

$$\sum X = 0 \qquad A_{X,1} = 0$$

$$\sum Z = 0 \qquad A_{Z,1} - C_{Z,2} - C_{Z,4} + F_{Z,5} = 0 \qquad -31{,}7 - 2{,}5 + 134{,}2 - 100 = 0$$

3 Unverschiebliche Balkenelemente

3.1 Beschreibung des Systems

Die Grundlagen des Weggrößenverfahrens sind im Kapitel 2 am Beispiel des Fachwerkes ausführlich erläutert worden. Der starr gelagerte Durchlaufträger ist ein System, das aus unverschieblichen Balkenelementen besteht. In Abb. 3.1 ist ein Durchlaufträger dargestellt, der als Erläuterungsbeispiel dient. Folgendes charakterisiert den Durchlaufträger:

1. Das Stabelement des Durchlaufträgers ist der Biegestab.
2. Es treten als Schnittgrößen das Biegemoment M und dic Querkraft V auf.
3. Es sind die Schnittgrößen und Verformungen des Biegestabes an jeder Stelle zu bestimmen, da diese nicht konstant sind.
4. Von den drei Knotenweggrößen U, W und Φ des ebenen Rahmentragwerkes sind die Knotenverformungen W und Φ unbekannt. Ist der Durchlaufträger starr gelagert, bleibt als unbekannte nur die Knotenverdrehung Φ.
5. Als Lagerung ist neben dem festen und dem losen Auflager auch die Einspannung möglich.
6. Es gibt Stabelemente, die an einem Knoten kein Biegemoment übertragen können. Dies kann ein gelenkiges Auflager am Ende des Durchlaufträgers oder ein Momentengelenk im Durchlaufträger sein.

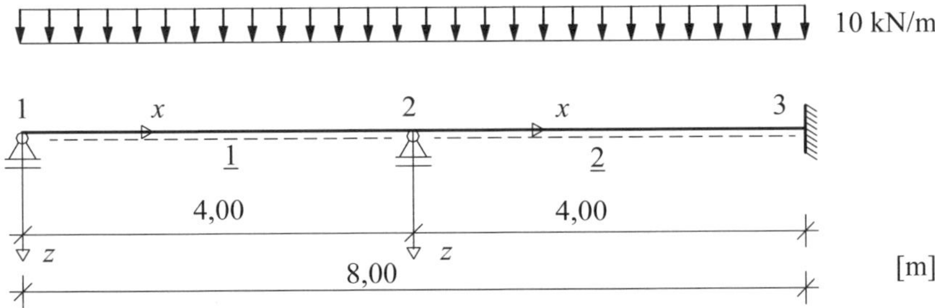

Abb. 3.1 System und Belastung des Einführungsbeispiels

Querschnittswerte des Holzträgers:

$$E = 1000\ \frac{\text{kN}}{\text{cm}^2} \qquad b = 10\ \text{cm} \qquad h = 16\ \text{cm} \qquad I = \frac{1}{12} \cdot b \cdot h^3 = 3413\ \text{cm}^4$$

$$EI = 341{,}3\ \text{kNm}^2$$

Der Knoten *a* ist stets der Anfangsknoten und der Knoten *e* der Endknoten des Stabelementes *s*. Damit wird die positive Stabrichtung, das ist das lokale Koordinatensystem, festgelegt.
k – Index für den Knoten
s – Index für das Stabelement
a – Index für den Anfangsknoten des Stabelementes
e – Index für den Endknoten des Stabelementes

3.2 Lokale Elementsteifigkeitsmatrix

Wie bei dem Fachwerk können die Schnittgrößen und Verformungen des Durchlaufträgers berechnet werden, wenn die Knotenweggrößen bekannt sind. Die unbekannten Knotenweggrößen sind hier nur die Knotenverdrehungen Φ, da der Durchlaufträger starr gelagert ist und keine Verschiebungen an den Knoten auftreten.
Um den Ablauf der Berechnung zu systematisieren, wird für jedes Stabelement ein lokales Koordinatensystem eingeführt, s. Abb. 3.1. Die Achsen werden mit den Kleinbuchstaben *x* und *z* bezeichnet. Der Ursprung ist der Stabanfang mit dem Knoten *a*. Die zugehörigen lokalen Knotenweggrößen werden entsprechend mit *u* und *w* bezeichnet. Die strichlierte Faser liegt auf der Seite $+z$, um die positive Richtung für die Zustandsflächen festzulegen.
Das Stabelement ist im Systemverband am Knoten *a* und Knoten *e* angeschlossen. An einem Knoten treten sowohl Knotenweggrößen als auch Knotenschnittgrößen als Randgrößen des Stabelementes auf. Hier sind dies, wie es in Abb. 3.2 angegeben ist, die Stabendmomente M_a und M_e sowie die zugehörigen Elementverformungen τ_a und τ_e. Die Querkräfte folgen aus den Gleichgewichtsbedingungen am Stabelement. Die Beziehung zwischen den Stabendmomenten und den Endtangentenwinkeln wird als ursprüngliche Elementsteifigkeitsmatrix bezeichnet [3] und [13]. **Sie beschreibt die Elementverformung des Biegestabes**. Die ursprüngliche Elementsteifigkeitsmatrix ist zugleich die lokale Elementsteifigkeitsmatrix für unverschiebliche Tragwerke. Deshalb soll diese Matrix im Folgenden als lokale Elementsteifigkeitsmatrix bezeichnet werden.

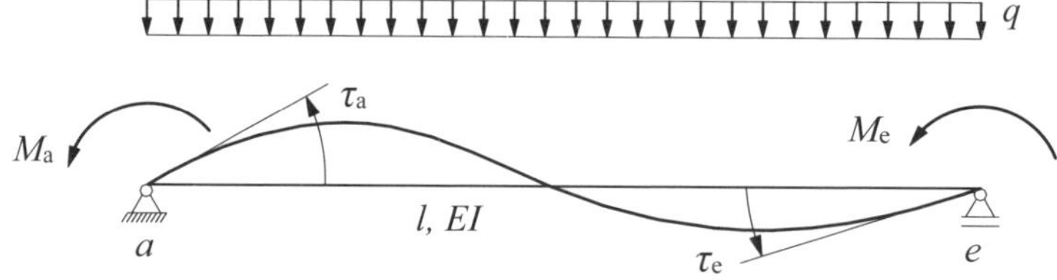

Abb. 3.2 Stabelement des starren Durchlaufträgers

Für die Berechnung der Elementsteifigkeitsmatrix wird die Vorzeichenregelung FEM (Finite-Elemente-Methode) in Abb. 3.2 eingeführt, wie sie der Berechnung der lokalen Elementsteifigkeitsmatrix zugrunde liegt.

- Am Stabanfang und Stabende sind die Stabendmomente positiv, wenn diese im Gegenuhrzeigersinn wirken.
- Die Querkräfte sind am Stabanfang und Stabende positiv, wenn sie in Richtung der lokalen Achse *z* wirken.

Diese Regelung hat sehr große Vorteile bei der Formulierung der Gleichgewichtsbedingungen, da diese dann systematisiert aufgestellt werden können.

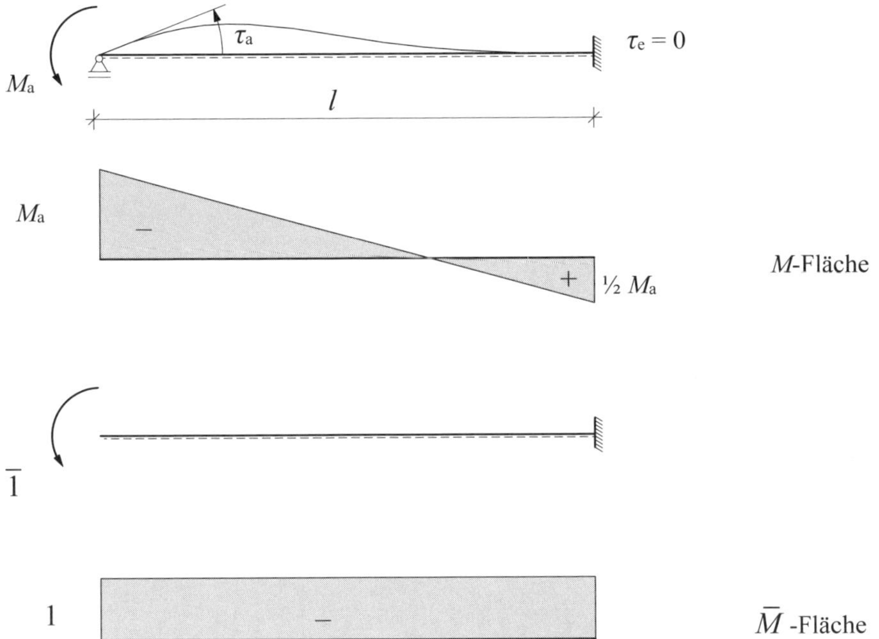

Abb. 3.3 Herleitung der ursprünglichen Elementsteifigkeitsmatrix

Bei der Herleitung nach dem Kraftgrößenverfahren [14] wird die Vorzeichenregelung FEM berücksichtigt. Die Steifigkeitsbeziehung zwischen M_a und τ_a erhält man, wenn an dem unverschieblichen Stabelement τ_a vorgegeben wird und die zugehörigen Stabendmomente M_a und M_e berechnet werden. Dabei ist τ_e gleich null. Diese Beziehung wird mit dem Arbeitssatz berechnet.

$$\tau_a = \frac{1}{2} \cdot (-1) \cdot \left(-M_a + \frac{1}{2} \cdot M_a \right) \cdot \frac{l}{EI}$$

Die Elementbeziehungen lauten:

$$M_a = 4 \cdot \frac{EI}{l} \cdot \tau_a \qquad M_e = 2 \cdot \frac{EI}{l} \cdot \tau_a$$

Entsprechend erhält man, wenn τ_e vorgegeben wird:

$$M_a = 2 \cdot \frac{EI}{l} \cdot \tau_e \qquad M_e = \frac{1}{2} M_a = 4 \cdot \frac{EI}{l} \cdot \tau_e$$

Diese Gleichungen können in Matrizenschreibweise formuliert werden.

$$\begin{bmatrix} M_a \\ M_e \end{bmatrix} = \frac{EI}{l} \cdot \begin{bmatrix} 4 & 2 \\ 2 & 4 \end{bmatrix} \cdot \begin{bmatrix} \tau_a \\ \tau_e \end{bmatrix} + \begin{bmatrix} M_{a0} \\ M_{e0} \end{bmatrix} \tag{3.1}$$

$$\boldsymbol{s}_n = \boldsymbol{K}_{n,n} \cdot \boldsymbol{v}_n + \boldsymbol{s}_{n0} \tag{3.2}$$

n Ordnung der lokalen Elementsteifigkeitsmatrix $n = 2$

$\boldsymbol{K}_{n,n}$ lokale Elementsteifigkeitsmatrix

$\boldsymbol{v}_n$ Vektor der ursprünglichen Knotenweggrößen

$\boldsymbol{s}_{n0}$ Vektor der Starreinspanngrößen

Die Gleichung (3.1) ist um den Vektor der Starreinspanngrößen erweitert. Diese Starreinspanngrößen sind zu berücksichtigen, wenn das Stabelement zwischen dem Knoten *a* und *e* durch Einwirkungen belastet ist.

Den Vektor der Starreinspanngrößen $\boldsymbol{s}_{n0}$ erhält man demnach, wenn die ursprünglichen Knotenweggrößen $\boldsymbol{v}_n$ gleich null sind. Dies bedeutet, dass die Starreinspanngrößen die Randschnittgrößen des starr eingespannten Stabelementes sind. Dabei ist die Vorzeichenregelung FEM zu beachten.

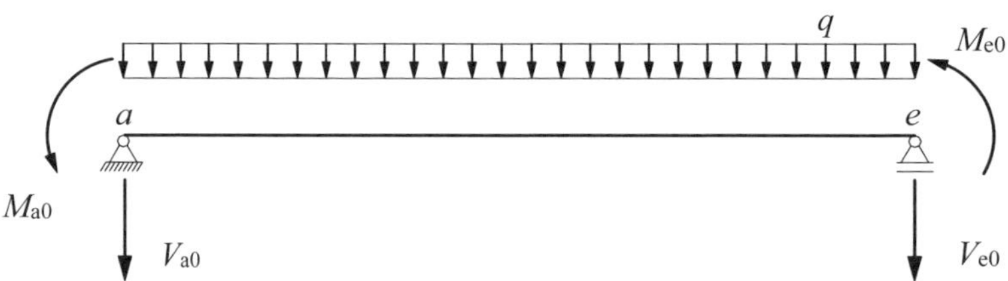

Abb. 3.4 Vorzeichenregelung FEM für die Randschnittgrößen

Die Starreinspannmomente können entsprechenden Bautabellenwerken entnommen werden. Für die Gleichstreckenlast gilt:

$$M_{a0} = +\frac{1}{12} \cdot q \cdot l^2 \qquad M_{e0} = -\frac{1}{12} \cdot q \cdot l^2$$

Stab M_{ae}: Stabendmomente am Stabanfang und am Stabende

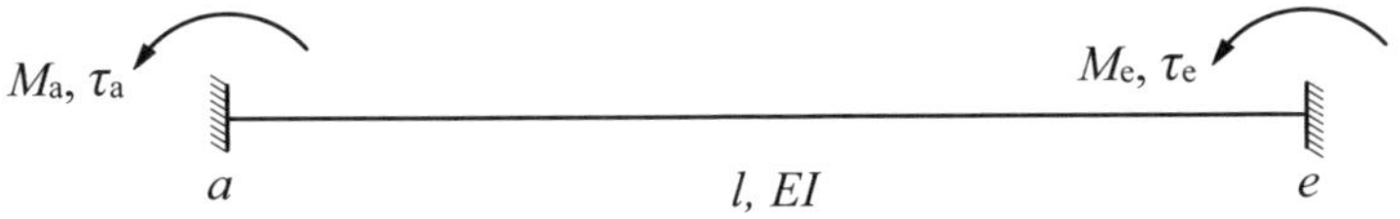

M_a, τ_a M_e, τ_e

a l, EI e

$$\begin{bmatrix} M_a \\ --- \\ M_e \end{bmatrix} = \begin{bmatrix} 4 \cdot \frac{EI}{l} & 2 \cdot \frac{EI}{l} \\ 2 \cdot \frac{EI}{l} & 4 \cdot \frac{EI}{l} \end{bmatrix} \cdot \begin{bmatrix} \tau_a \\ -- \\ \tau_e \end{bmatrix} + \begin{bmatrix} \frac{1}{12} \cdot q \cdot l^2 \\ ------- \\ -\frac{1}{12} \cdot q \cdot l^2 \end{bmatrix} \qquad (3.3)$$

In dem Einführungsbeispiel ist am Knoten 1 ein Auflager. Das Moment am Auflager ist gleich null, es ist aber ein Endtangentenwinkel vorhanden.
Diese Bedingung ist in der Elementsteifigkeitsmatrix (3.3) zu berücksichtigen. Die Elemente k_{ik} der Elementsteifigkeitsmatrix müssen modifiziert werden, wenn spezielle Elementrandbedingungen vorliegen. Diese Modifikation wird in der FE-Methode als statische Kondensation bezeichnet.
Aus der ersten Gleichung von (3.3) folgt für $M_a = 0$:

$$M_a = 4 \cdot \frac{EI}{l} \cdot \tau_a + 2 \cdot \frac{EI}{l} \cdot \tau_e + \frac{1}{12} \cdot q \cdot l^2 = 0$$

$$\tau_a = -\frac{1}{2} \cdot \tau_e - \frac{q \cdot l^3}{48 \cdot EI} \qquad (3.4)$$

Diese Gleichung (3.4) ist sehr wichtig. Sie besagt, dass man den Endtangentenwinkel τ_a berechnen kann, wenn τ_e bekannt ist. Setzt man die Gleichung (3.4) in die zweite Gleichung von (3.3) ein, folgt daraus:

$$M_e = 3 \cdot \frac{EI}{l} \cdot \tau_e - \frac{1}{8} \cdot q \cdot l^2$$

Die anderen Steifigkeitswerte sind gleich null.

Stab M_e: Momentengelenk am Stabanfang

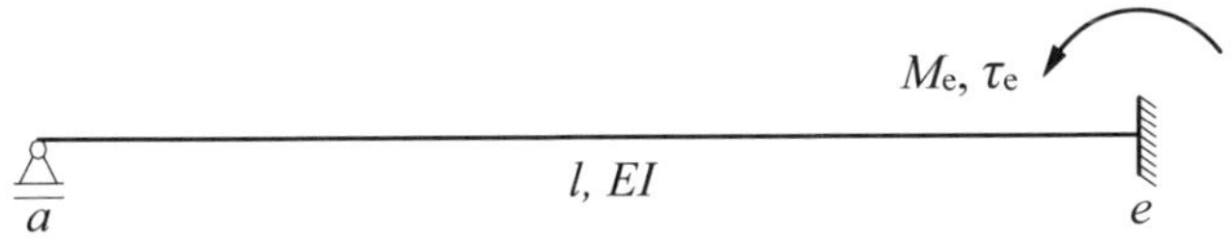

M_e, τ_e

a l, EI e

$$\begin{bmatrix} M_a \\ --- \\ M_e \end{bmatrix} = \begin{bmatrix} 0 & 0 \\ 0 & 3 \cdot \frac{EI}{l} \end{bmatrix} \cdot \begin{bmatrix} \tau_a \\ -- \\ \tau_e \end{bmatrix} + \begin{bmatrix} 0 \\ ------- \\ -\frac{1}{8} \cdot q \cdot l^2 \end{bmatrix} \qquad (3.5)$$

Für $M_e = 0$ erhält man entsprechend:

$$\tau_e = -\frac{1}{2} \cdot \tau_a + \frac{q \cdot l^3}{48 \cdot EI} \tag{3.6}$$
$$M_a = 3 \cdot \frac{EI}{l} \cdot \tau_a + \frac{1}{8} \cdot q \cdot l^2$$

<u>Stab</u> M_a: Momentengelenk am Stabende

M_a, τ_a

a *l, EI* *e*

$$\begin{bmatrix} M_a \\ \hline M_e \end{bmatrix} = \left[\begin{array}{c|c} 3 \cdot \frac{EI}{l} & 0 \\ \hline 0 & 0 \end{array}\right] \cdot \begin{bmatrix} \tau_a \\ \hline \tau_e \end{bmatrix} + \begin{bmatrix} \frac{1}{8} \cdot q \cdot l^2 \\ \hline 0 \end{bmatrix} \tag{3.7}$$

Bei der Berechnung der lokalen Elementsteifigkeitsmatrix ist ein weiterer Index s erforderlich, um die Stabelemente zu unterscheiden. Der erste Index bezieht sich auf den Knoten, der zweite Index auf das Stabelement. Für das Beispiel lauten die lokalen Elementsteifigkeitsmatrizen:

Stab <u>1</u> ist ein <u>Stab</u> M_e.

$$\begin{bmatrix} M_a \\ \hline M_e \end{bmatrix} = \left[\begin{array}{c|c} 0 & 0 \\ \hline 0 & 3 \cdot \frac{EI}{l} \end{array}\right] \cdot \begin{bmatrix} \tau_a \\ \hline \tau_e \end{bmatrix} + \begin{bmatrix} 0 \\ \hline -\frac{1}{8} \cdot q \cdot l^2 \end{bmatrix}$$

$$\begin{bmatrix} M_{1,1} \\ \hline M_{2,1} \end{bmatrix} = \left[\begin{array}{c|c} 0 & 0 \\ \hline 0 & 3 \cdot \frac{341,3}{4} \end{array}\right] \cdot \begin{bmatrix} \tau_{1,1} \\ \hline \tau_{2,1} \end{bmatrix} + \begin{bmatrix} 0 \\ \hline -\frac{1}{8} \cdot 10 \cdot 4^2 \end{bmatrix}$$

$$\begin{bmatrix} M_{1,1} \\ \hline M_{2,1} \end{bmatrix} = \left[\begin{array}{c|c} 0 & 0 \\ \hline 0 & 256,0 \end{array}\right] \cdot \begin{bmatrix} \tau_{1,1} \\ \hline \tau_{2,1} \end{bmatrix} + \begin{bmatrix} 0 \\ \hline -20 \end{bmatrix}$$

Stab 2 ist ein Stab M_{ae}.

$$\begin{bmatrix} M_a \\ \hline M_e \end{bmatrix} = \begin{bmatrix} 4 \cdot \frac{EI}{l} & 2 \cdot \frac{EI}{l} \\ \hline 2 \cdot \frac{EI}{l} & 4 \cdot \frac{EI}{l} \end{bmatrix} \cdot \begin{bmatrix} \tau_a \\ \hline \tau_e \end{bmatrix} + \begin{bmatrix} \frac{1}{12} \cdot q \cdot l^2 \\ \hline -\frac{1}{12} \cdot q \cdot l^2 \end{bmatrix}$$

$$\begin{bmatrix} M_{2,2} \\ \hline M_{3,2} \end{bmatrix} = \begin{bmatrix} 4 \cdot \frac{341,3}{4} & 2 \cdot \frac{341,3}{4} \\ \hline 2 \cdot \frac{341,3}{4} & 4 \cdot \frac{341,3}{4} \end{bmatrix} \cdot \begin{bmatrix} \tau_{2,2} \\ \hline \tau_{3,2} \end{bmatrix} + \begin{bmatrix} +\frac{1}{12} \cdot 10 \cdot 4^2 \\ \hline -\frac{1}{12} \cdot 10 \cdot 4^2 \end{bmatrix}$$

$$\begin{bmatrix} M_{2,2} \\ \hline M_{3,2} \end{bmatrix} = \begin{bmatrix} 341,3 & 170,7 \\ \hline 170,7 & 341,3 \end{bmatrix} \cdot \begin{bmatrix} \tau_{2,2} \\ \hline \tau_{3,2} \end{bmatrix} + \begin{bmatrix} +13,33 \\ \hline -13,33 \end{bmatrix}$$

3.3 Kinematische Verträglichkeit

Das System verformt sich unter der Belastung. Die Stäbe müssen unter Beachtung der Lagerungsbedingungen im verformten Zustand wieder an dem Knoten zusammenpassen. Dies bedeutet, dass die Elementverformungen τ_a und τ_e mit den globalen Knotenweggrößen Φ_k an jedem Knoten kinematisch verträglich sein müssen. Die kinematische Verträglichkeit ist die Beziehung zwischen den lokalen und den globalen Knotenweggrößen. In Abb. 3.5 ist diese Beziehung für das Beispiel dargestellt.

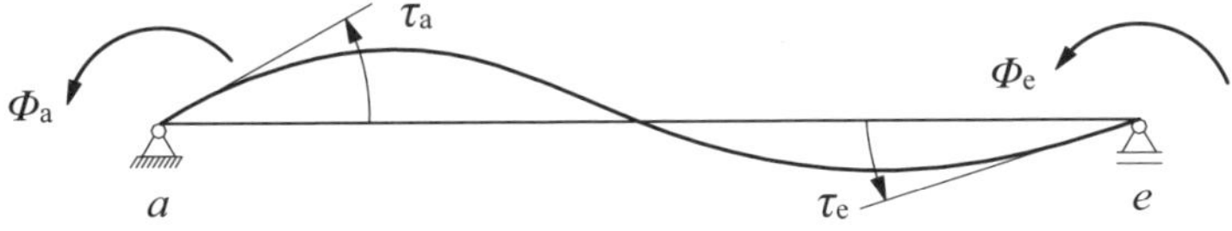

Abb. 3.5 Kinematische Verträglichkeit

Die kinematische Verträglichkeit lautet:

$$\tau_a = \Phi_a$$

$$\tau_e = \Phi_e$$

Dies bedeutet, dass bei unverschieblichen Systemen die Knotendrehwinkel am Stabanfang und Stabende gleich den zugehörigen Endtangentenwinkeln sind.

In Matrizenschreibweise:

$$\begin{bmatrix} \tau_a \\ \hline \tau_e \end{bmatrix} = \left[\begin{array}{c|c} 1 & 0 \\ \hline 0 & 1 \end{array}\right] \cdot \begin{bmatrix} \Phi_a \\ \hline \Phi_e \end{bmatrix} \tag{3.8}$$

$$\boldsymbol{v}_n = \boldsymbol{A}_{n,m} \cdot \boldsymbol{v}_m \tag{3.9}$$

n Ordnung der lokalen Steifigkeitsmatrix $n = 2$

m Ordnung der globalen Steifigkeitsmatrix $m = 2$

$\boldsymbol{v}_n$ Vektor der lokalen Knotenweggrößen

$\boldsymbol{A}_{n,m}$ kinematische Verträglichkeit

$\boldsymbol{v}_m$ Vektor der globalen Knotenweggrößen

3.4 Gleichgewicht am Stabelement

Sind die Stabendmomente M_a und M_e bekannt, dann können die Querkräfte V_a und V_e durch Gleichgewichtsbedingungen am Stabelement berechnet werden, s. Abb. 3.6.

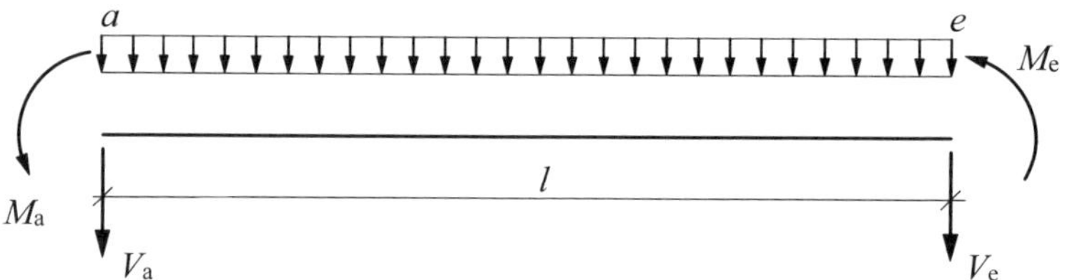

Abb. 3.6 Gleichgewicht am Stabelement mit Gleichstreckenlast

$$V_a = -\frac{M_a + M_e}{l} - \frac{1}{2} \cdot q \cdot l \tag{3.10}$$

$$V_e = -V_a - q \cdot l \tag{3.11}$$

Danach kann der Verlauf der Schnittgrößen und Verformungen mit der Vorzeichenregelung DGL in Stablängsrichtung mit der Übertragungsmatrix berechnet werden.

$$\begin{bmatrix} V(x) \\ M(x) \\ \hline EI \cdot w(x) \\ EI \cdot \tau(x) \end{bmatrix} = \left[\begin{array}{cc|cc} -1 & 0 & 0 & 0 \\ -x & -1 & 0 & 0 \\ \hline x^3/6 & x^2/2 & 1 & -x \\ -x^2/2 & -x & 0 & 1 \end{array}\right] \cdot \begin{bmatrix} V_a \\ M_a \\ \hline EI \cdot w_a \\ EI \cdot \tau_a \end{bmatrix} + \begin{bmatrix} -q_z \cdot x \\ -q_z \cdot x^2/2 \\ \hline q_z \cdot x^4/24 \\ -q_z \cdot x^3/6 \end{bmatrix} \tag{3.12}$$

Die Gleichung (3.12) wird in Kapitel 7 hergeleitet.

3.5 Globale Elementsteifigkeitsmatrix

Die globale Elementsteifigkeitsmatrix ist die Beziehung zwischen den globalen Randschnittgrößen und den globalen Knotenweggrößen. Die globale Elementsteifigkeitsmatrix erhält man durch die folgende Matrizenmultiplikation.

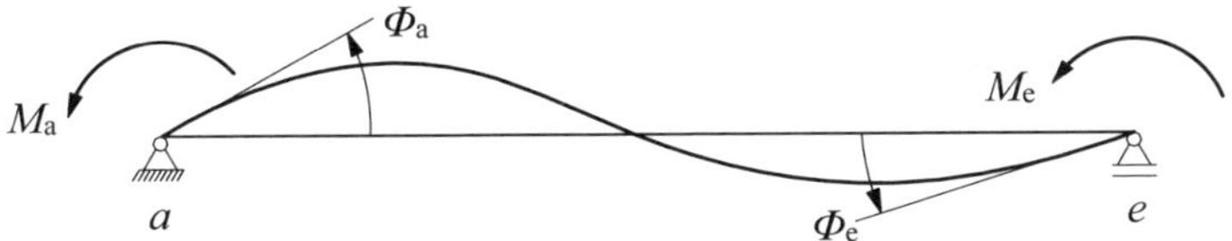

Abb. 3.7 Globale Randschnittgrößen

$$s_m = \boldsymbol{K}_{m,m} \cdot \boldsymbol{v}_m$$

$$\boldsymbol{K}_{m,m} = A_{m,n}^T \cdot \boldsymbol{K}_{n,n} \cdot A_{n,m}$$

m Ordnung der globalen Steifigkeitsmatrix $m = 2$
$\boldsymbol{s}_m$ Vektor der globalen Randschnittgrößen
$\boldsymbol{K}_{m,m}$ globale Elementsteifigkeitsmatrix
$\boldsymbol{v}_m$ Vektor der globalen Knotenweggrößen

Die globale Elementsteifigkeitsmatrix des Biegestabes für den starren Durchlaufträger ist symmetrisch und lautet:

$$\begin{bmatrix} M_a \\ \hline M_e \end{bmatrix} = \left[\begin{array}{c|c} 4 \cdot \dfrac{EI}{l} & 2 \cdot \dfrac{EI}{l} \\ \hline 2 \cdot \dfrac{EI}{l} & 4 \cdot \dfrac{EI}{l} \end{array}\right] \cdot \begin{bmatrix} \Phi_a \\ \hline \Phi_e \end{bmatrix} + \begin{bmatrix} \dfrac{1}{12} \cdot q \cdot l^2 \\ \hline -\dfrac{1}{12} \cdot q \cdot l^2 \end{bmatrix} \tag{3.13}$$

Es ist nicht notwendig, für die Biegemomente im globalen Koordinatensystem zugehörig zu den globalen Knotenweggrößen Φ eine neue Bezeichnung einzuführen, da bei ebenen Systemen für die Momente keine Transformation erforderlich ist.
Die Gleichung (3.13) besteht aus 4 Untermatrizen. Die Ordnung dieser Untermatrizen ist $m/2 = 1$.

$$\begin{bmatrix} M_a \\ \hline M_e \end{bmatrix} = \left[\begin{array}{c|c} K_{a,a} & K_{a,e} \\ \hline K_{e,a} & K_{e,e} \end{array}\right] \cdot \begin{bmatrix} \Phi_a \\ \hline \Phi_e \end{bmatrix} + \begin{bmatrix} M_{a0} \\ \hline M_{e0} \end{bmatrix} \tag{3.14}$$

Für das Beispiel gelten die folgenden kinematischen Beziehungen:

Stab $\underline{1}$ $\quad \tau_{1,1} = \Phi_1 \quad \tau_{2,1} = \Phi_2$

$$\begin{bmatrix} M_{1,1} \\ M_{2,1} \end{bmatrix} = \begin{bmatrix} 0 & 0 \\ 0 & 256,0 \end{bmatrix} \cdot \begin{bmatrix} \Phi_1 \\ \Phi_2 \end{bmatrix} + \begin{bmatrix} 0 \\ -20 \end{bmatrix}$$

Stab $\underline{2}$ $\quad \tau_{2,2} = \Phi_2 \quad \tau_{3,2} = \Phi_3$

$$\begin{bmatrix} M_{2,2} \\ M_{3,2} \end{bmatrix} = \begin{bmatrix} 341,3 & 170,7 \\ 170,7 & 341,3 \end{bmatrix} \cdot \begin{bmatrix} \Phi_2 \\ \Phi_3 \end{bmatrix} + \begin{bmatrix} +13,33 \\ -13,33 \end{bmatrix}$$

3.6 Systemsteifigkeitsmatrix

Bei dem Weggrößenverfahren werden alle Knoten frei geschnitten. Es werden die äußeren Kräfte, die globalen Randschnittgrößen und die unbekannten Auflagerkräfte eingetragen, s. Abb. 3.8.

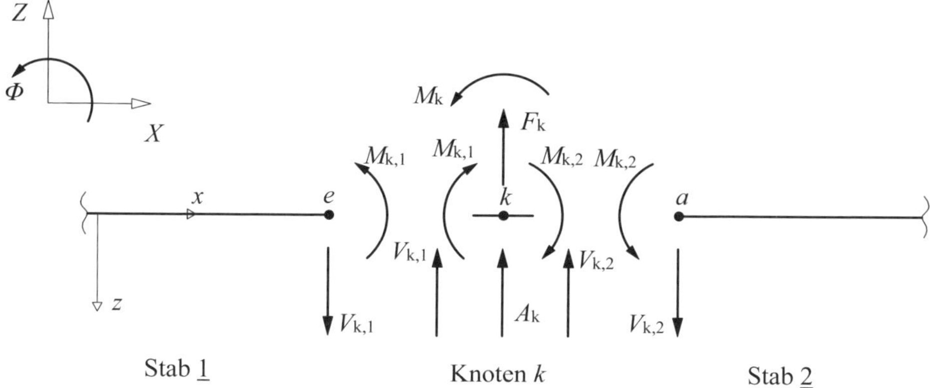

Abb. 3.8 Gleichgewicht am Knoten

Vorzeichenregelung am Knoten:

- Die Stabendmomente $M_{k,s}$ wirken im Uhrzeigersinn.
- Die Querkräfte wirken in Richtung der globalen Achse Z.
- Das Einspannmoment $M_{A,k}$ wirkt im Gegenuhrzeigersinn.
- Die Auflagerkräfte $A_{,k}$ wirken in Richtung der globalen Achse Z.
- Das Lastmoment M_k wirkt im Gegenuhrzeigersinn.
- Äußere Kräfte F_k wirken in Richtung der globalen Achse Z.

An jedem Knoten des Durchlaufträgers mit starrer Auflagerung gibt es eine unbekannte Knotenverdrehung Φ_k. Das Momentengleichgewicht an den freien Knoten erzeugt das Gleichungssystem für die unbekannten Knotenverdrehungen Φ_k.

$$0 = \sum M_{k,s} \qquad \text{bzw.} \qquad M_k = \sum M_{k,s}$$

Dieses Gleichungssystem ist die Systemsteifigkeitsmatrix. Insgesamt sind das bei k Knoten $j = k$ Gleichungen. Dieses Gleichungssystem kann in Matrizenschreibweise formuliert werden.

$$\boldsymbol{s}_{\mathrm{j}} = \boldsymbol{K}_{\mathrm{j,j}} \cdot \boldsymbol{v}_{\mathrm{j}} \tag{3.15}$$

In dem Vektor $\boldsymbol{s}_{\mathrm{j}}$ werden die Lastmomente M_{k} und die Starreinspannmomente $M_{\mathrm{k,0}}$ am Knoten k zusammengefasst. Für die Starreinspannmomente ändert sich dann das Vorzeichen.
Für das Einführungsbeispiel gilt:

Φ_1 ist keine Unbekannte, sondern linear abhängig von Φ_2.
Φ_2 ist eine Unbekannte.
Φ_3 ist gleich null, da dieser Knoten eine Einspannung ist.

Dieses System hat damit nur eine Unbekannte Φ_2.
In dem Vektor $\boldsymbol{s}_{\mathrm{j}}$ werden die Lastmomente M_{k} und die Starreinspannmomente $M_{\mathrm{k,0}}$ am Knoten k zusammengefasst. Für die Starreinspannmomente ändert sich dann das Vorzeichen. Man erhält:

$$\sum M_{\mathrm{k,s}} = 0 \qquad M_{2,1} + M_{2,2} = 0$$

$$256{,}0 \cdot \Phi_2 - 20 + 341{,}3 \cdot \Phi_2 + 13{,}33 = 0$$

$$6{,}67 = 597{,}3 \cdot \Phi_2$$

$$\Phi_2 = +1{,}117 \cdot 10^{-2}$$

Die Systemsteifigkeitsmatrix, wie sie in der Finiten-Elemente-Methode aufgestellt wird, wird in dem nächsten Beispiel gezeigt.

3.7 Berechnung der Zustandsgrößen

Die Berechnung erfolgt mit der lokalen Elementsteifigkeitsmatrix.
1. Stabendmomente in kNm

Stab <u>1</u> $\quad \tau_{1,1} = 0 \qquad \tau_{2,1} = \Phi_2$

$$\begin{bmatrix} M_{1,1} \\ \hline M_{2,1} \end{bmatrix} = \left[\begin{array}{c|c} 0 & 0 \\ \hline 0 & 256{,}0 \end{array}\right] \cdot \begin{bmatrix} 0 \\ \hline 1{,}117 \cdot 10^{-2} \end{bmatrix} + \begin{bmatrix} 0 \\ \hline -20 \end{bmatrix} = \begin{bmatrix} 0 \text{ kNm} \\ \hline -17{,}14 \text{ kNm} \end{bmatrix}$$

Stab <u>2</u> $\quad \tau_{2,2} = \Phi_2 \qquad \tau_{3,2} = 0$

$$\begin{bmatrix} M_{2,2} \\ \hline M_{3,2} \end{bmatrix} = \left[\begin{array}{c|c} 341{,}3 & 170{,}7 \\ \hline 170{,}7 & 341{,}3 \end{array}\right] \cdot \begin{bmatrix} 1{,}117 \cdot 10^{-2} \\ \hline 0 \end{bmatrix} + \begin{bmatrix} +13{,}33 \\ \hline -13{,}33 \end{bmatrix} = \begin{bmatrix} +17{,}14 \text{ kNm} \\ \hline -11{,}42 \text{ kNm} \end{bmatrix}$$

2. Querkräfte

$$V_a = -\frac{M_a + M_e}{l} - \frac{1}{2} \cdot q \cdot l$$

$$V_e = -V_a - q \cdot l$$

Stab $\underline{1}$

$$V_{1,1} = -\frac{M_{1,1} + M_{2,1}}{l} - \frac{1}{2} \cdot q \cdot l = -\frac{0 - 17,14}{4} - \frac{1}{2} \cdot 10 \cdot 4 = -15,65 \text{ kN}$$

$$V_{2,1} = -V_{1,1} - q \cdot l = -(-15,65) - 10 \cdot 4 = -24,35 \text{ kN}$$

Stab $\underline{2}$

$$V_{2,2} = -\frac{M_{2,2} + M_{3,2}}{l} - \frac{1}{2} \cdot q \cdot l = -\frac{17,14 - 11,42}{4} - \frac{1}{2} \cdot 10 \cdot 4 = -21,43 \text{ kN}$$

$$V_{3,2} = -V_{2,2} - q \cdot l = -(-21,43) - 10 \cdot 4 = -18,57 \text{ kN}$$

3. Auflagerkräfte $A_k = -\sum V_{k,s}$

Knoten $\underline{1}$

$$A_1 = -\sum V_{k,s} = -V_{1,1} = +15,65 \text{ kN}$$

Knoten $\underline{2}$

$$A_2 = -\sum V_{k,s} = -\left(V_{2,1} + V_{2,2}\right) = -\left(-24,35 - 21,43\right) = +45,78 \text{ kN}$$

Knoten $\underline{3}$

$$A_3 = -\sum V_{k,s} = -V_{3,2} = +18,57 \text{ kN}$$

4. Auflagermomente $M_{A,k} = \sum M_{k,s}$

Knoten $\underline{3}$

$$M_{A,3} = \sum M_{k,s} = M_{3,2} = -11,42 \text{ kNm}$$

Danach kann der Verlauf der Schnittgrößen und Verformungen in Stablängsrichtung mit der Übertragungsmatrix berechnet werden.

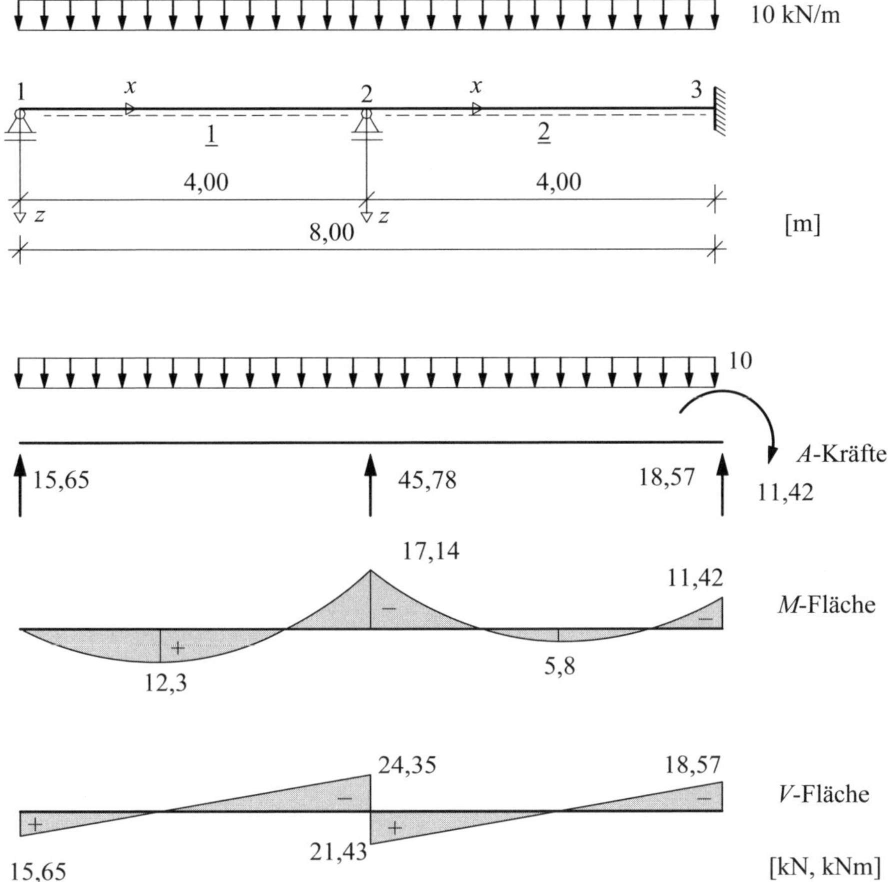

Abb. 3.9 Verlauf der Biegemomente und Querkräfte

3.8 Durchlaufträger mit starrer Lagerung

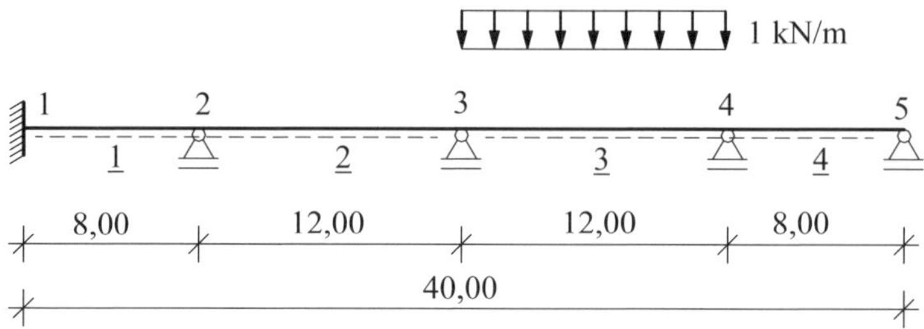

Abb. 3.10 System und Belastung

Querschnittswerte des Stahlbetonträgers:

$$E_c = 3000 \ \frac{\text{kN}}{\text{cm}^2} \quad b = 40 \text{ cm} \quad h = 60 \text{ cm} \quad I = \frac{1}{12} \cdot b \cdot h^3 = 720\,000 \text{ cm}^4$$

$$EI = 216000 \text{ kNm}^2$$

Es wird nun für das Beispiel die Systemsteifigkeitsmatrix mit den Gleichgewichtsbedingungen aufgestellt. Das System hat fünf Knoten, d. h. $j = k = 5$ Gleichungen.

Elementsteifigkeitsmatrizen

Die kinematische Verträglichkeit lautet:

$$\tau_a = \Phi_a \qquad \tau_e = \Phi_e$$

Die lokale und die globale Elementsteifigkeitsmatrix sind deshalb gleich.

Stab 1

$$\begin{bmatrix} M_{1,1} \\ M_{2,1} \end{bmatrix} = \begin{bmatrix} 108000 & 54000 \\ 54000 & 108000 \end{bmatrix} \cdot \begin{bmatrix} \Phi_1 \\ \Phi_2 \end{bmatrix}$$

Stab 2

$$\begin{bmatrix} M_{2,2} \\ M_{3,2} \end{bmatrix} = \begin{bmatrix} 72000 & 36000 \\ 36000 & 72000 \end{bmatrix} \cdot \begin{bmatrix} \Phi_2 \\ \Phi_3 \end{bmatrix}$$

Stab 3

$$\begin{bmatrix} M_{3,3} \\ M_{4,3} \end{bmatrix} = \begin{bmatrix} 72000 & 36000 \\ 36000 & 72000 \end{bmatrix} \cdot \begin{bmatrix} \Phi_3 \\ \Phi_4 \end{bmatrix} + \begin{bmatrix} +12 \\ -12 \end{bmatrix}$$

Stab 4

$$\begin{bmatrix} M_{4,4} \\ M_{5,4} \end{bmatrix} = \begin{bmatrix} 108000 & 54000 \\ 54000 & 108000 \end{bmatrix} \cdot \begin{bmatrix} \Phi_4 \\ \Phi_5 \end{bmatrix}$$

Eine Reduktion ist bei Stab 4 nicht erforderlich, wenn Φ_5 am Auflager als Unbekannte berücksichtigt wird.

Systemsteifigkeitsmatrix
Die Systemsteifigkeitsmatrix wird aufgestellt, wie es in der Finiten-Elemente-Methode üblich ist. Die Untermatrizen der Elementsteifigkeitsmatrix $\boldsymbol{K}_{m,m}$ nach Gleichung (3.14) sind in der aufbereiteten Form in die Systemsteifigkeitsmatrix einzuordnen und aufzusummieren, s. Kapitel ebenes Fachwerk. Dies entspricht den Gleichgewichtsbedingungen an jedem Knoten.

		Φ_1	Φ_2	Φ_3	Φ_4	Φ_5
$\boldsymbol{M}_{A,1}$		$\boldsymbol{K}_{11,1}$	$\boldsymbol{K}_{12,1}$	0	0	0
0		$\boldsymbol{K}_{21,1}$	$\boldsymbol{K}_{22,1}$ $+\boldsymbol{K}_{22,2}$	$\boldsymbol{K}_{23,2}$	0	0
$-\boldsymbol{M}_{3,0}$	=	0	$\boldsymbol{K}_{32,2}$	$\boldsymbol{K}_{33,2}$ $+\boldsymbol{K}_{33,3}$	$\boldsymbol{K}_{34,3}$	0
$-\boldsymbol{M}_{4,0}$		0	0	$\boldsymbol{K}_{43,3}$	$\boldsymbol{K}_{44,3}$ $+\boldsymbol{K}_{44,4}$	$\boldsymbol{K}_{45,4}$
0		0	0	0	$\boldsymbol{K}_{54,4}$	$\boldsymbol{K}_{55,4}$

Es werden die Zahlenwerte eingesetzt.

		Φ_1	Φ_2	Φ_3	Φ_4	Φ_5
$M_{A,1}$		108000	54000	0	0	0
0		54000	108000 +72000 = 180000	36000	0	0
−12	=	0	36000	72000 +72000 = 144000	36000	0
+12		0	0	36000	72000 +108000 = 180000	54000
0		0	0	0	54000	108000

In dem Beispiel sind die folgenden Lagerungsbedingungen gegeben.

$\Phi_1 = 0$

	=	Φ_1	Φ_2	Φ_3	Φ_4	Φ_5
0		1	0	0	0	0
0		0	180000	36000	0	0
−12	=	0	36000	144000	36000	0
+12		0	0	36000	180000	54000
0		0	0	0	54000	108000

Lösung des Gleichungssystems

$$\Phi_1 = 0$$
$$\Phi_2 = +2{,}31023 \cdot 10^{-5}$$
$$\Phi_3 = -1{,}15512 \cdot 10^{-4}$$
$$\Phi_4 = +1{,}05611 \cdot 10^{-4}$$
$$\Phi_5 = -5{,}28053 \cdot 10^{-5}$$

Schnittgrößen und Auflagerkräfte

Stab $\underline{1}$

$$\begin{bmatrix} M_{1,1} \\ M_{2,1} \end{bmatrix} = \begin{bmatrix} 108000 & 54000 \\ 54000 & 108000 \end{bmatrix} \cdot \begin{bmatrix} 0 \\ +2{,}31023 \cdot 10^{-5} \end{bmatrix} = \begin{bmatrix} +1{,}25 \text{ kNm} \\ +2{,}50 \text{ kNm} \end{bmatrix}$$

Stab $\underline{2}$

$$\begin{bmatrix} M_{2,2} \\ M_{3,2} \end{bmatrix} = \begin{bmatrix} 72000 & 36000 \\ 36000 & 72000 \end{bmatrix} \cdot \begin{bmatrix} +2{,}31023 \cdot 10^{-5} \\ -1{,}15512 \cdot 10^{-4} \end{bmatrix} = \begin{bmatrix} -2{,}50 \text{ kNm} \\ -7{,}49 \text{ kNm} \end{bmatrix}$$

Stab $\underline{3}$

$$\begin{bmatrix} M_{3,3} \\ M_{4,3} \end{bmatrix} = \begin{bmatrix} 72000 & 36000 \\ 36000 & 72000 \end{bmatrix} \cdot \begin{bmatrix} -1{,}15512 \cdot 10^{-4} \\ +1{,}05611 \cdot 10^{-4} \end{bmatrix} + \begin{bmatrix} +12 \\ -12 \end{bmatrix} = \begin{bmatrix} +7{,}50 \text{ kNm} \\ -8{,}55 \text{ kNm} \end{bmatrix}$$

Stab $\underline{4}$

$$\begin{bmatrix} M_{4,4} \\ M_{5,4} \end{bmatrix} = \begin{bmatrix} 108000 & 54000 \\ 54000 & 108000 \end{bmatrix} \cdot \begin{bmatrix} +1{,}05611 \cdot 10^{-4} \\ -5{,}28053 \cdot 10^{-5} \end{bmatrix} = \begin{bmatrix} +8{,}55 \text{ kNm} \\ +0 \text{ kNm} \end{bmatrix}$$

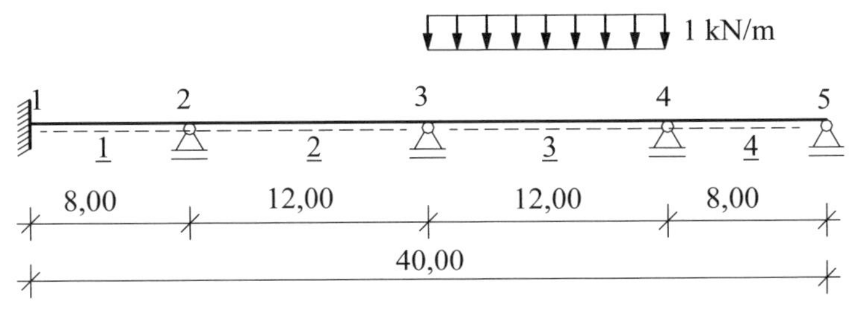

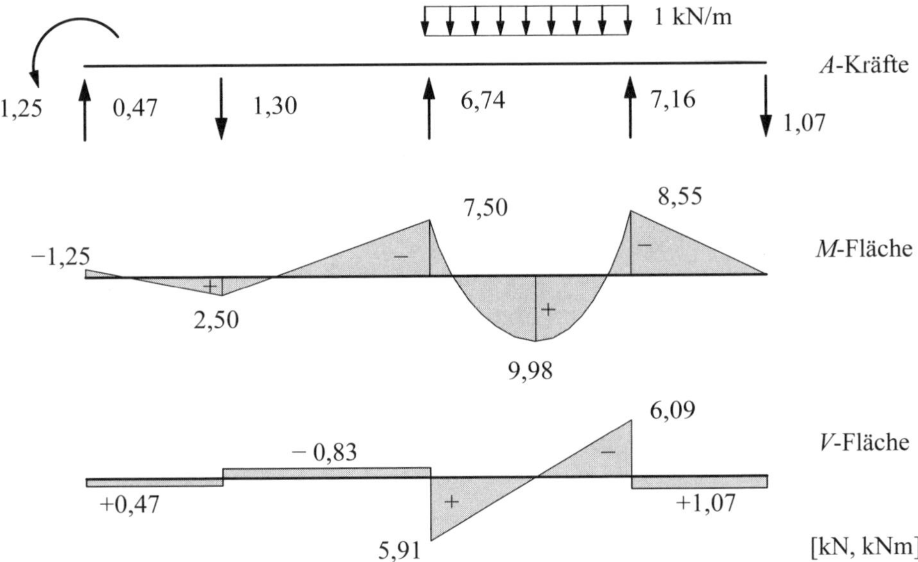

Abb. 3.11 Verlauf der Biegemomente und Querkräfte

Die Auflagerkräfte werden durch die Gleichgewichtsbedingungen an den Auflagerknoten ermittelt. Die Ergebnisse sind mit der Vorzeichenregelung FEM angegeben:

Knoten 1	$A_{Z,1} = 0,468$ kN
	$M_{A,k} = +1,25$ kNm
Knoten 2	$A_{Z,2} = -1,30$ kN
Knoten 3	$A_{Z,3} = +6,743$ kN
Knoten 4	$A_{Z,3} = +7,158$ kN
Knoten 5	$A_{Z,5} = -1,069$ kN

Schnittgrößenverlauf

Danach kann der Verlauf der Schnittgrößen und Verformungen in Stablängsrichtung mit der Übertragungsmatrix berechnet werden. In Abb. 3.11 sind die Momentenfläche, die Querkraftfläche und die Auflagerkräfte für dieses System dargestellt.

Das maximale Biegemoment tritt im Stab 3 auf, wo die Querkraft gleich null ist. Man erhält:

$$x = 5{,}91\ \text{m}$$

$$M(5{,}91) = (-5{,}91)\cdot(-5{,}91) - 7{,}49 - \frac{1}{2}\cdot 1\cdot 5{,}91^2 = +9{,}98\ \text{kNm}$$

3.9 Systeme mit dehnstarren Stäben

Bei Systemen mit dehnstarren Stäben ist die Normalkraftverformung $\Delta l_s = 0$. Es treten an einem Knoten nicht alle Knotenweggrößen auf. Bei einem unverschieblichen ebenen Rahmen sind nur die Knotenverdrehungen Φ unbekannt.

Deshalb gilt dieselbe globale Elementsteifigkeitsmatrix wie für den Durchlaufträger mit starrer Stützung.

Sind die Biegemomente am Knoten bekannt, werden die Querkräfte und Normalkräfte der einzelnen Stäbe mit den Gleichgewichtsbedingungen am Knoten ermittelt. Entsprechendes gilt für die Auflagerkräfte.

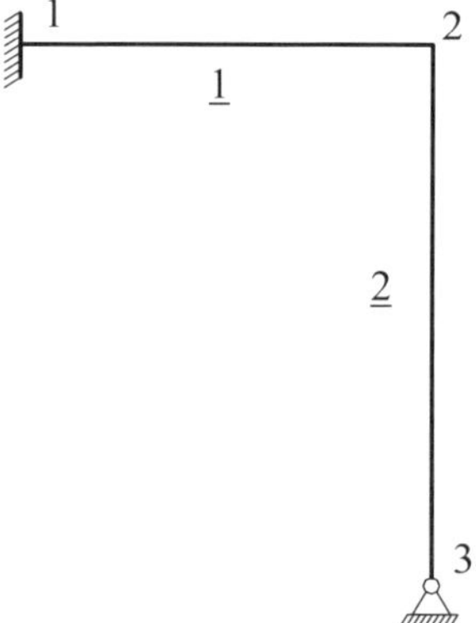

Abb. 3.12 Dehnstarres unverschiebliches System

Ein statisches System ist unverschieblich, wenn die zugehörige Gelenkfigur (Gelenke an allen Knoten) nicht kinematisch ist. Das System in Abb. 3.12 ist nicht kinematisch.

Für das dehnelastische System sind unbekannt: U_2, W_2 und Φ_2

Für das dehnstarre System gilt:

$$\Delta l_1 = 0 \text{ und } \Delta l_2 = 0$$

Daraus folgt: $U_2 = 0$ und $W_2 = 0$

Erläuterungsbeispiel dehnstarrer Rahmen

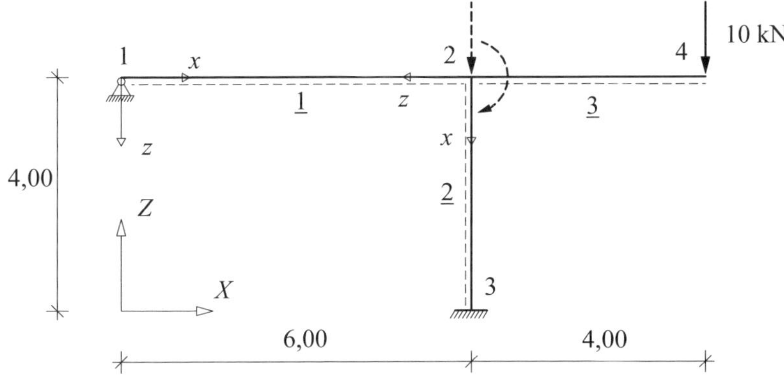

Abb. 3.13 System und Belastung

Querschnittswerte der Stahlbetonkonstruktion für alle Stäbe:

$$E_c = 3000 \ \frac{\text{kN}}{\text{cm}^2}$$

$$b = 30 \text{ cm} \qquad h = 30 \text{ cm} \qquad I = \frac{1}{12} \cdot b \cdot h^3 = 67\ 500 \text{ cm}^4$$

$$EI = 20\ 250 \text{ kNm}^2$$

Der Kragträger wird in den FEM-Programmen berücksichtigt. Für die Handrechnung werden vereinfacht die Schnittgrößen des Kragträgers am Knoten 2 berechnet und als äußere Lasten angegeben.

$$F_2 = 10 \text{ kN} \qquad M_2 = 40 \text{ kNm}$$

Es wird nun für das Beispiel die Systemsteifigkeitsmatrix mit den Gleichgewichtsbedingungen aufgestellt. Das System hat drei Knoten, d. h. $j = k = 3$ Gleichungen.

Elementsteifigkeitsmatrizen

Stab 1

$$\begin{bmatrix} M_a \\ \hline M_e \end{bmatrix} = \left[\begin{array}{c|c} 0 & 0 \\ \hline 0 & 3 \cdot \dfrac{EI}{l} \end{array}\right] \cdot \begin{bmatrix} \tau_a \\ \hline \tau_e \end{bmatrix}$$

$$\begin{bmatrix} M_{1,1} \\ \hline M_{2,1} \end{bmatrix} = \left[\begin{array}{c|c} 0 & 0 \\ \hline 0 & 10125 \end{array}\right] \cdot \begin{bmatrix} \Phi_1 \\ \hline \Phi_2 \end{bmatrix}$$

Stab 2

$$\begin{bmatrix} M_a \\ \hline M_e \end{bmatrix} = \begin{bmatrix} 4 \cdot \frac{EI}{l} & 2 \cdot \frac{EI}{l} \\ 2 \cdot \frac{EI}{l} & 4 \cdot \frac{EI}{l} \end{bmatrix} \cdot \begin{bmatrix} \tau_a \\ \hline \tau_e \end{bmatrix}$$

$$\begin{bmatrix} M_{2,2} \\ \hline M_{3,2} \end{bmatrix} = \begin{bmatrix} 20250 & 10125 \\ 10125 & 20250 \end{bmatrix} \cdot \begin{bmatrix} \Phi_2 \\ \hline \Phi_3 \end{bmatrix}$$

Die Gleichgewichtsbedingungen an jedem Knoten lauten:

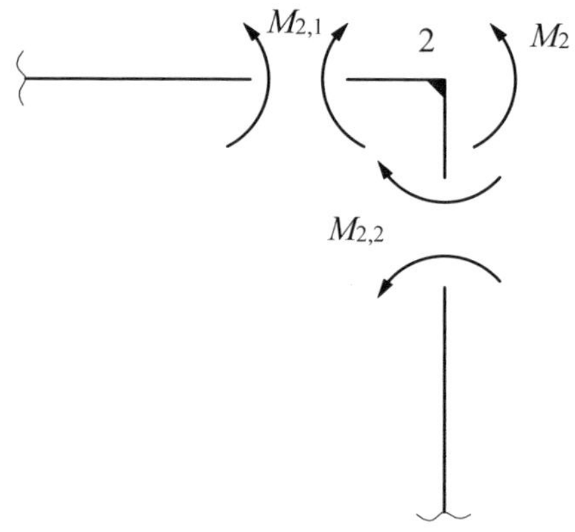

Knoten 1 $\quad 0 = M_{1,1}$

Knoten 2 $\quad 0 = M_{2,1} + M_{2,2} - M_2$

Knoten 3 $\quad M_{A,k} = M_{3,2}$

Systemsteifigkeitsmatrix

Die Systemsteifigkeitsmatrix wird aufgestellt, wie es in der Finiten-Elemente-Methode üblich ist. Die Untermatrizen der Elementsteifigkeitsmatrix $\boldsymbol{K}_{m,m}$ nach Gleichung (3.14) sind in der aufbereiteten Form in die Systemsteifigkeitsmatrix einzuordnen und aufzusummieren.

		Φ_1	Φ_2	Φ_3
0		$\boldsymbol{K}_{11,1}$	$\boldsymbol{K}_{12,1}$	0
M_2	=	$\boldsymbol{K}_{21,1}$	$\boldsymbol{K}_{22,1}$ $+\boldsymbol{K}_{22,2}$	$\boldsymbol{K}_{23,2}$
$M_{A,3}$		0	$\boldsymbol{K}_{32,2}$	$\boldsymbol{K}_{33,2}$

Es werden die Zahlenwerte eingesetzt.

		Φ_1	Φ_2	Φ_3
0		0	0	0
−40	=	0	10125 +20250 = 30375	10125
$M_{A,3}$		0	10125	20250

In dem Beispiel sind die folgenden Lagerungsbedingungen gegeben:

$$\Phi_3 = 0$$

		Φ_1	Φ_2	Φ_3
0		1	0	0
−40		0	30375	0
0	=	0	0	1

Lösung des Gleichungssystems

$$\Phi_1 = 0$$

$$\Phi_2 = -1{,}31687 \cdot 10^{-3}$$

$$\Phi_3 = 0$$

Schnittgrößen und Auflagerkräfte

Stab $\underline{1}$

$$\begin{bmatrix} M_{1,1} \\ M_{2,1} \end{bmatrix} = \begin{bmatrix} 0 & 0 \\ 0 & 10125 \end{bmatrix} \cdot \begin{bmatrix} 0 \\ -1{,}31687 \cdot 10^{-3} \end{bmatrix} = \begin{bmatrix} 0 \text{ kNm} \\ -3{,}33 \text{ kNm} \end{bmatrix}$$

Stab $\underline{2}$

$$\begin{bmatrix} M_{2,2} \\ M_{3,2} \end{bmatrix} = \begin{bmatrix} 20250 & 10125 \\ 10125 & 20250 \end{bmatrix} \cdot \begin{bmatrix} -1{,}31687 \cdot 10^{-3} \\ 0 \end{bmatrix} = \begin{bmatrix} -26{,}67 \text{ kNm} \\ -13{,}33 \text{ kNm} \end{bmatrix}$$

Knoten 3 $\quad M_{A,k} = M_{3,2} = -13{,}33 \text{ kNm}$

Die Auflagerkräfte werden durch die Gleichgewichtsbedingungen an den Auflagerknoten ermittelt. Die Ergebnisse sind mit der Vorzeichenregelung DGL angegeben.

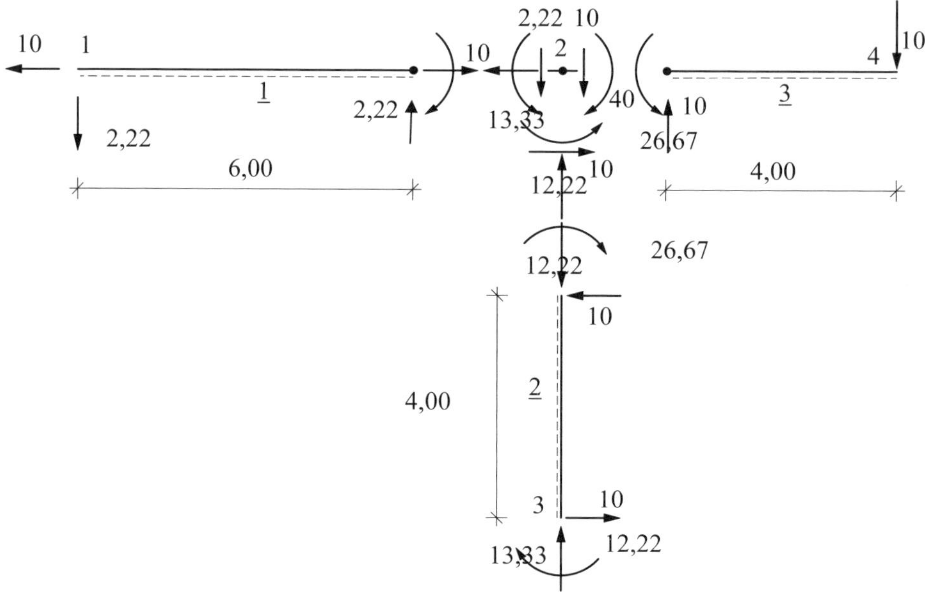

Abb. 3.14 Gleichgewicht am Knoten

Schnittgrößenverlauf

Danach kann der Verlauf der Schnittgrößen und Verformungen in Stablängsrichtung mit der Übertragungsmatrix berechnet werden. In Abb. 3.16 sind die Auflagerkräfte, die Momentenfläche, die Querkraftfläche und die Normalkraftfläche für dieses System dargestellt.

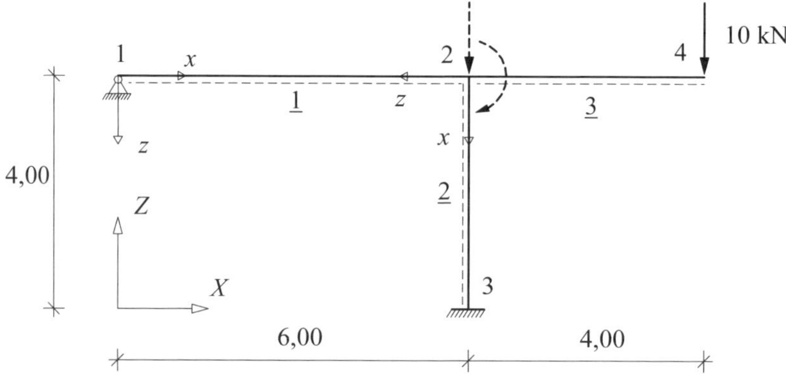

Abb. 3.15 System und Belastung

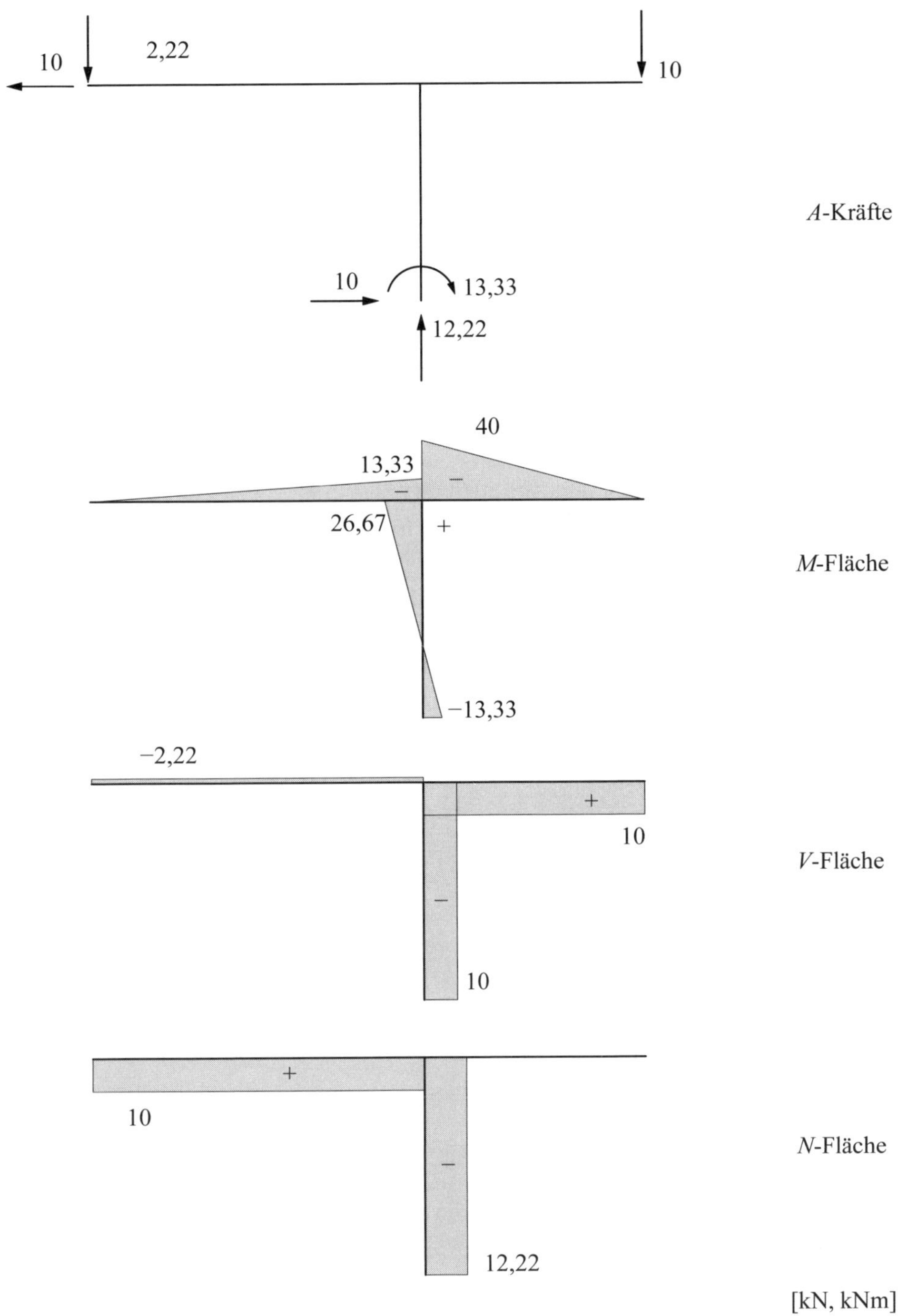

Abb. 3.16 Verlauf der Biegemomente, Querkräfte und Normalkräfte

4 Verschiebliche Balkenelemente

4.1 Beschreibung des Systems

Die Grundlagen des Weggrößenverfahrens sind in dem Kapitel 2 am Beispiel des Fachwerkes ausführlich erläutert worden. Der elastisch gelagerte Durchlaufträger ist ein System, das aus verschieblichen Balkenelementen besteht.
Der elastisch gelagerte Durchlaufträger ist ein Sonderfall des ebenen Rahmens, der in Kapitel 6 behandelt wird. Es wird hier schon das globale Koordinatensystem des Rahmens nach Abb. 4.1 eingeführt, um die allgemeine Vorgehensweise einfach darstellen zu können.
In Abb. 4.2 ist ein Durchlaufträger dargestellt, der als Erläuterungsbeispiel dient. Folgendes charakterisiert diesen Durchlaufträger:

1. Das Stabelement des Durchlaufträgers ist der Biegestab.
2. Es treten als Schnittgrößen das Biegemoment M und die Querkraft V auf.
3. Es sind die Schnittgrößen und Verformungen des Biegestabes an jeder Stelle zu bestimmen, da diese nicht konstant sind.
4. Von den drei Knotenweggrößen U, W und Φ des ebenen Rahmentragwerkes sind die Knotenverformungen W und Φ unbekannt.

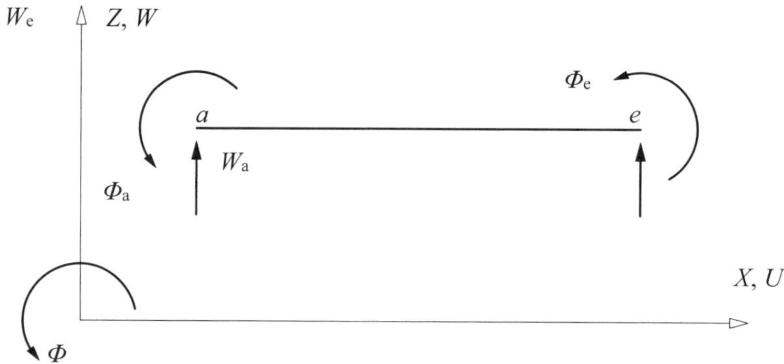

Abb. 4.1 Globales Koordinatensystem mit globalen Knotenweggrößen

5. Als Lagerung sind neben dem festen, dem losen Auflager und der Einspannung auch Auflagerfedern möglich.
6. Es gibt Stabelemente, die an einem Knoten kein Biegemoment übertragen können. Dies kann ein gelenkiges Auflager am Ende des Durchlaufträgers oder ein Momentengelenk im Durchlaufträger sein.

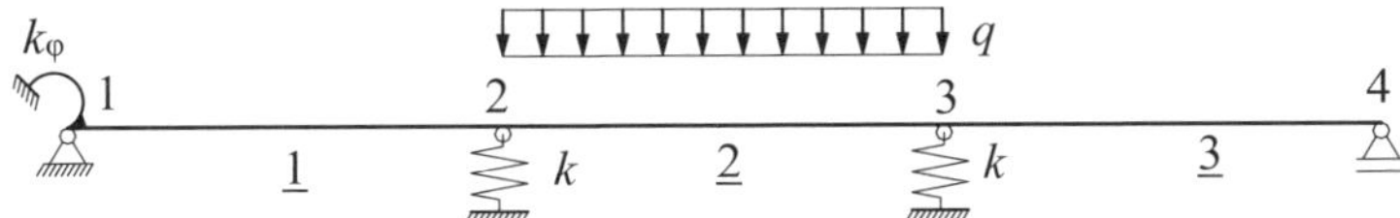

Abb. 4.2 System und Belastung eines elastisch gelagerten Durchlaufträgers

4.2 Lokale Elementsteifigkeitsmatrix

Das Stabelement ist im Systemverband am Knoten *a* und Knoten *e* angeschlossen. An einem Knoten treten sowohl Knotenweggrößen als auch Knotenschnittgrößen als Randgrößen des Stabelementes auf. Im Unterschied zum starr gelagerten Biegestab verschieben sich die Randknoten des Stabelementes um w_a und w_e, s. Abb. 4.3. Die Elementverformung des Biegestabes, die durch die Endtangentenwinkel beschrieben wird, bleibt aber erhalten. Die Verschiebung der Randknoten um w_a und w_e kann als eine Starrkörperverschiebung des Stabelementes beschrieben werden.

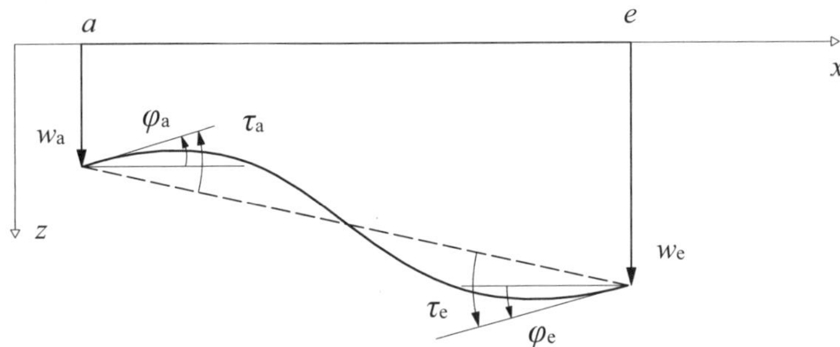

Abb. 4.3 Kinematische Verträglichkeit zwischen den Elementverformungen und den lokalen Knotenweggrößen

Die Endtangentenwinkel τ_a und τ_e werden bei diesem Element durch die erweiterten lokalen Knotenweggrößen w_a, φ_a und w_e, φ_e beschrieben. Nach Abb. 4.3 gilt:

$$\begin{aligned} \tau_\mathrm{a} &= \varphi_\mathrm{a} + \frac{w_\mathrm{e} - w_\mathrm{a}}{l} \\ \tau_\mathrm{e} &= \varphi_\mathrm{e} + \frac{w_\mathrm{e} - w_\mathrm{a}}{l} \end{aligned} \tag{4.1}$$

Die Beziehungen (4.1) werden in die ursprüngliche Elementsteifigkeitsmatrix eingesetzt.

$$\begin{bmatrix} M_\mathrm{a} \\ \hline M_\mathrm{e} \end{bmatrix} = \frac{EI}{l} \cdot \left[\begin{array}{c|c} 4 & 2 \\ \hline 2 & 4 \end{array}\right] \cdot \begin{bmatrix} \tau_\mathrm{a} \\ \hline \tau_\mathrm{e} \end{bmatrix} + \begin{bmatrix} M_\mathrm{a0} \\ \hline M_\mathrm{e0} \end{bmatrix}$$

$$M_a = 4 \cdot \frac{EI}{l} \cdot \tau_a + 2 \cdot \frac{EI}{l} \cdot \tau_e + M_{a0}$$

$$M_a = 4 \cdot \frac{EI}{l} \cdot \left(\varphi_a + \frac{w_e - w_a}{l} \right) + 2 \cdot \frac{EI}{l} \cdot \left(\varphi_e + \frac{w_e - w_a}{l} \right) + M_{a0}$$

$$M_a = -6 \cdot \frac{EI}{l^2} \cdot w_a + 4 \cdot \frac{EI}{l} \cdot \varphi_a + 6 \cdot \frac{EI}{l^2} \cdot w_e + 2 \cdot \frac{EI}{l} \cdot \varphi_e + M_{a0}$$

Entsprechend erhält man für das Stabendmoment M_e

$$M_e = -6 \cdot \frac{EI}{l^2} \cdot w_a + 2 \cdot \frac{EI}{l} \cdot \varphi_a + 6 \cdot \frac{EI}{l^2} \cdot w_e + 4 \cdot \frac{EI}{l} \cdot \varphi_e + M_{e0}$$

Die Querkräfte V_a und V_e folgen aus den Gleichgewichtsbedingungen am Stabelement, s. Abb. 4.4.

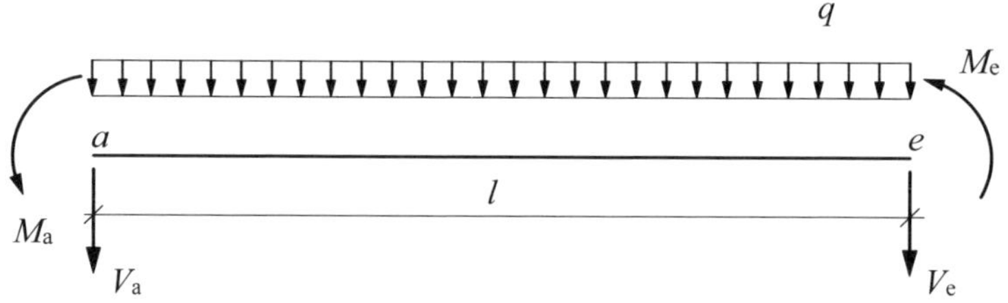

Abb. 4.4 Gleichgewicht am Stabelement

$$V_a = -\frac{M_a + M_e}{l} + V_{a0} \tag{4.2}$$

$$V_e = +\frac{M_a + M_e}{l} + V_{e0} \tag{4.3}$$

$$V_a = 12 \cdot \frac{EI}{l^3} \cdot w_a - 6 \cdot \frac{EI}{l^2} \cdot \varphi_a - 12 \cdot \frac{EI}{l^3} \cdot w_e - 6 \cdot \frac{EI}{l^2} \cdot \varphi_e + V_{a0}$$

$$V_e = -12 \cdot \frac{EI}{l^3} \cdot w_a + 6 \cdot \frac{EI}{l^2} \cdot \varphi_a + 12 \cdot \frac{EI}{l^3} \cdot w_e + 6 \cdot \frac{EI}{l^2} \cdot \varphi_e + V_{e0}$$

Diese Gleichungen können in Matrizenschreibweise formuliert werden.

<u>Stab</u> M$_{ae}$

$$\begin{bmatrix} V_a \\ M_a \\ V_e \\ M_e \end{bmatrix} = \frac{EI}{l^3} \cdot \begin{bmatrix} 12 & -6l & -12 & -6l \\ -6l & 4l^2 & 6l & 2l^2 \\ -12 & 6l & 12 & 6l \\ -6l & 2l^2 & 6l & 4l^2 \end{bmatrix} \cdot \begin{bmatrix} w_a \\ \varphi_a \\ w_e \\ \varphi_e \end{bmatrix} + \begin{bmatrix} V_{a,0} \\ M_{a,0} \\ V_{e,0} \\ M_{e,0} \end{bmatrix} \tag{4.4}$$

$$\boldsymbol{s}_{\mathrm{n}} = \boldsymbol{K}_{\mathrm{n,n}} \cdot \boldsymbol{v}_{\mathrm{n}} + \boldsymbol{s}_{\mathrm{n0}} \tag{4.5}$$

n Ordnung der lokalen Elementsteifigkeitsmatrix $n = 4$

$\boldsymbol{K}_{\mathrm{n,n}}$ lokale Elementsteifigkeitsmatrix

$\boldsymbol{v}_{\mathrm{n}}$ Vektor der lokalen Knotenweggrößen

$\boldsymbol{s}_{\mathrm{n0}}$ Vektor der Starreinspanngrößen

Die lokalen Elementsteifigkeitsmatrizen mit einem Momentengelenk am Stabanfang und am Stabende werden in der gleichen Weise berechnet. Die Starreinspannmomente können Bautabellenwerken entnommen werden.

Zusammenstellung der lokalen Elementsteifigkeitsmatrizen

Stab M_{ae}

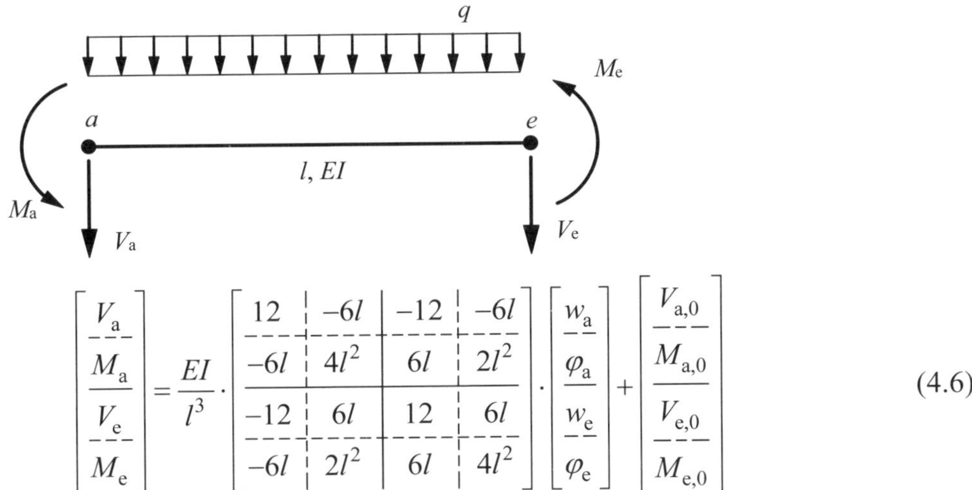

$$\begin{bmatrix} V_a \\ M_a \\ V_e \\ M_e \end{bmatrix} = \frac{EI}{l^3} \cdot \begin{bmatrix} 12 & -6l & -12 & -6l \\ -6l & 4l^2 & 6l & 2l^2 \\ -12 & 6l & 12 & 6l \\ -6l & 2l^2 & 6l & 4l^2 \end{bmatrix} \cdot \begin{bmatrix} w_a \\ \varphi_a \\ w_e \\ \varphi_e \end{bmatrix} + \begin{bmatrix} V_{a,0} \\ M_{a,0} \\ V_{e,0} \\ M_{e,0} \end{bmatrix} \tag{4.6}$$

Stab M_a – Momentengelenk am Stabende

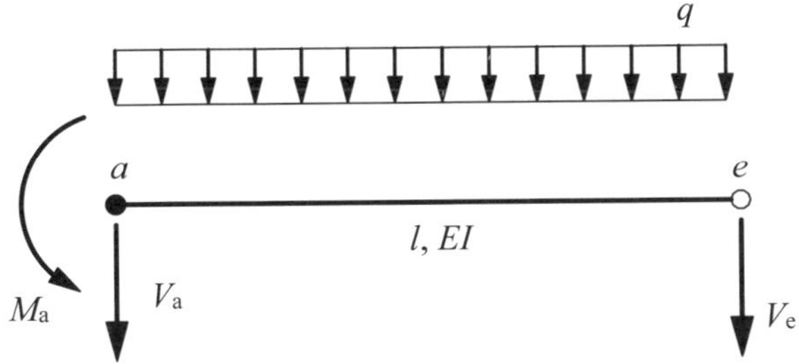

$$\begin{bmatrix} V_a \\ M_a \\ V_e \\ M_e \end{bmatrix} = \frac{EI}{l^3} \cdot \begin{bmatrix} 3 & -3l & -3 & 0 \\ -3l & 3l^2 & 3l & 0 \\ -3 & 3l & 3 & 0 \\ 0 & 0 & 0 & 0 \end{bmatrix} \cdot \begin{bmatrix} w_a \\ \varphi_a \\ w_e \\ \varphi_e \end{bmatrix} + \begin{bmatrix} V_{a,0} \\ M_{a,0} \\ V_{e,0} \\ M_{e,0} \end{bmatrix} \tag{4.7}$$

Stab M_e– Momentengelenk am Stabanfang

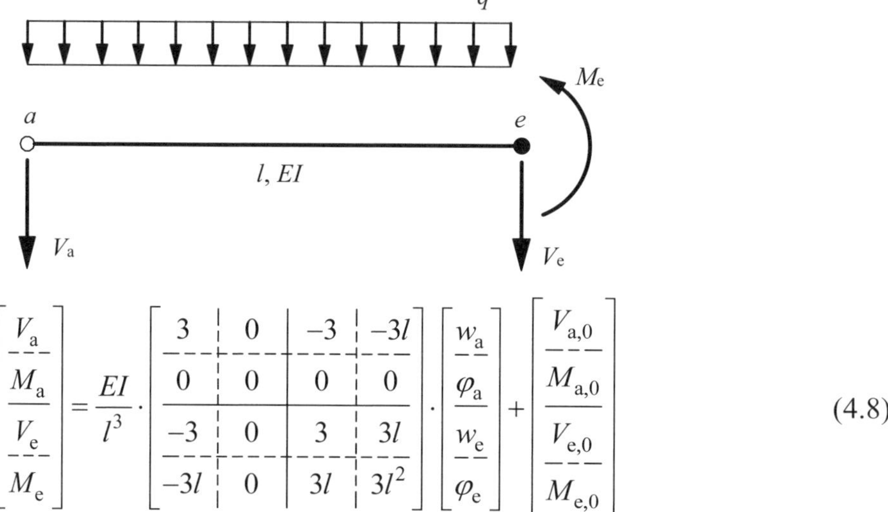

$$\begin{bmatrix} V_a \\ M_a \\ V_e \\ M_e \end{bmatrix} = \frac{EI}{l^3} \cdot \begin{bmatrix} 3 & 0 & -3 & -3l \\ 0 & 0 & 0 & 0 \\ -3 & 0 & 3 & 3l \\ -3l & 0 & 3l & 3l^2 \end{bmatrix} \cdot \begin{bmatrix} w_a \\ \varphi_a \\ w_e \\ \varphi_e \end{bmatrix} + \begin{bmatrix} V_{a,0} \\ M_{a,0} \\ V_{e,0} \\ M_{e,0} \end{bmatrix} \tag{4.8}$$

4.3 Modifikation der Elementsteifigkeitsmatrix

Die Elemente k_{ik} der Elementsteifigkeitsmatrix $\boldsymbol{K}$ müssen modifiziert werden, wenn spezielle Elementrandbedingungen vorliegen. Diese Modifikation wird in der FE-Methode als statische Kondensation benannt. Die Elemente k_{ik}^* der modifizierten Matrix $\boldsymbol{K}^*$ berechnen sich aus den Elementen der Elementsteifigkeitsmatrix folgendermaßen. Modifikation der A-ten Zeile, wenn z. B. ein Gelenk vorhanden ist:

$$k_{ik}^* = k_{ik} - \frac{k_{iA}}{k_{AA}} \cdot k_{Ak} \tag{4.9}$$

i 1.........m (Ordnung der Matrix)

k 1.........m

Für den Vektor der Starreinspanngrößen gilt:

$$s_{i0}^* = s_{i0} - \frac{k_{iA}}{k_{AA}} \cdot \left(s_{A0} - s_A\right) \tag{4.10}$$

s_A ist ein beliebiger Wert, z. B. Null oder das vollplastische Moment, der auch eine Funktion irgendwelcher Parameter sein kann.
Damit ist es auch möglich, Elementsteifigkeitsmatrizen für die Fließgelenktheorie, die im Stahlbau angewendet wird, aufzustellen, wobei die Interaktionsbeziehung mehrerer Schnittgrößen berücksichtigt werden kann. Diese Modifikation soll hier auf nachgiebige Knotenverbindungen erweitert werden. Liegt eine nachgiebige Knotenverbindung mit der Gelenksteifigkeit c_A vor, werden die Elemente k^*_{ik} und s^*_{i0} folgendermaßen ermittelt:

$$k^*_{ik} = k_{ik} - \frac{k_{iA}}{k_{AA} + c_A} \cdot k_{Ak} \qquad s^*_{i0} = s_{i0} - \frac{k_{iA}}{k_{AA} + c_A} \cdot s_{A0} \qquad (4.11)$$

Die Modifikation ist mit der lokalen Elementsteifigkeitsmatrix durchzuführen. Bei mehrfacher Modifikation ist diese von der Reihenfolge unabhängig. Damit können z. B. Tragwerke mit nachgiebigen Knotenverbindungen im Stahlbau und Holzbau mit der in Abb. 4.5 dargestellten Charakteristik berechnet werden.

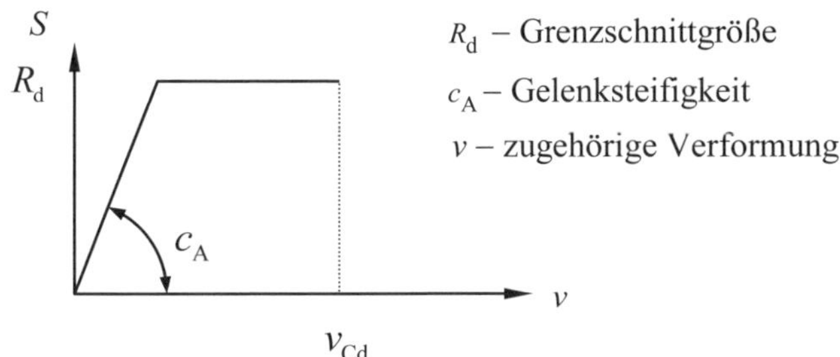

Abb. 4.5 Eigenschaften der Schnittgrößen-Verformungs-Charakteristik

Die Gleichungen (4.9) und (4.10) werden hergeleitet. Die Matrizengleichung

$$\boldsymbol{s}_n = \boldsymbol{K}_{n,n} \cdot \boldsymbol{v}_n + \boldsymbol{s}_{n,0}$$

kann auch in Indexschreibweise angegeben werden.

$$s_i = k_{ik} \cdot v_k + s_{i0} \qquad (4.12)$$

Die Elemente der Matrix lauten dann:

$$\begin{bmatrix} s_1 \\ s_i \\ s_3 \\ s_A \end{bmatrix} = \begin{bmatrix} k_{11} & k_{12} & k_{13} & k_{1A} \\ k_{21} & k_{ik} & k_{23} & k_{iA} \\ k_{31} & k_{32} & k_{33} & k_{3A} \\ k_{3A} & k_{Ak} & k_{A3} & k_{AA} \end{bmatrix} \cdot \begin{bmatrix} v_1 \\ v_k \\ v_3 \\ v_A \end{bmatrix} + \begin{bmatrix} s_{10} \\ s_{i0} \\ s_{30} \\ s_{A0} \end{bmatrix}$$

Für die Reduktion nach der A-ten Zeile gilt allgemein:

$$s_i = k_{ik} \cdot v_k + k_{iA} \cdot v_A + s_{i0}$$
$$s_A = k_{Ak} \cdot v_k + k_{AA} \cdot v_A + s_{A0}$$

Aus der zweiten Gleichung folgt:

$$v_A = (s_A - s_{A0} - k_{Ak} \cdot v_k) \cdot \frac{1}{k_{AA}}$$

Diese Gleichung wird in die erste Gleichung eingesetzt:

$$s_i = k_{ik} \cdot v_k + k_{iA} \cdot (s_A - s_{A0} - k_{Ak} \cdot v_k) \cdot \frac{1}{k_{AA}} + s_{i0}$$

$$s_i = \left(k_{ik} - \frac{k_{iA}}{k_{AA}} \cdot k_{Ak} \right) \cdot v_k + s_{i0} + \frac{k_{iA}}{k_{AA}} \cdot (s_A - s_{A0})$$

$$s_i = \left(k_{ik} - \frac{k_{iA}}{k_{AA}} \cdot k_{Ak} \right) \cdot v_k + s_{i0} + \frac{k_{iA}}{k_{AA}} \cdot (s_A - s_{A0})$$

Damit erhält man die Gleichungen:

$$k_{ik}^{*} = k_{ik} - \frac{k_{iA}}{k_{AA}} \cdot k_{Ak}$$

$$s_{i0}^{*} = s_{i0} - \frac{k_{iA}}{k_{AA}} \cdot (s_{A0} - s_A)$$

Liegt eine nachgiebige Knotenverbindung mit der Gelenksteifigkeit c_A vor, gilt:

$$s_i = k_{ik} \cdot v_k + k_{iA} \cdot v_A + s_{i0}$$

$$s_A = k_{Ak} \cdot v_k + k_{AA} \cdot v_A + s_{A0} = -c_A \cdot v_A$$

Aus der zweiten Gleichung folgt:

$$v_A = (-s_{A0} - k_{Ak} \cdot v_k) \cdot \frac{1}{k_{AA} + c_A}$$

Diese Gleichung wird in die erste Gleichung eingesetzt:

$$s_i = k_{ik} \cdot v_k + k_{iA} \cdot (-s_{A0} - k_{Ak} \cdot v_k) \cdot \frac{1}{k_{AA} + c_A} + s_{i0}$$

$$s_i = \left(k_{ik} - \frac{k_{iA}}{k_{AA} + c_A} \cdot k_{Ak} \right) \cdot v_k + s_{i0} - \frac{k_{iA}}{k_{AA} + c_A} \cdot s_{A0}$$

Damit erhält man die Gleichungen (4.11).

$$k_{ik}^{*} = k_{ik} - \frac{k_{iA}}{k_{AA} + c_A} \cdot k_{Ak} \qquad s_{i0}^{*} = s_{i0} - \frac{k_{iA}}{k_{AA} + c_A} \cdot s_{A0}$$

Exemplarisch soll diese Modifikation am Biegestab Stab M_{ae} durchgeführt werden. Dieser Biegestab soll am Stabende *e* ein Momentengelenk haben und hier als Stab M_a bezeichnet werden, da nur am Knoten *a* ein Randmoment M_a auftritt.

Stab M_{ae}

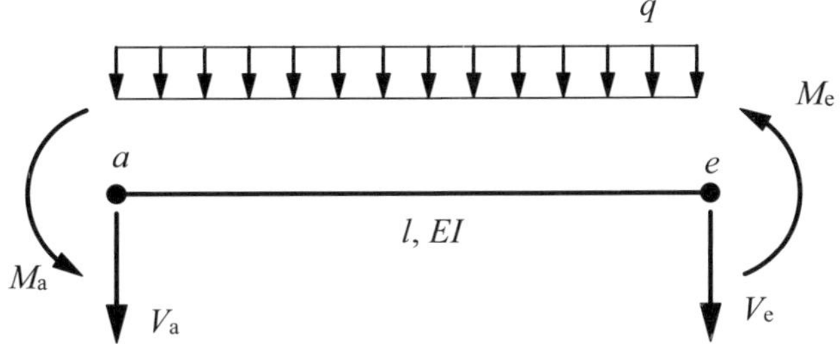

$$\begin{bmatrix} V_a \\ M_a \\ V_e \\ M_e \end{bmatrix} = \frac{EI}{l^3} \cdot \begin{bmatrix} 12 & -6l & -12 & -6l \\ -6l & 4l^2 & 6l & 2l^2 \\ -12 & 6l & 12 & 6l \\ -6l & 2l^2 & 6l & 4l^2 \end{bmatrix} \cdot \begin{bmatrix} w_a \\ \varphi_a \\ w_e \\ \varphi_e \end{bmatrix} + \begin{bmatrix} -\frac{1}{2} \cdot q \cdot l \\ \frac{1}{12} \cdot q \cdot l^2 \\ -\frac{1}{2} \cdot q \cdot l \\ -\frac{1}{12} \cdot q \cdot l^2 \end{bmatrix} \qquad (4.13)$$

Es gilt:

$M_e = 0$ Modifikation der 4. Zeile $A = 4$

$$k_{ik}^* = k_{ik} - \frac{k_{iA}}{k_{AA}} \cdot k_{Ak}$$

$$i = 1 \quad k = 1 \quad k_{11}^* = k_{11} - \frac{k_{14}}{k_{44}} \cdot k_{41} = 12 - \frac{-6l}{4l^2} \cdot (-6l) = 3$$

$$i = 1 \quad k = 2 \quad k_{12}^* = k_{12} - \frac{k_{14}}{k_{44}} \cdot k_{42} = -6l - \frac{-6l}{4l^2} \cdot \left(2l^2\right) = -3l$$

$$i = 1 \quad k = 3 \quad k_{13}^* = k_{13} - \frac{k_{14}}{k_{44}} \cdot k_{43} = -12 - \frac{-6l}{4l^2} \cdot (6l) = -3$$

$$i = 1 \quad k = 4 \quad k_{14}^* = k_{14} - \frac{k_{14}}{k_{44}} \cdot k_{44} = 0$$

$$i = 2 \quad k = 2 \quad k_{22}^* = k_{22} - \frac{k_{24}}{k_{44}} \cdot k_{42} = 4l^2 - \frac{2l^2}{4l^2} \cdot \left(2l^2\right) = 3l^2$$

$$i = 2 \quad k = 3 \quad k_{23}^* = k_{23} - \frac{k_{24}}{k_{44}} \cdot k_{43} = 6l - \frac{2l^2}{4l^2} \cdot (6l) = -3l$$

$$i = 2 \quad k = 4 \quad k_{24}^* = k_{24} - \frac{k_{24}}{k_{44}} \cdot k_{44} = 0$$

$$i=3 \quad k=3 \quad k_{33}^* = k_{33} - \frac{k_{34}}{k_{44}} \cdot k_{43} = 12 - \frac{6l}{4l^2} \cdot (6l) = 3$$

$$i=3 \quad k=4 \quad k_{34}^* = k_{34} - \frac{k_{34}}{k_{44}} \cdot k_{44} = 0$$

$$i=4 \quad k=4 \quad k_{44}^* = k_{44} - \frac{k_{44}}{k_{44}} \cdot k_{44} = 0$$

Für die Starreinspanngrößen erhält man:

$$s_{i0}^* = s_{i0} - \frac{k_{iA}}{k_{AA}} \cdot s_{A0}$$

$$i=1 \quad s_{10}^* = s_{10} - \frac{k_{14}}{k_{44}} \cdot s_{40} = V_{a,0} - \frac{-6l}{4l^2} \cdot M_{e,0} = V_{a,0} + \frac{3}{2l} \cdot M_{e,0}$$

$$= -\frac{1}{2} \cdot q \cdot l + \frac{3}{2l} \cdot \left(-\frac{1}{12} \cdot q \cdot l^2 \right) = -\frac{5}{8} \cdot q \cdot l$$

$$i=2 \quad s_{20}^* = s_{20} - \frac{k_{24}}{k_{44}} \cdot s_{40} = M_{a,0} - \frac{2l^2}{4l^2} \cdot M_{e,0} = M_{a,0} - \frac{1}{2} \cdot M_{e,0}$$

$$= \frac{1}{12} \cdot q \cdot l^2 - \frac{1}{2} \cdot \left(-\frac{1}{12} \cdot q \cdot l^2 \right) = \frac{1}{8} \cdot q \cdot l^2$$

$$i=3 \quad s_{30}^* = s_{30} - \frac{k_{34}}{k_{44}} \cdot s_{40} = V_{e,0} - \frac{6l}{4l^2} \cdot M_{e,0} = V_{a,0} - \frac{3}{2l} \cdot M_{e,0}$$

$$= -\frac{1}{2} \cdot q \cdot l - \frac{3}{2l} \cdot \left(-\frac{1}{12} \cdot q \cdot l^2 \right) = -\frac{3}{8} \cdot q \cdot l$$

$$i=4 \quad s_{40}^* = s_{40} - \frac{k_{44}}{k_{44}} \cdot s_{40} = 0$$

Stab M_a

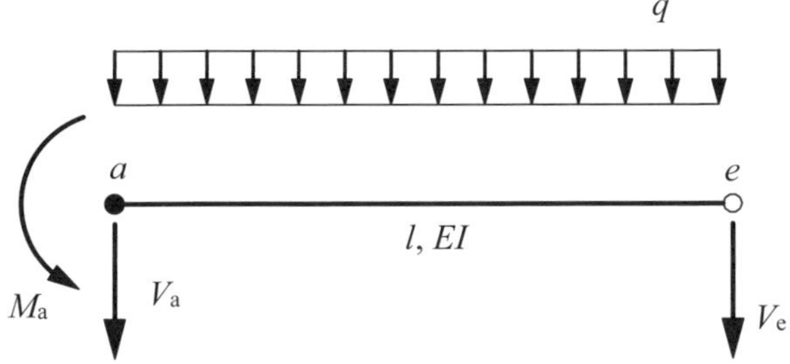

$$\begin{bmatrix} V_a \\ M_a \\ V_e \\ M_e \end{bmatrix} = \frac{EI}{l^3} \cdot \begin{bmatrix} 3 & -3l & -3 & 0 \\ -3l & 3l^2 & 3l & 0 \\ -3 & 3l & 3 & 0 \\ 0 & 0 & 0 & 0 \end{bmatrix} \cdot \begin{bmatrix} w_a \\ \varphi_a \\ w_e \\ \varphi_e \end{bmatrix} + \begin{bmatrix} -\frac{5}{8} \cdot q \cdot l \\ \frac{1}{8} \cdot q \cdot l^2 \\ -\frac{3}{8} \cdot q \cdot l \\ 0 \end{bmatrix} \tag{4.14}$$

Stab M_e

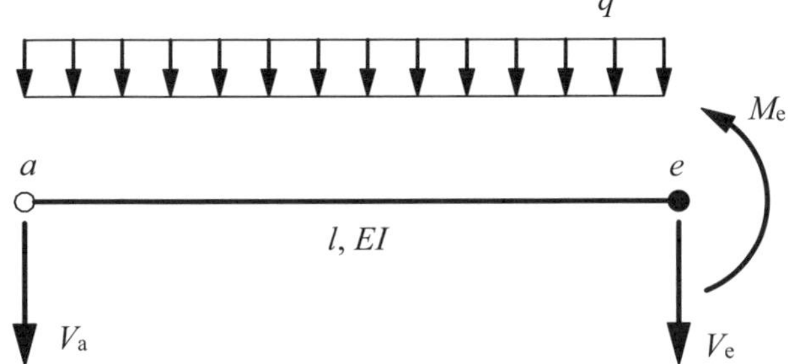

$$\begin{bmatrix} V_a \\ M_a \\ V_e \\ M_e \end{bmatrix} = \frac{EI}{l^3} \cdot \begin{bmatrix} 3 & 0 & -3 & -3l \\ 0 & 0 & 0 & 0 \\ -3 & 0 & 3 & 3l \\ -3l & 0 & 3l & 3l^2 \end{bmatrix} \cdot \begin{bmatrix} w_a \\ \varphi_a \\ w_e \\ \varphi_e \end{bmatrix} + \begin{bmatrix} -\frac{3}{8} \cdot q \cdot l \\ 0 \\ -\frac{5}{8} \cdot q \cdot l \\ -\frac{1}{8} \cdot q \cdot l^2 \end{bmatrix} \tag{4.15}$$

4.4 Kinematische Verträglichkeit

Die kinematische Verträglichkeit wird hier für einen Durchlaufträger mit verschieblichen Knoten formuliert, um die Vorgehensweise einfach darstellen zu können. Der Durchlaufträger ist ein Sonderfall des ebenen Rahmens, der in Kapitel 6 behandelt wird.

Das System verformt sich unter der Belastung. Die Stäbe müssen unter Beachtung der Lagerungsbedingungen im verformten Zustand wieder an den Knoten zusammenpassen. Dies bedeutet, dass die lokalen Knotenweggrößen $\boldsymbol{v}_n$ mit den globalen Knotenweggrößen $\boldsymbol{v}_m$ an jedem Knoten kinematisch verträglich sein müssen. Die kinematische Verträglichkeit ist die Beziehung zwischen den lokalen und den globalen Knotenweggrößen.

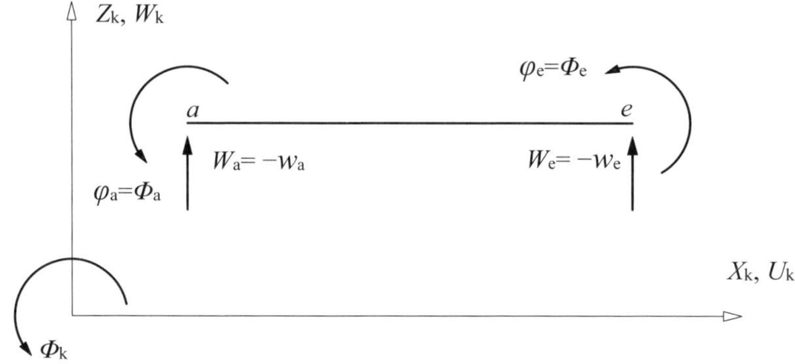

Abb. 4.6 Kinematische Verträglichkeit

Dieses Stabelement wird als Sonderfall des ebenen Rahmens nach Kapitel 5 behandelt. Der Winkel α_s ist gleich null und der Stab ist dehnstarr. Die kinematische Verträglichkeit für den Durchlaufträger ist deshalb sehr einfach, da der Träger in Richtung der globalen X-Achse verläuft. Für die globale Knotenverdrehung wird der Großbuchstabe Φ eingeführt.

In Abb. 4.6 ist diese Beziehung für das Beispiel dargestellt. Die kinematische Verträglichkeit für den Durchlaufträger lautet:

$$w_a = -W_a \qquad \varphi_a = \Phi_a$$

$$w_e = -W_e \qquad \varphi_e = \Phi_e$$

Die kinematische Verträglichkeit kann auch in Matrizenschreibweise formuliert werden.

$$\begin{bmatrix} w_a \\ \varphi_a \\ w_e \\ \varphi_e \end{bmatrix} = \begin{bmatrix} -1 & 0 & 0 & 0 \\ 0 & 1 & 0 & 0 \\ 0 & 0 & -1 & 0 \\ 0 & 0 & 0 & 1 \end{bmatrix} \cdot \begin{bmatrix} W_a \\ \Phi_a \\ W_e \\ \Phi_e \end{bmatrix} \tag{4.16}$$

$$\boldsymbol{v}_\mathrm{n} = \boldsymbol{A}_\mathrm{n,m} \cdot \boldsymbol{v}_\mathrm{m} \tag{4.17}$$

n Ordnung der lokalen Elementsteifigkeitsmatrix $n = 4$
m Ordnung der globalen Elementsteifigkeitsmatrix $m = 4$
$\boldsymbol{v}_\mathrm{n}$ Vektor der lokalen Knotenweggrößen
$\boldsymbol{A}_\mathrm{n,m}$ kinematische Verträglichkeit
$\boldsymbol{v}_\mathrm{m}$ Vektor der globalen Knotenweggrößen

4.5 Globale Elementsteifigkeitsmatrix

Die Formulierung des Gleichgewichtes an den Knoten vereinfacht sich sehr, wenn die lokalen Randschnittgrößen durch die globalen Randschnittgrößen ersetzt werden, s. Abb. 4.7. Die Darstellung wird hier verständlicher, wenn auch für das globale Randmoment ein neuer Großbuchstabe B eingeführt wird, was bei räumlichen Stabwerken erforderlich ist.

$$Z_\mathrm{a} = -V_\mathrm{a} \qquad B_\mathrm{a} = M_\mathrm{a}$$

$$Z_\mathrm{e} = -V_\mathrm{e} \qquad B_\mathrm{e} = M_\mathrm{e}$$

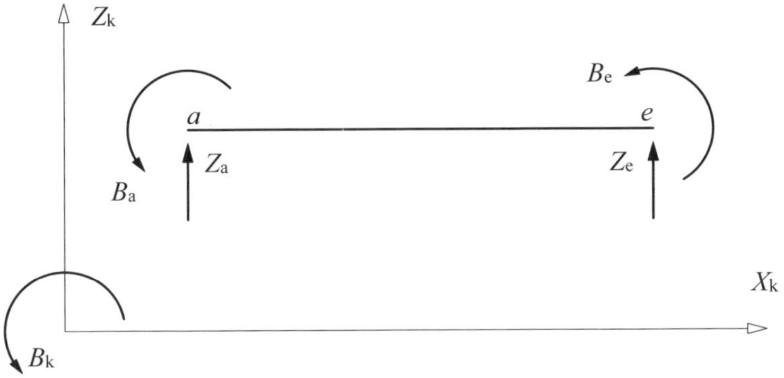

Abb. 4.7 Globale Randschnittgrößen für den Durchlaufträger

Die Zerlegung der lokalen Randschnittgrößen in die globalen Randschnittgrößen soll in Anlehnung an die kinematische Verträglichkeit als statische Verträglichkeit bezeichnet werden. Die statische Verträglichkeit kann auch in Matrizenschreibweise formuliert werden.

$$\begin{bmatrix} Z_\mathrm{a} \\ B_\mathrm{a} \\ Z_\mathrm{e} \\ B_\mathrm{e} \end{bmatrix} = \begin{bmatrix} -1 & 0 & 0 & 0 \\ 0 & 1 & 0 & 0 \\ 0 & 0 & -1 & 0 \\ 0 & 0 & 0 & 1 \end{bmatrix} \cdot \begin{bmatrix} V_\mathrm{a} \\ M_\mathrm{a} \\ V_\mathrm{e} \\ M_\mathrm{e} \end{bmatrix} \tag{4.18}$$

$$\boldsymbol{s}_{\mathrm{m}} = \boldsymbol{A}_{\mathrm{m,n}}^{\mathrm{T}} \cdot \boldsymbol{s}_{\mathrm{n}} \qquad (4.19)$$

Für den Vektor der Starrreinspanngrößen $\boldsymbol{s}_{\mathrm{n,0}}$ gilt entsprechend:

$$\boldsymbol{s}_{\mathrm{m,0}} = \boldsymbol{A}_{\mathrm{m,n}}^{\mathrm{T}} \cdot \boldsymbol{s}_{\mathrm{n,0}} \qquad (4.20)$$

n Ordnung der lokalen Elementsteifigkeitsmatrix $n = 4$
m Ordnung der globalen Elementsteifigkeitsmatrix $m = 4$
$\boldsymbol{s}_{\mathrm{m}}$ Vektor der globalen Randschnittgrößen
$\boldsymbol{s}_{\mathrm{m,0}}$ Vektor der globalen Starreinspanngrößengrößen
$\boldsymbol{A}_{\mathrm{m,n}}^{\mathrm{T}}$ statische Verträglichkeit
$\boldsymbol{s}_{\mathrm{n}}$ Vektor der lokalen Randschnittgrößen
$\boldsymbol{s}_{\mathrm{n,0}}$ Vektor der lokalen Starreinspanngrößengrößen

Man erkennt, dass die Matrix der statischen Verträglichkeit die Transponierte der Matrix der kinematischen Verträglichkeit ist.
Die globale Elementsteifigkeitsmatrix ist die Beziehung zwischen den globalen Randschnittgrößen und den globalen Knotenweggrößen. Die globale Elementsteifigkeitsmatrix erhält man durch die folgende Matrizenmultiplikation.

$$\boldsymbol{s}_{\mathrm{m}} = \boldsymbol{K}_{\mathrm{m,m}} \cdot \boldsymbol{v}_{\mathrm{m}} \qquad (4.21)$$

$$\boldsymbol{s}_{\mathrm{m}} = \boldsymbol{A}_{\mathrm{m,n}}^{\mathrm{T}} \cdot \boldsymbol{s}_{\mathrm{n}} = \boldsymbol{A}_{\mathrm{m,n}}^{\mathrm{T}} \cdot \boldsymbol{K}_{\mathrm{n,n}} \cdot \boldsymbol{v}_{\mathrm{n}} = \boldsymbol{A}_{\mathrm{m,n}}^{\mathrm{T}} \cdot \boldsymbol{K}_{\mathrm{n,n}} \cdot \boldsymbol{A}_{\mathrm{n,m}} \cdot \boldsymbol{v}_{\mathrm{m}}$$

$$\boldsymbol{K}_{\mathrm{m,m}} = \boldsymbol{A}_{\mathrm{m,n}}^{\mathrm{T}} \cdot \boldsymbol{K}_{\mathrm{n,n}} \cdot \boldsymbol{A}_{\mathrm{n,m}} \qquad (4.22)$$

m Ordnung der lokalen Elementsteifigkeitsmatrix $m = 4$
$\boldsymbol{s}_{\mathrm{m}}$ Vektor der globalen Randschnittgrößen
$\boldsymbol{K}_{\mathrm{m,m}}$ globale Elementsteifigkeitsmatrix
$\boldsymbol{v}_{\mathrm{m}}$ Vektor der globalen Knotenweggrößen

Globale Elementsteifigkeitsmatrix

Die globale Elementsteifigkeitsmatrix des Biegestabes für den Durchlaufträger ist symmetrisch und lautet:

<u>Stab</u> B_{ae}

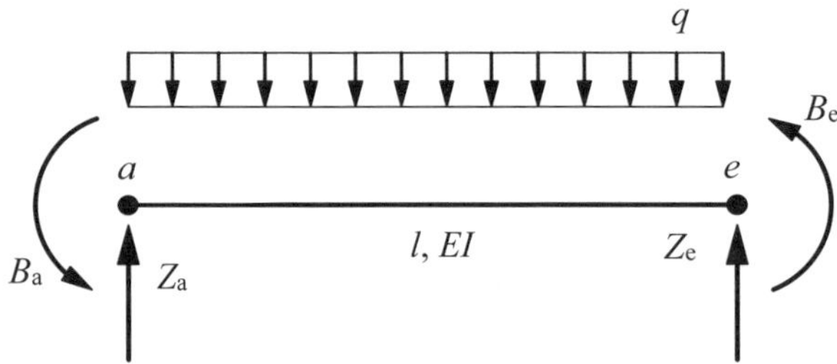

$$\begin{bmatrix} Z_{a,s} \\ B_{a,s} \\ Z_{e,s} \\ B_{e,s} \end{bmatrix} = \frac{EI}{l^3} \cdot \begin{bmatrix} 12 & 6l & -12 & 6l \\ 6l & 4l^2 & -6l & 2l^2 \\ -12 & -6l & 12 & -6l \\ 6l & 2l^2 & -6l & 4l^2 \end{bmatrix} \cdot \begin{bmatrix} W_a \\ \Phi_a \\ W_e \\ \Phi_e \end{bmatrix} + \begin{bmatrix} \frac{1}{2} \cdot q \cdot l \\ \frac{1}{12} \cdot q \cdot l^2 \\ \frac{1}{2} \cdot q \cdot l \\ -\frac{1}{12} \cdot q \cdot l^2 \end{bmatrix} \tag{4.23}$$

Stab B_a

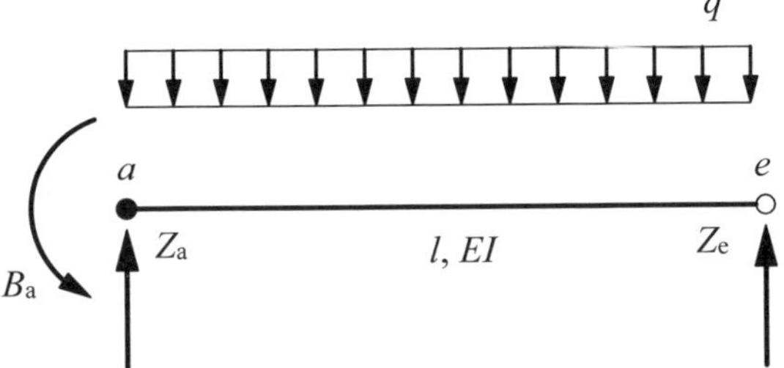

$$\begin{bmatrix} Z_{a,s} \\ B_{a,s} \\ Z_{e,s} \\ B_{e,s} \end{bmatrix} = \frac{EI}{l^3} \cdot \begin{bmatrix} 3 & 3l & -3 & 0 \\ 3l & 3l^2 & -3l & 0 \\ -3 & -3l & 3 & 0 \\ 0 & 0 & 0 & 0 \end{bmatrix} \cdot \begin{bmatrix} W_a \\ \Phi_a \\ W_e \\ \Phi_e \end{bmatrix} + \begin{bmatrix} \frac{5}{8} \cdot q \cdot l \\ \frac{1}{8} \cdot q \cdot l^2 \\ \frac{3}{8} \cdot q \cdot l \\ 0 \end{bmatrix} \tag{4.24}$$

Stab B_e

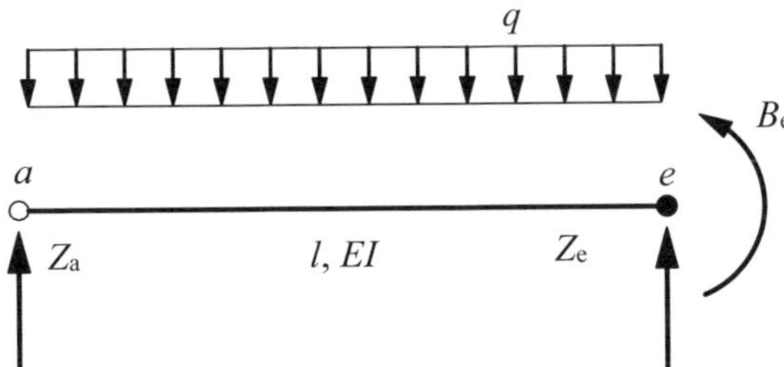

$$\begin{bmatrix} Z_{\mathrm{a,s}} \\ B_{\mathrm{a,s}} \\ Z_{\mathrm{e,s}} \\ B_{\mathrm{e,s}} \end{bmatrix} = \frac{EI}{l^3} \cdot \begin{bmatrix} 3 & 0 & -3 & 3l \\ 0 & 0 & 0 & 0 \\ -3 & 0 & 3 & -3l \\ 3l & 0 & -3l & 3l^2 \end{bmatrix} \cdot \begin{bmatrix} W_{\mathrm{a}} \\ \Phi_{\mathrm{a}} \\ W_{\mathrm{e}} \\ \Phi_{\mathrm{e}} \end{bmatrix} + \begin{bmatrix} \frac{3}{8} \cdot q \cdot l \\ 0 \\ \frac{5}{8} \cdot q \cdot l \\ -\frac{1}{8} \cdot q \cdot l^2 \end{bmatrix} \quad (4.25)$$

Die Gleichungen (4.23), (4.24) und (4.25) bestehen aus vier Untermatrizen. Die Ordnung dieser Untermatrizen ist $m/2 = 2$. In dem Index steht hinter dem Komma die Nummer des Stabelementes.

$$\begin{bmatrix} \boldsymbol{s}_{\mathrm{a,s}} \\ \boldsymbol{s}_{\mathrm{e,s}} \end{bmatrix} = \begin{bmatrix} \boldsymbol{K}_{\mathrm{aa,s}} & \boldsymbol{K}_{\mathrm{ae,s}} \\ \boldsymbol{K}_{\mathrm{ea,s}} & \boldsymbol{K}_{\mathrm{ee,s}} \end{bmatrix} \cdot \begin{bmatrix} \boldsymbol{v}_{\mathrm{a,s}} \\ \boldsymbol{v}_{\mathrm{e,s}} \end{bmatrix} \quad (4.26)$$

4.6 Systemsteifigkeitsmatrix

Bei dem Weggrößenverfahren werden alle Knoten frei geschnitten. Es werden die äußeren Kräfte, die globalen Randschnittgrößen und die unbekannten Auflagerkräfte eingetragen, s. Abb. 4.8.

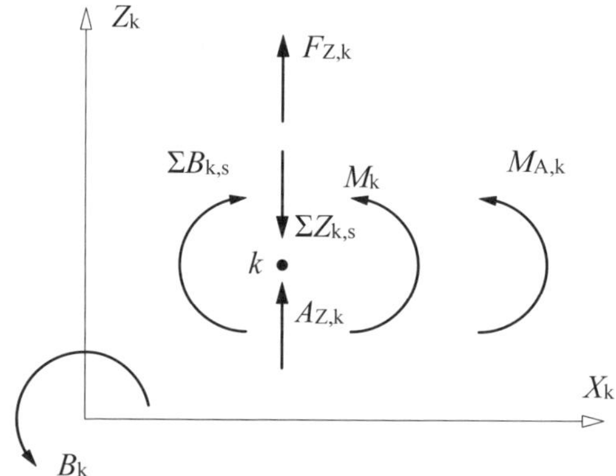

Abb. 4.8 Gleichgewicht am Knoten k

Vorzeichenregelung am Knoten:

- Die Stabendmomente $B_{k,s}$ wirken im Uhrzeigersinn.
- Die globalen Randschnittgrößen wirken entgegen der Richtung der globalen Achse Z.
- Das Einspannmoment $M_{A,k}$ wirkt im Gegenuhrzeigersinn.

- Die Auflagerkräfte $A_{,k}$ wirken in Richtung der globalen Achse Z.
- Das Lastmoment M_k wirkt im Gegenuhrzeigersinn.
- Äußere Kräfte F_k wirken in Richtung der globalen Achse Z.

Die Gleichgewichtsbedingungen am Knoten lauten:

$$\sum M = 0 \qquad M_{A,k} + M_k - \sum B_{k,s} = 0$$

$$\sum Z = 0 \qquad A_{Z,k} + F_{Z,k} - \sum Z_{k,s} = 0$$

Die Gleichungen werden in folgender Art umgestellt:

$$\begin{aligned} M_{A,k} + M_k &= \sum B_{k,s} \\ A_{Z,k} + F_{Z,k} &= \sum Z_{k,s} \end{aligned} \qquad (4.27)$$

An jedem Knoten des Systems gibt es bei dem Durchlaufträger zwei Gleichgewichtsbedingungen. Die Gleichgewichtsbedingungen werden in Richtung der globalen Achsen formuliert. Insgesamt sind das bei k Knoten $j = 2 \cdot k$ Gleichungen. Dieses Gleichungssystem kann in Matrizenschreibweise formuliert werden und ist die Systemsteifigkeitsmatrix.

$$\boldsymbol{s}_j = \boldsymbol{K}_{j,j} \cdot \boldsymbol{v}_j \qquad (4.28)$$

j Ordnung der Systemsteifigkeitsmatrix

$\boldsymbol{s}_j$ Vektor der Auflagerkräfte, äußeren Belastungen und Starreinspanngrößen

$\boldsymbol{K}_{j,j}$ Systemsteifigkeitsmatrix

$\boldsymbol{v}_j$ Vektor aller globalen Knotenweggrößen

Die Systemsteifigkeitsmatrix wird aufgestellt, wie es in der Finiten-Elemente-Methode üblich ist. Die Untermatrizen der Elementsteifigkeitsmatrix $\boldsymbol{K}_{m,m}$ nach Gleichung (4.26) sind in der aufbereiteten Form in die Systemsteifigkeits-matrix einzuordnen und aufzusummieren.

Die Systemsteifigkeitsmatrix ist in der bisher aufgestellten Weise singulär, da die Lagerungsbedingungen des Tragwerkes noch nicht berücksichtigt wurden. Die Determinante dieser Matrix ist null und damit das Gleichungssystem nicht lösbar. Werden die Lagerungsbedingungen berücksichtigt, dann kann das Gleichungssystem berechnet werden. Die Matrix des Gleichungssystems bezeichnet man als Systemsteifigkeitsmatrix des Tragwerkes.

4.7 Einführungsbeispiel

Das Einführungsbeispiel ist dasselbe wie in Abschnitt 3.8. Es wird die Eingabe der Daten ausführlich dargestellt, wie es in einem Stabwerksprogramm erfolgt.

Querschnittswerte des Stahlbetonträgers:

$$E_c = 3000 \ \frac{\text{kN}}{\text{cm}^2}$$

$b = 40\ \text{cm} \quad h = 60\ \text{cm} \quad I = \frac{1}{12} \cdot b \cdot h^3 = 720\ 000\ \text{cm}^4$

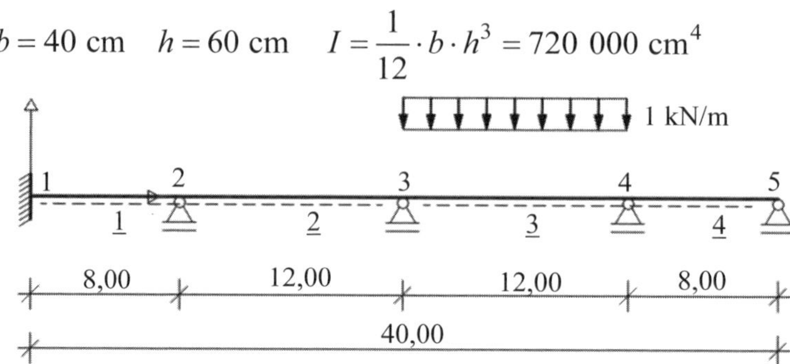

Abb. 4.9 System und Belastung

Der Knoten a ist stets der Anfangsknoten und der Knoten e der Endknoten des Stabelementes s. Damit wird die positive Stabrichtung, das ist das lokale Koordinatensystem, festgelegt.
k – Index für den Knoten
s – Index für das Stabelement
a – Index für den Anfangsknoten des Stabelementes
e – Index für den Endknoten des Stabelementes

Stabelement s	Knoten a	Knoten e
1	1	2
2	2	3
3	3	4
4	4	5

Jeder Biegestab besteht aus einem Werkstoff mit dem Elastizitätsmodul E und einem Querschnitt mit dem Trägheitsmoment I. Die Einwirkungen sind äußere Kräfte F und Gleichstreckenlasten q.

1. Eingabe der Koordinaten

Eingabe der Koordinaten

Knoten	X in m
1	0,00
2	8,00
3	20,00
4	32,00
5	40,00

Aus den Koordinaten kann dann der Abstand der Knoten a und e berechnet werden, der die Stablänge l_s ist.

Stablänge l_s

$$l_s = \sqrt{(X_e - X_a)^2} \tag{4.29}$$

$$l_1 = \sqrt{(X_2 - X_1)^2} = \sqrt{(800-0)^2} = 800 \text{ cm}$$

$$l_2 = \sqrt{(X_3 - X_2)^2} = \sqrt{(2000-800)^2} = 1200 \text{ cm}$$

$$l_3 = \sqrt{(X_4 - X_3)^2} = \sqrt{(3200-2000)^2} = 1200 \text{ cm}$$

$$l_4 = \sqrt{(X_5 - X_4)^2} = \sqrt{(4000-3200)^2} = 800 \text{ cm}$$

2. Eingabe des Werkstoffs

Eingabe des Werkstoffes

Werkstoff	Elastizitätsmodul E in kN/cm^2
1	3 000

3. Eingabe des Querschnittes

Da es sich hier um ein System handelt, das aus Biegestäben besteht, ist nur das Flächenmoment 2. Grades I, auch Trägheitsmoment genannt, erforderlich. Die Querschnitte sind zu nummerieren.

Eingabe des Querschnittes

Querschnitt	Trägheitsmoment I in cm^4
1	720 000

4. Eingabe der Stabelemente

Nun ist anzugeben, welche Knotenpunkte durch Stabelemente miteinander verbunden sind. In dieser Datei sind zusätzlich die Informationen zu speichern, welcher Werkstoff und welche Querschnittswerte den Stabelementen zuzuordnen sind. Weiterhin ist anzugeben, dass es sich um einen Biegestab handelt.

Eingabe der Zuordnung

Stabelement	Element	Knoten *a*	Knoten *e*	Werkstoff	Querschnitt
1	Biegestab	1	2	1	1
2	Biegestab	2	3	1	1
3	Biegestab	3	4	1	1
4	Biegestab	4	5	1	1

5. Eingabe der Lagerungsbedingungen

Das System muss so gelagert werden, dass es nicht kinematisch ist. Bei Durchlaufträgern gibt es feste und lose Auflager sowie Einspannungen und Auflagerfedern. Bei einem festen Auflager sind die Verschiebungen in allen Richtungen verhindert, bei einem losen Auflager nur in einer Richtung. Bei einer

Einspannung sind alle drei Knotenweggrößen verhindert. In diesem Beispiel ist der Knoten 1 eine Einspannung und die Knoten 2, 3, 4 und 5 sind lose Auflager. Dies bedeutet für die Verschiebungen in Richtung der globalen Achsen, die als globale Knotenweggrößen bezeichnet werden:

$$U_1 = 0{,}00 \text{ cm} \qquad W_1 = 0{,}00 \text{ cm} \qquad \Phi_1 = 0$$
$$W_2 = 0{,}00 \text{ cm} \qquad W_3 = 0{,}00 \text{ cm}$$
$$W_4 = 0{,}00 \text{ cm} \qquad W_5 = 0{,}00 \text{ cm}$$

Eingabe der Lagerungsbedingungen

Auflagerknoten	*X*-Richtung	*Z*-Richtung	*Φ*-Richtung
1	fest	fest	fest
2		fest	
3		fest	
4		fest	
5		fest	

6. Eingabe der Belastungen

Um das System zu berechnen, muss noch die Belastung eingegeben werden. Die Belastung kann am Stabelement und am Knoten angreifen. Hier wird in den Beispielen vereinfacht angenommen, dass bei Einzellasten $F_{Z,k}$ an einem Stabelement ein Knoten eingeführt wird. Auch wenn die Gleichstreckenlast q nicht über den ganzen Stab wirkt, wird hier am Anfang und Ende der Gleichstreckenlast ein Knoten vorgesehen. Es ist die Knotennummer, die Richtung und der Betrag der Kraft anzugeben. Für die Richtung gilt hier das globale Koordinatensystem.

Eingabe der Knotenlasten

Knoten	F_Z in kN
–	–

Eingabe der Stablasten

Stabelement	q in kN/m
3	1

Mit einem Stabwerksprogramm kann nun die Berechnung gestartet werden. Im Allgemeinen werden dann folgende Größen berechnet:

1. die globalen Knotenweggrößen,
2. die Biegemoment und Querkräfte der Stabelemente,
3. die Auflagerkräfte,
4. die Verformungen der Biegestäbe.

Im Folgenden soll gezeigt werden, wie diese Berechnung nach dem Weggrößenverfahren erfolgt und die Eingabedaten genutzt werden.

Es wird nun für das Beispiel die Systemsteifigkeitsmatrix mit den Gleichgewichtsbedingungen aufgestellt. Das System hat fünf Knoten, d. h. $j = 2 \cdot 5 = 10$ Gleichungen.

Globale Elementsteifigkeitsmatrix nach Gleichung (4.23)

Stab 1 Stab B_{ae}

$$\begin{bmatrix} Z_{1,1} \\ B_{1,1} \\ Z_{2,1} \\ B_{2,1} \end{bmatrix} = \begin{bmatrix} 5063 & 20250 & -5063 & 20250 \\ 20250 & 108000 & -20250 & 54000 \\ -5063 & -20250 & 5063 & -20250 \\ 20250 & 54000 & -20250 & 108000 \end{bmatrix} \cdot \begin{bmatrix} W_1 \\ \Phi_1 \\ W_2 \\ \Phi_2 \end{bmatrix}$$

Stab 2 Stab B_{ae}

$$\begin{bmatrix} Z_{2,2} \\ B_{2,2} \\ Z_{3,2} \\ Z_{3,2} \end{bmatrix} = \begin{bmatrix} 1500 & 9000 & -1500 & 9000 \\ 9000 & 72000 & -9000 & 36000 \\ -1500 & -9000 & 1500 & -9000 \\ 9000 & 36000 & -9000 & 72000 \end{bmatrix} \cdot \begin{bmatrix} W_2 \\ \Phi_2 \\ W_3 \\ \Phi_3 \end{bmatrix}$$

Stab 3 Stab B_{ae}

$$\begin{bmatrix} Z_{3,3} \\ B_{3,3} \\ Z_{4,3} \\ B_{4,3} \end{bmatrix} = \begin{bmatrix} 1500 & 9000 & -1500 & 9000 \\ 9000 & 72000 & -9000 & 36000 \\ -1500 & -9000 & 1500 & -9000 \\ 9000 & 36000 & -9000 & 72000 \end{bmatrix} \cdot \begin{bmatrix} W_3 \\ \Phi_3 \\ W_4 \\ \Phi_4 \end{bmatrix} + \begin{bmatrix} +6 \\ +12 \\ +6 \\ -12 \end{bmatrix}$$

Stab 4 Stab B_{ae}

Eine Reduktion ist bei Stab 4 nicht erforderlich, wenn Φ_5 am Auflager als Unbekannte berücksichtigt wird.

$$\begin{bmatrix} Z_{4,4} \\ B_{4,3} \\ Z_{5,4} \\ B_{5,4} \end{bmatrix} = \begin{bmatrix} 5063 & 20250 & -5063 & 20250 \\ 20250 & 108000 & -20250 & 54000 \\ -5063 & -20250 & 5063 & -20250 \\ 20250 & 54000 & -20250 & 108000 \end{bmatrix} \cdot \begin{bmatrix} W_4 \\ \Phi_4 \\ W_5 \\ \Phi_5 \end{bmatrix}$$

Die Gleichgewichtsbedingungen an jedem Knoten lauten:

Knoten 1 $A_{Z,1} = Z_{1,1}$ $M_{A,k} = B_{1,1}$

Knoten 2 $A_{Z,2} = Z_{2,1} + Z_{2,2}$ $0 = B_{2,1} + B_{2,2}$

Knoten 3 $A_{Z,3} = Z_{3,2} + Z_{3,3}$ $0 = B_{3,2} + B_{3,3}$

Knoten 4 $A_{Z,4} = Z_{4,3} + Z_{4,4}$ $0 = B_{4,3} + B_{4,4}$

Knoten 5 $A_{Z,5} = Z_{5,4}$ $0 = B_{5,4}$

Systemsteifigkeitsmatrix

In dem Beispiel sind die folgenden Lagerungsbedingungen gegeben:

$U_1 = 0,00$ cm $\quad W_1 = 0,00$ cm $\quad \Phi_1 = 0$

$W_2 = 0,00$ cm $\quad W_3 = 0,00$ cm $\quad W_4 = 0,00$ cm $\quad W_5 = 0,00$ cm

Zuordnung der Untermatrizen:

W_1 Φ_1	W_2 Φ_2	W_3 Φ_3	W_4 Φ_4	W_5 Φ_5
$\boldsymbol{K}_{11,1}$	$\boldsymbol{K}_{12,1}$			
$\boldsymbol{K}_{21,1}$	$\boldsymbol{K}_{22,1}$ $+\boldsymbol{K}_{22,2}$	$\boldsymbol{K}_{23,2}$		
	$\boldsymbol{K}_{32,2}$	$\boldsymbol{K}_{33,2}$ $+\boldsymbol{K}_{33,3}$	$\boldsymbol{K}_{34,3}$	
		$\boldsymbol{K}_{43,3}$	$\boldsymbol{K}_{44,3}$ $+\boldsymbol{K}_{44,4}$	$\boldsymbol{K}_{45,4}$
			$\boldsymbol{K}_{54,4}$	$\boldsymbol{K}_{55,4}$

Es werden die Zahlenwerte eingesetzt, die Summe der Elemente ist fett gedruckt.

	=	W_1	Φ_1	W_2	Φ_2	W_3	Φ_3	W_4	Φ_4	W_5	Φ_5
$A_{Z,1}$		5063 **5063**	20250 **20250**	−5063 **−5063**	20250 **20250**	**0**	**0**	**0**	**0**	**0**	**0**
$M_{A,1}$			108000 **108000**	−20250 **−20250**	54000 **54000**	**0**	**0**	**0**	**0**	**0**	**0**
$A_{Z,2}$				5063 1500 **6563**	−20250 9000 **−11250**	−1500 **−1500**	9000 **9000**	**0**	**0**	**0**	**0**
0					108000 72000 **180000**	−9000 **−9000**	36000 **36000**	0 **0**	0 **0**	**0**	**0**
$A_{Z,3}$-6						1500 1500 **3000**	−9000 9000 **0**	−1500 **−1500**	9000 **9000**	**0**	**0**
−12							72000 72000 **144000**	−9000 **−9000**	36000 **36000**	0 **0**	0 **0**
$A_{Z,4}$-6								1500 5063 **6563**	−9000 20250 **11250**	−5063 **−5063**	20250 **20250**
+12									72000 108000 **180000**	−20250 **−20250**	54000 **54000**
$A_{Z,5}$						symmetrisch				5063 **5063**	−20250 **−20250**
0											108000 **108000**

Die Lagerungsbedingungen sind eingearbeitet.

		W_1	Φ_1	W_2	Φ_2	W_3	Φ_3	W_4	Φ_4	W_5	Φ_5
0		1	0	0	0	0	0	0	0	0	0
0			1	0	0	0	0	0	0	0	0
0				1	0	0	0	0	0	0	0
0					180000	0	36000	0	0	0	0
0						1	0	0	0	0	0
−12							144000	0	36000	0	0
0	=							1	0	0	0
+12									180000	0	54000
0					symmetrisch					1	0
0											108000

Lösung des Gleichungssystems

$$W_1 = 0{,}00\text{ m} \qquad \Phi_1 = 0$$

$$W_2 = 0{,}00\text{ m} \qquad \Phi_2 = +2{,}31023 \cdot 10^{-5}$$

$$W_3 = 0{,}00\text{ m} \qquad \Phi_3 = -1{,}15512 \cdot 10^{-4}$$

$$W_4 = 0{,}00\text{ m} \qquad \Phi_4 = +1{,}05611 \cdot 10^{-4}$$

$$W_5 = 0{,}00\text{ m} \qquad \Phi_5 = -5{,}28053 \cdot 10^{-5}$$

Schnittgrößen und Auflagerkräfte

Mit den Gleichungen (4.16) werden die lokalen Knotenweggrößen berechnet. Die kinematische Verträglichkeit ist hier sehr einfach. Man erhält:

$$w_1 = 0{,}00\text{ m} \qquad \varphi_1 = 0$$

$$w_2 = 0{,}00\text{ m} \qquad \varphi_2 = +2{,}31023 \cdot 10^{-5}$$

$$w_3 = 0{,}00\text{ m} \qquad \varphi_3 = -1{,}15512 \cdot 10^{-4}$$

$$w_4 = 0{,}00\text{ m} \qquad \varphi_4 = +1{,}05611 \cdot 10^{-4}$$

$$w_5 = 0{,}00\text{ m} \qquad \varphi_5 = -5{,}28053 \cdot 10^{-5}$$

Berechnung der lokalen Randschnittgrößen nach Gleichung (4.6):

Stab <u>1</u> <u>Stab</u> M_{ae}

$$\begin{bmatrix} V_{1,1} \\ M_{1,1} \\ V_{2,1} \\ M_{2,1} \end{bmatrix} = \begin{bmatrix} 5063 & -20250 & -5063 & -20250 \\ -20250 & 108000 & 20250 & 54000 \\ -5063 & 20250 & 5063 & 20250 \\ -20250 & 54000 & 20250 & 108000 \end{bmatrix} \cdot \begin{bmatrix} 0 \\ 0 \\ 0 \\ +2{,}31023 \cdot 10^{-5} \end{bmatrix} = \begin{bmatrix} -0{,}468\text{ kN} \\ +1{,}25\text{ kNm} \\ +0{,}468\text{ kN} \\ +2{,}50\text{ kNm} \end{bmatrix}$$

Stab <u>2</u> <u>Stab</u> M_{ae}

$$\begin{bmatrix} V_{2,2} \\ M_{2,2} \\ V_{3,2} \\ M_{3,2} \end{bmatrix} = \begin{bmatrix} 1500 & -9000 & -1500 & -9000 \\ -9000 & 72000 & 9000 & 36000 \\ -1500 & 9000 & 1500 & 9000 \\ -9000 & 36000 & 9000 & 72000 \end{bmatrix} \cdot \begin{bmatrix} 0 \\ +2{,}31023 \cdot 10^{-5} \\ 0 \\ -1{,}15512 \cdot 10^{-4} \end{bmatrix} = \begin{bmatrix} +0{,}832\text{ kN} \\ -2{,}50\text{ kNm} \\ -0{,}832\text{ kN} \\ -7{,}49\text{ kNm} \end{bmatrix}$$

Stab $\underline{3}$ Stab M_{ae}

$$\begin{bmatrix} V_{3,3} \\ M_{3,3} \\ V_{4,3} \\ M_{4,3} \end{bmatrix} = \begin{bmatrix} 1500 & -9000 & -1500 & -9000 \\ -9000 & 72000 & 9000 & 36000 \\ -1500 & 9000 & 1500 & 9000 \\ -9000 & 36000 & 9000 & 72000 \end{bmatrix} \cdot \begin{bmatrix} 0 \\ -1{,}15512 \cdot 10^{-4} \\ 0 \\ +1{,}05611 \cdot 10^{-4} \end{bmatrix} + \begin{bmatrix} -6 \\ +12 \\ -6 \\ -12 \end{bmatrix} = \begin{bmatrix} -5{,}91 \text{ kN} \\ +7{,}49 \text{ kNm} \\ -6{,}09 \text{ kN} \\ -8{,}55 \text{ kNm} \end{bmatrix}$$

Stab $\underline{4}$ Stab M_{ae}

$$\begin{bmatrix} V_{4,4} \\ M_{4,4} \\ V_{5,4} \\ M_{5,4} \end{bmatrix} = \begin{bmatrix} 5063 & -20250 & -5063 & -20250 \\ -20250 & 108000 & 20250 & 54000 \\ -5063 & 20250 & 5063 & 20250 \\ -20250 & 54000 & 20250 & 108000 \end{bmatrix} \cdot \begin{bmatrix} 0 \\ +1{,}05611 \cdot 10^{-4} \\ 0 \\ -5{,}28053 \cdot 10^{-5} \end{bmatrix} = \begin{bmatrix} -1{,}07 \text{ kN} \\ +8{,}55 \text{ kNm} \\ +1{,}07 \text{ kN} \\ 0 \text{ kNm} \end{bmatrix}$$

Die Auflagerkräfte werden durch die Gleichgewichtsbedingungen an den Auflagerknoten ermittelt. Diese Gleichgewichtsbedingungen sind schon in der Systemsteifigkeitsmatrix angegeben und müssen nicht neu formuliert werden. Mit den bekannten globalen Knotenweggrößen erhält man die Auflagerkräfte. Die Ergebnisse sind mit der Vorzeichenregelung FEM:

Knoten 1 $A_{Z,1} = +0{,}468 \text{ kN}$ $M_{A,k} = +1{,}248 \text{ kNm}$

Knoten 2 $A_{Z,2} = -1{,}30 \text{ kN}$

Knoten 3 $A_{Z,3} - 6 \text{ kN} = +0{,}743 \text{ kN}$ $A_{Z,3} = 0{,}743 + 6 = +6{,}743 \text{ kN}$

Knoten 4 $A_{Z,4} - 6 \text{ kN} = +1{,}158 \text{ kN}$ $A_{Z,3} = 1{,}158 + 6 = +7{,}158 \text{ kN}$

Knoten 5 $A_{Z,5} = -1{,}069 \text{ kN}$

Die Zustandsgrößen an jeder Stelle x werden mit der Übertragungsmatrix nach Gleichung (4.30) ermittelt. Mit dem Zustandsvektor z_a der Randgrößen am Knoten a mit der Vorzeichenkonvention FEM erhält man den Zustandsvektor z_x mit der Vorzeichenregelung DGL, mit dem dann alle Zustandsflächen, wie die Momentenfläche, die Querkraftfläche und der Verlauf der Durchbiegung dargestellt werden können. In GWSTATIK wird z. B. das Stabelement in Abschnitte unterteilt, deren Anzahl gewählt werden kann. Die Übertragungsmatrix lautet z. B. für den Stab $\underline{3}$ dieses Beispiels.

$$\begin{bmatrix} V(x) \\ M(x) \\ EI \cdot w(x) \\ EI \cdot \varphi(x) \end{bmatrix} = \begin{bmatrix} -1 & 0 & 0 & 0 \\ -x & -1 & 0 & 0 \\ x^3/6 & x^2/2 & 1 & -x \\ -x^2/2 & -x & 0 & 1 \end{bmatrix} \cdot \begin{bmatrix} V_a \\ M_a \\ EI \cdot w_a \\ EI \cdot \varphi_a \end{bmatrix} + \begin{bmatrix} -q_z \cdot x \\ -q_z \cdot x^2/2 \\ q_z \cdot x^4/24 \\ -q_z \cdot x^3/6 \end{bmatrix} \qquad (4.30)$$

$$\begin{bmatrix} V(x) \\ M(x) \\ EI \cdot w(x) \\ EI \cdot \varphi(x) \end{bmatrix} = \begin{bmatrix} -1 & 0 & 0 & 0 \\ -x & -1 & 0 & 0 \\ x^3/6 & x^2/2 & 1 & -x \\ -x^2/2 & -x & 0 & 1 \end{bmatrix} \cdot \begin{bmatrix} -5{,}91\ \text{kN} \\ +7{,}49\ \text{kNm} \\ 0 \\ EI \cdot (-1{,}15512 \cdot 10^{-4}) \end{bmatrix} + \begin{bmatrix} -1 \cdot x \\ -1 \cdot x^2/2 \\ 1 \cdot x^4/24 \\ -1 \cdot x^3/6 \end{bmatrix}$$

Schnittgrößenverlauf

Danach kann der Verlauf der Schnittgrößen und Verformungen in Stablängsrichtung mit der Übertragungsmatrix berechnet werden. In Abb. 4.10 sind auch die Auflagerkräfte für dieses System dargestellt.

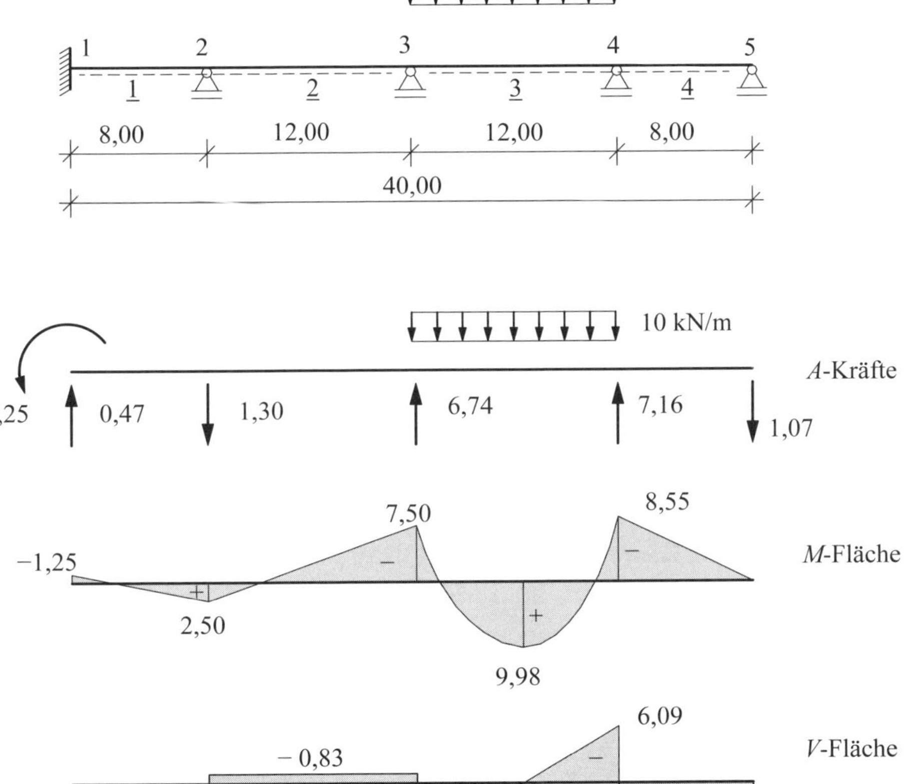

Abb. 4.10 Verlauf der Biegemomente und Querkräfte

Das maximale Biegemoment tritt im Stab $\underline{3}$ auf, wo die Querkraft gleich null ist. Man erhält: $x = 5{,}91$ m

$$M(5{,}91) = (-5{,}91) \cdot (-5{,}91) - 7{,}49 - \frac{1}{2} \cdot 1 \cdot 5{,}91^2 = +9{,}98 \text{ kNm}$$

4.8 Berechnung von Federsteifigkeiten

In den Normen, vielen Programmen, Lösungen von Knickbedingungen und statischen Problemen werden oft Federsteifigkeiten der Auflager wie Drehfedern, Wegfedern, Drehbettungen oder Wegbettungen benötigt. Die Berechnung der Federsteifigkeiten soll anhand einiger Beispiele erläutert werden.

1. Beispiel

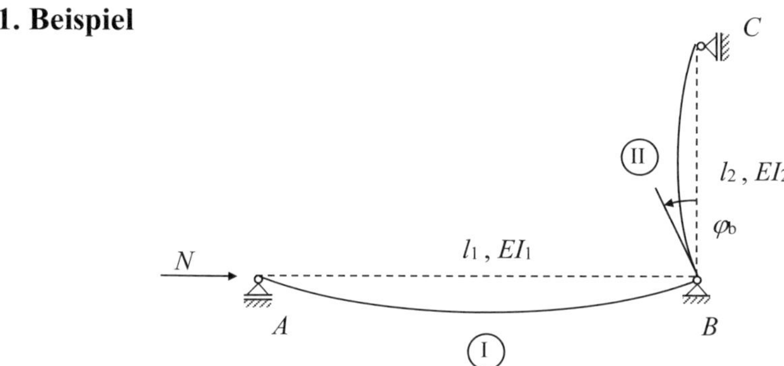

Abb. 4.11 System und Verformungen

Statisch bestimmte oder unbestimmte, normalkraftfreie Tragwerksteile mit einem Freiheitsgrad im Anschlussbereich können durch elastische Federn ersetzt werden.
Der elastische Teil II, welcher normalkraftfrei ist, wirkt auf den Teil I wie eine Drehfeder. Schneidet man im Punkt B das unbekannte Moment M_b frei, erhält man zwei Teilsysteme mit folgender Belastung und das zugehörige Ersatzsystem.

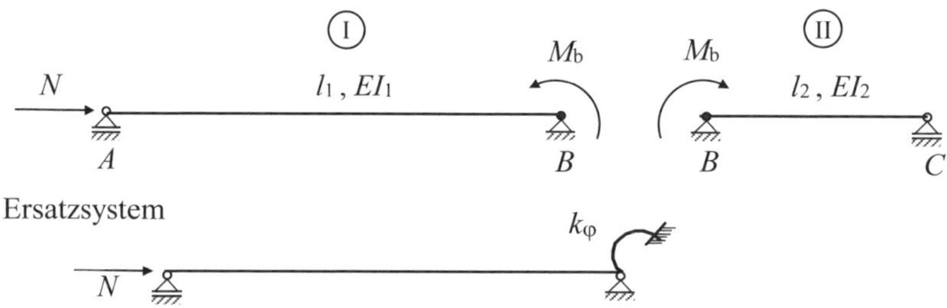

Abb. 4.12 Teilsysteme und Ersatzsystem

Für die Drehfeder gilt die elastostatische Grundgleichung

$$M = k_{\varphi} \cdot \varphi \tag{4.31}$$

Die Federsteifigkeit k_{φ} des Teilsystems II lässt sich auf folgende Weise bestimmen. Das Teilsystem II wird mit dem Moment $M_b = 1$ belastet und die zugehörige Verdrehung φ_1 berechnet. Mit der Gleichung (4.31) wird für die Drehfeder:

$$k_{\varphi} = \frac{1}{\varphi_1}$$

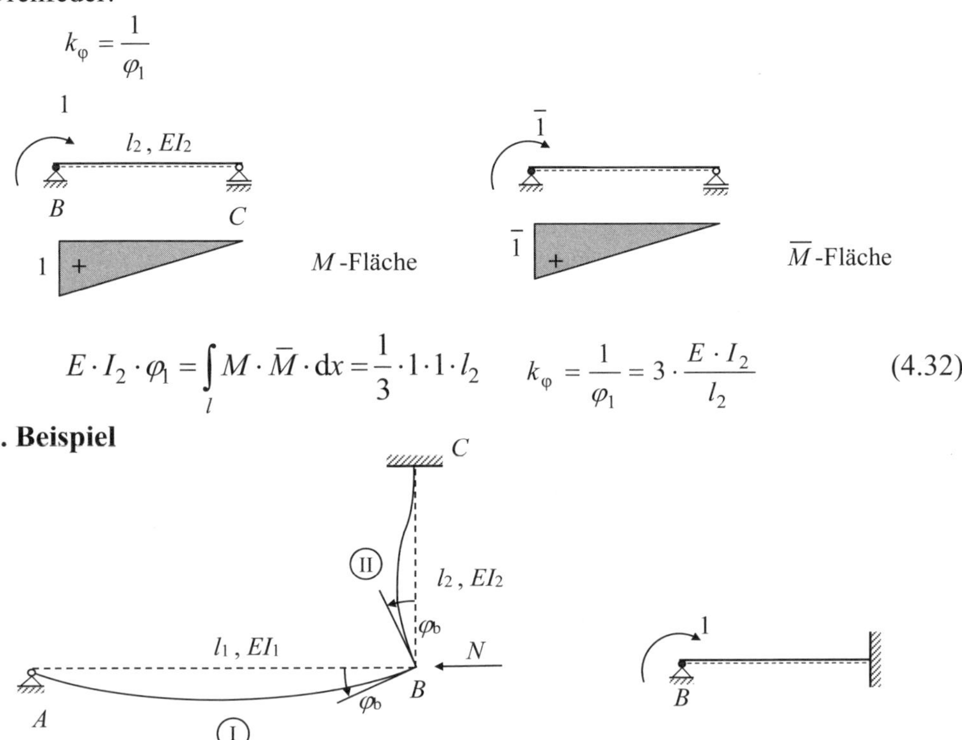

$$E \cdot I_2 \cdot \varphi_1 = \int_l M \cdot \bar{M} \cdot \mathrm{d}x = \frac{1}{3} \cdot 1 \cdot 1 \cdot l_2 \qquad k_{\varphi} = \frac{1}{\varphi_1} = 3 \cdot \frac{E \cdot I_2}{l_2} \tag{4.32}$$

2. Beispiel

Abb. 4.13 System und Verformungen

Das Teilsystem II ist hier für die Berechnung der Federsteifikeit k_{φ} ein einfach statisch unbestimmtes System. Es wird das statisch bestimmte Hauptsystem für die Berechnung der Unbekannten X_1 gewählt.

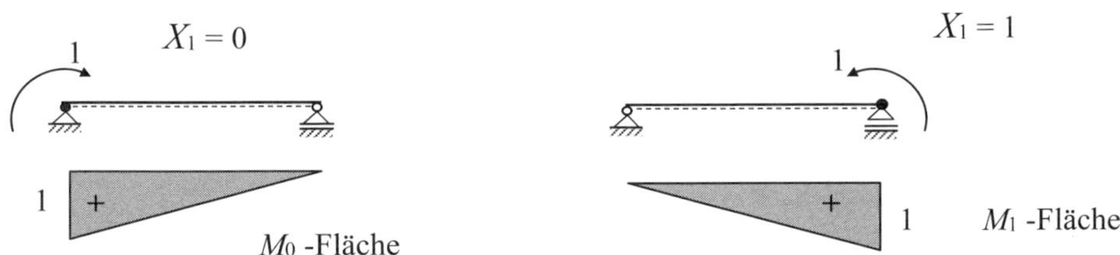

$$E \cdot I \cdot \delta_{10} = \frac{1}{6} \cdot 1 \cdot 1 \cdot l_2 = \frac{l_2}{6} \qquad E \cdot I \cdot \delta_{11} = \frac{1}{3} \cdot 1 \cdot 1 \cdot l_2 = \frac{l_2}{3}$$

$$X_1 = -\frac{E \cdot I_2 \cdot \delta_{10}}{E \cdot I_2 \cdot \delta_{11}} = -\frac{1}{2}$$

Mit dem Superpositionsgesetz $M = M_0 + X_1 \cdot M_1$ erhält man die endgültige Momentenfläche für das Moment $M_b = 1$. Die M-Fläche und $\bar{M}$ -Fläche sind gleich.

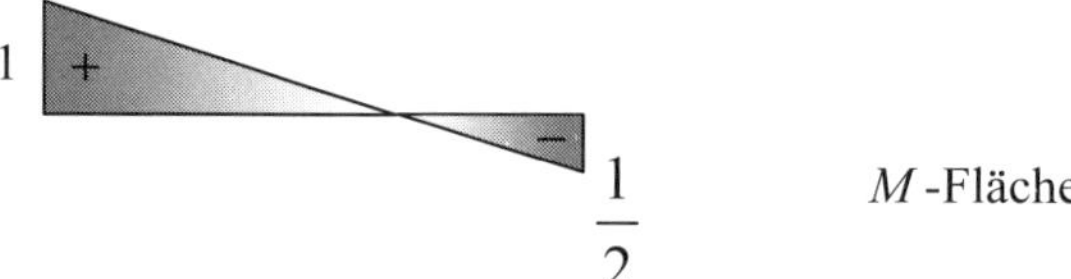

M-Fläche

$$E \cdot I_2 \cdot \varphi_1 = \int_l M \cdot \bar{M} \cdot \mathrm{d}x = \frac{1}{4} \cdot l_2 \qquad k_\varphi = \frac{1}{\varphi_1} = 4 \cdot \frac{E \cdot I_2}{l_2}$$

Es kann auch der Reduktionssatz angewendet werden.

3. Beispiel

Für die Wegfeder gilt die elastostatische Grundgleichung

$$F = k \cdot w \tag{4.33}$$

Analog zu der Berechnung der Drehfedersteifigkeit gilt für die Wegfedersteifigkeit:

$$k = \frac{1}{w_1}$$

Abb. 4.14 System, Verformungen und Ersatzsystem

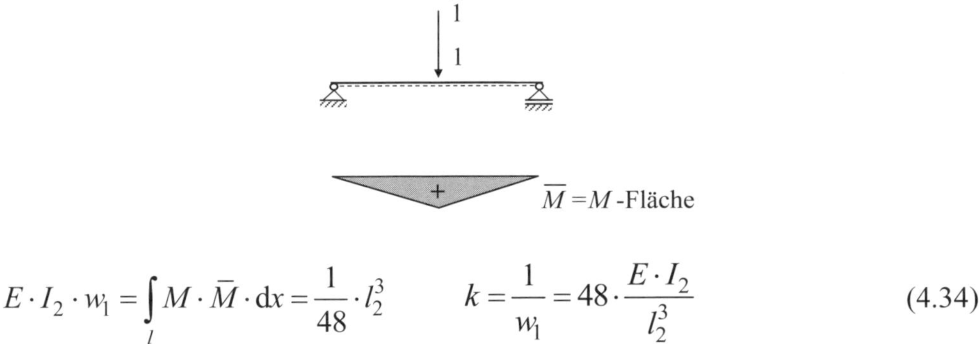

$$E \cdot I_2 \cdot w_1 = \int_l M \cdot \bar{M} \cdot \mathrm{d}x = \frac{1}{48} \cdot l_2^3 \qquad k = \frac{1}{w_1} = 48 \cdot \frac{E \cdot I_2}{l_2^3} \tag{4.34}$$

4.9 Durchlaufträger mit Momentengelenk

In den folgenden Beispielen sollen einzelne Lösungen angesprochen werden. Es wird gezeigt, wie ein Momentengelenk an einem Stab und eine Drehfeder am Auflager berücksichtigt werden.

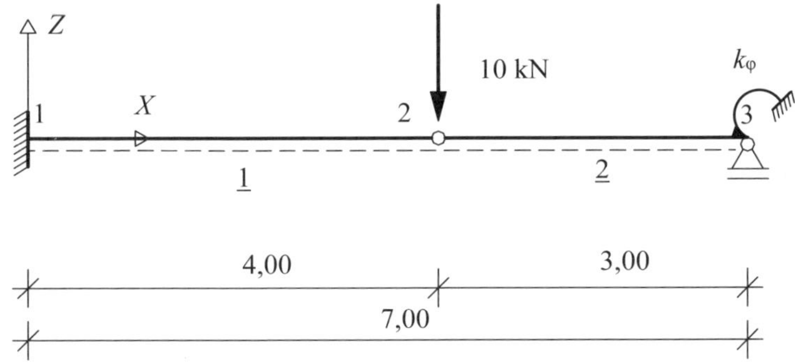

Abb. 4.15 System und Belastung

Werkstoff: S 235
Querschnittswerte:
Profil: HEB 200

$$E = 21000 \ \frac{\text{kN}}{\text{cm}^2} \qquad I = 5700 \text{ cm}^4 \qquad EI = 11970 \text{ kNm}^2$$

Am Knoten 2 ist ein Momentengelenk. An dem Momentengelenk treten drei lokale Knotenweggrößen auf, eine Verschiebung und zwei Verdrehungen, da in der Biegelinie ein Knick auftritt.

Das Momentengelenk muss hier durch die modifizierte lokale Elementsteifigkeitsmatrix berücksichtigt werden. Dabei darf das Momentengelenk entweder am Stabende des Stabes $\underline{1}$ oder am Stabanfang des Stabes $\underline{2}$ angenommen werden. Es ist nicht richtig, das Momentengelenk an beiden Stäben vorzusehen. Dann wird die Systemsteifigkeitsmatrix singulär. Es soll hier am Stabende des Stabes 1 berücksichtigt werden.

Lokale Elementsteifigkeitsmatrizen

Stab 1 Stab M_a

$$\begin{bmatrix} V_a \\ M_a \\ V_e \\ M_e \end{bmatrix} = \frac{EI}{l^3} \cdot \begin{bmatrix} 3 & -3l & -3 & 0 \\ -3l & 3l^2 & 3l & 0 \\ -3 & 3l & 3 & 0 \\ 0 & 0 & 0 & 0 \end{bmatrix} \cdot \begin{bmatrix} w_a \\ \varphi_a \\ w_e \\ \varphi_e \end{bmatrix}$$

$$\begin{bmatrix} V_{1,1} \\ M_{1,1} \\ V_{2,1} \\ M_{2,1} \end{bmatrix} = \begin{bmatrix} 561 & -2244 & -561 & 0 \\ -2244 & 8978 & 2244 & 0 \\ -561 & 2244 & 561 & 0 \\ 0 & 0 & 0 & 0 \end{bmatrix} \cdot \begin{bmatrix} w_1 \\ \varphi_1 \\ w_2 \\ \varphi_2 \end{bmatrix}$$

Stab 2 Stab M_{ae}

$$\begin{bmatrix} V_a \\ M_a \\ V_e \\ M_e \end{bmatrix} = \frac{EI}{l^3} \cdot \begin{bmatrix} 12 & -6l & -12 & -6l \\ -6l & 4l^2 & 6l & 2l^2 \\ -12 & 6l & 12 & 6l \\ -6l & 2l^2 & 6l & 4l^2 \end{bmatrix} \cdot \begin{bmatrix} w_a \\ \varphi_a \\ w_e \\ \varphi_e \end{bmatrix}$$

$$\begin{bmatrix} V_{2,2} \\ M_{2,2} \\ V_{3,2} \\ M_{3,2} \end{bmatrix} = \begin{bmatrix} 5320 & -7980 & -5320 & -7980 \\ -7980 & 15960 & 7980 & 7980 \\ -5320 & 7980 & 5320 & 7980 \\ -7980 & 7980 & 7980 & 15960 \end{bmatrix} \cdot \begin{bmatrix} w_2 \\ \varphi_2 \\ w_3 \\ \varphi_3 \end{bmatrix}$$

Globale Elementsteifigkeitsmatrizen

Stab 1 Stab B_a

$$\begin{bmatrix} Z_{1,1} \\ B_{1,1} \\ Z_{2,1} \\ B_{2,1} \end{bmatrix} = \begin{bmatrix} 561 & 2244 & -561 & 0 \\ 2244 & 8978 & -2244 & 0 \\ -561 & -2244 & 561 & 0 \\ 0 & 0 & 0 & 0 \end{bmatrix} \cdot \begin{bmatrix} W_1 \\ \Phi_1 \\ W_2 \\ \Phi_2 \end{bmatrix}$$

Stab <u>2</u> <u>Stab</u> B_{ae}

$$\begin{bmatrix} Z_{2,2} \\ B_{2,2} \\ Z_{3,2} \\ B_{3,2} \end{bmatrix} = \begin{bmatrix} 5320 & 7980 & -5320 & 7980 \\ 7980 & 15960 & -7980 & 7980 \\ -5320 & -7980 & 5320 & -7980 \\ 7980 & 7980 & -7980 & 15960 \end{bmatrix} \cdot \begin{bmatrix} W_2 \\ \Phi_2 \\ W_3 \\ \Phi_3 \end{bmatrix}$$

Drehfeder

$$M_{\varphi} = k_{\varphi} \cdot \varphi = 5000 \text{ kNm/rad} \cdot \varphi = 5000 \cdot \Phi_3$$

In dem Beispiel sind die folgenden Lagerungsbedingungen gegeben:

$$W_1 = 0{,}00 \text{ cm} \qquad \Phi_1 = 0 \qquad W_3 = 0{,}00 \text{ cm}$$

Systemsteifigkeitsmatrix

Die Untermatrizen werden zugeordnet, die Summe der Elemente ist fett gedruckt.

		W_1	Φ_1	W_2	Φ_2	W_3	Φ_3
$\boldsymbol{A_{Z,1}}$		561 **561**	2244 **2244**	−561 **−561**	0 **0**	**0**	**0**
$\boldsymbol{M_{A,1}}$		2244 **2244**	8978 **8978**	−2244 **−2244**	0 **0**	**0**	**0**
−10	=	−561 **−561**	−2244 **−2244**	561 5320 **5881**	0 7980 **7980**	 −5320 **−5320**	 7980 **7980**
0		**0**	**0**	7980 **7980**	15960 **15960**	−7980 **−7980**	7980 **7980**
$\boldsymbol{A_{Z,3}}$		**0**	**0**	−5320 **−5320**	−7980 **−7980**	5320 **5320**	−7980 **−7980**
0		**0**	**0**	7980 **7980**	7980 **7980**	−7980 **−7980**	15960 5000 **20960**

Die Lagerungsbedingungen sind eingearbeitet.

		W_1	Φ_1	W_2	Φ_2	W_3	Φ_3
0		1	0	0	0	0	0
0		0	1	0	0	0	0
−10	=	0	0	5881	7980	0	7980
0		0	0	7980	15960	0	7980
0		0	0	0	0	1	0
0		0	0	7980	7980	0	20960

Lösung des Gleichungssystems

$$W_1 = 0{,}00 \text{ m} \qquad \Phi_1 = 0$$

$$W_2 = -1{,}04946 \cdot 10^{-2} \text{ m} \qquad \Phi_2 = +4{,}01356 \cdot 10^{-3}$$

$$W_3 = 0{,}00 \text{ m} \qquad \Phi_3 = +2{,}46751 \cdot 10^{-3}$$

Schnittgrößen und Auflagerkräfte

Mit den Gleichungen (4.16) werden die lokalen Knotenweggrößen berechnet. Die kinematische Verträglichkeit ist hier sehr einfach. Man erhält:

$$w_1 = 0{,}00 \text{ m} \qquad \varphi_1 = 0$$

$$w_2 = +1{,}04946 \cdot 10^{-2} \text{ m} \qquad \varphi_2 = +4{,}01356 \cdot 10^{-3}$$

$$w_3 = 0{,}00 \text{ m} \qquad \varphi_3 = +2{,}46751 \cdot 10^{-3}$$

Die lokale Knotenweggröße φ_2 gehört zum Stab 2. Die lokale Knotenweggröße $\overset{*}{\varphi}_{2,1}$ am Momentengelenk ist zunächst unbekannt, aber für die Berechnung der lokalen Randschnittgrößen nicht erforderlich.
Berechnung der lokalen Randschnittgrößen mit der Vorzeichenregelung FEM:

Stab 1 Stab M_a

$$\begin{bmatrix} V_{1,1} \\ M_{1,1} \\ V_{2,1} \\ M_{2,1} \end{bmatrix} = \begin{bmatrix} 561 & -2244 & -561 & 0 \\ -2244 & 8978 & 2244 & 0 \\ -561 & 2244 & 561 & 0 \\ 0 & 0 & 0 & 0 \end{bmatrix} \cdot \begin{bmatrix} 0 \\ 0 \\ +1{,}04946 \cdot 10^{-2} \\ \overset{*}{\varphi}_{2,1} \end{bmatrix} = \begin{bmatrix} -5{,}89 \text{ kN} \\ +23{,}55 \text{ kNm} \\ +5{,}89 \text{ kN} \\ 0 \text{ kNm} \end{bmatrix}$$

Stab 2 Stab M_{ae}

$$\begin{bmatrix} V_{2,2} \\ M_{2,2} \\ V_{3,2} \\ M_{3,2} \end{bmatrix} = \begin{bmatrix} 5320 & -7980 & -5320 & -7980 \\ -7980 & 15960 & 7980 & 7980 \\ -5320 & 7980 & 5320 & 7980 \\ -7980 & 7980 & 7980 & 15960 \end{bmatrix} \cdot \begin{bmatrix} +1{,}04946 \cdot 10^{-2} \\ +4{,}01356 \cdot 10^{-3} \\ 0 \\ +2{,}46751 \cdot 10^{-3} \end{bmatrix} = \begin{bmatrix} +4{,}11 \text{ kN} \\ 0 \text{ kNm} \\ -4{,}11 \text{ kN} \\ -12{,}34 \text{ kNm} \end{bmatrix}$$

Die Auflagerkräfte werden durch die Gleichgewichtsbedingungen an den Auflagerknoten ermittelt. Diese Gleichgewichtsbedingungen sind schon in der Systemsteifigkeitsmatrix angegeben und müssen nicht neu formuliert werden. Mit den bekannten globalen Knotenweggrößen erhält man die Auflagerkräfte. Die Ergebnisse sind mit der Vorzeichenregelung FEM angegeben:

Knoten 1 $A_{Z,1} = +5{,}89 \text{ kN}$

$M_{A,1} = +23{,}55 \text{ kNm}$

Knoten 3 $A_{Z,3} = +4{,}11 \text{ kN}$

Drehfeder $\quad M_{\varphi} = 5000 \cdot \Phi_3 = 5000 \cdot 2{,}46751 \cdot 10^{-3} = +12{,}34$ kNm

In Abb. 4.16 sind die Momentenfläche, die Auflagerkräfte und die Querkraftfläche für dieses System dargestellt.

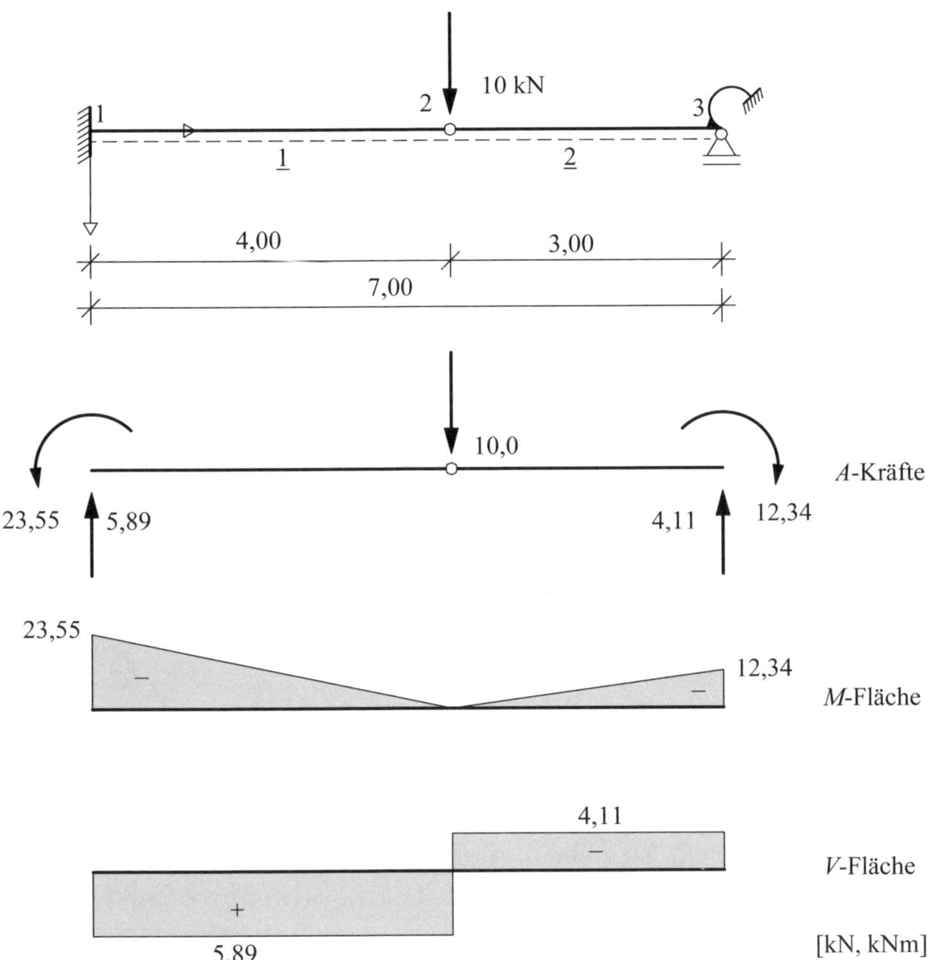

Abb. 4.16 Verlauf der Biegemomente und Querkräfte

Berechnung der Verformungen

In diesem Beispiel sind keine Stablasten vorhanden. Wenn der Zustandsvektor am Stabanfang bekannt ist, können an jeder Stelle x von 0 bis l die Verformungen und die Schnittgrößen berechnet werden. Es sollen am Stabende für den Stab 1 die Durchbiegung und die Verdrehung berechnet werden. Mit dem Zustandsvektor z_a der Randgrößen am Knoten a mit der Vorzeichenregelung FEM erhält man den Zustandsvektor z_x mit der Vorzeichenregelung DGL.

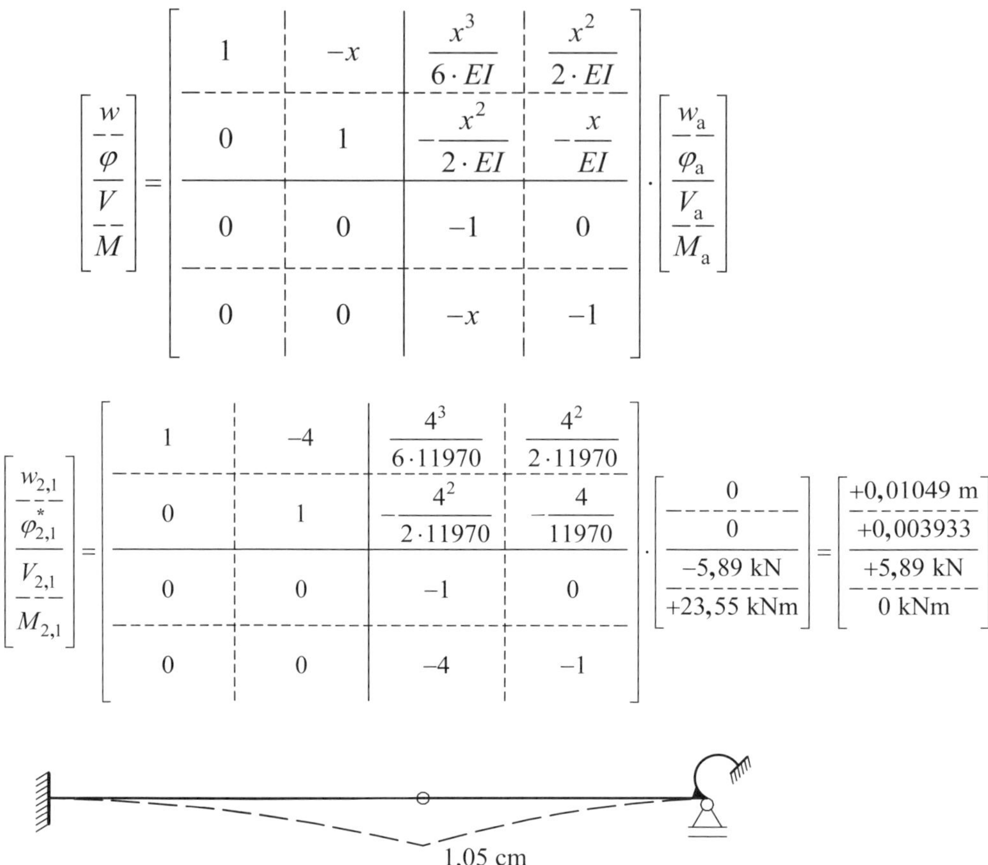

Abb. 4.17 Verlauf der Verformung

Diese Berechnung stellt auch eine Kontrolle der Berechnung dar. Die maximale Verformung beträgt 1,05 cm. Die unbekannte lokale Knotenweggröße $\varphi^*_{2,1}$ kann hier mithilfe der Übertragungsmatrix berechnet werden. Dies ist nicht immer möglich, z. B. wenn das Momentengelenk am Stabanfang liegt. Deshalb ist folgender Berechnungsgang immer möglich, siehe auch [6].

Dies soll an diesem Beispiel gezeigt werden. Die bekannten lokalen Knotenweggrößen werden in die nicht reduzierte Elementsteifigkeitsmatrix eingesetzt. Das Moment des Momentengelenkes, hier M_e, muss null sein. Dann kann aus der zugehörigen Gleichung die unbekannte Knotenweggröße φ^*_e berechnet werden.

$$\begin{bmatrix} V_a \\ M_a \\ \hline V_e \\ M_e = 0 \end{bmatrix} = \frac{EI}{l^3} \cdot \begin{bmatrix} 12 & -6l & -12 & -6l \\ -6l & 4l^2 & 6l & 2l^2 \\ \hline -12 & 6l & 12 & 6l \\ -6l & 2l^2 & 6l & 4l^2 \end{bmatrix} \cdot \begin{bmatrix} w_a \\ \varphi_a \\ \hline w_e \\ \varphi_e^* \end{bmatrix} + \begin{bmatrix} V_{a,0} \\ M_{a,0} \\ \hline V_{e,0} \\ M_{e,0} \end{bmatrix}$$

Stab 1 Stab M_a

$$\begin{bmatrix} V_{1,1} \\ M_{1,1} \\ \hline V_{2,1} \\ 0 \end{bmatrix} = \begin{bmatrix} 2244 & -4489 & -2244 & -4489 \\ -4489 & 11970 & 4489 & 5985 \\ \hline -2244 & 4489 & 2244 & 4489 \\ -4489 & 5985 & 4489 & 11970 \end{bmatrix} \cdot \begin{bmatrix} 0 \\ 0 \\ \hline +1,04946 \cdot 10^{-2} \\ \varphi_{2,1}^* \end{bmatrix}$$

$$\varphi_{2,1}^* = -3,93569 \cdot 10^{-3}$$

Allgemein gilt die folgende Rechenoperation für die A-te Zeile:

$$v_A^* = -\frac{1}{k_{AA}} \cdot \left(\sum_{i=1}^{A} k_{Ai} \cdot v_i + s_{A0} \right) \qquad i \neq A \tag{4.35}$$

Alternativ können die lokalen Randschnittgrößen auch mit der nicht reduzierten Elementsteifigkeitsmatrix und der berechneten Knotenweggröße $\varphi_{2,1}^*$ ermittelt werden.

Stab 1 Stab M_a

$$\begin{bmatrix} V_{1,1} \\ M_{1,1} \\ \hline V_{2,1} \\ M_{2,2} \end{bmatrix} = \begin{bmatrix} 2244 & -4489 & -2244 & -4489 \\ -4489 & 11970 & 4489 & 5985 \\ \hline -2244 & 4489 & 2244 & 4489 \\ -4489 & 5985 & 4489 & 11970 \end{bmatrix} \cdot \begin{bmatrix} 0 \\ 0 \\ \hline +1,04946 \cdot 10^{-2} \\ -3,93569 \cdot 10^{-3} \end{bmatrix} = \begin{bmatrix} -5,89 \text{ kN} \\ +23,55 \text{ kNm} \\ \hline +5,89 \text{ kN} \\ 0 \text{ kNm} \end{bmatrix}$$

4.10 Durchlaufträger mit Querkraftgelenk

In diesem Beispiel wird gezeigt, wie ein Querkraftgelenk an einem Stab berücksichtigt wird.

Werkstoff: S 235

Querschnittswerte:

Profil: HEA 160

$E = 21000 \ \frac{\text{kN}}{\text{cm}^2}$ $\qquad I = 1670 \text{ cm}^4$ $\qquad EI = 3507 \text{ kNm}^2$

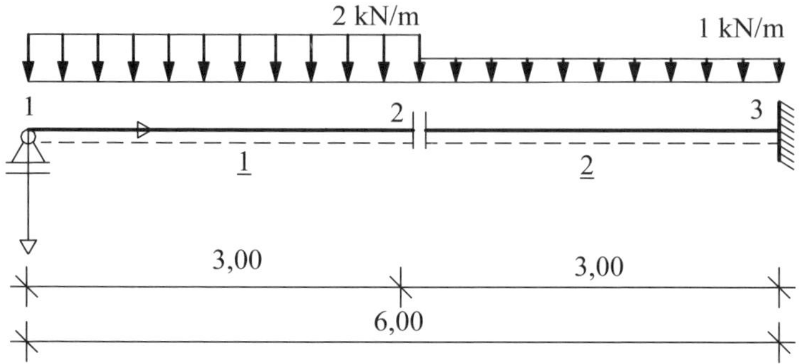

Abb. 4.18 System und Belastung

Am Knoten 2 ist ein Querkraftgelenk. An dem Querkraftgelenk treten drei lokale Kotenweggrößen auf, zwei Verschiebungen und eine Verdrehung, da in der Biegelinie ein Sprung auftritt.
Das Querkraftgelenk muss hier durch die modifizierte lokale Elementsteifigkeitsmatrix berücksichtigt werden. Dabei darf das Querkraftgelenk entweder am Stabende des Stabes 1 oder am Stabanfang des Stabes 2 angenommen werden. Es ist nicht richtig, das Querkraftgelenk an beiden Stäben vorzusehen. Dann wird die Systemsteifigkeitsmatrix singulär. Es soll hier am Stabanfang des Stabes 2 berücksichtigt werden.

Modifizierte Elementsteifigkeitsmatrix mit Querkraftgelenk
Stab M_{ae}

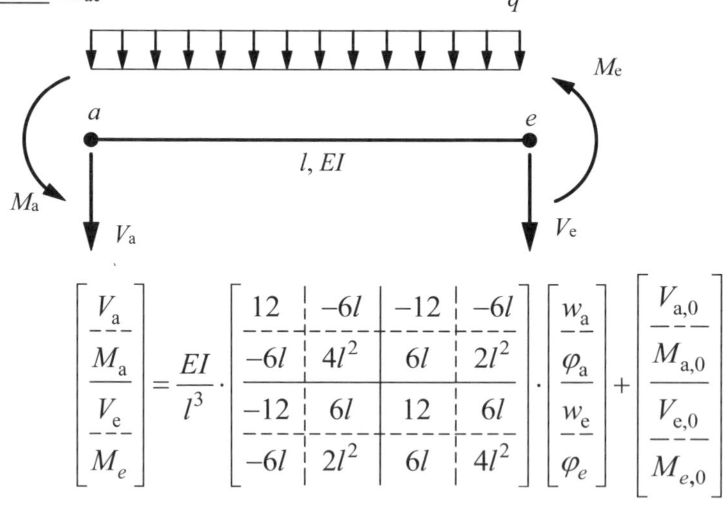

$$\begin{bmatrix} V_a \\ M_a \\ V_e \\ M_e \end{bmatrix} = \frac{EI}{l^3} \cdot \begin{bmatrix} 12 & -6l & -12 & -6l \\ -6l & 4l^2 & 6l & 2l^2 \\ -12 & 6l & 12 & 6l \\ -6l & 2l^2 & 6l & 4l^2 \end{bmatrix} \cdot \begin{bmatrix} w_a \\ \varphi_a \\ w_e \\ \varphi_e \end{bmatrix} + \begin{bmatrix} V_{a,0} \\ M_{a,0} \\ V_{e,0} \\ M_{e,0} \end{bmatrix}$$

Es gilt: $V_a = 0$ Modifikation der 1. Zeile $A = 1$

$$k_{ik}^{*} = k_{ik} - \frac{k_{iA}}{k_{AA}} \cdot k_{Ak}$$

$$i = 1 \quad k = 1 \quad k_{11}^{*} = k_{11} - \frac{k_{11}}{k_{11}} \cdot k_{11} = 0$$

$$i = 1 \quad k = 2 \quad k_{12}^{*} = k_{12} - \frac{k_{11}}{k_{11}} \cdot k_{12} = 0$$

$$i = 1 \quad k = 3 \quad k_{13}^{*} = k_{13} - \frac{k_{11}}{k_{11}} \cdot k_{13} = 0$$

$$i = 1 \quad k = 4 \quad k_{14}^{*} = k_{14} - \frac{k_{11}}{k_{11}} \cdot k_{14} = 0$$

$$i = 2 \quad k = 2 \quad k_{22}^{*} = k_{22} - \frac{k_{21}}{k_{11}} \cdot k_{12} = 4l^2 - \frac{-6l}{12} \cdot \left(-6l\right) = l^2$$

$$i = 2 \quad k = 3 \quad k_{23}^{*} = k_{23} - \frac{k_{21}}{k_{11}} \cdot k_{13} = 6l - \frac{-6l}{12} \cdot \left(-12\right) = 0$$

$$i = 2 \quad k = 4 \quad k_{24}^{*} = k_{24} - \frac{k_{21}}{k_{11}} \cdot k_{14} = 2l^2 - \frac{-6l}{12} \cdot \left(-6l\right) = -l^2$$

$$i = 3 \quad k = 3 \quad k_{33}^{*} = k_{33} - \frac{k_{31}}{k_{11}} \cdot k_{13} = 12 - \frac{-12}{12} \cdot \left(-12\right) = 0$$

$$i = 3 \quad k = 4 \quad k_{34}^{*} = k_{34} - \frac{k_{31}}{k_{11}} \cdot k_{14} = 6l - \frac{-12}{12} \cdot \left(-6l\right) = 0$$

$$i = 4 \quad k = 4 \quad k_{44}^{*} = k_{44} - \frac{k_{41}}{k_{11}} \cdot k_{14} = 4l^2 - \frac{-6l}{12} \cdot \left(-6l\right) = l^2$$

Für die Starreinspanngrößen erhält man:

$$s_{i0}^{*} = s_{i0} - \frac{k_{iA}}{k_{AA}} \cdot s_{A0}$$

$$i = 1 \quad s_{10}^{*} = s_{10} - \frac{k_{11}}{k_{11}} \cdot s_{10} = 0$$

$$i = 2 \quad s_{20}^{*} = s_{20} - \frac{k_{21}}{k_{11}} \cdot s_{10} = M_{a,0} - \frac{-6l}{12} \cdot V_{a,0} = M_{a,0} + \frac{1}{2} \cdot V_{a,0} \cdot l$$

$$= \frac{1}{12} \cdot q \cdot l^2 + \frac{1}{2} \cdot \left(-\frac{1}{2} \cdot q \cdot l \right) \cdot l = -\frac{1}{6} \cdot q \cdot l^2$$

$$i = 3 \quad s_{30}^{*} = s_{30} - \frac{k_{31}}{k_{11}} \cdot s_{30} = V_{e,0} - \frac{-12}{12} \cdot V_{a,0} = V_{e,0} + V_{a,0}$$

$$= -\frac{1}{2} \cdot q \cdot l - \frac{1}{2} \cdot q \cdot l = -q \cdot l$$

$$i = 4 \qquad \overset{*}{s}_{40} = s_{40} - \frac{k_{41}}{k_{11}} \cdot s_{10} = M_{e,0} - \frac{-6l}{12} \cdot V_{a,0} = M_{e,0} + \frac{1}{2} \cdot V_{a,0} \cdot l$$

$$= -\frac{1}{12} \cdot q \cdot l^2 + \frac{1}{2} \cdot \left(-\frac{1}{2} \cdot q \cdot l \right) \cdot l = -\frac{1}{3} \cdot q \cdot l^2$$

<u>Stab</u> V$_e$

$$\begin{bmatrix} V_a \\ M_a \\ V_e \\ M_e \end{bmatrix} = \frac{EI}{l} \cdot \begin{bmatrix} 0 & 0 & 0 & 0 \\ 0 & 1 & 0 & -1 \\ 0 & 0 & 0 & 0 \\ 0 & -1 & 0 & 1 \end{bmatrix} \cdot \begin{bmatrix} w_a \\ \varphi_a \\ w_e \\ \varphi_e \end{bmatrix} + \begin{bmatrix} 0 \\ -\frac{1}{6} \cdot q \cdot l^2 \\ -q \cdot l \\ -\frac{1}{3} \cdot q \cdot l^2 \end{bmatrix} \tag{4.36}$$

Lokale Elementsteifigkeitsmatrizen

Stab <u>1</u>   <u>Stab</u> M$_{ae}$

$$\begin{bmatrix} V_a \\ M_a \\ V_e \\ M_e \end{bmatrix} = \frac{EI}{l^3} \cdot \begin{bmatrix} 12 & -6l & -12 & -6l \\ -6l & 4l^2 & 6l & 2l^2 \\ -12 & 6l & 12 & 6l \\ -6l & 2l^2 & 6l & 4l^2 \end{bmatrix} \cdot \begin{bmatrix} w_a \\ \varphi_a \\ w_e \\ \varphi_e \end{bmatrix} + \begin{bmatrix} -\frac{1}{2} \cdot q \cdot l \\ \frac{1}{12} \cdot q \cdot l^2 \\ -\frac{1}{2} \cdot q \cdot l \\ -\frac{1}{12} \cdot q \cdot l^2 \end{bmatrix}$$

$$\begin{bmatrix} V_{1,1} \\ M_{1,1} \\ V_{2,1} \\ M_{2,2} \end{bmatrix} = \begin{bmatrix} 1559 & -2338 & -1559 & -2338 \\ -2338 & 4676 & 2338 & 2338 \\ -1559 & 2338 & 1559 & 2338 \\ -2338 & 2338 & 2338 & 4676 \end{bmatrix} \cdot \begin{bmatrix} w_1 \\ \varphi_1 \\ w_2 \\ \varphi_2 \end{bmatrix} + \begin{bmatrix} -3 \\ +1,5 \\ -3 \\ -1,5 \end{bmatrix}$$

Stab 2 Stab V_e

$$\begin{bmatrix} V_a \\ M_a \\ V_e \\ M_e \end{bmatrix} = \frac{EI}{l} \cdot \begin{bmatrix} 0 & 0 & 0 & 0 \\ 0 & 1 & 0 & -1 \\ 0 & 0 & 0 & 0 \\ 0 & -1 & 0 & 1 \end{bmatrix} \cdot \begin{bmatrix} w_a \\ \varphi_a \\ w_e \\ \varphi_e \end{bmatrix} + \begin{bmatrix} 0 \\ -\frac{1}{6} \cdot q \cdot l^2 \\ -q \cdot l \\ -\frac{1}{3} \cdot q \cdot l^2 \end{bmatrix}$$

$$\begin{bmatrix} V_{2,2} \\ M_{2,2} \\ V_{3,2} \\ M_{3,2} \end{bmatrix} = \begin{bmatrix} 0 & 0 & 0 & 0 \\ 0 & 1169 & 0 & -1169 \\ 0 & 0 & 0 & 0 \\ 0 & -1169 & 0 & 1169 \end{bmatrix} \cdot \begin{bmatrix} w_2 \\ \varphi_2 \\ w_3 \\ \varphi_3 \end{bmatrix} + \begin{bmatrix} 0 \\ -1,5 \\ -3 \\ -3 \end{bmatrix}$$

Globale Elementsteifigkeitsmatrizen

Stab 1 Stab B_{ae}

$$\begin{bmatrix} Z_{1,1} \\ B_{1,1} \\ Z_{2,1} \\ B_{2,2} \end{bmatrix} = \begin{bmatrix} 1559 & 2338 & -1559 & 2338 \\ 2338 & 4676 & -2338 & 2338 \\ -1559 & -2338 & 1559 & -2338 \\ 2338 & 2338 & -2338 & 4676 \end{bmatrix} \cdot \begin{bmatrix} W_1 \\ \Phi_1 \\ W_2 \\ \Phi_2 \end{bmatrix} + \begin{bmatrix} +3 \\ +1,5 \\ +3 \\ -1,5 \end{bmatrix}$$

Stab 2 Stab Z_{ae}

$$\begin{bmatrix} Z_{2,2} \\ B_{2,2} \\ Z_{3,2} \\ B_{3,2} \end{bmatrix} = \begin{bmatrix} 0 & 0 & 0 & 0 \\ 0 & 1169 & 0 & -1169 \\ 0 & 0 & 0 & 0 \\ 0 & -1169 & 0 & 1169 \end{bmatrix} \cdot \begin{bmatrix} W_2 \\ \Phi_2 \\ W_3 \\ \Phi_3 \end{bmatrix} + \begin{bmatrix} 0 \\ -1,5 \\ +3 \\ -3 \end{bmatrix}$$

In dem Beispiel sind die folgenden Lagerungsbedingungen gegeben:

$W_1 = 0,00$ cm

$W_3 = 0,00$ cm $\quad \Phi_3 = 0$

Systemsteifigkeitsmatrix
Die Untermatrizen werden zugeordnet, die Summe der Elemente ist fett gedruckt.

		W_1	Φ_1	W_2	Φ_2	W_3	Φ_3
−3		1559	2338	−1559	2338		
+$A_{Z,1}$		**1559**	**2338**	**−1559**	**2338**	**0**	**0**
−1,5		2338	4676	−2338	2338		
−1,5		**2338**	**4676**	**−2338**	**2338**	**0**	**0**
−3		−1559	−2338	1559	−2338		
−3		**−1559**	**−2338**	**1559**	**−2338**	**0**	**0**
+1,5		2338	2338	−2338	4676		
+1,5	=	0	0	0	1169	0	−1169
+3		**2338**	**2338**	**−2338**	**5845**	**0**	**−1169**
−3		0	0	0	0	0	0
+$A_{Z,3}$		**0**	**0**	**0**	**0**	**0**	**0**
+3				0	−1169	0	1169
+$M_{A,3}$		**0**	**0**	**0**	**−1169**	**0**	**1169**

Die Lagerungsbedingungen sind eingearbeitet.

		W_1	Φ_1	W_2	Φ_2	W_3	Φ_3
0		1	0	0	0	0	0
−1,5		0	4676	−2338	2338	0	0
−3	=	0	−2338	1559	−2338	0	0
+3		0	2338	−2338	5845	0	0
0		0	0	0	0	1	0
0		0	0	0	0	0	1

Lösung des Gleichungssystems

$W_1 = 0{,}00 \text{ m}$ $\qquad \Phi_1 = -1{,}15114 \cdot 10^{-2}$

$W_2 = -2{,}87724 \cdot 10^{-2} \text{m}$ $\qquad \Phi_2 = -6{,}39113 \cdot 10^{-3}$

$W_3 = 0{,}00 \text{ m}$ $\qquad \Phi_3 = 0$

Schnittgrößen und Auflagerkräfte
Mit den Gleichungen (4.16) werden die lokalen Knotenweggrößen berechnet. Die kinematische Verträglichkeit ist hier sehr einfach. Man erhält:

$w_1 = 0{,}00 \text{ m}$ $\qquad \varphi_1 = -1{,}15114 \cdot 10^{-2}$

$w_2 = +2{,}87724 \cdot 10^{-2} \text{m}$ $\qquad \varphi_2 = -6{,}39113 \cdot 10^{-3}$

$w_3 = 0{,}00 \text{ m}$ $\qquad \varphi_3 = 0$

Die lokale Knotenweggröße w_2 gehört zum Stab 1. Die lokale Knotenweggröße $w^*_{2,2}$ am Querkraftgelenk ist zunächst unbekannt, aber für die Berechnung der lokalen Randschnittgrößen nicht erforderlich.
Berechnung der lokalen Randschnittgrößen mit der Vorzeichenregelung FEM:

Stab 1   Stab M_{ae}

$$\begin{bmatrix} V_{1,1} \\ M_{1,1} \\ V_{2,1} \\ M_{2,1} \end{bmatrix} = \begin{bmatrix} 1559 & -2338 & -1559 & -2338 \\ -2338 & 4676 & 2338 & 2338 \\ -1559 & 2338 & 1559 & 2338 \\ -2338 & 2338 & 2338 & 4676 \end{bmatrix} \cdot \begin{bmatrix} 0 \\ -1{,}15114 \cdot 10^{-2} \\ +2{,}87724 \cdot 10^{-2} \\ -6{,}39113 \cdot 10^{-3} \end{bmatrix} + \begin{bmatrix} -3 \\ +1{,}5 \\ -3 \\ -1{,}5 \end{bmatrix} = \begin{bmatrix} -6{,}00 \text{ kN} \\ 0 \text{ kNm} \\ 0 \text{ kN} \\ +8{,}97 \text{ kNm} \end{bmatrix}$$

Stab 2   Stab V_e

$$\begin{bmatrix} V_{2,2} \\ M_{2,2} \\ V_{3,2} \\ M_{3,2} \end{bmatrix} = \begin{bmatrix} 0 & 0 & 0 & 0 \\ 0 & 1169 & 0 & -1169 \\ 0 & 0 & 0 & 0 \\ 0 & -1169 & 0 & 1169 \end{bmatrix} \cdot \begin{bmatrix} +2{,}87724 \cdot 10^{-2} \\ -6{,}39113 \cdot 10^{-3} \\ 0 \\ 0 \end{bmatrix} + \begin{bmatrix} 0 \\ -1{,}5 \\ -3 \\ -3 \end{bmatrix} = \begin{bmatrix} 0 \text{ kN} \\ -8{,}97 \text{ kNm} \\ -3 \text{ kN} \\ +4{,}47 \text{ kNm} \end{bmatrix}$$

Die Auflagerkräfte werden durch die Gleichgewichtsbedingungen an den Auflagerknoten ermittelt. Diese Gleichgewichtsbedingungen sind schon in der Systemsteifigkeitsmatrix angegeben und müssen nicht neu formuliert werden. Mit den bekannten globalen Knotenweggrößen erhält man die Auflagerkräfte. Die Ergebnisse sind mit der Vorzeichenregelung FEM angegeben:

Knoten 1 $A_{Z,1} = +6{,}00 \text{ kN}$

$M_{A,1} = 0 \text{ kNm}$

Knoten 3 $A_{Z,3} = +3{,}00 \text{ kN}$

$M_{A,1} = +4{,}47 \text{ kNm}$

In Abb. 4.19 sind die Momentenfläche, die Auflagerkräfte und die Querkraftfläche für dieses System dargestellt. Diese werden mit der Übertragungsmatrix berechnet.

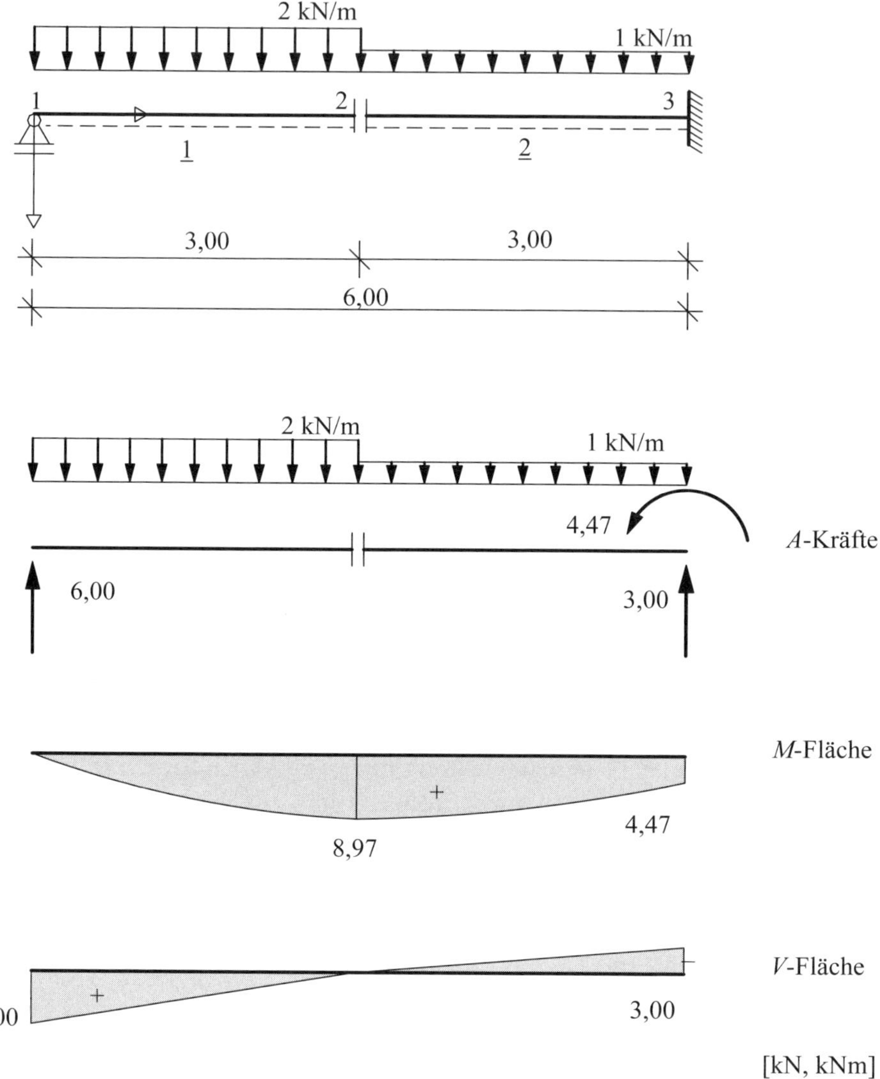

Abb. 4.19 Verlauf der Biegemomente und Querkräfte

Berechnung der Verformungen

Es soll am Stabanfang für den Stab 2 mit dem Querkraftgelenk die unbekannte Durchbiegung $w^*_{2,2}$ berechnet werden. Die bekannten lokalen Knotenweggrößen werden in die nicht reduzierte Elementsteifigkeitsmatrix eingesetzt. Die Querkraft des Querkraftgelenkes V_a muss null sein. Dann kann aus der zugehörigen Gleichung die unbekannte Knotenweggröße $w^*_{2,2}$ berechnet werden.

$$\begin{bmatrix} V_a \\ M_a \\ V_e \\ M_e \end{bmatrix} = \frac{EI}{l^3} \cdot \begin{bmatrix} 12 & -6l & -12 & -6l \\ -6l & 4l^2 & 6l & 2l^2 \\ -12 & 6l & 12 & 6l \\ -6l & 2l^2 & 6l & 4l^2 \end{bmatrix} \cdot \begin{bmatrix} w_a^* \\ \varphi_a \\ w_e \\ \varphi_e \end{bmatrix} + \begin{bmatrix} -\frac{1}{2} \cdot q \cdot l \\ \frac{1}{12} \cdot q \cdot l^2 \\ -\frac{1}{2} \cdot q \cdot l \\ -\frac{1}{12} \cdot q \cdot l^2 \end{bmatrix}$$

$$\begin{bmatrix} 0 \\ M_{2,2} \\ V_{3,2} \\ M_{3,2} \end{bmatrix} = \begin{bmatrix} 1559 & -2338 & -1559 & -2338 \\ -2338 & 4676 & 2338 & 2338 \\ -1559 & 2338 & 1559 & 2338 \\ -2338 & 2338 & 2338 & 4676 \end{bmatrix} \cdot \begin{bmatrix} w_{2,2}^* \\ -6{,}39113 \cdot 10^{-3} \\ 0 \\ 0 \end{bmatrix} + \begin{bmatrix} -1{,}5 \\ +0{,}75 \\ -1{,}5 \\ -0{,}75 \end{bmatrix}$$

$$v_A^* = -\frac{1}{k_{AA}} \cdot \left(\sum_{i=1}^{A} k_{Ai} \cdot v_i + s_{A0} \right) \qquad i \neq A$$

$$w_{2,2}^* = -8{,}62249 \cdot 10^{-3}$$

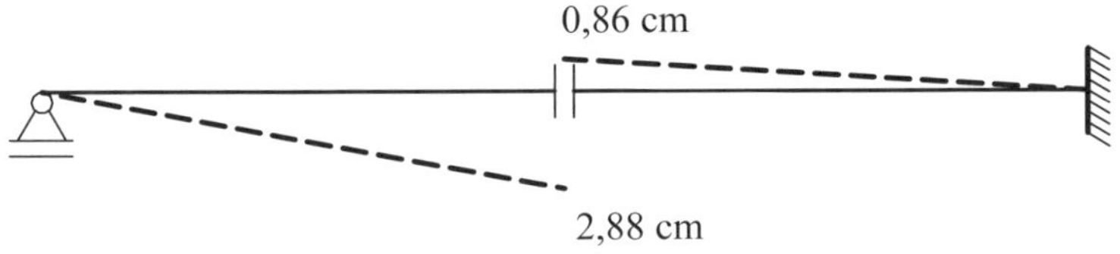

0,86 cm

2,88 cm

Abb. 4.20 Verlauf der Verformung

4.11 Durchlaufträger mit Stützensenkung

Unterschiedliche Setzungen können das Tragverhalten eines Bauwerkes erheblich beeinflussen. In diesem Beispiel wird gezeigt, wie die Stützensenkung eines Auflagers berücksichtigt wird.

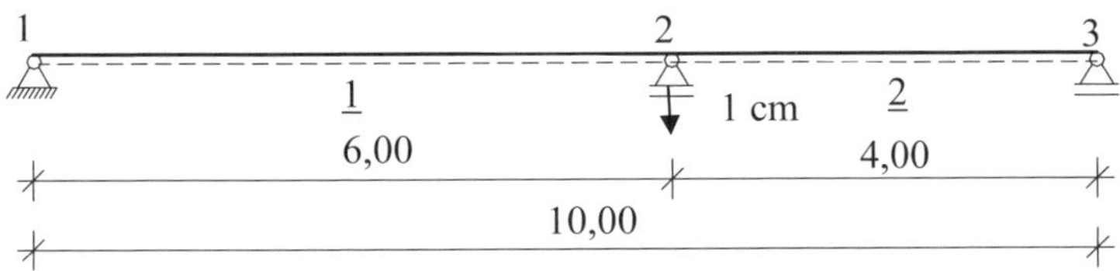

Abb. 4.21 Stützensenkung des Auflagerknotens 2

Werkstoff: S 235 $E = 21000\ \dfrac{\text{kN}}{\text{cm}^2}$

Querschnittswerte: Profil: HEB 500 $I = 107\ 200\ \text{cm}^4$

Das Auflager 2 soll sich um 1 cm setzen. Die Belastung kann mit der lokalen Elementsteifigkeitsmatrix ermittelt werden.

$$\begin{bmatrix} V_a \\ M_a \\ V_e \\ M_e \end{bmatrix} = \frac{EI}{l^3} \cdot \begin{bmatrix} 12 & -6l & -12 & -6l \\ -6l & 4l^2 & 6l & 2l^2 \\ -12 & 6l & 12 & 6l \\ -6l & 2l^2 & 6l & 4l^2 \end{bmatrix} \cdot \begin{bmatrix} w_a \\ \varphi_a \\ w_e \\ \varphi_e \end{bmatrix}$$

Sind die Knotenweggrößen $w_{a,0}$ und $w_{e,0}$ bekannt, dann folgt daraus die Belastung des Stabelementes.

<u>Stab</u> M_{ae}

$$\begin{bmatrix} V_a \\ M_a \\ V_e \\ M_e \end{bmatrix} = \frac{EI}{l^3} \cdot \begin{bmatrix} 12 & -6l & -12 & -6l \\ -6l & 4l^2 & 6l & 2l^2 \\ -12 & 6l & 12 & 6l \\ -6l & 2l^2 & 6l & 4l^2 \end{bmatrix} \cdot \begin{bmatrix} w_a \\ \varphi_a \\ w_e \\ \varphi_e \end{bmatrix} + \begin{bmatrix} 12 \cdot \frac{EI}{l^3}(w_{a,0} - w_{e,0}) \\ -6 \cdot \frac{EI}{l^2}(w_{a,0} - w_{e,0}) \\ -12 \cdot \frac{EI}{l^3}(w_{a,0} - w_{e,0}) \\ -6 \cdot \frac{EI}{l^2}(w_{a,0} - w_{e,0}) \end{bmatrix} \tag{4.37}$$

Die Berechnung kann auch direkt mit dieser Matrix durchgeführt werden.

$$\begin{bmatrix} M_a \\ M_e \end{bmatrix} = \frac{EI}{l} \cdot \begin{bmatrix} 4 & 2 \\ 2 & 4 \end{bmatrix} \cdot \begin{bmatrix} \varphi_a \\ \varphi_e \end{bmatrix} + \begin{bmatrix} -6 \cdot \frac{EI}{l^2}(w_{a,0} - w_{e,0}) \\ -6 \cdot \frac{EI}{l^2}(w_{a,0} - w_{e,0}) \end{bmatrix} \tag{4.38}$$

<u>Stab</u> M_a

$$\begin{bmatrix} V_a \\ M_a \\ V_e \\ M_e \end{bmatrix} = \frac{EI}{l^3} \cdot \begin{bmatrix} 3 & -3l & -3 & 0 \\ -3l & 3l^2 & 3l & 0 \\ -3 & 3l & 3 & 0 \\ 0 & 0 & 0 & 0 \end{bmatrix} \cdot \begin{bmatrix} w_a \\ \varphi_a \\ w_e \\ \varphi_e \end{bmatrix} + \begin{bmatrix} 3 \cdot \frac{EI}{l^3}(w_{a,0} - w_{e,0}) \\ -3 \cdot \frac{EI}{l^2}(w_{a,0} - w_{e,0}) \\ -3 \cdot \frac{EI}{l^3}(w_{a,0} - w_{e,0}) \\ 0 \end{bmatrix} \tag{4.39}$$

Die Berechnung kann auch direkt mit dieser Matrix durchgeführt werden.

$$\left[M_a\right]=\left[3\cdot\frac{EI}{l}\right]\cdot\left[\varphi_a\right]+\left[-3\cdot\frac{EI}{l^2}\left(w_{a,0}-w_{e,0}\right)\right] \tag{4.40}$$

<u>Stab</u> M_e

$$\begin{bmatrix} V_a \\ M_a \\ V_e \\ M_e \end{bmatrix}=\frac{EI}{l^3}\cdot\begin{bmatrix} 3 & 0 & -3 & -3l \\ 0 & 0 & 0 & 0 \\ -3 & 0 & 3 & 3l \\ -3l & 0 & 3l & 3l^2 \end{bmatrix}\cdot\begin{bmatrix} w_a \\ \varphi_a \\ w_e \\ \varphi_e \end{bmatrix}+\begin{bmatrix} 3\cdot\frac{EI}{l^3}\left(w_{a,0}-w_{e,0}\right) \\ 0 \\ -3\cdot\frac{EI}{l^3}\left(w_{a,0}-w_{e,0}\right) \\ -3\cdot\frac{EI}{l^2}\left(w_{a,0}-w_{e,0}\right) \end{bmatrix} \tag{4.41}$$

Die Berechnung kann auch direkt mit dieser Matrix durchgeführt werden.

$$\left[M_e\right]=\left[3\cdot\frac{EI}{l}\right]\cdot\left[\varphi_e\right]+\left[-3\cdot\frac{EI}{l^2}\left(w_{a,0}-w_{e,0}\right)\right] \tag{4.42}$$

Die Berechnung erfolgt zunächst im globalen Koordinatensystem. Es werden die Knotenverdrehungen am Auflager berücksichtigt.

Lokale Elementsteifigkeitsmatrizen

<u>Stab 1</u> <u>Stab</u> M_{ae}

$$\begin{bmatrix} V_{1,1} \\ M_{1,1} \\ V_{2,1} \\ M_{2,2} \end{bmatrix}=\begin{bmatrix} 12507 & -37520 & -12507 & -37520 \\ -37520 & 150080 & 37520 & 75040 \\ -12507 & 37520 & 12507 & 37520 \\ -37520 & 75040 & 37520 & 150080 \end{bmatrix}\cdot\begin{bmatrix} w_1 \\ \varphi_1 \\ w_2 \\ \varphi_2 \end{bmatrix}+\begin{bmatrix} -125{,}1 \\ +375{,}2 \\ +125{,}1 \\ +375{,}2 \end{bmatrix}$$

<u>Stab 2</u> <u>Stab</u> M_{ae}

$$\begin{bmatrix} V_{2,2} \\ M_{2,2} \\ V_{3,2} \\ M_{3,2} \end{bmatrix}=\begin{bmatrix} 42210 & -84420 & -42210 & -84420 \\ -84420 & 225120 & 84420 & 112560 \\ -42210 & 84420 & 42210 & 84420 \\ -84420 & 112560 & 84420 & 225120 \end{bmatrix}\cdot\begin{bmatrix} w_2 \\ \varphi_2 \\ w_3 \\ \varphi_3 \end{bmatrix}+\begin{bmatrix} +422{,}1 \\ -844{,}2 \\ -422{,}1 \\ -844{,}2 \end{bmatrix}$$

Globale Elementsteifigkeitsmatrizen

Stab 1 Stab B_{ae}

$$\begin{bmatrix} Z_{1,1} \\ B_{1,1} \\ Z_{2,1} \\ B_{2,2} \end{bmatrix} = \begin{bmatrix} 12507 & 37520 & -12507 & 37520 \\ 37520 & 150080 & -37520 & 75040 \\ -12507 & -37520 & 12507 & -37520 \\ 37520 & 75040 & -37520 & 150080 \end{bmatrix} \cdot \begin{bmatrix} W_1 \\ \Phi_1 \\ W_2 \\ \Phi_2 \end{bmatrix} + \begin{bmatrix} +125,1 \\ +375,2 \\ -125,1 \\ +375,2 \end{bmatrix}$$

Stab 2 Stab B_{ae}

$$\begin{bmatrix} Z_{2,2} \\ B_{2,2} \\ Z_{3,2} \\ B_{3,2} \end{bmatrix} = \begin{bmatrix} 42210 & 84420 & -42210 & 84420 \\ 84420 & 225120 & -84420 & 112560 \\ -42210 & -84420 & 42210 & -84420 \\ 84420 & 112560 & -84420 & 225120 \end{bmatrix} \cdot \begin{bmatrix} W_2 \\ \Phi_2 \\ W_3 \\ \Phi_3 \end{bmatrix} + \begin{bmatrix} -422,1 \\ -844,2 \\ +422,1 \\ -844,2 \end{bmatrix}$$

In dem Beispiel sind die folgenden Lagerungsbedingungen gegeben:

$W_1 = 0,00$ cm

$W_2 = 0,00$ cm

$W_3 = 0,00$ cm

Systemsteifigkeitsmatrix

Die Untermatrizen werden zugeordnet, die Summe der Elemente ist fett gedruckt.

		W_1	Φ_1	W_2	Φ_2	W_3	Φ_3
−125,1		12507	37520	−12507	37520		
$+A_{Z,1}$		**12507**	**37520**	**−12507**	**37520**	**0**	**0**
−375,2		37520	150080	−37520	75040		
−375,2		**37520**	**150080**	**−37520**	**75040**	**0**	**0**
125,1		−12507	−37520	12507	−37520		
422,1				42210	84420	−42210	84420
$+A_{Z,2}$	=	**−12507**	**−37520**	**54717**	**46900**	**−42210**	**84420**
−375,2		37520	75040	−37520	150080		
−844,2				84420	225120	−84420	112560
469,0		**37520**	**75040**	**46900**	**375200**	**−84420**	**112560**
−422,1				−42210	−84420	42210	−84420
$+A_{Z,3}$		**0**	**0**	**−42210**	**−84420**	**42210**	**−84420**
844,2				84420	112560	−84420	225120
844,2		**0**	**0**	**84420**	**112560**	**−84420**	**225120**

Die Lagerungsbedingungen sind eingearbeitet.

$$\begin{bmatrix} 0 \\ -375{,}2 \\ 0 \\ 469{,}0 \\ 0 \\ 844{,}2 \end{bmatrix} = \begin{array}{c|c|c|c|c|c} W_1 & \Phi_1 & W_2 & \Phi_2 & W_3 & \Phi_3 \\ \hline 1 & 0 & 0 & 0 & 0 & 0 \\ 0 & 150080 & 0 & 75040 & 0 & 0 \\ 0 & 0 & 1 & 0 & 0 & 0 \\ 0 & 75040 & 0 & 375200 & 0 & 112560 \\ 0 & 0 & 0 & 0 & 1 & 0 \\ 0 & 0 & 0 & 112560 & 0 & 225120 \end{array}$$

Lösung des Gleichungssystems

$$W_1 = 0{,}00 \text{ m} \qquad \Phi_1 = -2{,}91667 \cdot 10^{-3}$$
$$W_2 = 0{,}00 \text{ m} \qquad \Phi_2 = +8{,}33333 \cdot 10^{-4}$$
$$W_3 = 0{,}00 \text{ m} \qquad \Phi_3 = +3{,}33333 \cdot 10^{-3}$$

Schnittgrößen und Auflagerkräfte

Mit den Gleichungen (4.16) werden die lokalen Knotenweggrößen berechnet. Die kinematische Verträglichkeit ist hier sehr einfach. Man erhält:

$$w_1 = 0{,}00 \text{ m} \qquad \varphi_1 = -2{,}91667 \cdot 10^{-3}$$
$$w_2 = 0{,}00 \text{ m} \qquad \varphi_2 = +8{,}33333 \cdot 10^{-4}$$
$$w_3 = 0{,}00 \text{ m} \qquad \varphi_3 = +3{,}33333 \cdot 10^{-3}$$

Berechnung der lokalen Randschnittgrößen mit der Vorzeichenregelung FEM:

Stab 1 Stab M_{ae}

$$\begin{bmatrix} V_{1,1} \\ M_{1,1} \\ V_{2,1} \\ M_{2,2} \end{bmatrix} = \begin{bmatrix} 12507 & -37520 & -12507 & -37520 \\ -37520 & 150080 & 37520 & 75040 \\ -12507 & 37520 & 12507 & 37520 \\ -37520 & 75040 & 37520 & 150080 \end{bmatrix} \cdot \begin{bmatrix} 0 \\ -2{,}91667 \cdot 10^{-3} \\ 0 \\ +8{,}33333 \cdot 10^{-4} \end{bmatrix} + \begin{bmatrix} -125{,}1 \\ +375{,}2 \\ +125{,}1 \\ +375{,}2 \end{bmatrix} = \begin{bmatrix} -46{,}9 \text{ kN} \\ 0 \text{ kNm} \\ +46{,}9 \text{ kN} \\ +281{,}4 \text{ kNm} \end{bmatrix}$$

Stab 2 Stab M_{ae}

$$\begin{bmatrix} V_{2,2} \\ M_{2,2} \\ V_{3,2} \\ M_{3,2} \end{bmatrix} = \begin{bmatrix} 42210 & -84420 & -42210 & -84420 \\ -84420 & 225120 & 84420 & 112560 \\ -42210 & 84420 & 42210 & 84420 \\ -84420 & 112560 & 84420 & 225120 \end{bmatrix} \cdot \begin{bmatrix} 0 \\ +8{,}33333 \cdot 10^{-4} \\ 0 \\ +3{,}33333 \cdot 10^{-3} \end{bmatrix} + \begin{bmatrix} +422{,}1 \\ -844{,}2 \\ -422{,}1 \\ -844{,}2 \end{bmatrix} + \begin{bmatrix} +70{,}4 \text{ kN} \\ -281{,}4 \text{ kNm} \\ -70{,}4 \text{ kN} \\ 0 \text{ kNm} \end{bmatrix}$$

Die Auflagerkräfte werden durch die Gleichgewichtsbedingungen an den Auflagerknoten ermittelt. Diese Gleichgewichtsbedingungen sind schon in der Systemsteifigkeitsmatrix angegeben und müssen nicht neu formuliert werden. Mit den bekannten globalen Knotenweggrößen erhält man die Auflagerkräfte. Die Ergebnisse sind mit der Vorzeichenregelung FEM angegeben:

Knoten 1

$$A_{Z,1} = 125{,}1 + 37520 \cdot \Phi_1 + 37520 \cdot \Phi_2 =$$

$$A_{Z,1} = 125{,}1 + 37520 \cdot \left(-2{,}91667 \cdot 10^{-3}\right)$$

$$+37520 \cdot 8{,}33333 \cdot 10^{-4} = +46{,}9 \text{ kN}$$

Knoten 2

$$A_{Z,2} = -125{,}1 - 422{,}1 - 37520 \cdot \Phi_1 + 46900 \cdot \Phi_2 + 84420 \cdot \Phi_3 =$$

$$A_{Z,2} = -125{,}1 - 422{,}1 - 37520 \cdot \left(-2{,}91667 \cdot 10^{-3}\right)$$

$$+46900 \cdot 8{,}33333 \cdot 10^{-4} + 84420 \cdot 3{,}33333 \cdot 10^{-3} = -117{,}3 \text{ kN}$$

Knoten 3

$$A_{Z,3} = 422{,}1 - 84420 \cdot \Phi_2 - 84420 \cdot \Phi_3 =$$

$$A_{Z,3} = 422{,}1 - 84420 \cdot 8{,}33333 \cdot 10^{-4} - 84420 \cdot 3{,}33333 \cdot 10^{-3} = +70{,}4 \text{ kN}$$

Selbstverständlich können die Auflagerkräfte auch aus den Gleichgewichtsbedingungen am Auflagerknoten mit den bekannten Querkräften berechnet werden.

Knoten 1

$$A_{Z,1} + V_{1,1} = 0$$

$$A_{Z,1} = -V_{1,1} = +46{,}9 \text{ kN}$$

Knoten 2

$$A_{Z,2} + V_{2,1} + V_{2,2} = 0$$

$$A_{Z,2} = -V_{2,1} - V_{2,2} = -46{,}9 - 70{,}4 = -117{,}3 \text{ kN}$$

Knoten 3

$$A_{Z,3} + V_{3,2} = 0$$

$$A_{Z,2} = -V_{3,2} = +70{,}4 \text{ kN}$$

In der Abb. 4.23 sind die Momentenfläche, die Auflagerkräfte und die Querkraftfläche für dieses System dargestellt. Diese werden mit der Übertragungsmatrix berechnet.

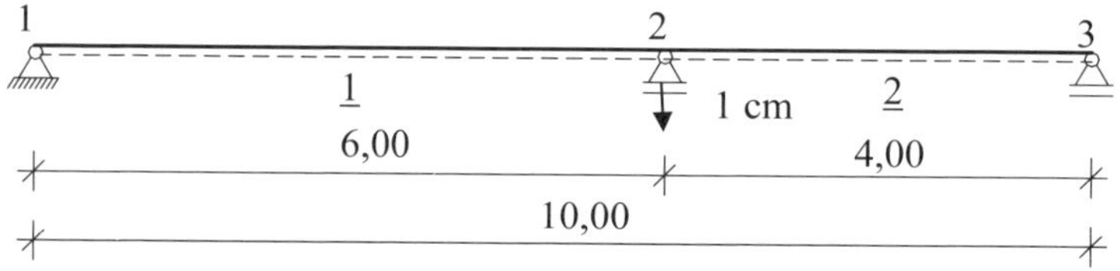

Abb. 4.22 Stützensenkung des Auflagerknotens 2

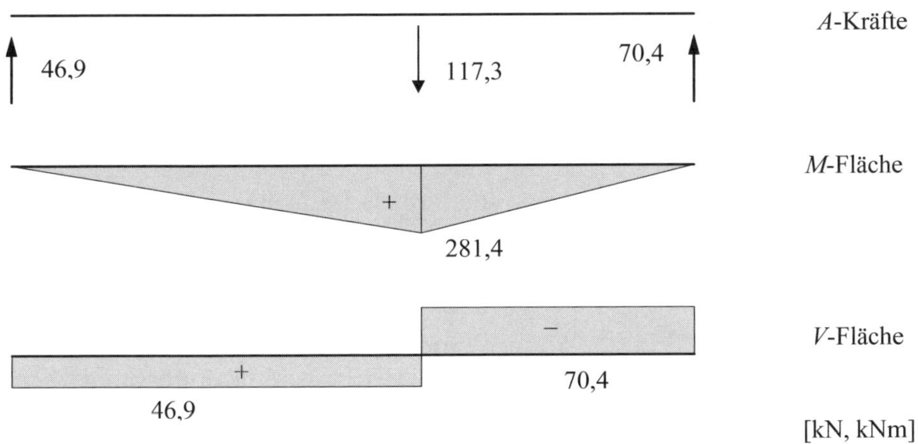

Abb. 4.23 Verlauf der Biegemomente und Querkräfte

Einfache Handrechnung

Für die Handrechnung gibt es hier eine sehr einfache Lösung. Es werden die reduzierten Matrizen (4.40) und (4.42) angewendet.
Unbekannte: Φ_2

Stab 1   Stab M_e

$$\left[M_{\mathrm{e}}\right]=\left[3\cdot\frac{EI}{l}\right]\cdot\left[\varphi_{\mathrm{e}}\right]+\left[-3\cdot\frac{EI}{l^2}(w_{\mathrm{a},0}-w_{\mathrm{e},0})\right]$$

$$\left[M_{2,1}\right]=\left[3\cdot\frac{225120}{6}\right]\cdot\left[\Phi_2\right]+\left[-3\cdot\frac{225120}{6^2}(0-0{,}01)\right]$$

$$\left[M_{2,1}\right]=\left[112560\right]\cdot\left[\Phi_2\right]+\left[187{,}6\right]$$

Stab 2   Stab M_a

$$\left[M_{\mathrm{a}}\right]=\left[3\cdot\frac{EI}{l}\right]\cdot\left[\varphi_{\mathrm{a}}\right]+\left[-3\cdot\frac{EI}{l^2}(w_{\mathrm{a},0}-w_{\mathrm{e},0})\right]$$

$$\left[M_{2,2}\right]=\left[3\cdot\frac{225120}{4}\right]\cdot\left[\Phi_2\right]+\left[-3\cdot\frac{225120}{4^2}(0{,}01-0)\right]$$

$$\left[M_{2,2}\right]=\left[168840\right]\cdot\left[\Phi_2\right]+\left[-422{,}1\right]$$

Gleichgewicht am Knoten 2

$$M_{2,1}+M_{2,1}=0$$

$$112560\cdot\Phi_2+187{,}6+168840\cdot\Phi_2-422{,}1=0$$

$$\Phi_2=+8{,}33333\cdot10^{-4}$$

Berechnung der lokalen Randschnittgrößen mit der Vorzeichenregelung FEM:

$$\left[M_{2,1}\right]=\left[112560\right]\cdot\left[8{,}33333\cdot10^{-4}\right]+\left[187{,}6\right]=+281{,}4\ \text{kNm}$$

$$\left[M_{2,2}\right]=\left[168840\right]\cdot\left[8{,}33333\cdot10^{-4}\right]+\left[-422{,}1\right]=-281{,}4\ \text{kNm}$$

Die weitere Berechnung erfolgt nach der üblichen Baustatik.

4.12 Durchlaufträger mit Wegfedern

In diesem Beispiel soll für die **Handrechnung** das globale Koordinatensystem so gewählt werden, dass die Richtungen mit dem lokalen Koordinatensystem übereinstimmen. Es gilt dann:

$$w=W \qquad \varphi=\Phi \qquad V=Z \qquad M=B$$

Die globale Elementsteifigkeitsmatrix entspricht damit der lokalen Elementsteifigkeitsmatrix.

- Die Randbedingungen werden direkt in der lokalen Elementsteifigkeitsmatrix berücksichtigt.
- Die Auflagerkräfte werden durch die Gleichgewichtsbedingungen am Knoten berechnet.

Der Durchlaufträger in Abb. 4.24 besteht aus Brettschichtholz und ist in den Knoten 2 und 3 elastisch gelagert. Er ist elastisch in der Mitte eines Trägers mit denselben Abmessungen und einer Spannweite von 10 m in Querrichtung gelagert.

Werkstoff: Brettschichtholz GL24h

Querschnittswerte:

$$b=15\ \text{cm} \quad h=60\ \text{cm} \quad I=\frac{1}{12}\cdot b\cdot h^3=270\ 000\ \text{cm}^4$$

$$E_{0,\text{mean}}=1160\ \frac{\text{kN}}{\text{cm}^2} \qquad EI=31320\ \text{kNm}^2$$

$$k=\frac{48\cdot EI}{l^3}=\frac{48\cdot 31320}{10^3}=1503\ \frac{\text{kN}}{\text{m}}$$

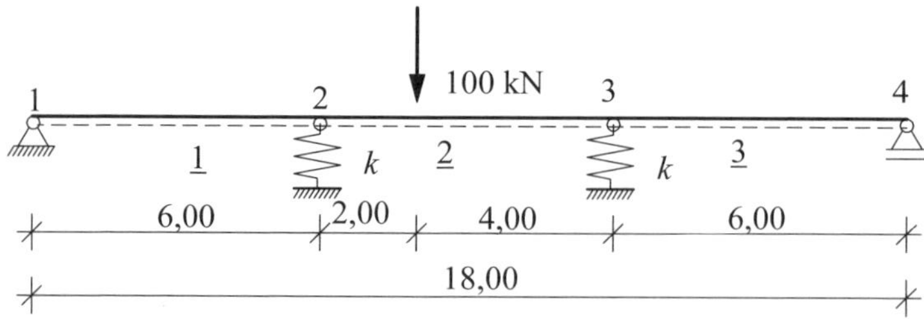

Abb. 4.24 System und Belastung

Lokale Elementsteifigkeitsmatrizen

Die fett gedruckten Werte in der Elementsteifigkeitsmatrix sind in der Systemsteifigkeitsmatrix zu berücksichtigen. Sind die Knotenweggrößen bekannt, erhält man mit der Elementsteifigkeitsmatrix die Randschnittgrößen des Stabelementes.

Stab 1   Stab M_e $w_1 = 0$

$$\begin{bmatrix} V_{1,1} \\ M_{1,1} \\ V_{2,1} \\ M_{2,1} \end{bmatrix} = \frac{EI}{l^3} \cdot \left[\begin{array}{cc|cc} 3 & 0 & -3 & -3l \\ 0 & 0 & 0 & 0 \\ \hline -3 & 0 & \mathbf{3} & \mathbf{3l} \\ -3l & 0 & \mathbf{3l} & \mathbf{3l^2} \end{array}\right] \cdot \begin{bmatrix} w_1 \\ \varphi_1 \\ w_2 \\ \varphi_2 \end{bmatrix}$$

$$\begin{bmatrix} V_{1,1} \\ M_{1,1} \\ V_{2,1} \\ M_{2,1} \end{bmatrix} = \left[\begin{array}{cc|cc} 0 & 0 & -435 & -2610 \\ 0 & 0 & 0 & 0 \\ \hline 0 & 0 & \mathbf{435} & \mathbf{2610} \\ 0 & 0 & \mathbf{2610} & \mathbf{15660} \end{array}\right] \cdot \begin{bmatrix} w_1 \\ \varphi_1 \\ w_2 \\ \varphi_2 \end{bmatrix}$$

Stab 2   Stab M_{ae}

$$\begin{bmatrix} V_{2,2} \\ M_{2,2} \\ V_{3,2} \\ M_{3,2} \end{bmatrix} = \frac{EI}{l^3} \cdot \left[\begin{array}{cc|cc} \mathbf{12} & \mathbf{-6l} & -12 & -6l \\ \mathbf{-6l} & \mathbf{4l^2} & 6l & 2l^2 \\ \hline -12 & 6l & 12 & 6l \\ -6l & 2l^2 & 6l & 4l^2 \end{array}\right] \cdot \begin{bmatrix} w_2 \\ \varphi_2 \\ w_3 \\ \varphi_3 \end{bmatrix} + \begin{bmatrix} V_{2,0} \\ M_{2,0} \\ V_{3,0} \\ M_{3,0} \end{bmatrix}$$

Starreinspannmomente und Starreinspannkräfte:

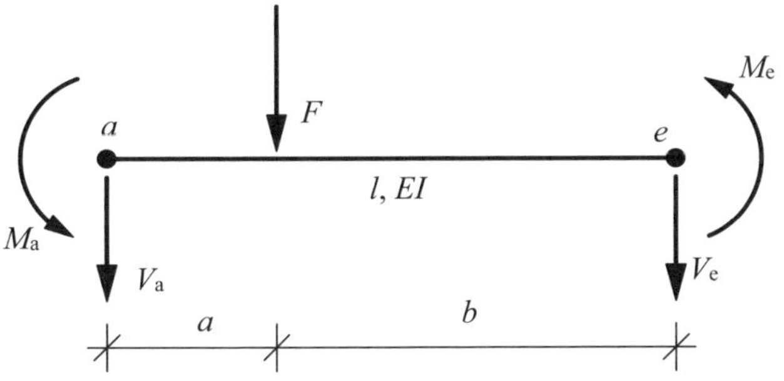

$$\alpha = a / l \qquad \beta = b / l$$

$$V_{2,0} = -(3 - 2 \cdot \beta) \cdot \beta^2 \cdot F = -\left(3 - 2 \cdot \frac{4}{6}\right) \cdot \left(\frac{4}{6}\right)^2 \cdot 100 = -74{,}074 \text{ kN}$$

$$M_{2,0} = F \cdot a \cdot \beta^2 = 100 \cdot 2 \cdot \left(\frac{4}{6}\right)^2 = +88{,}89 \text{ kNm}$$

$$V_{3,0} = -(3 - 2 \cdot \alpha) \cdot \alpha^2 \cdot F = -\left(3 - 2 \cdot \frac{2}{6}\right) \cdot \left(\frac{2}{6}\right)^2 \cdot 100 = -25{,}93 \text{ kN}$$

$$M_{3,0} = -F \cdot b \cdot \alpha^2 = -100 \cdot 4 \cdot \left(\frac{2}{6}\right)^2 = -44{,}44 \text{ kNm}$$

$$\begin{bmatrix} V_{2,2} \\ M_{2,2} \\ V_{3,2} \\ M_{3,2} \end{bmatrix} = \begin{bmatrix} \mathbf{1740} & \mathbf{-5220} & \mathbf{-1740} & \mathbf{-5220} \\ \mathbf{-5220} & \mathbf{20880} & \mathbf{5220} & \mathbf{10440} \\ \mathbf{-1740} & \mathbf{5220} & \mathbf{1740} & \mathbf{5220} \\ \mathbf{-5220} & \mathbf{10440} & \mathbf{5220} & \mathbf{20880} \end{bmatrix} \cdot \begin{bmatrix} w_2 \\ \varphi_2 \\ w_3 \\ \varphi_3 \end{bmatrix} + \begin{bmatrix} \mathbf{-74{,}07} \\ \mathbf{+88{,}89} \\ \mathbf{-25{,}93} \\ \mathbf{-44{,}44} \end{bmatrix}$$

Stab <u>3</u> <u>Stab</u> M_a $w_4 = 0$

$$\begin{bmatrix} V_{3,3} \\ M_{3,3} \\ V_{4,3} \\ M_{4,3} \end{bmatrix} = \frac{EI}{l^3} \cdot \begin{bmatrix} \mathbf{3} & -3l & 0 & 0 \\ -3l & \mathbf{3l^2} & 0 & 0 \\ -3 & 3l & 0 & 0 \\ 0 & 0 & 0 & 0 \end{bmatrix} \cdot \begin{bmatrix} w_3 \\ \varphi_3 \\ w_4 \\ \varphi_4 \end{bmatrix}$$

$$\begin{bmatrix} V_{3,3} \\ M_{3,3} \\ V_{4,3} \\ M_{4,3} \end{bmatrix} = \begin{bmatrix} \mathbf{435} & \mathbf{-2610} & 0 & 0 \\ \mathbf{-2610} & \mathbf{15660} & 0 & 0 \\ -435 & 2610 & 0 & 0 \\ 0 & 0 & 0 & 0 \end{bmatrix} \cdot \begin{bmatrix} w_3 \\ \varphi_3 \\ w_4 \\ \varphi_4 \end{bmatrix}$$

Feder <u>2</u>

$$[F_2] = [k] \cdot [w_2]$$

$$[F_2] = [\mathbf{1503}] \cdot [w_2]$$

Feder <u>3</u>

$$[F_3] = [k] \cdot [w_3]$$

$$[F_3] = [\mathbf{1503}] \cdot [w_3]$$

Systemsteifigkeitsmatrix

Die Untermatrizen werden zugeordnet, die Summe der Elemente für das Gleichungssystem ist fett gedruckt.
Die Lagerungsbedingungen sind eingearbeitet.

		w_2	φ_2	w_3	φ_3
+74,074		1503 435 1740 **3678**	 2610 −5220 **−2610**	**−1740**	**−5220**
−88,888		2610 −5220	15660 20880 **36540**	**5220**	**10440**
+25,926	=	**−1740**	**5220**	1740 1503 435 **3678**	5220 0 −2610 **2610**
+44,444		**−5220**	**10440**	5220 −2610 **2610**	20880 15660 **36540**

Lösung des Gleichungssystems

$$w_2 = +3{,}87431 \cdot 10^{-2}\,\text{m} \qquad \varphi_2 = -5{,}58086 \cdot 10^{-3}$$

$$w_3 = +2{,}88378 \cdot 10^{-2}\,\text{m} \qquad \varphi_3 = +6{,}28573 \cdot 10^{-3}$$

Schnittgrößen und Auflagerkräfte

Berechnung der lokalen Randschnittgrößen mit der Vorzeichenregelung FEM:

Stab 1 Stab M_e

$$\begin{bmatrix} V_{1,1} \\ M_{1,1} \\ V_{2,1} \\ M_{2,1} \end{bmatrix} = \begin{bmatrix} 0 & 0 & -435 & -2610 \\ 0 & 0 & 0 & 0 \\ 0 & 0 & 435 & 2610 \\ 0 & 0 & 2610 & 15660 \end{bmatrix} \cdot \begin{bmatrix} 0 \\ 0 \\ +3{,}87431 \cdot 10^{-2} \\ -5{,}58086 \cdot 10^{-3} \end{bmatrix} = \begin{bmatrix} -2{,}29\ \text{kN} \\ 0\ \text{kNm} \\ +2{,}29\ \text{kN} \\ +13{,}72\ \text{kNm} \end{bmatrix}$$

Stab 2 Stab M_{ae}

$$\begin{bmatrix} V_{2,2} \\ M_{2,2} \\ V_{3,2} \\ M_{3,2} \end{bmatrix} = \begin{bmatrix} 1740 & -5220 & -1740 & -5220 \\ -5220 & 20880 & 5220 & 10440 \\ -1740 & 5220 & 1740 & 5220 \\ -5220 & 10440 & 5220 & 20880 \end{bmatrix} \cdot \begin{bmatrix} +3{,}87431 \cdot 10^{-2} \\ -5{,}58086 \cdot 10^{-3} \\ +2{,}88378 \cdot 10^{-2} \\ +6{,}28573 \cdot 10^{-3} \end{bmatrix} + \begin{bmatrix} -74{,}07 \\ +88{,}89 \\ -25{,}93 \\ -44{,}44 \end{bmatrix} = \begin{bmatrix} -60{,}52\ \text{kN} \\ -13{,}72\ \text{kNm} \\ -39{,}48\ \text{kN} \\ -23{,}17\ \text{kNm} \end{bmatrix}$$

Stab 3   Stab Ma

$$\begin{bmatrix} V_{3,3} \\ M_{3,3} \\ V_{4,3} \\ M_{4,3} \end{bmatrix} = \begin{bmatrix} 435 & -2610 & 0 & 0 \\ -2610 & 5660 & 0 & 0 \\ -435 & 2610 & 0 & 0 \\ 0 & 0 & 0 & 0 \end{bmatrix} \cdot \begin{bmatrix} +2,88378 \cdot 10^{-2} \\ +6,28573 \cdot 10^{-3} \\ 0 \\ 0 \end{bmatrix} = \begin{bmatrix} -3,86 \text{ kN} \\ +23,17 \text{ kNm} \\ +3,86 \text{ kN} \\ 0 \text{ kNm} \end{bmatrix}$$

Feder 2

$$[F_2] = [1503] \cdot [3,87431 \cdot 10^{-2}] = [+58,23 \text{ kN}]$$

Feder 3

$$[F_3] = [1503] \cdot [2,88378 \cdot 10^{-2}] = [+43,34 \text{ kN}]$$

Knoten 1

$$A_{Z,1} + V_{1,1} = 0$$

$$A_{Z,1} = -V_{1,1} = +2,29 \text{ kN}$$

Knoten 2

$$A_{Z,2} + V_{2,1} + V_{2,2} = 0$$

$$A_{Z,2} = -V_{2,1} - V_{2,2} = -2,29 + 60,52 = +58,23 \text{ kN}$$

Knoten 3

$$A_{Z,3} + V_{3,2} + V_{3,3} = 0$$

$$A_{Z,2} = -V_{3,2} - V_{3,3} = +39,48 + 3,86 = +43,34 \text{ kN}$$

Knoten 4

$$A_{Z,3} + V_{4,3} = 0$$

$$A_{Z,2} = -V_{4,3} = -3,86 \text{ kN}$$

Die Auflagerkräfte am Knoten 2 und 3 entsprechen den Federkräften. Die Auflagergrößen entsprechen den Randschnittgrößen, wobei der Pfeilsinn zu berücksichtigen ist.

In Abb. 4.26 sind die Momentenfläche, die Auflagerkräfte und die Querkraftfläche für dieses System dargestellt. Diese werden mit der Übertragungsmatrix berechnet.

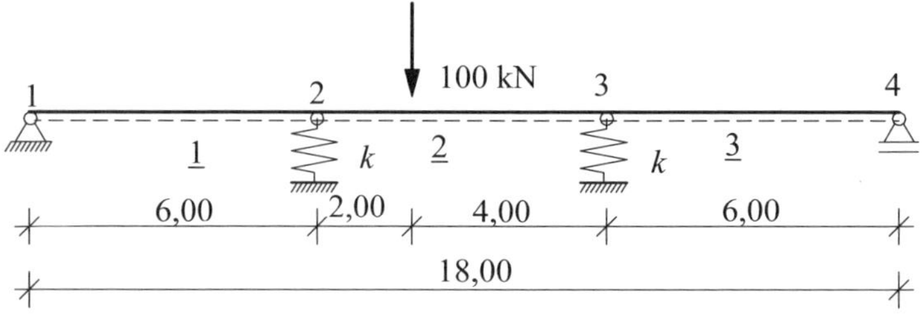

Abb. 4.25 System und Belastung

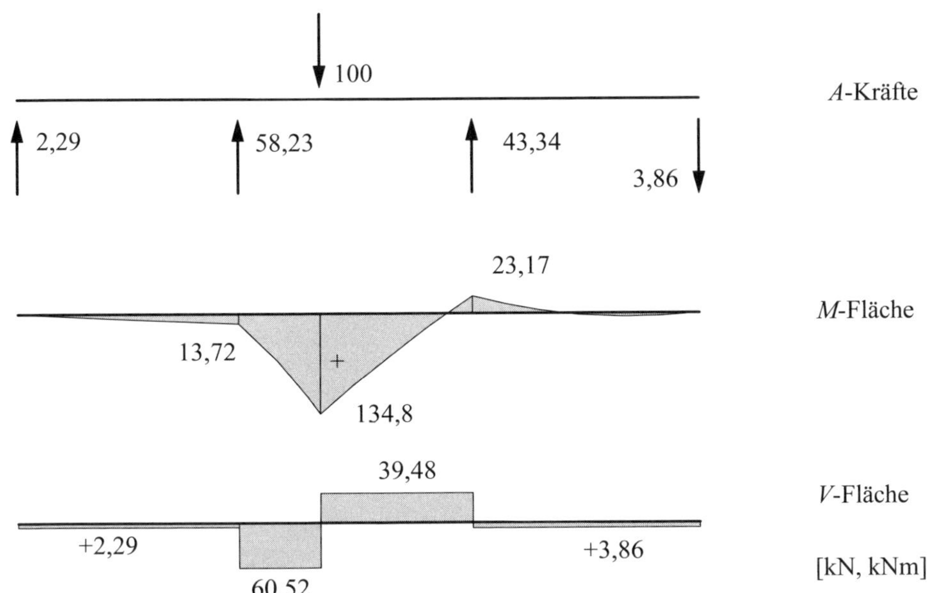

Abb. 4.26 Verlauf der Biegemomente und Querkräfte

4.13 Verschiebliche rechtwinklige Rahmen

Bei Systemen mit dehnstarren Stäben ist die Normalkraftverformung $\Delta l_s = 0$. Es treten an einem Knoten nicht alle Knotenweggrößen auf. Bei einem verschieblichen rechtwinkligen Rahmen sind die Knotenverdrehungen Φ und je Stockwerk die horizontale Verschiebung f unbekannt. Die folgende Berechnung entspricht dem Drehwinkelverfahren. Anstelle des unabhängigen Stabdrehwinkels wird hier eine unabhängige Verschiebung f eingeführt.

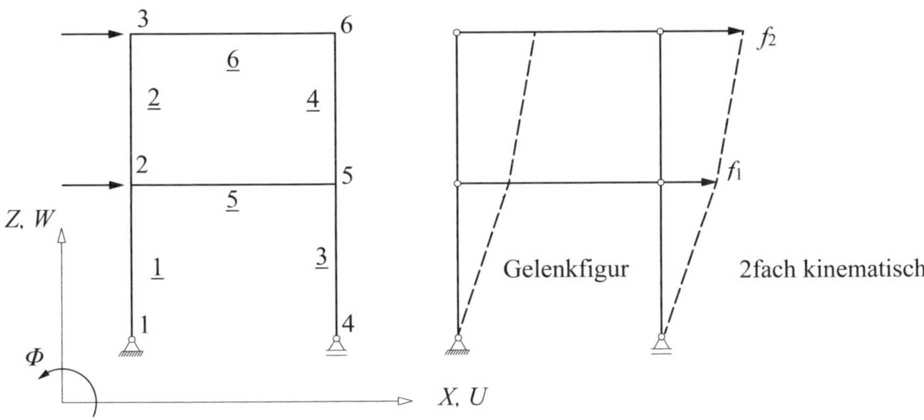

Abb. 4.27 Dehnstarrer rechtwinkliger Rahmen

Sind die Biegemomente und die Querkräfte am Knoten bekannt, werden die Normalkräfte der einzelnen Stäbe mit den Gleichgewichtsbedingungen am Knoten ermittelt. Entsprechendes gilt für die Auflagerkräfte.
Für das dehnelastische System nach Abb. 4.27 sind unbekannt:

U_2, W_2, Φ_2
U_3, W_3, Φ_3
U_5, W_5, Φ_5
U_6, W_6, Φ_6

Für das dehnstarre System gilt:

$\Delta l_1 = \Delta l_2 = 0$	Daraus folgt:	$W_2 = 0$ und $W_3 = 0$
$\Delta l_3 = \Delta l_4 = 0$	Daraus folgt:	$W_5 = 0$ und $W_6 = 0$
$\Delta l_5 = 0$	Daraus folgt:	$U_2 = U_5 = f_1$
$\Delta l_6 = 0$	Daraus folgt:	$U_3 = U_6 = f_2$

Die Berechnung kann auch mit der lokalen Elementsteifigkeitsmatrix (Handrechnung) durchgeführt werden, wie das folgende Beispiel zeigt. Die Randbedingungen werden direkt in der lokalen Elementsteifigkeitsmatrix berücksichtigt. Die Auflagerkräfte werden durch die Gleichgewichtsbedingungen am Knoten berechnet.

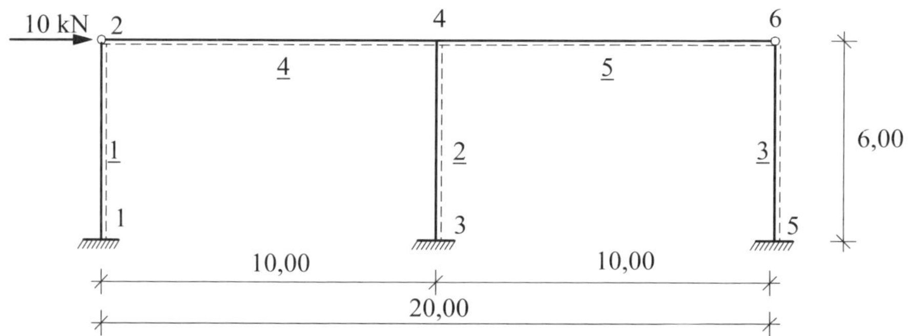

Abb. 4.28 System und Belastung

Werkstoff: S 235 $E = 21000$ kN/cm^2
Querschnittswerte:
Stab 1, 2, 3 Profil HEA 300
$I = 3690$ cm^4 $EI = 7749$ kNm^2
Stab 4, 5 Profil IPE 300
$I = 8360$ cm^4 $EI = 17556$ kNm^2
Unbekannte: φ_4
Stab 1, 2, 3 $w_2 = w_4 = w_6 = f$

Lokale Elementsteifigkeitsmatrizen

Die fett gedruckten Werte in der Elementsteifigkeitsmatrix sind in der Systemsteifigkeitsmatrix zu berücksichtigen. Sind die Knotenweggrößen bekannt, erhält man mit der Elementsteifigkeitsmatrix die Randschnittgrößen des Stabelementes.

Stab 1 Stab Ma $w_1 = 0$ $\varphi_1 = 0$ $w_2 = f$ $EI = 7749 \text{ kNm}^2$ $l = 6{,}00 \text{ m}$

$$\begin{bmatrix} V_{1,1} \\ M_{1,1} \\ V_{2,1} \\ M_{2,1} \end{bmatrix} = \frac{EI}{l^3} \cdot \begin{bmatrix} 0 & 0 & -3 & 0 \\ 0 & 0 & 3l & 0 \\ 0 & 0 & \mathbf{3} & 0 \\ 0 & 0 & 0 & 0 \end{bmatrix} \cdot \begin{bmatrix} 0 \\ 0 \\ f_1 \\ 0 \end{bmatrix}$$

$$\begin{bmatrix} V_{1,1} \\ M_{1,1} \\ V_{2,1} \\ M_{2,1} \end{bmatrix} = \begin{bmatrix} 0 & 0 & -107{,}625 & 0 \\ 0 & 0 & 645{,}75 & 0 \\ 0 & 0 & \mathbf{107{,}625} & 0 \\ 0 & 0 & 0 & 0 \end{bmatrix} \cdot \begin{bmatrix} 0 \\ 0 \\ f_1 \\ 0 \end{bmatrix}$$

Stab 2 Stab Mae $\varphi_3 = 0$ $w_4 = f$ $EI = 7749 \text{ kNm}^2$ $l = 6{,}00 \text{ m}$

$$\begin{bmatrix} V_{3,2} \\ M_{3,2} \\ V_{4,2} \\ M_{4,2} \end{bmatrix} = \frac{EI}{l^3} \cdot \begin{bmatrix} 0 & 0 & -12 & -6l \\ 0 & 0 & 6l & 2l^2 \\ 0 & 0 & \mathbf{12} & \mathbf{6l} \\ 0 & 0 & \mathbf{6l} & \mathbf{4l^2} \end{bmatrix} \cdot \begin{bmatrix} 0 \\ 0 \\ f_1 \\ \varphi_4 \end{bmatrix}$$

$$\begin{bmatrix} V_{3,2} \\ M_{3,2} \\ V_{4,2} \\ M_{4,2} \end{bmatrix} = \begin{bmatrix} 0 & 0 & -430{,}5 & -1291{,}5 \\ 0 & 0 & 1291{,}5 & 2583 \\ 0 & 0 & \mathbf{430{,}5} & \mathbf{1291{,}5} \\ 0 & 0 & \mathbf{1291{,}5} & \mathbf{5166} \end{bmatrix} \cdot \begin{bmatrix} 0 \\ 0 \\ f_1 \\ \varphi_4 \end{bmatrix}$$

Stab 3 Stab Ma $w_5 = 0$ $\varphi_5 = 0$ $w_6 = f$ $EI = 7749 \text{ kNm}^2$ $l = 6{,}00 \text{ m}$

$$\begin{bmatrix} V_{5,3} \\ M_{5,3} \\ V_{6,3} \\ M_{6,3} \end{bmatrix} = \frac{EI}{l^3} \cdot \begin{bmatrix} 0 & 0 & -3 & 0 \\ 0 & 0 & 3l & 0 \\ 0 & 0 & \mathbf{3} & 0 \\ 0 & 0 & 0 & 0 \end{bmatrix} \cdot \begin{bmatrix} 0 \\ 0 \\ f \\ 0 \end{bmatrix}$$

$$\begin{bmatrix} V_{5,3} \\ \hline M_{5,3} \\ \hline V_{6,3} \\ \hline M_{6,3} \end{bmatrix} = \begin{bmatrix} 0 & 0 & -107{,}625 & 0 \\ 0 & 0 & 645{,}75 & 0 \\ 0 & 0 & \mathbf{107{,}625} & 0 \\ 0 & 0 & 0 & 0 \end{bmatrix} \cdot \begin{bmatrix} 0 \\ \hline 0 \\ \hline f \\ \hline 0 \end{bmatrix}$$

Stab <u>4</u> <u>Stab</u> M_e $EI = 17556 \text{ kNm}^2$ $l = 10{,}00 \text{ m}$

$$\left[M_{4,4}\right] = \left[3 \cdot \frac{EI}{l}\right] \cdot \left[\varphi_4\right]$$

$$\left[M_{4,4}\right] = \left[\mathbf{5266{,}8}\right] \cdot \left[\varphi_4\right]$$

Stab <u>5</u> <u>Stab</u> M_a $EI = 17556 \text{ kNm}^2$ $l = 10{,}00 \text{ m}$

$$\left[M_{4,5}\right] = \left[3 \cdot \frac{EI}{l}\right] \cdot \left[\varphi_4\right]$$

$$\left[M_{4,4}\right] = \left[\mathbf{5266{,}8}\right] \cdot \left[\varphi_4\right]$$

Systemsteifigkeitsmatrix

Die Untermatrizen werden zugeordnet, die Summe der Elemente für das Gleichungssystem ist fett gedruckt. Die Knotenkraft ist im Lastvektor positiv, wenn sie in Richtung der gewählten unbekannten Knotenweggröße wirkt. Die Lagerungsbedingungen sind eingearbeitet.

		f	φ_4
+10		107,625 430,5 <u>107,625</u> **645,75**	0 1291,5 <u>0</u> **1291,5**
0	=	0 1291,5 <u>0</u> **1291,5**	0 5166 0 5266,8 <u>5266,8</u> **15699,6**

Lösung des Gleichungssystems

$f = +1{,}85354 \cdot 10^{-2} \text{m} \qquad \varphi_4 = -1{,}52479 \cdot 10^{-3}$

Schnittgrößen und Auflagerkräfte

Berechnung der lokalen Randschnittgrößen mit der Vorzeichenregelung FEM:

Stab 1 Stab M_a

$$\begin{bmatrix} V_{1,1} \\ M_{1,1} \\ V_{2,1} \\ M_{2,1} \end{bmatrix} = \begin{bmatrix} 0 & 0 & -107{,}625 & 0 \\ 0 & 0 & 645{,}75 & 0 \\ 0 & 0 & 107{,}625 & 0 \\ 0 & 0 & 0 & 0 \end{bmatrix} \cdot \begin{bmatrix} 0 \\ 0 \\ +1{,}85354\cdot10^{-2} \\ 0 \end{bmatrix} = \begin{bmatrix} -1{,}99\text{ kN} \\ +11{,}97\text{ kNm} \\ +1{,}99\text{ kN} \\ 0\text{ kNm} \end{bmatrix}$$

Stab 2 Stab M_{ae}

$$\begin{bmatrix} V_{3,2} \\ M_{3,2} \\ V_{4,2} \\ M_{4,2} \end{bmatrix} = \begin{bmatrix} 0 & 0 & -430{,}5 & -1291{,}5 \\ 0 & 0 & 1291{,}5 & 2583 \\ 0 & 0 & 430{,}5 & 1291{,}5 \\ 0 & 0 & 1291{,}5 & 5166 \end{bmatrix} \cdot \begin{bmatrix} 0 \\ 0 \\ +1{,}85354\cdot10^{-2}_{1} \\ -1{,}52479\cdot10^{-3} \end{bmatrix} = \begin{bmatrix} -6{,}01\text{ kN} \\ +20{,}0\text{ kNm} \\ +6{,}01\text{ kN} \\ +16{,}06\text{ kNm} \end{bmatrix}$$

Stab 3 Stab M_a

$$\begin{bmatrix} V_{5,3} \\ M_{5,3} \\ V_{6,3} \\ M_{6,3} \end{bmatrix} = \begin{bmatrix} 0 & 0 & -107{,}625 & 0 \\ 0 & 0 & 645{,}75 & 0 \\ 0 & 0 & 107{,}625 & 0 \\ 0 & 0 & 0 & 0 \end{bmatrix} \cdot \begin{bmatrix} 0 \\ 0 \\ +1{,}85354\cdot10^{-2} \\ 0 \end{bmatrix} = \begin{bmatrix} -1{,}99\text{ kN} \\ +11{,}97\text{ kNm} \\ +1{,}99\text{ kN} \\ 0\text{ kNm} \end{bmatrix}$$

Stab 4 Stab M_e

$$\left[M_{4,4}\right] = \left[5266{,}8\right]\cdot\left[\varphi_4\right] = \left[5266{,}8\right]\cdot\left[-1{,}52479\cdot10^{-3}\right] = -8{,}03\text{ kNm}$$

Stab 5 Stab M_a

$$\left[M_{4,5}\right] = \left[5266{,}8\right]\cdot\left[\varphi_4\right] = \left[5266{,}8\right]\cdot\left[-1{,}52479\cdot10^{-3}\right] = -8{,}03\text{ kNm}$$

In Abb. 4.30 sind die Momentenfläche, die Auflagerkräfte und die Querkraftfläche für dieses System dargestellt.

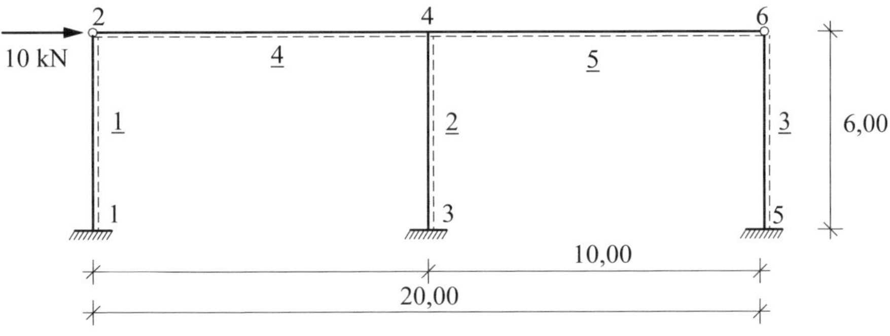

Abb. 4.29 System und Belastung

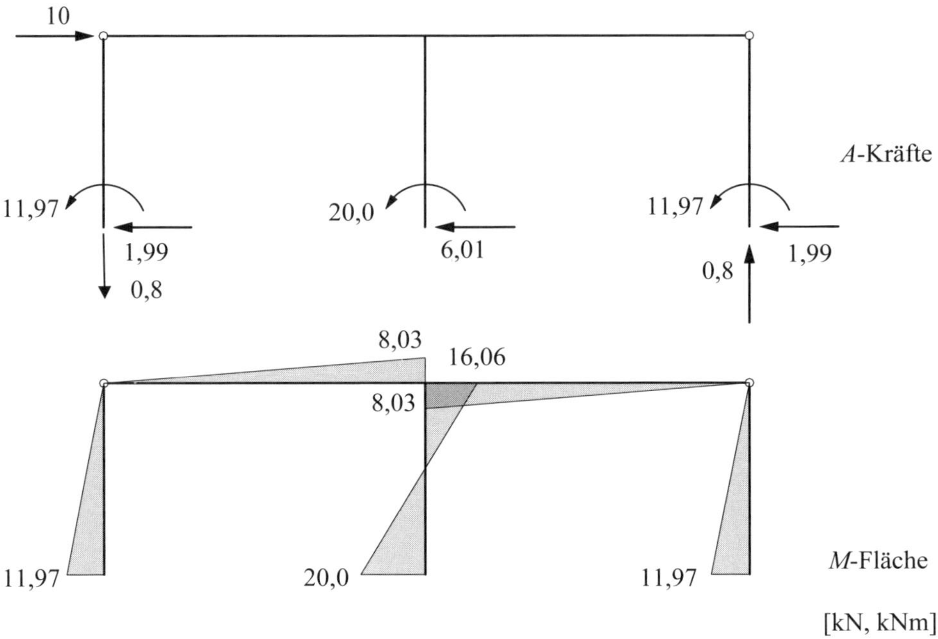

Abb. 4.30 Auflagerkräfte und Verlauf der Biegemomente

4.14 System mit eingespannten Stützen

Die eingespannte Stütze ist am Stabende gelenkig und verschieblich.

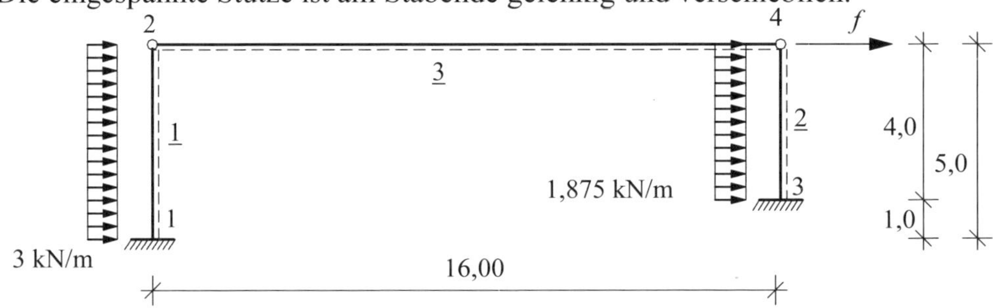

Abb. 4.31 System mit eingespannten Stütze

Werkstoff: S 235 $E = 21000 \text{ kN/cm}^2$
Querschnittswerte:
Stab 1, 2: Profil HEA 180
$I = 2510 \text{ cm}^4$ $EI = 5271 \text{ kNm}^2$

Die lokale Elementsteifigkeitsmatrix der eingespannten Stütze ist der Stab M_a.

$$\begin{bmatrix} V_a \\ M_a \\ V_e \\ M_e \end{bmatrix} = \frac{EI}{l^3} \cdot \begin{bmatrix} 3 & -3l & -3 & 0 \\ -3l & 3l^2 & 3l & 0 \\ -3 & 3l & 3 & 0 \\ 0 & 0 & 0 & 0 \end{bmatrix} \cdot \begin{bmatrix} w_a \\ \varphi_a \\ w_e \\ \varphi_e \end{bmatrix} + \begin{bmatrix} -\frac{5}{8} \cdot q \cdot l \\ \frac{1}{8} \cdot q \cdot l^2 \\ -\frac{3}{8} \cdot q \cdot l \\ 0 \end{bmatrix}$$

Es gelten die Randbedingungen:

$w_a = 0 \qquad \varphi_a = 0 \qquad w_e = f$

$$\begin{bmatrix} V_a \\ M_a \\ V_e \\ M_e \end{bmatrix} = \frac{EI}{l^3} \cdot \begin{bmatrix} 0 & 0 & -3 & 0 \\ 0 & 0 & 3l & 0 \\ 0 & 0 & \mathbf{3} & 0 \\ 0 & 0 & 0 & 0 \end{bmatrix} \cdot \begin{bmatrix} 0 \\ 0 \\ f \\ 0 \end{bmatrix} + \begin{bmatrix} -\frac{5}{8} \cdot q \cdot l \\ \frac{1}{8} \cdot q \cdot l^2 \\ -\frac{\mathbf{3}}{\mathbf{8}} \cdot q \cdot l \\ 0 \end{bmatrix}$$

Diese Matrix ist für die Berechnung der Schnittgrößen erforderlich, wenn die Systemverschiebung f bekannt ist.
Für die Systemsteifigkeitsmatrix sind die zugehörigen Zeilen noch null zu setzen.

$$[V_e] = \left[3 \cdot \frac{EI}{l}\right] \cdot [f] + \left[-\frac{3}{8} \cdot q \cdot l\right]$$

Lokale Elementsteifigkeitsmatrizen

Stab 1 Stab M_a $EI = 5271 \text{ kNm}^2$ $l = 5{,}00 \text{ m}$ $q = 3{,}00 \text{ kN/m}$

$$\begin{bmatrix} V_{1,1} \\ M_{1,1} \\ V_{2,1} \\ M_{2,1} \end{bmatrix} = \frac{EI}{l^3} \cdot \begin{bmatrix} 0 & 0 & -3 & 0 \\ 0 & 0 & 3l & 0 \\ 0 & 0 & \mathbf{3} & 0 \\ 0 & 0 & 0 & 0 \end{bmatrix} \cdot \begin{bmatrix} 0 \\ 0 \\ f \\ 0 \end{bmatrix} + \begin{bmatrix} -\frac{5}{8} \cdot q \cdot l \\ \frac{1}{8} \cdot q \cdot l^2 \\ -\frac{\mathbf{3}}{\mathbf{8}} \cdot q \cdot l \\ 0 \end{bmatrix}$$

$$\begin{bmatrix} V_{1,1} \\ M_{1,1} \\ V_{2,1} \\ M_{2,1} \end{bmatrix} = \begin{bmatrix} 0 & 0 & -126{,}50 & 0 \\ 0 & 0 & 632{,}52 & 0 \\ 0 & 0 & \mathbf{126{,}50} & 0 \\ 0 & 0 & 0 & 0 \end{bmatrix} \cdot \begin{bmatrix} 0 \\ 0 \\ f \\ 0 \end{bmatrix} + \begin{bmatrix} -9{,}375 \\ +9{,}375 \\ \mathbf{-5{,}625} \\ 0 \end{bmatrix}$$

$$[V_e] = \left[3 \cdot \frac{EI}{l^3}\right] \cdot [f] + \left[-\frac{3}{8} \cdot q \cdot l\right]$$

$$[V_{2,1}] = [\mathbf{126{,}50}] \cdot [f] + [\mathbf{-5{,}625}]$$

Stab 2 Stab M_a $EI = 5271$ kNm^2 $l = 4{,}00$ m $q = 1{,}875$ kN/m

$$\begin{bmatrix} V_{3,2} \\ M_{3,2} \\ V_{4,2} \\ M_{4,2} \end{bmatrix} = \frac{EI}{l^3} \cdot \begin{bmatrix} 0 & 0 & -3 & 0 \\ 0 & 0 & 3l & 0 \\ 0 & 0 & \mathbf{3} & 0 \\ 0 & 0 & 0 & 0 \end{bmatrix} \cdot \begin{bmatrix} 0 \\ 0 \\ f \\ 0 \end{bmatrix} + \begin{bmatrix} -\frac{5}{8} \cdot q \cdot l \\ \frac{1}{8} \cdot q \cdot l^2 \\ -\mathbf{\frac{3}{8}} \cdot q \cdot l \\ 0 \end{bmatrix}$$

$$\begin{bmatrix} V_{3,2} \\ M_{3,2} \\ V_{4,2} \\ M_{4,2} \end{bmatrix} = \begin{bmatrix} 0 & 0 & -247{,}0 & 0 \\ 0 & 0 & 988{,}31 & 0 \\ 0 & 0 & \mathbf{247{,}08} & 0 \\ 0 & 0 & 0 & 0 \end{bmatrix} \cdot \begin{bmatrix} 0 \\ 0 \\ f \\ 0 \end{bmatrix} + \begin{bmatrix} -4{,}6875 \\ +3{,}75 \\ \mathbf{-2{,}8125} \\ 0 \end{bmatrix}$$

$$[V_e] = \left[3 \cdot \frac{EI}{l^3}\right] \cdot [f] + \left[-\frac{3}{8} \cdot q \cdot l\right]$$

$$[V_{4,2}] = [\mathbf{247{,}08}] \cdot [f] + [\mathbf{-2{,}8125}]$$

Systemsteifigkeitsmatrix

Die Untermatrizen werden zugeordnet, die Summe der Elemente für das Gleichungssystem ist fett gedruckt. Die Lagerungsbedingungen sind in den lokalen Elementsteifigkeitsmatrizen eingearbeitet.

	=	f
5,6250		126,50
2,8125		247,08
8,4375		**373,58**

Lösung des Gleichungssystems

$$f = +2,2586 \cdot 10^{-2}\,\text{m}$$

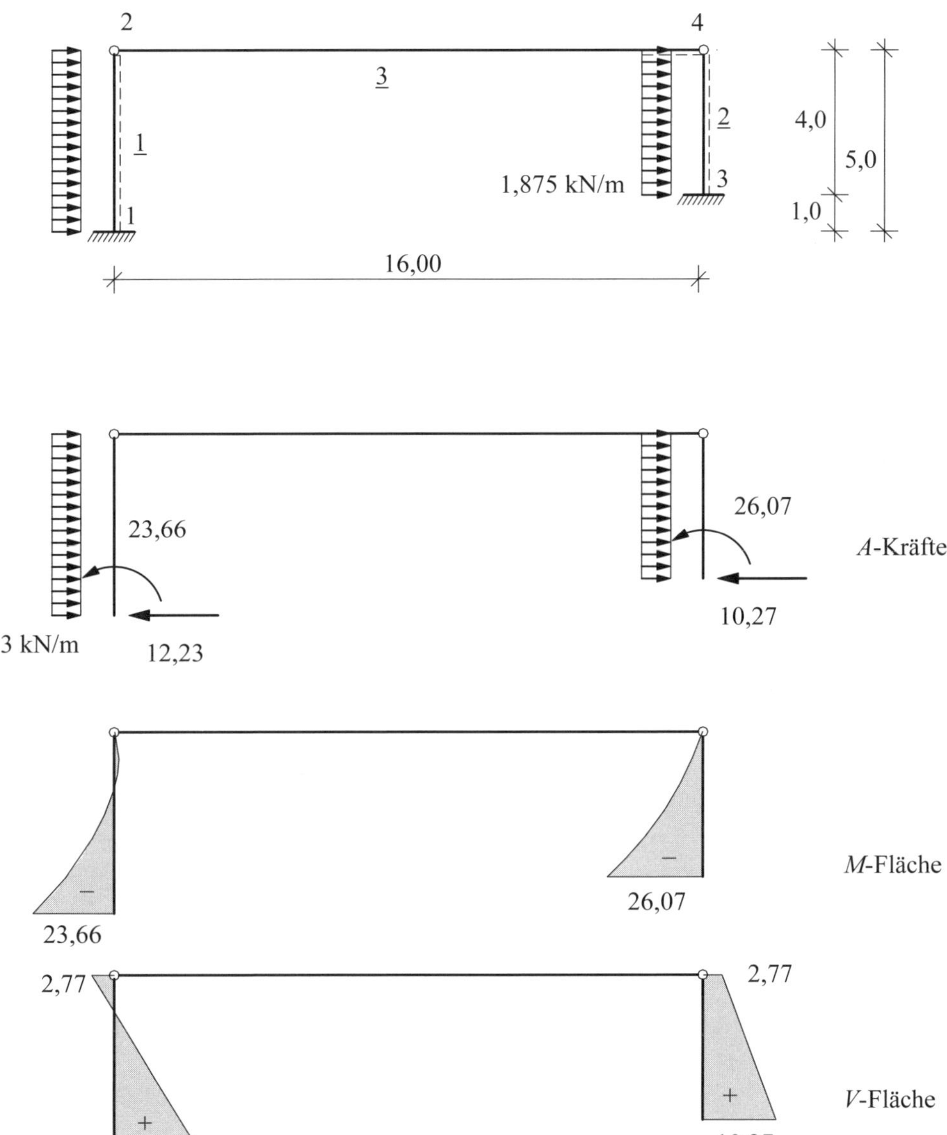

Abb. 4.32 Auflagerkräfte und Verlauf der Biegemomente

Schnittgrößen und Auflagerkräfte

Berechnung der lokalen Randschnittgrößen mit der Vorzeichenregelung FEM:

Stab 1   Stab M_a

$$\begin{bmatrix} V_{1,1} \\ M_{1,1} \\ V_{2,1} \\ M_{2,1} \end{bmatrix} = \begin{bmatrix} 0 & 0 & -126,50 & 0 \\ 0 & 0 & 632,52 & 0 \\ 0 & 0 & 126,50 & 0 \\ 0 & 0 & 0 & 0 \end{bmatrix} \cdot \begin{bmatrix} 0 \\ 0 \\ +2,2586 \cdot 10^{-2} \\ 0 \end{bmatrix} + \begin{bmatrix} -9,375 \\ +9,375 \\ -5,625 \\ 0 \end{bmatrix} = \begin{bmatrix} -12,23 \text{ kN} \\ +23,66 \text{ kNm} \\ -2,77 \text{ kN} \\ 0 \text{ kNm} \end{bmatrix}$$

Stab 2   Stab M_a

$$\begin{bmatrix} V_{3,2} \\ M_{3,2} \\ V_{4,2} \\ M_{4,2} \end{bmatrix} = \begin{bmatrix} 0 & 0 & -247,0 & 0 \\ 0 & 0 & 988,31 & 0 \\ 0 & 0 & 247,08 & 0 \\ 0 & 0 & 0 & 0 \end{bmatrix} \cdot \begin{bmatrix} 0 \\ 0 \\ +2,2586 \cdot 10^{-2} \\ 0 \end{bmatrix} + \begin{bmatrix} -4,6875 \\ +3,75 \\ -2,8125 \\ 0 \end{bmatrix} = \begin{bmatrix} -10,27 \text{ kN} \\ +26,07 \text{ kNm} \\ +2,77 \text{ kN} \\ 0 \text{ kNm} \end{bmatrix}$$

In Abb. 4.32 sind die Momentenfläche, die Auflagerkräfte und die Querkraftfläche für dieses System dargestellt.

4.15 Geneigte Balkenelemente

Bei nicht rechtwinkligen Rahmen mit dehnstarren Balkenelementen ist die kinematische Verträglichkeit der Knotenverschiebungen schwieriger zu ermitteln als bei rechtwinkligen Rahmen. Diese kinematische Verträglichkeit wird mithilfe der Gelenkfigur bestimmt. Das System kann 1fach oder mehrfach kinematisch sein. Es besteht die Möglichkeit, die Kinematik durch virtuelle Stabdrehwinkel μ oder virtuelle Verschiebungen f zu beschreiben.
Die Lastvektoren werden mit dem Prinzip der virtuellen Verschiebungen ermittelt. Für die Kräfte muss der virtuelle Arbeitsbetrag ermittelt werden. Er ist im Lastvektor positiv, wenn der virtuelle Arbeitsbetrag positiv ist.

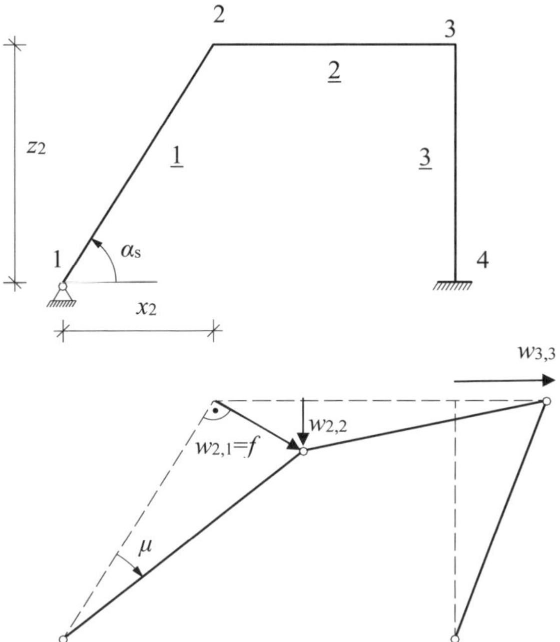

Abb. 4.33 Kinematische Verträglichkeit bei nicht rechtwinkligen Rahmen

In Abb. 4.33 ist ein System dargestellt, das 1fach kinematisch ist. Gewählt wird die virtuelle Verschiebung f am Stab 1. Dies bedeutet:

Stab 1 $\quad w_{1,1} = 0 \qquad w_{2,1} = f$

Stab 2 $\quad w_{2,2} = f \cdot \cos\alpha_s = f \cdot \dfrac{x_2}{l_1} \qquad w_{3,2} = 0$

Stab 3 $\quad w_{3,3} = f \cdot \sin\alpha_s = f \cdot \dfrac{z_2}{l_1} \qquad w_{4,3} = 0$

Die lokalen Knotenweggrößen w_a und w_e des Stabelementes sind linear abhängig von der virtuellen Verschiebung f. Die Knotenweggrößen φ_a und φ_e ändern sich nicht.
Es wird folgende Bezeichnung gewählt:

$$w_a = a \cdot f \qquad \varphi_a = \varphi_a$$

$$w_e = e \cdot f \qquad \varphi_e = \varphi_e$$

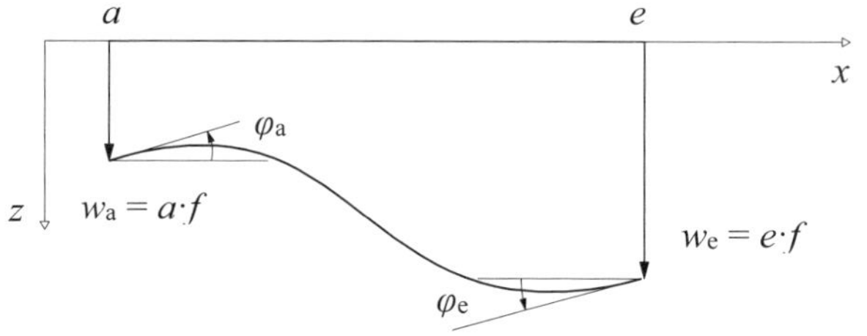

Abb. 4.34 Kinematische Verträglichkeit der virtuellen Verschiebung f

Die kinematische Verträglichkeit $\boldsymbol{A}_{\text{n,m}}$ kann auch in Matrizenschreibweise formuliert werden.

$$\begin{bmatrix} w_a \\ \varphi_a \\ w_e \\ \varphi_e \end{bmatrix} = \begin{bmatrix} a & 0 & 0 & 0 \\ 0 & 1 & 0 & 0 \\ 0 & 0 & e & 0 \\ 0 & 0 & 0 & 1 \end{bmatrix} \cdot \begin{bmatrix} f \\ \varphi_a \\ f \\ \varphi_e \end{bmatrix} \qquad (4.43)$$

Die Zerlegung der lokalen Randschnittgrößen in die globalen Randschnittgrößen soll in Anlehnung an die kinematische Verträglichkeit als statische Verträglichkeit bezeichnet werden. Die statische Verträglichkeit kann auch in Matrizenschreibweise formuliert werden. Die Stabendmomente M_a und M_e ändern sich nicht.

$$\begin{bmatrix} F_a \\ M_a \\ F_e \\ M_e \end{bmatrix} = \begin{bmatrix} a & 0 & 0 & 0 \\ 0 & 1 & 0 & 0 \\ 0 & 0 & e & 0 \\ 0 & 0 & 0 & 1 \end{bmatrix} \cdot \begin{bmatrix} V_a \\ M_a \\ V_e \\ M_e \end{bmatrix} \qquad (4.44)$$

$$\boldsymbol{s}_{\text{m}} = \boldsymbol{A}^{\text{T}}_{\text{m,n}} \cdot \boldsymbol{s}_{\text{n}}$$

Die globale Elementsteifigkeitsmatrix $\boldsymbol{K}_{\text{m,m}}$ erhält man durch die folgende Matrizenmultiplikation.

$$\boldsymbol{K}_{\text{m,m}} = \boldsymbol{A}^{\text{T}}_{\text{m,n}} \cdot \boldsymbol{K}_{\text{n,n}} \cdot \boldsymbol{A}_{\text{n,m}}$$

Für den Vektor der Starrreinspanngrößen $\boldsymbol{s}_{\mathrm{n},0}$ gilt entsprechend:

$$\boldsymbol{s}_{\mathrm{m},0} = \boldsymbol{A}_{\mathrm{m,n}}^{\mathrm{T}} \cdot \boldsymbol{s}_{\mathrm{n},0}$$

Zusammenstellung der lokalen Elementsteifigkeitsmatrizen für das Drehwinkelverfahren

Stab M_{ae}

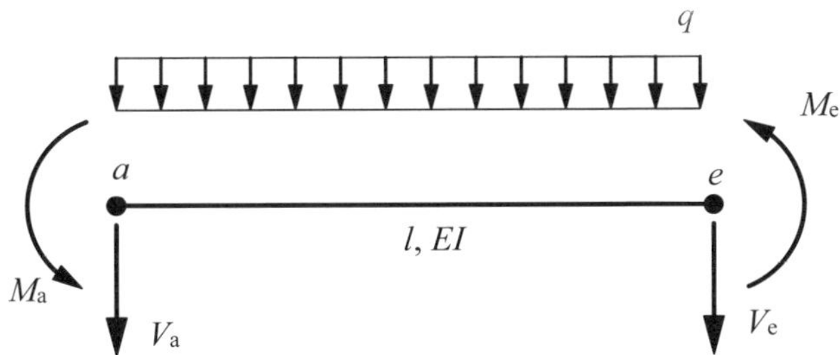

$$\begin{bmatrix} F_\mathrm{a} \\ M_\mathrm{a} \\ F_\mathrm{e} \\ M_\mathrm{e} \end{bmatrix} = \frac{EI}{l^3} \cdot \begin{bmatrix} 12\cdot a^2 & -6l\cdot a & -12\cdot a\cdot e & -6l\cdot a \\ -6l\cdot a & 4l^2 & 6l\cdot e & 2l^2 \\ -12\cdot a\cdot e & 6l\cdot e & 12\cdot e^2 & 6l\cdot e \\ -6l\cdot a & 2l^2 & 6l\cdot e & 4l^2 \end{bmatrix} \cdot \begin{bmatrix} f \\ \varphi_\mathrm{a} \\ f \\ \varphi_\mathrm{e} \end{bmatrix} + \begin{bmatrix} a\cdot V_{\mathrm{a},0} \\ M_{\mathrm{a},0} \\ e\cdot V_{\mathrm{e},0} \\ M_{\mathrm{e},0} \end{bmatrix} \tag{4.45}$$

Stab M_{a}

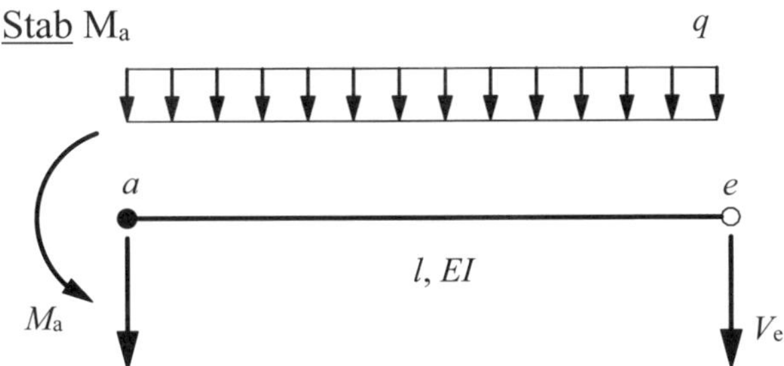

$$\begin{bmatrix} F_\mathrm{a} \\ M_\mathrm{a} \\ F_\mathrm{e} \\ M_\mathrm{e} \end{bmatrix} = \frac{EI}{l^3} \cdot \begin{bmatrix} 3\cdot a^2 & -3l\cdot a & -3\cdot a\cdot e & 0 \\ -3l\cdot a & 3l^2 & 3l\cdot e & 0 \\ -3\cdot a\cdot e & 3l\cdot e & 3\cdot e^2 & 0 \\ 0 & 0 & 0 & 0 \end{bmatrix} \cdot \begin{bmatrix} f \\ \varphi_\mathrm{a} \\ f \\ \varphi_\mathrm{e} \end{bmatrix} + \begin{bmatrix} a\cdot V_{\mathrm{a},0} \\ M_{\mathrm{a},0} \\ e\cdot V_{\mathrm{e},0} \\ 0 \end{bmatrix} \tag{4.46}$$

Stab M_e

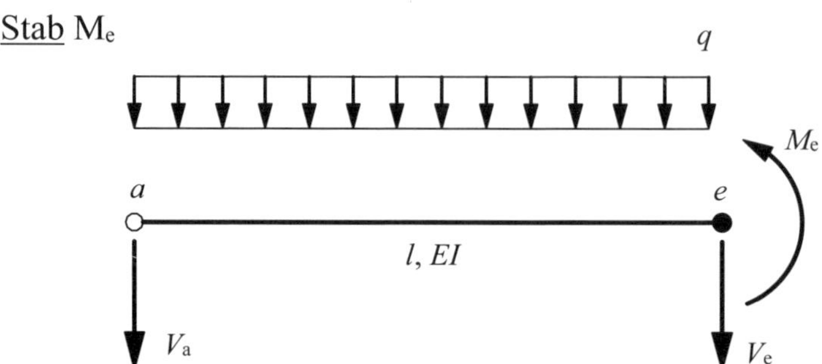

$$\begin{bmatrix} F_a \\ M_a \\ F_e \\ M_e \end{bmatrix} = \frac{EI}{l^3} \cdot \begin{bmatrix} 3 \cdot a^2 & 0 & -3 \cdot a \cdot e & -3l \cdot a \\ 0 & 0 & 0 & 0 \\ -3 \cdot a \cdot e & 0 & 3 \cdot e^2 & 3l \cdot e \\ -3l \cdot a & 0 & 3l \cdot e & 3l^2 \end{bmatrix} \cdot \begin{bmatrix} f \\ \varphi_a \\ f \\ \varphi_e \end{bmatrix} + \begin{bmatrix} a \cdot V_{a,0} \\ 0 \\ e \cdot V_{e,0} \\ M_{e,0} \end{bmatrix} \tag{4.47}$$

Die Randbedingungen werden direkt in der lokalen Elementsteifigkeitsmatrix berücksichtigt und die Auflagerkräfte durch die Gleichgewichtsbedingungen am Knoten berechnet.

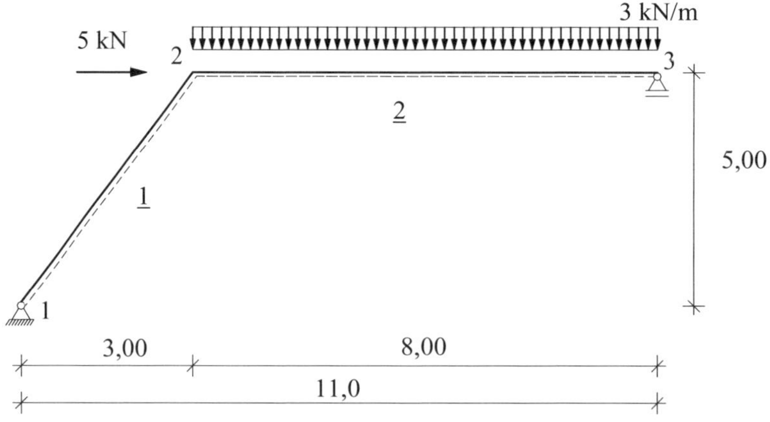

Abb. 4.35 System und Belastung

Die angegebene Belastung ist frei gewählt.
Werkstoff: S 235 $\quad E = 21000$ kN/cm^2

Querschnittswerte:
Stab 1, 2
Profil IPE 200 $\quad I = 1940 \text{ cm}^4 \quad EI = 4074 \text{ kNm}^2$
Unbekannte: $\quad \varphi_2, f$

Stab 1, 2

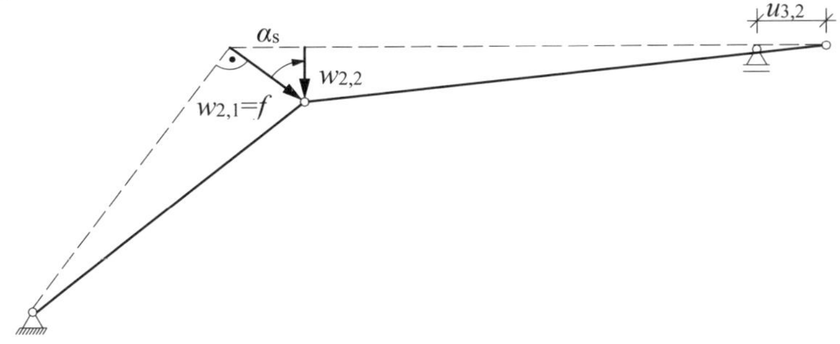

Abb. 4.36 Gelenkfigur

Kinematische Verträglichkeit

Stab 1 $\quad w_{1,1} = 0 \quad w_{2,1} = f$

Stab 2 $\quad w_{2,2} = f \cdot \cos\alpha_s = f \cdot \dfrac{\Delta x_1}{l_1} = f \cdot \dfrac{3,0}{5,83} = 0,5146 \cdot f \quad w_{3,2} = 0$

Knoten 3 $\quad u_{3,2} = f \cdot \cos\alpha_s = f \cdot \dfrac{\Delta z_1}{l_1} = f \cdot \dfrac{5,0}{5,83} = 0,8576 \cdot f$

Lokale Elementsteifigkeitsmatrizen

Stab 1 $\quad$ Stab M_e $\quad a = 0 \quad \varphi_1 = 0 \quad e = 1 \quad EI = 4074 \text{ kNm}^2 \quad l = 5,83 \text{ m}$

$$\begin{bmatrix} F_a \\ M_a \\ F_e \\ M_e \end{bmatrix} = \frac{EI}{l^3} \cdot \begin{bmatrix} 3 \cdot a^2 & 0 & -3 \cdot a \cdot e & -3l \cdot a \\ 0 & 0 & 0 & 0 \\ -3 \cdot a \cdot e & 0 & 3 \cdot e^2 & 3l \cdot e \\ -3l \cdot a & 0 & 3l \cdot e & 3l^2 \end{bmatrix} \cdot \begin{bmatrix} f \\ 0 \\ f \\ \varphi_e \end{bmatrix} + \begin{bmatrix} a \cdot V_{a,0} \\ 0 \\ e \cdot V_{e,0} \\ M_{e,0} \end{bmatrix}$$

$$\begin{bmatrix} F_a \\ M_a \\ F_e \\ M_e \end{bmatrix} = \frac{EI}{l^3} \cdot \begin{bmatrix} 0 & 0 & 0 & 0 \\ 0 & 0 & 0 & 0 \\ 0 & 0 & 3 \cdot 1^2 & 3l \cdot 1 \\ 0 & 0 & 3l \cdot 1 & 3l^2 \end{bmatrix} \cdot \begin{bmatrix} 0 \\ 0 \\ f \\ \varphi_e \end{bmatrix}$$

$$\begin{bmatrix} F_{1,1} \\ M_{1,1} \\ F_{2,1} \\ M_{2,1} \end{bmatrix} = \begin{bmatrix} 0 & 0 & 0 & 0 \\ 0 & 0 & 0 & 0 \\ 0 & 0 & 61{,}68 & 359{,}6 \\ 0 & 0 & 359{,}6 & 2096{,}4 \end{bmatrix} \cdot \begin{bmatrix} 0 \\ 0 \\ f \\ \varphi_2 \end{bmatrix}$$

Stab 2 Stab M_a $a = 0{,}5146$ $\varphi_3 = 0$ $e = 0$ $EI = 4074\ \text{kNm}^2$ $l = 8{,}00\ \text{m}$

$$\begin{bmatrix} F_a \\ M_a \\ F_e \\ M_e \end{bmatrix} = \frac{EI}{l^3} \cdot \begin{bmatrix} 3 \cdot a^2 & -3l \cdot a & -3 \cdot a \cdot e & 0 \\ -3l \cdot a & 3l^2 & 3l \cdot e & 0 \\ -3 \cdot a \cdot e & 3l \cdot e & 3 \cdot e^2 & 0 \\ 0 & 0 & 0 & 0 \end{bmatrix} \cdot \begin{bmatrix} f \\ 0 \\ f \\ \varphi_e \end{bmatrix} + \begin{bmatrix} a \cdot V_{a,0} \\ M_{a,0} \\ e \cdot V_{e,0} \\ 0 \end{bmatrix}$$

$$\begin{bmatrix} F_a \\ M_a \\ F_e \\ M_e \end{bmatrix} = \frac{EI}{l^3} \cdot \begin{bmatrix} 3 \cdot a^2 & -3l \cdot a & 0 & 0 \\ -3l \cdot a & 3l^2 & 0 & 0 \\ 0 & 0 & 0 & 0 \\ 0 & 0 & 0 & 0 \end{bmatrix} \cdot \begin{bmatrix} f \\ \varphi_2 \\ 0 \\ 0 \end{bmatrix} + \begin{bmatrix} -\frac{5}{8} \cdot q \cdot l \cdot a \\ \frac{1}{8} \cdot q \cdot l^2 \\ 0 \\ 0 \end{bmatrix}$$

$$\begin{bmatrix} F_{2,2} \\ M_{2,2} \\ F_{3,2} \\ M_{3,2} \end{bmatrix} = \begin{bmatrix} 6{,}321 & -98{,}273 & 0 & 0 \\ -98{,}273 & 1527{,}75 & 0 & 0 \\ 0 & 0 & 0 & 0 \\ 0 & 0 & 0 & 0 \end{bmatrix} \cdot \begin{bmatrix} f \\ \varphi_2 \\ 0 \\ 0 \end{bmatrix} + \begin{bmatrix} -7{,}719 \\ +24 \\ 0 \\ 0 \end{bmatrix}$$

Virtueller Arbeitsbetrag der äußeren Belastung für $f = 1$.

$W = 5 \cdot 0{,}8576 = +4{,}288$

Systemsteifigkeitsmatrix

Die Untermatrizen werden zugeordnet, die Summe der Elemente für das Gleichungssystem ist fett gedruckt. Die Lagerungsbedingungen sind eingearbeitet.

		f	φ_2
+4,288 +7,719 **12,007**	=	61,68 6,321 **68,001**	359,6 −98,273 **261,33**
0 −24 **−24**		359,6 −98,273 **261,33**	2096,4 1527,75 **3624,15**

Lösung des Gleichungssystems

$$f = +2{,}79463 \cdot 10^{-1}\,\text{m} \qquad \varphi_2 = -2{,}67738 \cdot 10^{-2}$$

Schnittgrößen und Auflagerkräfte

Mit der Gleichung (4.43) werden die lokalen Knotenweggrößen berechnet und in die lokalen Elementsteifigkeitsmatrizen (4.6), (4.7) und (4.8) eingesetzt. Berechnung der lokalen Randschnittgrößen mit der Vorzeichenregelung FEM:

Stab 1 Stab M_e

$\varphi_1 = 0$ $\quad e = 1 \quad EI = 4074\ \text{kNm}^2$ $\quad l = 5{,}83\ \text{m}$

$w_1 = a \cdot f = 0 \cdot f = 0 \quad \varphi_1 = 0$ $\quad a = 0$

$w_2 = e \cdot f = 1 \cdot f = 2{,}79463 \cdot 10^{-1}\,\text{m}$ $\quad \varphi_2 = -2{,}67738 \cdot 10^{-2}$

$$\begin{bmatrix} V_{1,1} \\ M_{1,1} \\ V_{2,1} \\ M_{2,1} \end{bmatrix} = \frac{EI}{l^3} \cdot \begin{bmatrix} 0 & 0 & -3 & -3l \\ 0 & 0 & 0 & 0 \\ 0 & 0 & 3 & 3l \\ 0 & 0 & 3l & 3l^2 \end{bmatrix} \cdot \begin{bmatrix} 0 \\ 0 \\ w_2 \\ \varphi_2 \end{bmatrix}$$

$$\begin{bmatrix} V_{1,1} \\ M_{1,1} \\ V_{2,1} \\ M_{2,1} \end{bmatrix} = \begin{bmatrix} 0 & 0 & -61{,}68 & -359{,}6 \\ 0 & 0 & 0 & 0 \\ 0 & 0 & 61{,}68 & 359{,}6 \\ 0 & 0 & 359{,}6 & 2096{,}4 \end{bmatrix} \cdot \begin{bmatrix} 0 \\ 0 \\ +2{,}79463 \cdot 10^{-1} \\ -2{,}67738 \cdot 10^{-2} \end{bmatrix} = \begin{bmatrix} -7{,}61\ \text{kN} \\ 0\ \text{kNm} \\ +7{,}61\ \text{kN} \\ +44{,}37\ \text{kNm} \end{bmatrix}$$

Stab 2   Stab M_a

$\varphi_1 = 0 \qquad e = 0 \quad EI = 4074 \text{ kNm}^2 \qquad l = 8{,}00 \text{ m}$

$w_2 = a \cdot f = 0{,}5146 \cdot 2{,}79463 \cdot 10^{-1} = +1{,}43812 \cdot 10^{-1} \text{m}$

$\varphi_2 = -2{,}67738 \cdot 10^{-2} \qquad a = 0{,}5146$

$w_3 = e \cdot f = 0 \cdot f = 0 \qquad \varphi_3 = 0$

$$\begin{bmatrix} V_{2,2} \\ M_{2,2} \\ V_{3,2} \\ M_{3,2} \end{bmatrix} = \frac{EI}{l^3} \cdot \begin{bmatrix} 3 & -3l & 0 & 0 \\ -3l & 3l^2 & 0 & 0 \\ -3 & 3l & 0 & 0 \\ 0 & 0 & 0 & 0 \end{bmatrix} \cdot \begin{bmatrix} w_a \\ \varphi_a \\ 0 \\ 0 \end{bmatrix} + \begin{bmatrix} -\frac{5}{8} \cdot q \cdot l \\ \frac{1}{8} \cdot q \cdot l^2 \\ -\frac{3}{8} \cdot q \cdot l \\ 0 \end{bmatrix}$$

$$\begin{bmatrix} V_{2,2} \\ M_{2,2} \\ V_{3,2} \\ M_{3,2} \end{bmatrix} = \begin{bmatrix} 23{,}871 & -190{,}97 & 0 & 0 \\ -190{,}97 & 1527{,}75 & 0 & 0 \\ -23{,}871 & 190{,}97 & 0 & 0 \\ 0 & 0 & 0 & 0 \end{bmatrix} \cdot \begin{bmatrix} +1{,}43812 \cdot 10^{-1} \\ -2{,}67738 \cdot 10^{-2} \\ 0 \\ 0 \end{bmatrix} + \begin{bmatrix} -15 \\ +24 \\ -9 \\ 0 \end{bmatrix} = \begin{bmatrix} -6{,}45 \text{ kN} \\ -44{,}37 \text{ kNm} \\ -17{,}55 \text{ kN} \\ 0 \text{ kNm} \end{bmatrix}$$

In Abb. 4.38 sind die Auflagerkräfte und die Zustandsflächen für dieses System dargestellt.

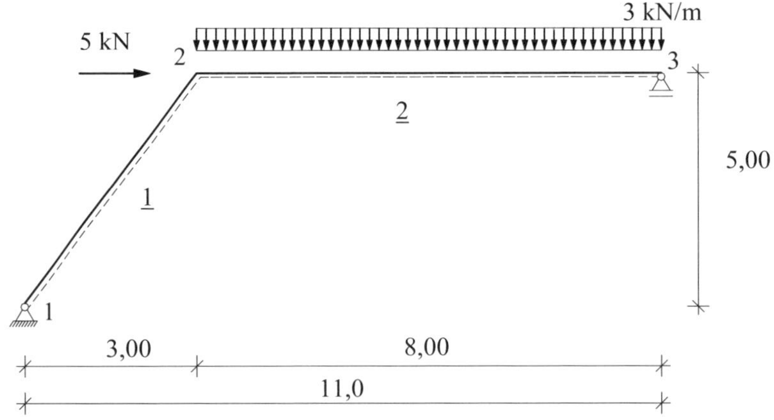

Abb. 4.37 System und Belastung

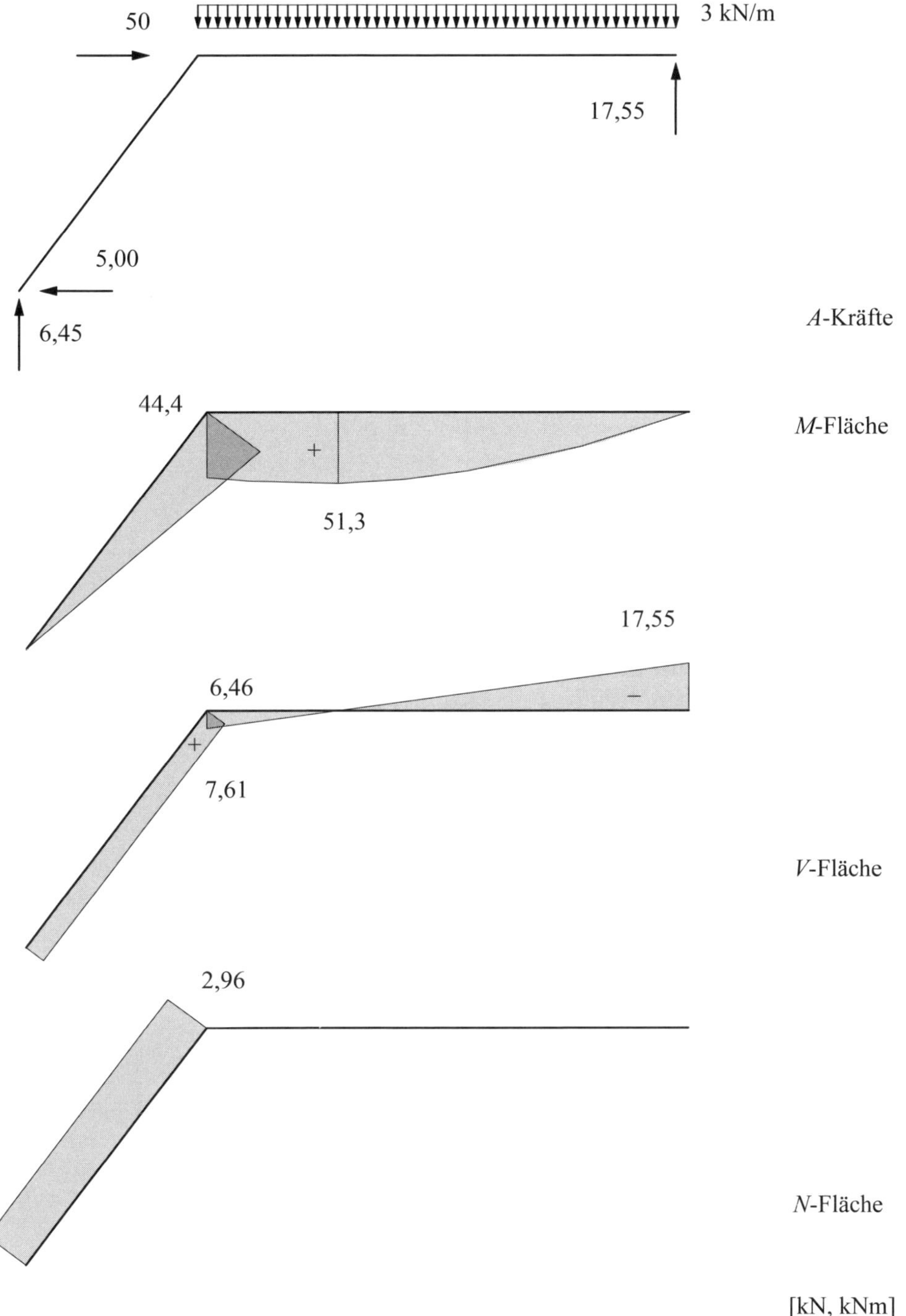

Abb. 4.38 Auflagerkräfte und Verlauf der Biegemomente, Querkräfte und Normalkräfte

5 Beispiele für die Handrechnung

5.1 Allgemeine Hinweise

Das Weggrößenverfahren ist auch für die Handrechnung geeignet, wenn die Anzahl der unbekannten Knotenweggrößen klein ist. Es sollen hier nur Beispiele mit einer oder zwei Unbekannten angegeben werden. Weiterhin werden auch Symmetrie- und Antimetriebedingungen berücksichtigt.

Es wird stets die lokale Elementsteifigkeitsmatrix des verschieblichen Balkenelementes benutzt, da damit direkt alle Randschnittgrößen, auch der unverschieblichen Systeme, einfach berechnet werden können. Weiterhin werden nur dehnstarre Stäbe berücksichtigt.

Die Biegesteifigkeit wird mit EI in kNm^2 angegeben, was die Berechnung hier vereinfacht.

Als Belastung werden einfache Lastgruppen gewählt.

- Gleichstreckenlast über das ganze Element
- Einzellast in der Mitte des Stabelementes
- Knotenlasten

Die fett gedruckten Werte in der Elementsteifigkeitsmatrix sind in der Systemsteifigkeitsmatrix zu berücksichtigen. Sind die Knotenweggrößen bekannt, erhält man mit der Elementsteifigkeitsmatrix die Randschnittgrößen des Stabelementes. Diese sind direkt neben der Elementsteifigkeitsmatrix angegeben, um Wiederholungen bei der Handrechnung zu vermeiden.

Enthält das Stabelement einen Auflagerknoten, dann sind die zugehörigen Randschnittgrößen gleich den Auflagerkräften des Systems. Gegebenenfalls sind die Auflagerkräfte über das Gleichgewicht am Knoten oder am Gesamtsystem zu berechnen.

Bei einer Gleichstreckenlast an einem Stabelement tritt das maximale Feldmoment an der Stelle x auf, an der die Querkraft gleich null ist.

5.2 Lokale Elementsteifigkeitsmatrix I. Ordnung

Stab M_{ae}

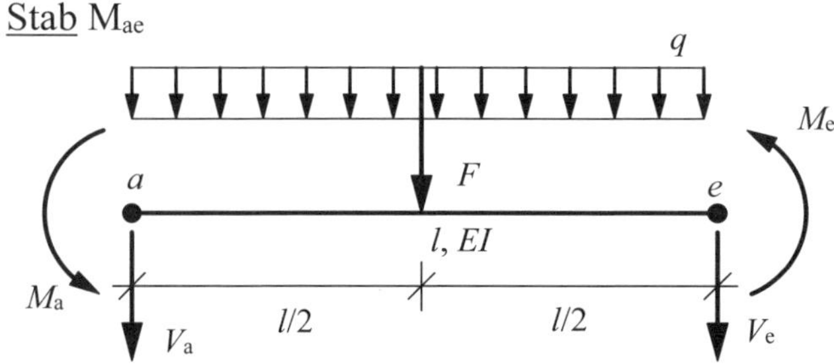

$$\begin{bmatrix} V_a \\ M_a \\ V_e \\ M_e \end{bmatrix} = \frac{EI}{l^3} \cdot \begin{bmatrix} 12 & -6l & -12 & -6l \\ -6l & 4l^2 & 6l & 2l^2 \\ -12 & 6l & 12 & 6l \\ -6l & 2l^2 & 6l & 4l^2 \end{bmatrix} \cdot \begin{bmatrix} w_a \\ \varphi_a \\ w_e \\ \varphi_e \end{bmatrix} + \begin{bmatrix} -\frac{1}{2} \cdot q \cdot l \\ \frac{1}{12} \cdot q \cdot l^2 \\ -\frac{1}{2} \cdot q \cdot l \\ -\frac{1}{12} \cdot q \cdot l^2 \end{bmatrix} + \begin{bmatrix} -\frac{1}{2} \cdot F \\ \frac{1}{8} \cdot F \cdot l \\ -\frac{1}{2} \cdot F \\ -\frac{1}{8} \cdot F \cdot l \end{bmatrix}$$

Stab M_a

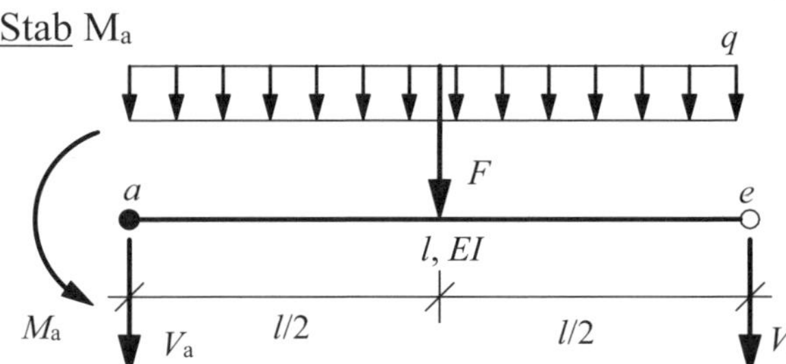

$$\begin{bmatrix} V_a \\ M_a \\ V_e \\ M_e \end{bmatrix} = \frac{EI}{l^3} \cdot \begin{bmatrix} 3 & -3l & -3 & 0 \\ -3l & 3l^2 & 3l & 0 \\ -3 & 3l & 3 & 0 \\ 0 & 0 & 0 & 0 \end{bmatrix} \cdot \begin{bmatrix} w_a \\ \varphi_a \\ w_e \\ \varphi_e \end{bmatrix} + \begin{bmatrix} -\frac{5}{8} \cdot q \cdot l \\ \frac{1}{8} \cdot q \cdot l^2 \\ -\frac{3}{8} \cdot q \cdot l \\ 0 \end{bmatrix} + \begin{bmatrix} -\frac{11}{16} \cdot F \\ \frac{3}{16} \cdot F \cdot l \\ -\frac{5}{16} \cdot F \\ 0 \end{bmatrix}$$

Stab M_e

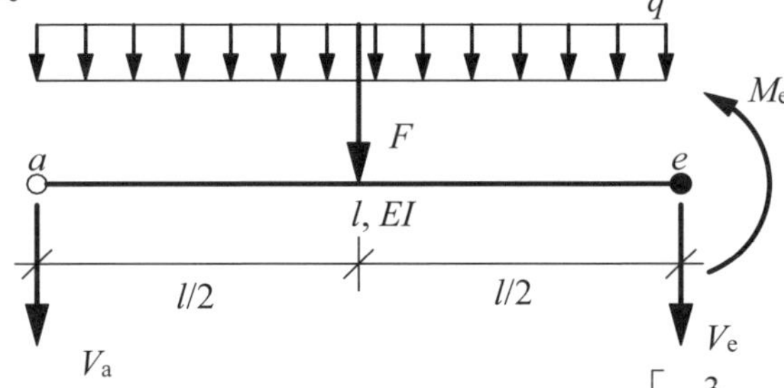

$$\begin{bmatrix} V_a \\ M_a \\ V_e \\ M_e \end{bmatrix} = \frac{EI}{l^3} \cdot \begin{bmatrix} 3 & 0 & -3 & -3l \\ 0 & 0 & 0 & 0 \\ -3 & 0 & 3 & 3l \\ -3l & 0 & 3l & 3l^2 \end{bmatrix} \cdot \begin{bmatrix} w_a \\ 0 \\ w_e \\ \varphi_e \end{bmatrix} + \begin{bmatrix} -\frac{3}{8} \cdot q \cdot l \\ 0 \\ -\frac{5}{8} \cdot q \cdot l \\ -\frac{1}{8} \cdot q \cdot l^2 \end{bmatrix} + \begin{bmatrix} -\frac{5}{16} \cdot F \\ 0 \\ -\frac{11}{16} \cdot F \\ -\frac{3}{16} \cdot F \cdot l \end{bmatrix}$$

5.3 Beispiele

1.Beispiel: Träger mit elastischer Einspannung

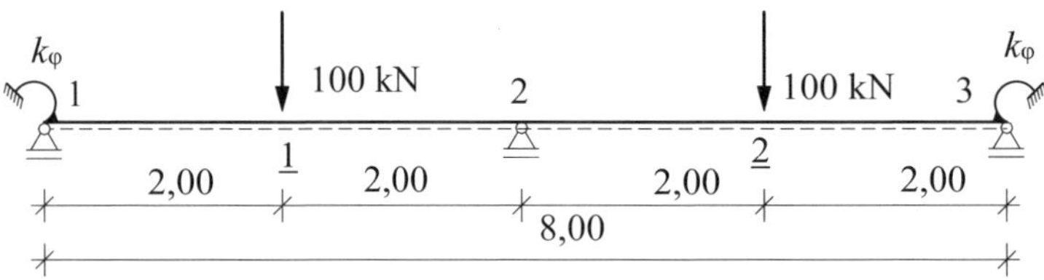

Abb. 5.1 System und Belastung

$EI = 80000 \text{ kNm}^2 \qquad k_\varphi = 160000 \text{ kNm}$

Das System ist symmetrisch. $\varphi_2 = 0$

Randbedingungen: $w_1 = 0;\ w_2 = 0;\ w_3 = 0$

Unbekannte: $\varphi_1 = -\varphi_3 = \varphi$

Lokale Elementsteifigkeitsmatrizen

Stab 1 Stab M_{ae}

$$\frac{EI}{l^3} = \frac{80000}{4^3} = 1250 \ \frac{\text{kN}}{\text{m}}$$

$$\begin{bmatrix} V_1 \\ M_1 \\ V_2 \\ M_2 \end{bmatrix} = \frac{EI}{l^3} \cdot \begin{bmatrix} 0 & -6l & 0 & 0 \\ 0 & \mathbf{4l^2} & 0 & 0 \\ 0 & 6l & 0 & 0 \\ 0 & 2l^2 & 0 & 0 \end{bmatrix} \cdot \begin{bmatrix} 0 \\ \varphi \\ 0 \\ 0 \end{bmatrix} + \begin{bmatrix} -\frac{1}{2} \cdot F \\ \mathbf{\frac{1}{8}} \cdot F \cdot l \\ -\frac{1}{2} \cdot F \\ -\frac{1}{8} \cdot F \cdot l \end{bmatrix}$$

$$\begin{bmatrix} V_1 \\ M_1 \\ V_2 \\ M_2 \end{bmatrix} = \begin{bmatrix} 0 & -30000 & 0 & 0 \\ 0 & \mathbf{80000} & 0 & 0 \\ 0 & 30000 & 0 & 0 \\ 0 & 40000 & 0 & 0 \end{bmatrix} \cdot \begin{bmatrix} 0 \\ \varphi \\ 0 \\ 0 \end{bmatrix} + \begin{bmatrix} -50 \\ \mathbf{+50} \\ -50 \\ -50 \end{bmatrix} = \begin{bmatrix} -43,75 \\ +33,33 \\ -56,25 \\ -58,33 \end{bmatrix}$$

Feder

$$\left[M_\varphi\right] = [\mathbf{160000}] \cdot [\varphi] = [-33,33]$$

Systemsteifigkeitsmatrix

$$\begin{bmatrix} 80000 \\ 160000 \\ \mathbf{240000} \end{bmatrix} [\varphi] + \begin{bmatrix} +50 \\ 0 \\ \mathbf{+50} \end{bmatrix} = \begin{bmatrix} 0 \\ 0 \\ \mathbf{0} \end{bmatrix}$$

Lösung des Gleichungssystems

$$\varphi = -\frac{1}{4800} = -2{,}0833 \cdot 10^{-4}$$

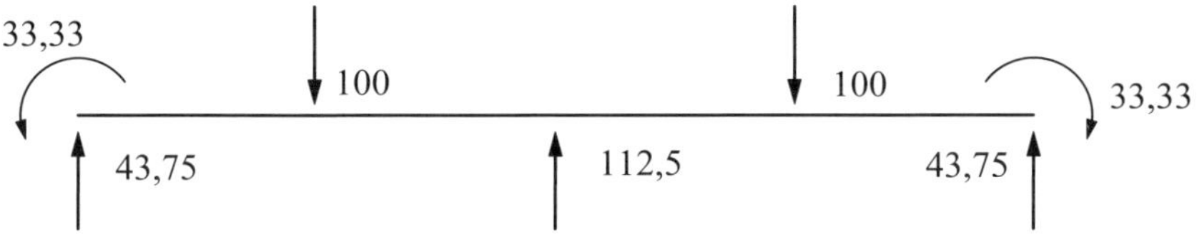

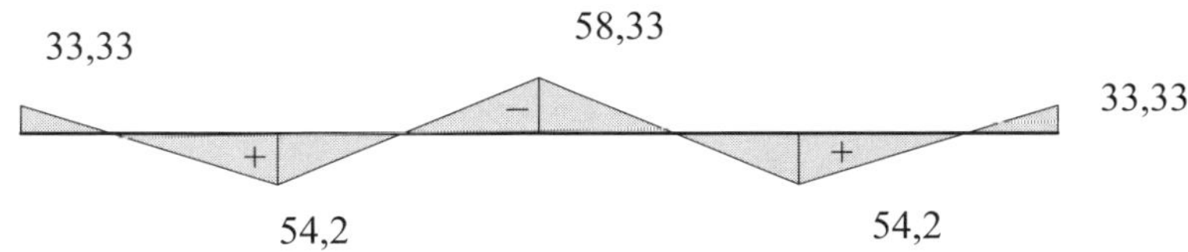

Abb. 5.2 Momentenfläche und Auflagerkräfte

2. Beispiel: Dehnstarrer Rahmen

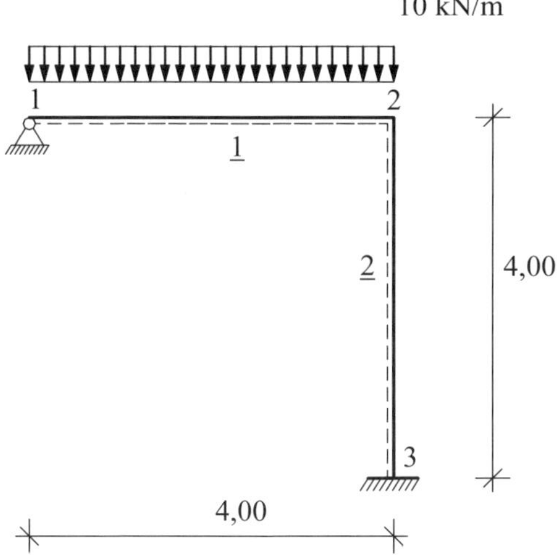

Abb. 5.3 System und Belastung

$EI = 80000 \text{ kNm}^2$

Randbedingungen: $w_1 = 0$; $w_3 = 0$; $\varphi_3 = 0$

Dehnstarres System: $w_2 = 0$

Unbekannte: φ_2

Lokale Elementsteifigkeitsmatrizen

Stab 1 Stab Me

$$\frac{EI}{l^3} = \frac{80000}{4^3} = 1250 \ \frac{\text{kN}}{\text{m}}$$

$$\begin{bmatrix} V_1 \\ M_1 \\ V_2 \\ M_2 \end{bmatrix} = \frac{EI}{l^3} \cdot \begin{bmatrix} 0 & 0 & 0 & -3l \\ 0 & 0 & 0 & 0 \\ 0 & 0 & 0 & 3l \\ 0 & 0 & 0 & \mathbf{3l^2} \end{bmatrix} \cdot \begin{bmatrix} 0 \\ 0 \\ 0 \\ \varphi_2 \end{bmatrix} + \begin{bmatrix} -\frac{3}{8} \cdot q \cdot l \\ 0 \\ -\frac{5}{8} \cdot q \cdot l \\ -\frac{\mathbf{1}}{\mathbf{8}} \cdot q \cdot l^2 \end{bmatrix}$$

$$\begin{bmatrix} V_1 \\ M_1 \\ V_2 \\ M_2 \end{bmatrix} = \begin{bmatrix} 0 & 0 & 0 & -15000 \\ 0 & 0 & 0 & 0 \\ 0 & 0 & 0 & 15000 \\ 0 & 0 & 0 & \mathbf{60000} \end{bmatrix} \cdot \begin{bmatrix} 0 \\ 0 \\ 0 \\ \varphi_2 \end{bmatrix} + \begin{bmatrix} -15 \\ 0 \\ -25 \\ \mathbf{-20} \end{bmatrix} = \begin{bmatrix} -17{,}14 \\ 0 \\ -22{,}86 \\ -11{,}43 \end{bmatrix}$$

Stab 2 Stab Mae

$$\frac{EI}{l^3} = \frac{80000}{4^3} = 1250 \ \frac{\text{kN}}{\text{m}}$$

$$\begin{bmatrix} V_2 \\ M_2 \\ V_3 \\ M_3 \end{bmatrix} = \frac{EI}{l^3} \cdot \begin{bmatrix} 0 & -6l & 0 & 0 \\ 0 & \mathbf{4l^2} & 0 & 0 \\ 0 & 6l & 0 & 0 \\ 0 & 2l^2 & 0 & 0 \end{bmatrix} \cdot \begin{bmatrix} 0 \\ \varphi_2 \\ 0 \\ 0 \end{bmatrix}$$

$$\begin{bmatrix} V_2 \\ M_2 \\ V_3 \\ M_3 \end{bmatrix} = \begin{bmatrix} 0 & -30000 & 0 & 0 \\ 0 & \mathbf{80000} & 0 & 0 \\ 0 & 30000 & 0 & 0 \\ 0 & 40000 & 0 & 0 \end{bmatrix} \cdot \begin{bmatrix} 0 \\ \varphi_2 \\ 0 \\ 0 \end{bmatrix} = \begin{bmatrix} -4{,}29 \\ +11{,}43 \\ -4{,}29 \\ +5{,}71 \end{bmatrix}$$

Systemsteifigkeitsmatrix

$$\begin{bmatrix} 60000 \\ 80000 \\ \mathbf{140000} \end{bmatrix} [\varphi_2] + \begin{bmatrix} -20 \\ 0 \\ \mathbf{-20} \end{bmatrix} = \begin{bmatrix} 0 \\ 0 \\ \mathbf{0} \end{bmatrix}$$

Lösung des Gleichungssystems

$$\varphi_2 = +\frac{1}{7000} = +1{,}4286 \cdot 10^{-4}$$

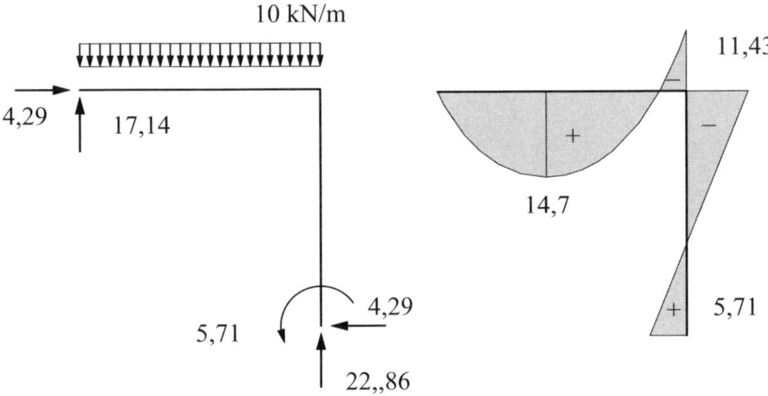

Abb. 5.4 Momentenfläche und Auflagerkräfte

3. Beispiel: Eingespannte Stützen

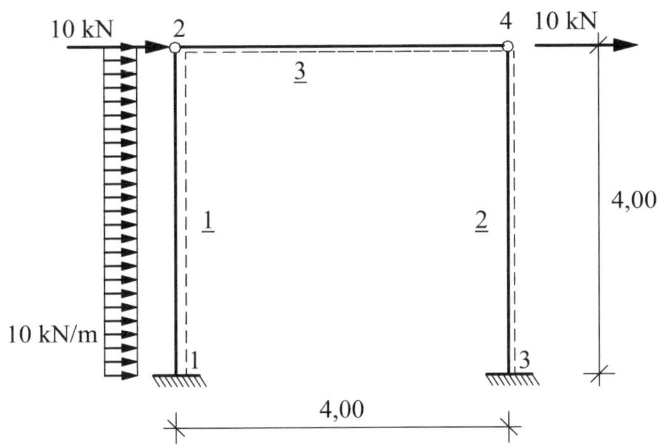

Abb. 5.5 System und Belastung

$EI = 80000$ kNm^2

Randbedingungen: $w_1 = 0$; $\varphi_1 = 0$; $w_3 = 0$; $\varphi_3 = 0$

Dehnstarres System

Unbekannte: $w_2 = w_4 = f$

Lokale Elementsteifigkeitsmatrizen

Stab 1 Stab M_a

$$\frac{EI}{l^3}=\frac{80000}{4^3}=1250\ \frac{\text{kN}}{\text{m}}$$

$$\begin{bmatrix} V_1 \\ M_1 \\ V_2 \\ M_2 \end{bmatrix}=\frac{EI}{l^3}\cdot\begin{bmatrix} 0 & 0 & -3 & 0 \\ 0 & 0 & 3l & 0 \\ 0 & 0 & \mathbf{3} & 0 \\ 0 & 0 & 0 & 0 \end{bmatrix}\cdot\begin{bmatrix} 0 \\ 0 \\ f \\ 0 \end{bmatrix}+\begin{bmatrix} -\frac{5}{8}\cdot q\cdot l \\ \frac{1}{8}\cdot q\cdot l^2 \\ -\frac{\mathbf{3}}{\mathbf{8}}\cdot q\cdot l \\ 0 \end{bmatrix}$$

$$\begin{bmatrix} V_1 \\ M_1 \\ V_2 \\ M_2 \end{bmatrix}=\begin{bmatrix} 0 & 0 & -3750 & 0 \\ 0 & 0 & 15000 & 0 \\ 0 & 0 & \mathbf{3750} & 0 \\ 0 & 0 & 0 & 0 \end{bmatrix}\cdot\begin{bmatrix} 0 \\ 0 \\ f \\ 0 \end{bmatrix}+\begin{bmatrix} -25 \\ +20 \\ \mathbf{-15} \\ 0 \end{bmatrix}=\begin{bmatrix} -42{,}5 \\ +90 \\ +2{,}5 \\ 0 \end{bmatrix}$$

Stab 2 Stab M_a

$$\frac{EI}{l^3}=\frac{80000}{4^3}=1250\ \frac{\text{kN}}{\text{m}}$$

$$\begin{bmatrix} V_3 \\ M_3 \\ V_4 \\ M_4 \end{bmatrix}=\frac{EI}{l^3}\cdot\begin{bmatrix} 0 & 0 & -3 & 0 \\ 0 & 0 & 3l & 0 \\ 0 & 0 & \mathbf{3} & 0 \\ 0 & 0 & 0 & 0 \end{bmatrix}\cdot\begin{bmatrix} 0 \\ 0 \\ f \\ 0 \end{bmatrix}$$

$$\begin{bmatrix} V_3 \\ M_3 \\ V_4 \\ M_4 \end{bmatrix}=\begin{bmatrix} 0 & 0 & -3750 & 0 \\ 0 & 0 & 15000 & 0 \\ 0 & 0 & \mathbf{3750} & 0 \\ 0 & 0 & 0 & 0 \end{bmatrix}\cdot\begin{bmatrix} 0 \\ 0 \\ f \\ 0 \end{bmatrix}=\begin{bmatrix} -17{,}5 \\ +70 \\ +17{,}5 \\ 0 \end{bmatrix}$$

Systemsteifigkeitsmatrix

$$\begin{bmatrix} 3750 \\ 3750 \\ \mathbf{7500} \end{bmatrix}[f]+\begin{bmatrix} -15 \\ 0 \\ \mathbf{-15} \end{bmatrix}=\begin{bmatrix} 10 \\ 10 \\ \mathbf{20} \end{bmatrix}$$

Lösung des Gleichungssystems

$$f=\frac{7}{1500}=4{,}6667\cdot 10^{-3}$$

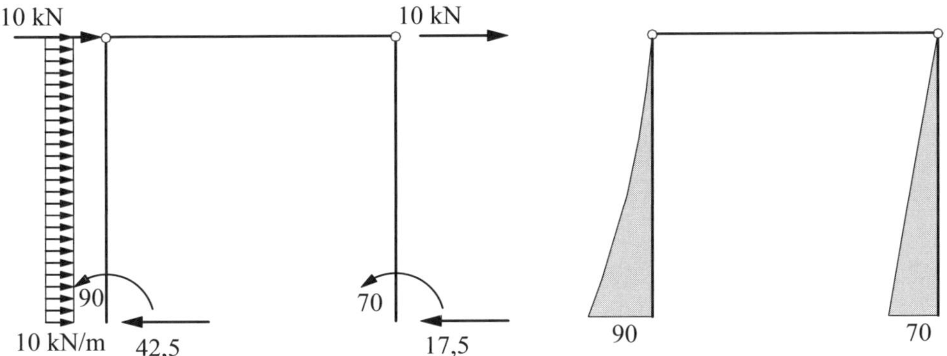

Abb. 5.6 Momentenfläche und Auflagerkräfte

4. Beispiel: Durchlaufträger mit Momentengelenk
s. Abschnitt 4.9

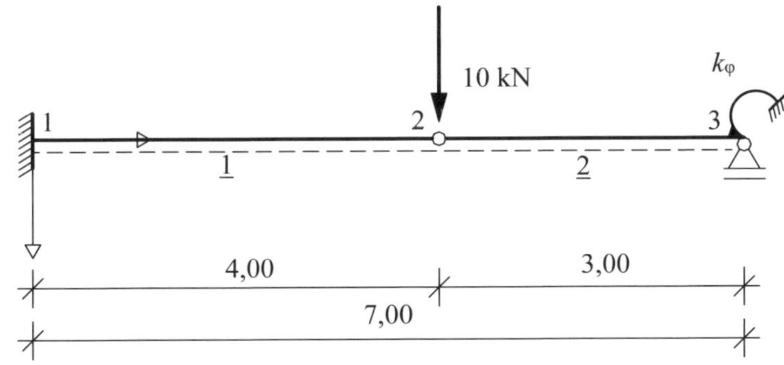

Abb. 5.7 System und Belastung

$EI = 11970 \text{ kNm}^2$

Randbedingungen: $w_1 = 0$; $\varphi_1 = 0$; $w_3 = 0$

Unbekannte: w_2, φ_3

Lokale Elementsteifigkeitsmatrizen

Stab 1 Stab Ma

$$\frac{EI}{l^3} = \frac{11970}{4^3} = 187 \ \frac{\text{kN}}{\text{m}}$$

$$\begin{bmatrix} V_1 \\ M_1 \\ V_2 \\ M_2 \end{bmatrix} = \frac{EI}{l^3} \cdot \begin{bmatrix} 0 & 0 & -3 & 0 \\ 0 & 0 & 3l & 0 \\ 0 & 0 & \mathbf{3} & 0 \\ 0 & 0 & 0 & 0 \end{bmatrix} \cdot \begin{bmatrix} 0 \\ 0 \\ w_2 \\ 0 \end{bmatrix}$$

$$\begin{bmatrix} V_1 \\ M_1 \\ V_2 \\ M_2 \end{bmatrix} = \begin{bmatrix} 0 & 0 & -561 & 0 \\ 0 & 0 & 2244 & 0 \\ 0 & 0 & \mathbf{561} & 0 \\ 0 & 0 & 0 & 0 \end{bmatrix} \cdot \begin{bmatrix} 0 \\ 0 \\ w_2 \\ 0 \end{bmatrix} = \begin{bmatrix} -5{,}89 \\ +23{,}55 \\ +5{,}89 \\ 0 \end{bmatrix}$$

Stab 2 Stab M_e

$$\frac{EI}{l^3} = \frac{11970}{3^3} = 433{,}33 \ \frac{\text{kN}}{\text{m}}$$

$$\begin{bmatrix} V_2 \\ M_2 \\ V_3 \\ M_3 \end{bmatrix} = \frac{EI}{l^3} \cdot \begin{bmatrix} \mathbf{3} & 0 & 0 & \mathbf{-3}l \\ 0 & 0 & 0 & 0 \\ -3 & 0 & 0 & 3l \\ \mathbf{-3}l & 0 & 0 & \mathbf{3}l^2 \end{bmatrix} \cdot \begin{bmatrix} w_2 \\ 0 \\ w_e \\ \varphi_3 \end{bmatrix}$$

$$\begin{bmatrix} V_2 \\ M_2 \\ V_3 \\ M_3 \end{bmatrix} = \begin{bmatrix} \mathbf{1330} & 0 & 0 & \mathbf{-3990} \\ 0 & 0 & 0 & 0 \\ -1330 & 0 & 0 & 3990 \\ \mathbf{-3990} & 0 & 0 & \mathbf{11970} \end{bmatrix} \cdot \begin{bmatrix} w_2 \\ 0 \\ w_e \\ \varphi_3 \end{bmatrix} = \begin{bmatrix} +4{,}11 \\ 0 \\ -4{,}11 \\ -12{,}34 \end{bmatrix}$$

Drehfeder

$$M_\varphi = k_\varphi \cdot \varphi = 5000 \text{ kNm/rad} \cdot \varphi = \mathbf{5000} \cdot \varphi_3$$

Systemsteifigkeitsmatrix

Knotenkräfte sind hier im Lastvektor positiv, wenn sie in Richtung der unbekannten Knotenweggröße wirken.

$$\begin{bmatrix} 1891 & -3990 \\ -3990 & 16970 \end{bmatrix} \cdot \begin{bmatrix} w_2 \\ \varphi_3 \end{bmatrix} = \begin{bmatrix} +10 \\ 0 \end{bmatrix}$$

Lösung des Gleichungssystems

$$w_2 = 1{,}0495 \cdot 10^{-2} \qquad \varphi_3 = 2{,}4675 \cdot 10^{-3}$$

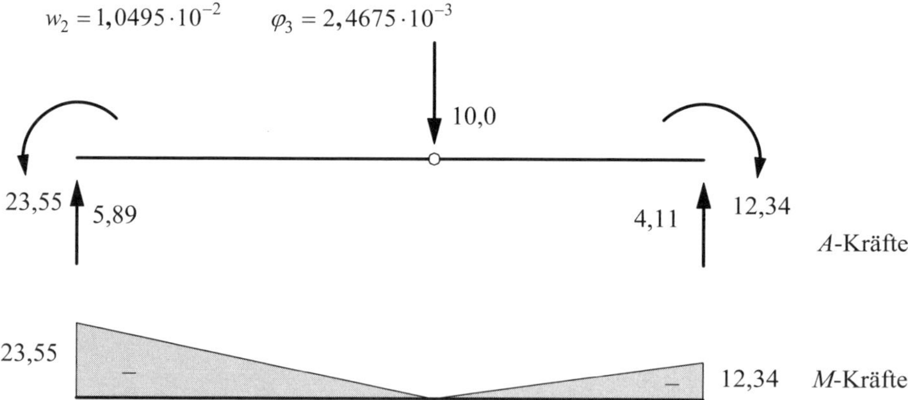

Abb. 5.8 Momentenfläche und Auflagerkräfte [kN, kNm]

6 Ebener Rahmen

6.1 Lokale Elementsteifigkeitsmatrix

Im Kapitel 2 sind Fachwerkstäbe und in den Kapiteln 3 und 4 sind dehnstarre Balkenelemente behandelt worden. In diesem Kapitel sollen die Stabelemente des ebenen Rahmens behandelt werden, die in den Stabwerks-programmen angewendet werden. Das allgemeine Stabelement ist eine Kombination aus dem Fachwerkstab und dem Biegestab. Es treten Normalkräfte wie beim Fachwerkstab und Biegemomente sowie Querkräfte wie beim Biegestab auf.

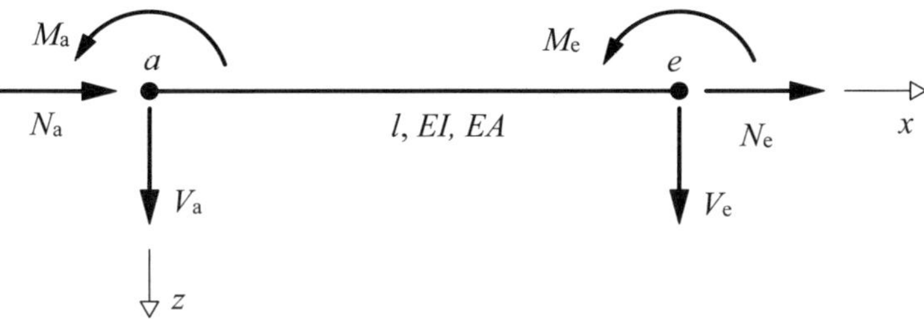

Abb. 6.1 Lokale Elementsteifigkeitsmatrix

Stab M_{ae}

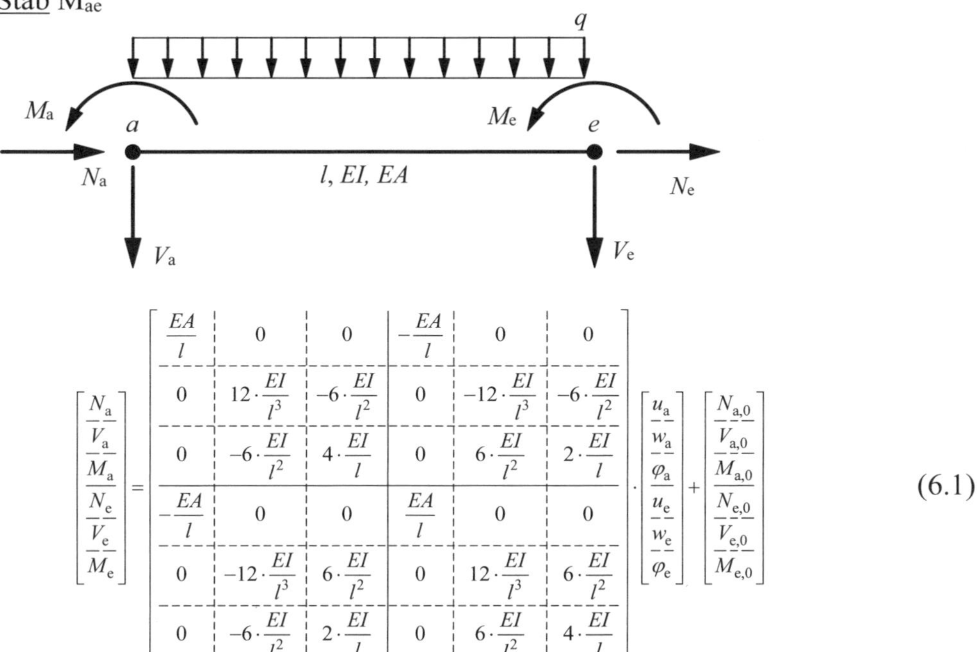

$$\begin{bmatrix} N_a \\ V_a \\ M_a \\ N_e \\ V_e \\ M_e \end{bmatrix} = \begin{bmatrix} \frac{EA}{l} & 0 & 0 & -\frac{EA}{l} & 0 & 0 \\ 0 & 12\cdot\frac{EI}{l^3} & -6\cdot\frac{EI}{l^2} & 0 & -12\cdot\frac{EI}{l^3} & -6\cdot\frac{EI}{l^2} \\ 0 & -6\cdot\frac{EI}{l^2} & 4\cdot\frac{EI}{l} & 0 & 6\cdot\frac{EI}{l^2} & 2\cdot\frac{EI}{l} \\ -\frac{EA}{l} & 0 & 0 & \frac{EA}{l} & 0 & 0 \\ 0 & -12\cdot\frac{EI}{l^3} & 6\cdot\frac{EI}{l^2} & 0 & 12\cdot\frac{EI}{l^3} & 6\cdot\frac{EI}{l^2} \\ 0 & -6\cdot\frac{EI}{l^2} & 2\cdot\frac{EI}{l} & 0 & 6\cdot\frac{EI}{l^2} & 4\cdot\frac{EI}{l} \end{bmatrix} \cdot \begin{bmatrix} u_a \\ w_a \\ \varphi_a \\ u_e \\ w_e \\ \varphi_e \end{bmatrix} + \begin{bmatrix} N_{a,0} \\ V_{a,0} \\ M_{a,0} \\ N_{e,0} \\ V_{e,0} \\ M_{e,0} \end{bmatrix} \tag{6.1}$$

$$\boldsymbol{s}_{\mathrm{n}} = \boldsymbol{K}_{\mathrm{n,n}} \cdot \boldsymbol{v}_{\mathrm{n}} + \boldsymbol{s}_{\mathrm{n0}} \tag{6.2}$$

n Ordnung der lokalen Elementsteifigkeitsmatrix $n = 6$
$\boldsymbol{K}_{\mathrm{n,n}}$ lokale Elementsteifigkeitsmatrix
$\boldsymbol{v}_{\mathrm{n}}$ Vektor der lokalen Knotenweggrößen
$\boldsymbol{s}_{\mathrm{n0}}$ Vektor der Starreinspanngrößen

<u>Stab</u> $\mathrm{M_a}$

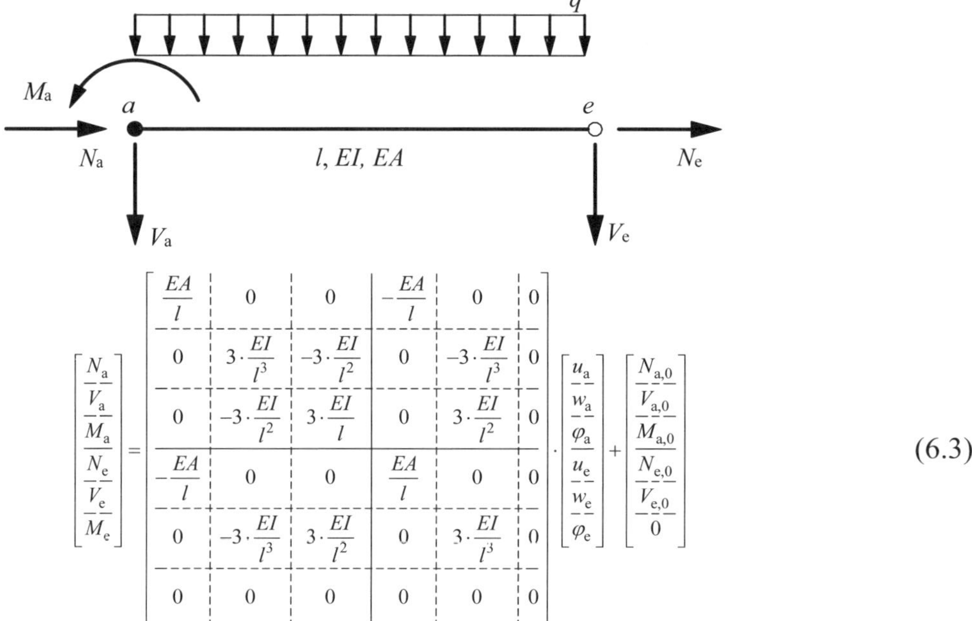

$$\begin{bmatrix} N_a \\ V_a \\ M_a \\ N_e \\ V_e \\ M_e \end{bmatrix} = \begin{bmatrix} \frac{EA}{l} & 0 & 0 & -\frac{EA}{l} & 0 & 0 \\ 0 & 3\cdot\frac{EI}{l^3} & -3\cdot\frac{EI}{l^2} & 0 & -3\cdot\frac{EI}{l^3} & 0 \\ 0 & -3\cdot\frac{EI}{l^2} & 3\cdot\frac{EI}{l} & 0 & 3\cdot\frac{EI}{l^2} & 0 \\ -\frac{EA}{l} & 0 & 0 & \frac{EA}{l} & 0 & 0 \\ 0 & -3\cdot\frac{EI}{l^3} & 3\cdot\frac{EI}{l^2} & 0 & 3\cdot\frac{EI}{l^3} & 0 \\ 0 & 0 & 0 & 0 & 0 & 0 \end{bmatrix} \cdot \begin{bmatrix} u_a \\ w_a \\ \varphi_a \\ u_e \\ w_e \\ \varphi_e \end{bmatrix} + \begin{bmatrix} N_{a,0} \\ V_{a,0} \\ M_{a,0} \\ N_{e,0} \\ V_{e,0} \\ 0 \end{bmatrix} \tag{6.3}$$

<u>Stab</u> $\mathrm{M_e}$

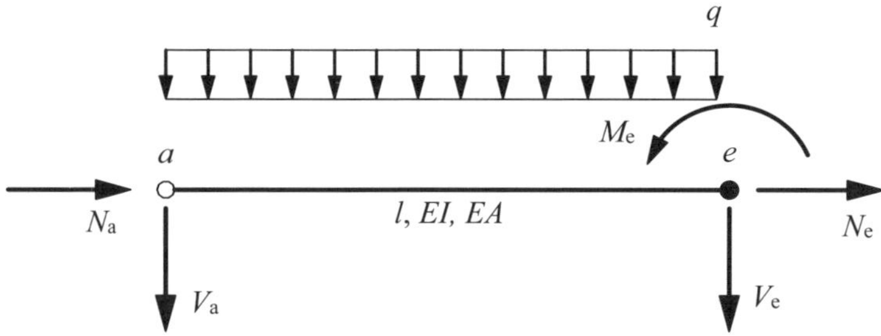

$$\begin{bmatrix} N_a \\ V_a \\ M_a \\ N_e \\ V_e \\ M_e \end{bmatrix} = \begin{bmatrix} \frac{EA}{l} & 0 & 0 & -\frac{EA}{l} & 0 & 0 \\ 0 & 3\cdot\frac{EI}{l^3} & 0 & 0 & -3\cdot\frac{EI}{l^3} & -3\cdot\frac{EI}{l^2} \\ 0 & 0 & 0 & 0 & 0 & 0 \\ -\frac{EA}{l} & 0 & 0 & \frac{EA}{l} & 0 & 0 \\ 0 & -3\cdot\frac{EI}{l^3} & 0 & 0 & 3\cdot\frac{EI}{l^3} & 3\cdot\frac{EI}{l^2} \\ 0 & -3\cdot\frac{EI}{l^2} & 0 & 0 & 3\cdot\frac{EI}{l^2} & 3\cdot\frac{EI}{l} \end{bmatrix} \cdot \begin{bmatrix} u_a \\ w_a \\ \varphi_a \\ u_e \\ w_e \\ \varphi_e \end{bmatrix} + \begin{bmatrix} N_{a,0} \\ V_{a,0} \\ M_{a,0} \\ N_{e,0} \\ V_{e,0} \\ M_{e,0} \end{bmatrix} \tag{6.4}$$

6.2 Globale Elementsteifigkeitsmatrix

Das System verformt sich unter der Belastung. Die Stäbe müssen unter Beachtung der Lagerungsbedingungen im verformten Zustand wieder an den Knoten zusammenpassen. Dies bedeutet, dass die lokalen Knotenweggrößen $\boldsymbol{v}_n$ mit den globalen Knotenweggrößen $\boldsymbol{v}_m$ an jedem Knoten kinematisch verträglich sein müssen. Die kinematische Verträglichkeit ist die Beziehung zwischen den lokalen und den globalen Knotenweggrößen. Diese Beziehung kann mit der Transformationsmatrix aufgestellt werden.

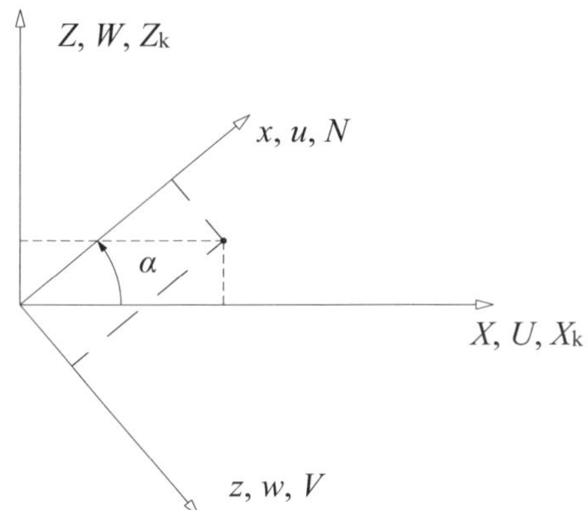

Abb. 6.2 Transformationsmatrix

Die Transformationsmatrix zwischen dem lokalen und dem globalen Koordinatensystem lautet:

$$\begin{bmatrix} x \\ z \end{bmatrix} = \begin{bmatrix} \cos\alpha & \sin\alpha \\ \sin\alpha & -\cos\alpha \end{bmatrix} \cdot \begin{bmatrix} X \\ Z \end{bmatrix}$$

Es werden die folgenden Abkürzungen benutzt.

$s = \sin\alpha \qquad c = \sin\alpha$

$$\begin{bmatrix} x \\ z \end{bmatrix} = \begin{bmatrix} c & s \\ s & -c \end{bmatrix} \cdot \begin{bmatrix} X \\ Z \end{bmatrix}$$

Die kinematische Verträglichkeit $A_{n,m}$ lautet:

$$\begin{bmatrix} u_a \\ w_a \\ \varphi_a \\ u_e \\ w_e \\ \varphi_e \end{bmatrix} = \begin{bmatrix} c & s & 0 & 0 & 0 & 0 \\ s & -c & 0 & 0 & 0 & 0 \\ 0 & 0 & 1 & 0 & 0 & 0 \\ 0 & 0 & 0 & c & s & 0 \\ 0 & 0 & 0 & s & -c & 0 \\ 0 & 0 & 0 & 0 & 0 & 1 \end{bmatrix} \cdot \begin{bmatrix} U_a \\ W_a \\ \Phi_a \\ U_e \\ W_e \\ \Phi_e \end{bmatrix} \tag{6.5}$$

$$\boldsymbol{v}_n = \boldsymbol{A}_{n,m} \cdot \boldsymbol{v}_m \tag{6.6}$$

n Ordnung der lokalen Steifigkeitsmatrix $n = 6$
m Ordnung der globalen Steifigkeitsmatrix $m = 6$
$\boldsymbol{v}_n$ Vektor der lokalen Knotenweggrößen
$\boldsymbol{A}_{n,m}$ kinematische Verträglichkeit
$\boldsymbol{v}_m$ Vektor der globalen Knotenweggrößen

Die Zerlegung der lokalen Randschnittgrößen in die globalen Randschnittgrößen soll in Anlehnung an die kinematische Verträglichkeit als statische Verträglichkeit bezeichnet werden. Die statische Verträglichkeit kann auch in Matrizenschreibweise formuliert werden.

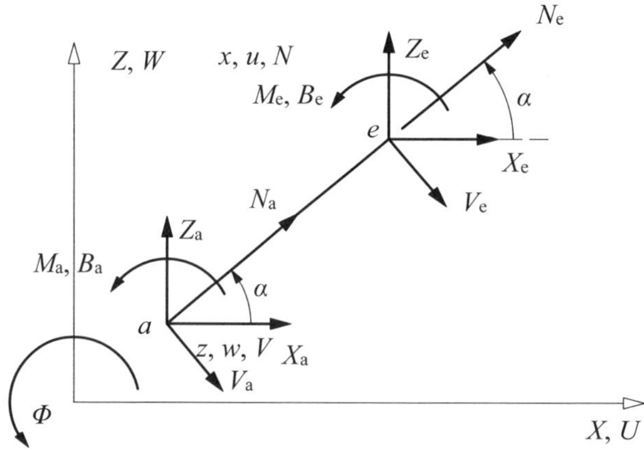

Abb. 6.3 Globale Randschnittgrößen

$$\begin{bmatrix} X_a \\ Z_a \\ B_a \\ X_e \\ Z_e \\ B_e \end{bmatrix} = \begin{bmatrix} c & s & 0 & 0 & 0 & 0 \\ s & -c & 0 & 0 & 0 & 0 \\ 0 & 0 & 1 & 0 & 0 & 0 \\ 0 & 0 & 0 & c & s & 0 \\ 0 & 0 & 0 & s & -c & 0 \\ 0 & 0 & 0 & 0 & 0 & 1 \end{bmatrix} \cdot \begin{bmatrix} N_a \\ V_a \\ M_a \\ N_e \\ V_e \\ M_e \end{bmatrix} \tag{6.7}$$

$$\boldsymbol{s}_m = \boldsymbol{A}^T_{m,n} \cdot \boldsymbol{s}_n \tag{6.8}$$

Für den Vektor der Starrreinspanngrößen $\boldsymbol{s}_{n,0}$ gilt entsprechend:

$$\boldsymbol{s}_{m,0} = A^T_{m,n} \cdot \boldsymbol{s}_{n,0} \tag{6.9}$$

n Ordnung der lokalen Steifigkeitsmatrix $n = 6$

m Ordnung der globalen Steifigkeitsmatrix $m = 6$

$\boldsymbol{s}_m$ Vektor der globalen Randschnittgrößen

$\boldsymbol{s}_{m,0}$ Vektor der globalen Starreinspanngrößengrößen

$\boldsymbol{A}^T_{m,n}$ statische Verträglichkeit

$\boldsymbol{s}_n$ Vektor der lokalen Randschnittgrößen

$\boldsymbol{s}_{n,0}$ Vektor der lokalen Starreinspanngrößengrößen

Man erkennt, dass die Matrix der statischen Verträglichkeit die Transponierte der Matrix der kinematischen Verträglichkeit ist.
Die globale Elementsteifigkeitsmatrix ist die Beziehung zwischen den globalen Randschnittgrößen und den globalen Knotenweggrößen. Die globale Elementsteifigkeitsmatrix erhält man durch die folgende Matrizenmultiplikation.

$$\boldsymbol{s}_m = \boldsymbol{K}_{m,m} \cdot \boldsymbol{v}_m \tag{6.10}$$

$$\boldsymbol{s}_m = \boldsymbol{A}^T_{m,n} \cdot \boldsymbol{s}_n = \boldsymbol{A}^T_{m,n} \cdot \boldsymbol{K}_{n,n} \cdot \boldsymbol{v}_n = \boldsymbol{A}^T_{m,n} \cdot \boldsymbol{K}_{n,n} \cdot \boldsymbol{A}_{n,m} \cdot \boldsymbol{v}_m$$

$$\boldsymbol{K}_{m,m} = \boldsymbol{A}^T_{m,n} \cdot \boldsymbol{K}_{n,n} \cdot \boldsymbol{A}_{n,m} \tag{6.11}$$

m Ordnung der lokalen Steifigkeitsmatrix $m = 6$

$\boldsymbol{s}_m$ Vektor der globalen Randschnittgrößen

$\boldsymbol{K}_{m,m}$ globale Elementsteifigkeitsmatrix

$\boldsymbol{v}_m$ Vektor der globalen Knotenweggrößen

<u>Stab</u> $B_{a,e}$ (6.12)

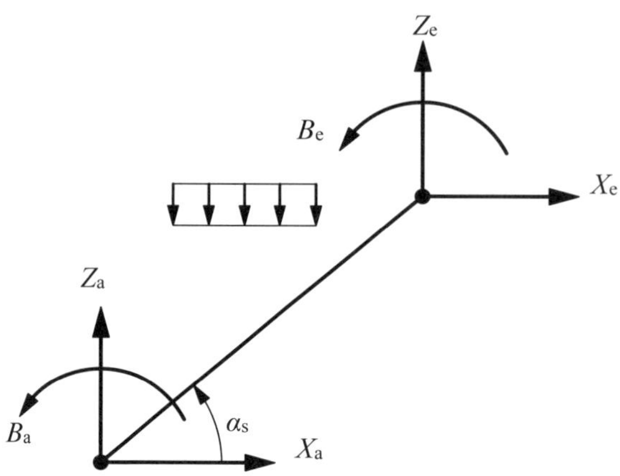

$$
\begin{bmatrix} X_a \\ Z_a \\ B_a \\ X_e \\ Z_e \\ B_e \end{bmatrix} =
\begin{bmatrix}
\frac{EA}{l}c^2+12\frac{EI}{l^3}s^2 & \frac{EA}{l}sc-12\frac{EI}{l^3}sc & -6\frac{EI}{l^2}s & -\frac{EA}{l}c^2-12\frac{EI}{l^3}s^2 & -\frac{EA}{l}sc+12\frac{EI}{l^3}sc & -6\frac{EI}{l^2}s \\
\frac{EA}{l}sc-12\frac{EI}{l^3}sc & \frac{EA}{l}s^2+12\frac{EI}{l^3}c^2 & 6\frac{EI}{l^2}c & -\frac{EA}{l}sc+12\frac{EI}{l^3}sc & -\frac{EA}{l}s^2-12\frac{EI}{l^3}c^2 & 6\frac{EI}{l^2}c \\
-6\frac{EI}{l^2}s & 6\frac{EI}{l^2}c & 4\frac{EI}{l} & 6\frac{EI}{l^2}s & -6\frac{EI}{l^2}c & 2\frac{EI}{l} \\
-\frac{EA}{l}c^2-12\frac{EI}{l^3}s^2 & -\frac{EA}{l}sc+12\frac{EI}{l^3}sc & 6\frac{EI}{l^2}s & \frac{EA}{l}c^2+12\frac{EI}{l^3}s^2 & \frac{EA}{l}sc-12\frac{EI}{l^3}sc & 6\frac{EI}{l^2}s \\
-\frac{EA}{l}sc+12\frac{EI}{l^3}sc & -\frac{EA}{l}s^2-12\frac{EI}{l^3}c^2 & -6\frac{EI}{l^2}c & \frac{EA}{l}sc-12\frac{EI}{l^3}sc & \frac{EA}{l}s^2+12\frac{EI}{l^3}c^2 & -6\frac{EI}{l^2}c \\
6\frac{EI}{l^2}s & 6\frac{EI}{l^2}c & 2\frac{EI}{l} & 6\frac{EI}{l^2}s & -6\frac{EI}{l^2}c & 4\frac{EI}{l}
\end{bmatrix}
\cdot
\begin{bmatrix} U_a \\ W_a \\ \Phi_a \\ U_e \\ W_e \\ \Phi_e \end{bmatrix}
+
\begin{bmatrix} N_{a,0}\,c+V_{a,0}\,s \\ N_{a,0}\,s-V_{a,0}\,c \\ M_{a,0} \\ N_{e,0}\,c+V_{e,0}\,s \\ N_{e,0}\,s-V_{e,0}\,c \\ M_{e,0} \end{bmatrix}
$$

<u>Stab</u> B_a (6.13)

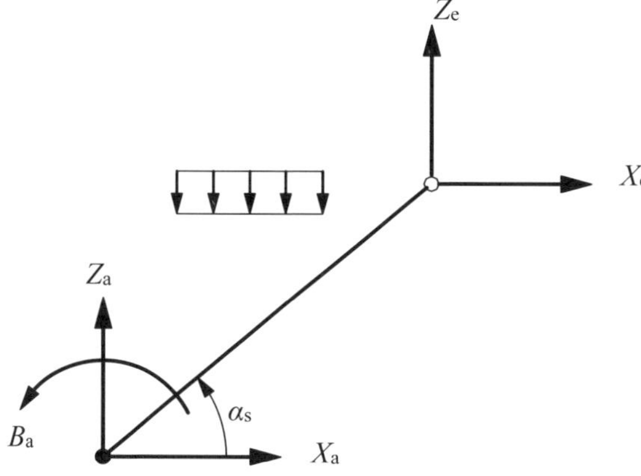

$$\begin{bmatrix} X_a \\ Z_a \\ B_a \\ X_e \\ Z_e \\ B_e \end{bmatrix} = \begin{bmatrix} \frac{EA}{l}c^2+3\frac{EI}{l^3}s^2 & \frac{EA}{l}sc-3\frac{EI}{l^3}sc & -3\frac{EI}{l^2}s & -\frac{EA}{l}c^2-3\frac{EI}{l^3}s^2 & -\frac{EA}{l}sc+3\frac{EI}{l^3}sc & 0 \\ \frac{EA}{l}sc-3\frac{EI}{l^3}sc & \frac{EA}{l}s^2+3\frac{EI}{l^3}c^2 & 3\frac{EI}{l^2}c & -\frac{EA}{l}sc+3\frac{EI}{l^3}sc & -\frac{EA}{l}s^2-3\frac{EI}{l^3}c^2 & 0 \\ -3\frac{EI}{l^2}s & 3\frac{EI}{l^2}c & 3\frac{EI}{l} & 3\frac{EI}{l^2}s & -3\frac{EI}{l^2}c & 0 \\ -\frac{EA}{l}c^2-3\frac{EI}{l^3}s^2 & -\frac{EA}{l}sc+3\frac{EI}{l^3}sc & 3\frac{EI}{l^2}s & \frac{EA}{l}c^2+3\frac{EI}{l^3}s^2 & \frac{EA}{l}sc-3\frac{EI}{l^3}sc & 0 \\ -\frac{EA}{l}sc+3\frac{EI}{l^3}sc & -\frac{EA}{l}s^2-3\frac{EI}{l^3}c^2 & -3\frac{EI}{l^2}c & \frac{EA}{l}sc-3\frac{EI}{l^3}sc & \frac{EA}{l}s^2+3\frac{EI}{l^3}c^2 & 0 \\ 0 & 0 & 0 & 0 & 0 & 0 \end{bmatrix} \cdot \begin{bmatrix} U_a \\ W_a \\ \Phi_a \\ U_e \\ W_e \\ \Phi_e \end{bmatrix} + \begin{bmatrix} N_{a,0}\,c+V_{a,0}\,s \\ N_{a,0}\,s-V_{a,0}\,c \\ M_{a,0} \\ N_{e,0}\,c+V_{e,0}\,s \\ N_{e,0}\,s-V_{e,0}\,c \\ 0 \end{bmatrix} \tag{6.14}$$

Stab B_e

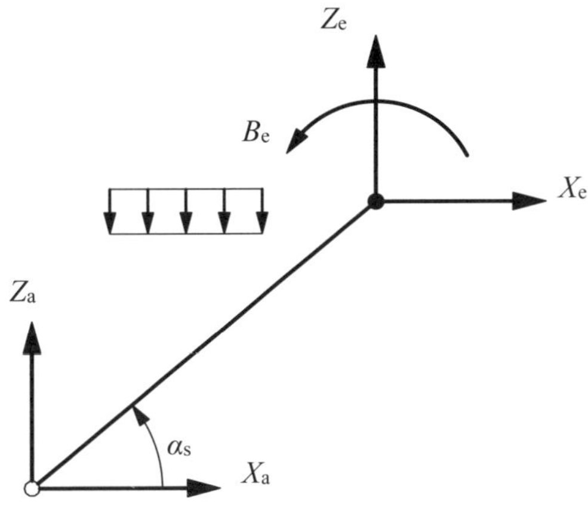

$$\begin{bmatrix} X_a \\ Z_a \\ B_a \\ X_e \\ Z_e \\ B_e \end{bmatrix} = \begin{bmatrix} \frac{EA}{l}c^2+3\frac{EI}{l^3}s^2 & \frac{EA}{l}sc-3\frac{EI}{l^3}sc & 0 & -\frac{EA}{l}c^2-3\frac{EI}{l^3}s^2 & -\frac{EA}{l}sc+3\frac{EI}{l^3}sc & -3\frac{EI}{l^2}s \\ \frac{EA}{l}sc-3\frac{EI}{l^3}sc & \frac{EA}{l}s^2+3\frac{EI}{l^3}c^2 & 0 & -\frac{EA}{l}sc+3\frac{EI}{l^3}sc & -\frac{EA}{l}s^2-3\frac{EI}{l^3}c^2 & 3\frac{EI}{l^2}c \\ 0 & 0 & 0 & 0 & 0 & 0 \\ -\frac{EA}{l}c^2-3\frac{EI}{l^3}s^2 & -\frac{EA}{l}sc+3\frac{EI}{l^3}sc & 0 & \frac{EA}{l}c^2+3\frac{EI}{l^3}s^2 & \frac{EA}{l}sc-3\frac{EI}{l^3}sc & 3\frac{EI}{l^2}s \\ -\frac{EA}{l}sc+3\frac{EI}{l^3}sc & -\frac{EA}{l}s^2-3\frac{EI}{l^3}c^2 & 0 & \frac{EA}{l}sc-3\frac{EI}{l^3}sc & \frac{EA}{l}s^2+3\frac{EI}{l^3}c^2 & -3\frac{EI}{l^2}c \\ -3\frac{EI}{l^2}s & 3\frac{EI}{l^2}c & 0 & 3\frac{EI}{l^2}s & -3\frac{EI}{l^2}c & 3\frac{EI}{l} \end{bmatrix} \cdot \begin{bmatrix} U_a \\ W_a \\ \Phi_a \\ U_e \\ W_e \\ \Phi_e \end{bmatrix} + \begin{bmatrix} N_{a,0}\,c+V_{a,0}\,s \\ N_{a,0}\,s-V_{a,0}\,c \\ 0 \\ N_{e,0}\,c+V_{e,0}\,s \\ N_{e,0}\,s-V_{e,0}\,c \\ M_{e,0} \end{bmatrix}$$

Alle Elementsteifigkeitsmatrizen, die bisher behandelt wurden, sind Sonderfälle dieser Elementsteifigkeitsmatrizen für das allgemeine Weggrößenverfahren. Die Berechnung der Zustandsflächen erfolgt mit der Übertragungsmatrix.

$$\begin{bmatrix} N(x) \\ \hline V(x) \\ \hline M(x) \\ \hline EA \cdot u(x) \\ \hline EI \cdot w(x) \\ \hline EI \cdot \varphi(x) \end{bmatrix} = \left[\begin{array}{c|c|c|c|c|c} -1 & 0 & 0 & 0 & 0 & 0 \\ \hline 0 & -1 & 0 & 0 & 0 & 0 \\ \hline 0 & -x & -1 & 0 & 0 & 0 \\ \hline -x & 0 & 0 & 1 & 0 & 0 \\ \hline 0 & x^3/6 & x^2/2 & 0 & 1 & -x \\ \hline 0 & -x^2/2 & -x & 0 & 0 & 1 \end{array}\right] \cdot \begin{bmatrix} N_a \\ \hline V_a \\ \hline M_a \\ \hline EA \cdot u_a \\ \hline EI \cdot w_a \\ \hline EI \cdot \varphi_a \end{bmatrix} + \begin{bmatrix} -q_x \cdot x \\ \hline -q_z \cdot x \\ \hline -q_z \cdot x^2/2 \\ \hline -q_x \cdot x^2/2 \\ \hline +q_z \cdot x^4/24 \\ \hline -q_z \cdot x^3/6 \end{bmatrix} \tag{6.15}$$

6.3 Beispiel ebener Rahmen

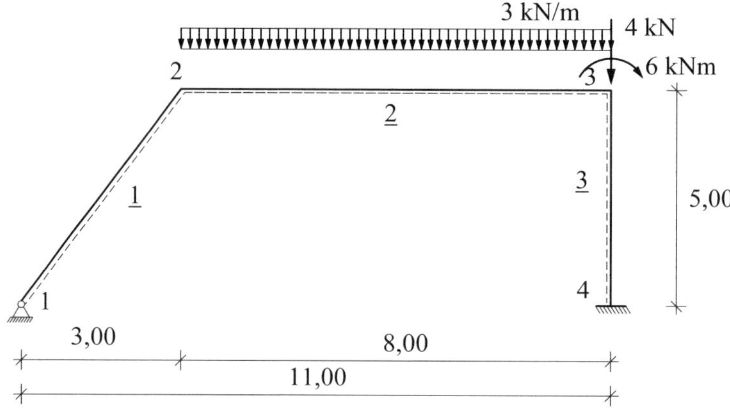

Abb. 6.4 System und Belastung

Zunächst wird die Geometrie des Tragwerkes beschrieben. Die Knoten und die Stäbe werden fortlaufend nummeriert. Als Indices für die Zuordnung der Knoten zu einem Stabelement gilt folgende Regelung:
Der Knoten a ist stets der Anfangsknoten und der Knoten e der Endknoten des Stabelementes s. Damit wird die positive Stabrichtung, das ist das lokale Koordinatensystem, festgelegt.
k – Index für den Knoten
s – Index für das Stabelement
a – Index für den Anfangsknoten des Stabelementes
e – Index für den Endknoten des Stabelementes

1. Eingabe der Koordinaten
Für die Beschreibung des Systems in einem Stabwerksprogramm ist es notwendig, ein Koordinatensystem einzuführen. Dieses Koordinatensystem wird als globales Koordinatensystem bezeichnet. Es werden hier die Großbuchstaben X und Z gewählt, da die Kleinbuchstaben x und z für das lokale Koordinatensystem, festgelegt sind. Der Ursprung des Koordinatensystems kann beliebig

gewählt werden. Man wählt meist einen Knotenpunkt des Systems aus, der eine einfache Eingabe der Koordinaten ermöglicht. Hier wird der Knoten 1 gewählt.

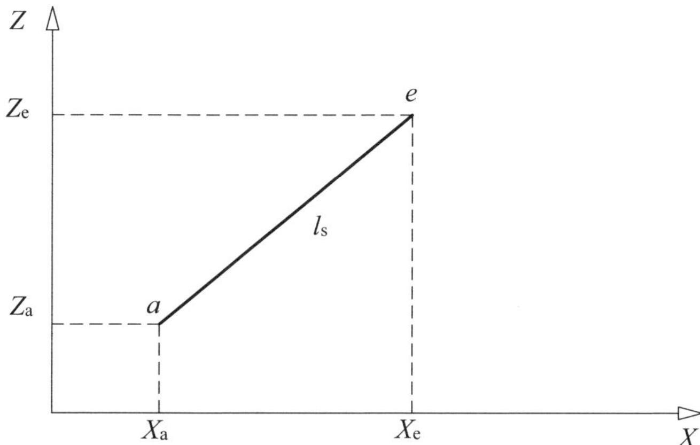

Abb. 6.5 Globales Koordinatensystem

Anzahl der Knoten: 4

Eingabe der Koordinaten

Knoten	X in m	Z in m
1	0	0
2	3,00	5,00
3	11,00	5,00
4	11,00	0

Mit den Koordinaten kann die Stablänge l_s berechnet werden.

Stablänge l_s

$$l_s = \sqrt{(X_e - X_a)^2 + (Z_e - Z_a)^2} \tag{6.16}$$

$$l_1 = \sqrt{(X_2 - X_1)^2 + (Z_2 - Z_1)^2} = \sqrt{(3,00 - 0)^2 + (5,00 - 0)^2} = 5,83 \text{ m}$$

$$l_2 = \sqrt{(X_3 - X_2)^2 + (Z_3 - Z_2)^2} = \sqrt{(11,00 - 3,00)^2 + (5,00 - 5,00)^2} = 8,00 \text{ m}$$

$$l_3 = \sqrt{(X_4 - X_3)^2 + (Z_4 - Z_3)^2} = \sqrt{(11,00 - 11,00)^2 + (0 - 5,00)^2} = 5,00 \text{ m}$$

Die Neigung des Stabelementes wird durch den Winkel α_s festgelegt.
Winkel α_s

$$\sin \alpha_s = \frac{Z_e - Z_a}{l_s} \tag{6.17}$$

$$\cos\alpha_s = \frac{X_e - X_a}{l_s} \tag{6.18}$$

Für die folgende einfachere Darstellung wird die Abkürzung gewählt:

$$\begin{aligned} s_s &= \sin\alpha_s \\ c_s &= \cos\alpha_s \end{aligned} \tag{6.19}$$

Für das Beispiel erhält man:

$$s_1 = \frac{Z_2 - Z_1}{l_1} = \frac{5{,}00 - 0}{5{,}83} = 0{,}8576 \qquad c_1 = \frac{X_2 - X_1}{l_1} = \frac{3{,}00 - 0}{5{,}83} = 0{,}5146$$

$$s_2 = \frac{Z_3 - Z_2}{l_2} = \frac{5{,}00 - 5{,}00}{8{,}00} = 0 \qquad c_2 = \frac{X_3 - X_2}{l_2} = \frac{11{,}00 - 3{,}00}{8{,}00} = 1$$

$$s_3 = \frac{Z_4 - Z_3}{l_3} = \frac{0 - 5{,}00}{5{,}00} = -1 \qquad c_3 = \frac{X_4 - X_3}{l_1} = \frac{11{,}00 - 11{,}00}{5{,}00} = 0$$

2. Eingabe des Werkstoffs

Hier ist zu beschreiben, welche Werkstoffe in dem System benutzt werden. Die einzelnen Stabelemente können in einem Tragwerk aus unterschiedlichen Werkstoffen bestehen. Für die Berechnung des Systems ist der Elastizitätsmodul *E* erforderlich. Die Werkstoffe sind zu nummerieren. Dieses System hat nur einen Werkstoff. Der Werkstoff sei Baustahl S 235. In dieser Tabelle können noch weitere Materialdaten, wie Schubmodul und Wärmedehnzahl eingegeben werden.

Eingabe des Werkstoffes

Werkstoff	Elastizitätsmodul E in kN/cm^2
1	21 000

3. Eingabe des Querschnittes

Da es sich hier um ein System handelt, das aus allgemeinen Stabelementen besteht, ist die Querschnittsfläche *A* und das Trägheitsmoment *I* erforderlich. Die Querschnitte sind zu nummerieren. In dieser Tabelle können noch weitere Querschnittswerte eingegeben werden, z. B. die Schubfläche A_V, wenn die Schubverformungen berücksichtigt werden sollen.

Anzahl der Querschnitte: 2

1: IPE 360 2: IPE 300

Eingabe des Querschnittes

Querschnitt	Werkstoff	Trägheitsmoment I in cm^4	Fläche A in cm^2
1	1	16270	72,7
2	1	8360	53,8

4. Eingabe von Gelenken

Um die Reduktion der Elementsteifigkeitsmatrix durchführen zu können, müssen für jeden Stab die Randbedingungen bekannt sein. Am häufigsten ist ein Momentengelenk, seltener das Querkraft- und das Normalkraftgelenk. Bei einem Momentengelenk ist zu unterscheiden, ob es ein reines Gelenk mit $M = 0$ oder ein nachgiebiges Gelenk (Holzbau, Stahlbau) mir einer Drehfeder k_φ ist. Im Stahlbau ist auch die Berechnung nach der Fließgelenktheorie möglich, wo ein maximal aufnehmbares Biegemoment grenz M berechnet wird. In der Tabelle wird hier exemplarisch nur das Momentengelenk berücksichtigt.

Eingabe der Gelenke

Gelenk	M kNm	k_φ kNm/rad	grenz M kNm
1			
2			

5. Eingabe der Stabelemente

Nun ist anzugeben, welche Knotenpunkte durch Stabelemente miteinander verbunden sind. In dieser Datei sind zusätzlich Informationen zu speichern, welche Querschnittswerte den Stabelementen zuzuordnen sind. Weiterhin ist anzugeben, ob es sich um einen Fachwerkstab oder ein Balkenelement handelt. Diese Tabelle gilt für einen konstanten Querschnitt des Stabelementes. Für veränderliche Querschnitte sind zusätzliche Informationen anzugeben. In einem Stabwerksprogramm ist noch die Unterteilung des Stabes anzugeben, um die Zustandsgrößen mit der Übertragungsmatrix über die Stablänge zu ermitteln.

Eingabe der Elementdaten

Stabelement	Element	Knoten *a*	Knoten *e*	Querschnitt
1	Balken	1	2	2
2	Balken	2	3	1
3	Balken	3	4	2

Fortsetzung

Stabelement	Gelenk Stabanfang	Gelenk Stabende	Intervalle Anzahl
1			
2			
3			

6. Eingabe der Lagerungsbedingungen

Das System muss so gelagert werden, dass es nicht kinematisch ist. Bei ebenen Rahmen gibt es feste, lose und eingespannte Auflager. Bei einem festen Auflager sind die Verschiebungen in allen Richtungen verhindert, bei einem losen Auflager nur in einer Richtung. Bei einem eingespannten Lager sind die Verschiebungen und die Verdrehungen verhindert. Liegt eine Auflagerdrehung eines losen Lagers vor, ist dies entsprechend zu berücksichtigen.

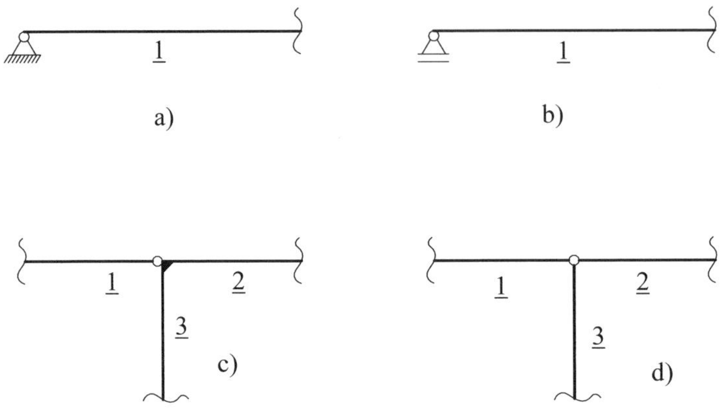

Abb. 6.6 Eingabe der Gelenkverbindungen

In Abb. 6.6 sind verschiedene Gelenkverbindungen dargestellt. Im Fall a) ist ein festes Auflager dargestellt. In der Systemsteifigkeitsmatrix werden die Verschiebungen null gesetzt und die Auflagerverdrehung berechnet. Dadurch bleibt die Systematik der Zuordnung erhalten. Dies gilt auch für das lose Auflager im Fall b). Es wird die zugehörige Verschiebung null gesetzt. Anders verhält es sich, wenn das Gelenk an einem freien Knoten auftritt. Im Fall c) ist für den Stab 1 die reduzierte Elementsteifigkeitsmatrix zu berücksichtigen. Die berechnete Knotenverdrehung gilt dann für Stab 2 und Stab 3. Die Knotenverdrehung des Stabes 1 ist wie in Beispiel 4.9 zu berechnen. Im Fall d) sind für zwei Stäbe die Elementsteifigkeitsmatrizen zu reduzieren. Die berechnete Knotenverdrehung gilt dann für den dritten Stab. Die Knotenverdrehungen der beiden anderen Stäbe sind wie in Beispiel 4.9 zu berechnen.

In diesem Beispiel ist der Knoten 1 ein festes Auflager und der Knoten 4 ein eingespanntes Lager. Dies bedeutet für die Verschiebungen in Richtung der globalen Achsen, die als globale Knotenweggrößen bezeichnet werden:

$U_1 = 0{,}00$ cm $\quad W_1 = 0{,}00$ cm

$U_4 = 0{,}00$ cm $\quad W_4 = 0{,}00$ cm $\quad \Phi_4 = 0$

Eingabe der Lagerungsbedingungen

Auflagerknoten	X-Richtung	Z-Richtung	Φ-Richtung
1	fest	fest	
4	fest	fest	fest

Liegt eine Auflagerfeder vor, dann sind noch folgende Informationen erforderlich.

Eingabe der Lagerungsbedingungen

Auflagerknoten	k_X kN/m	k_Z kN/m	k_Φ kNm/rad
1			
4			

7. Eingabe der Knotenlasten

Um das System zu berechnen, muss noch die Belastung eingegeben werden. Zunächst muss bekannt sein, welche Lasten zu einem Lastfall gehören. In den entsprechenden Normen sind Lastfallkombinationen zu berücksichtigen. Darauf soll hier nicht eingegangen werden.

Bei ebenen Rahmen können an den Knoten Knotenkräfte $F_{X,k}$ und $F_{Z,k}$ und Knotenmomente M_Φ angegeben werden. Es ist die Knotennummer, die Richtung und der Betrag der Kraft bzw. des Momentes anzugeben. Für die Richtung gilt hier das globale Koordinatensystem. Für das Beispiel gilt:

Eingabe der Knotenlasten

Knoten	F_X in kN	F_Z in kN	M_Φ in kNm
3	0	−4	−6

8. Eingabe der Stablasten

Bei den Stablasten ist zwischen der Art der Belastung, z. B. Gleichstreckenlast und Einzellasten, dem Lastangriffspunkt und der Richtung der Belastung zu unterscheiden. Für die Richtung der Belastung kann das lokale und/oder globale Koordinatensystem gewählt werden.

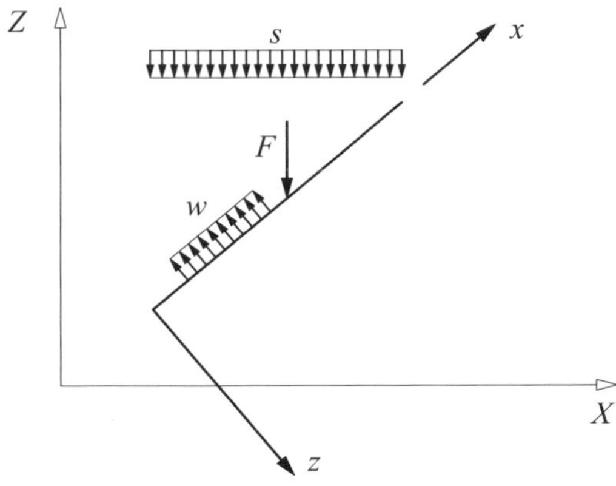

Abb. 6.7 Stablasten

In der folgenden Tabelle ist beispielhaft die Eingabe einer Gleichstreckenlast über den ganzen Stab angegeben. Hier gilt:

Eingabe der Stablasten

Stabelement	Richtung	q in kN/m
2	global Z	3

Mit einem Stabwerksprogramm kann nun die Berechnung gestartet werden. Im Allgemeinen werden dann folgende Größen berechnet:

1. die globalen Knotenweggrößen,
2. die Auflagerkräfte,
3. die Zustandsflächen der Stabelemente.

Im Folgenden soll gezeigt werden, wie diese Berechnung nach dem Weggrößenverfahren erfolgt und die Eingabedaten genutzt werden. Es wird die Knotenweggröße Φ_1 am Auflagerknoten 1 mit berücksichtigt und die Elementsteifigkeitsmatrix des Stabes 1 nicht reduziert, um eine systematische Aufstellung der Systemsteifigkeitsmatrix zu ermöglichen.

9. Aufstellung der Elementsteifigkeitsmatrizen

Stab 1 Stab M_{ae}

Lokale Elementsteifigkeitsmatrix $\boldsymbol{s}_n = \boldsymbol{K}_{n,n} \cdot \boldsymbol{v}_n + \boldsymbol{s}_{n0}$

$$\begin{bmatrix} N_1 \\ V_1 \\ M_1 \\ N_2 \\ V_2 \\ M_2 \end{bmatrix} = \begin{bmatrix} 193791 & 0 & 0 & -193791 & 0 & 0 \\ 0 & 1063,2 & -3099,1 & 0 & -1063,2 & -3099,1 \\ 0 & -3099,1 & 12045,3 & 0 & 3099,1 & 6022,6 \\ -193791 & 0 & 0 & 193791 & 0 & 0 \\ 0 & -1063,2 & 3099,1 & 0 & 1063,2 & 3099,1 \\ 0 & -3099,1 & 6022,6 & 0 & 3099,1 & 12045,3 \end{bmatrix} \cdot \begin{bmatrix} u_1 \\ w_1 \\ \varphi_1 \\ u_2 \\ w_2 \\ \varphi_2 \end{bmatrix}$$

Transformationsmatix $A_{n,m}$

$$\begin{bmatrix} u_1 \\ w_1 \\ \varphi_1 \\ u_2 \\ w_2 \\ \varphi_2 \end{bmatrix} = \begin{bmatrix} 0,5146 & 0,8576 & 0 & 0 & 0 & 0 \\ 0,8576 & -0,5146 & 0 & 0 & 0 & 0 \\ 0 & 0 & 1 & 0 & 0 & 0 \\ 0 & 0 & 0 & 0,5146 & 0,8576 & 0 \\ 0 & 0 & 0 & 0,8576 & -0,5146 & 0 \\ 0 & 0 & 0 & 0 & 0 & 1 \end{bmatrix} \cdot \begin{bmatrix} U_1 \\ W_1 \\ \Phi_1 \\ U_2 \\ W_2 \\ \Phi_2 \end{bmatrix}$$

Globale Elementsteifigkeitsmatrix $\boldsymbol{K}_{\mathrm{m,m}} = \boldsymbol{A}^{\mathrm{T}}_{\mathrm{m,n}} \cdot \boldsymbol{K}_{\mathrm{n,n}} \cdot \boldsymbol{A}_{\mathrm{n,m}} \qquad \boldsymbol{s}_{\mathrm{m,0}} = \boldsymbol{A}^{\mathrm{T}}_{\mathrm{m,n}} \cdot \boldsymbol{s}_{\mathrm{n,0}}$

$$\begin{bmatrix} X_1 \\ Z_1 \\ B_1 \\ X_2 \\ Z_2 \\ B_2 \end{bmatrix} = \begin{bmatrix} 51909{,}5 & 84736{,}8 & -2657{,}8 & -51909{,}5 & -84736{,}8 & -2657{,}8 \\ 84736{,}8 & 142280{,}5 & 1594{,}8 & -84736{,}8 & -142280{,}5 & 1594{,}8 \\ -2657{,}8 & 1594{,}8 & 12045{,}3 & 2657{,}8 & -1594{,}8 & 6022{,}6 \\ -51909{,}5 & -84736{,}8 & 2657{,}8 & 51909{,}5 & 84736{,}8 & 2657{,}8 \\ -84736{,}8 & -142280{,}5 & -1594{,}8 & 84736{,}8 & 142280{,}5 & 142280{,}5 \\ -2657{,}8 & 1594{,}8 & 6022{,}6 & 2657{,}8 & 142280{,}5 & 12045{,}3 \end{bmatrix} \cdot \begin{bmatrix} U_1 \\ W_1 \\ \Phi_1 \\ U_2 \\ W_2 \\ \Phi_2 \end{bmatrix}$$

Stab <u>2</u> Stab M_{ae}

Lokale Elementsteifigkeitsmatrix $\boldsymbol{s}_{\mathrm{n}} = \boldsymbol{K}_{\mathrm{n,n}} \cdot \boldsymbol{v}_{\mathrm{n}} + \boldsymbol{s}_{\mathrm{n0}}$

$$\begin{bmatrix} N_2 \\ V_2 \\ M_2 \\ N_3 \\ V_3 \\ M_3 \end{bmatrix} = \begin{bmatrix} 190837{,}5 & 0 & 0 & -190837{,}5 & 0 & 0 \\ 0 & 800{,}8 & -3203{,}2 & 0 & -800{,}8 & -3203{,}2 \\ 0 & -3203{,}2 & 17083{,}5 & 0 & 3203{,}2 & 8541{,}8 \\ -190837{,}5 & 0 & 0 & 190837{,}5 & 0 & 0 \\ 0 & -800{,}8 & 3203{,}2 & 0 & 800{,}8 & 3203{,}2 \\ 0 & -3203{,}2 & 8541{,}8 & 0 & 3203{,}2 & 17083{,}5 \end{bmatrix} \cdot \begin{bmatrix} u_2 \\ w_2 \\ \varphi_2 \\ u_3 \\ w_3 \\ \varphi_3 \end{bmatrix} + \begin{bmatrix} 0 \\ -12 \\ +16 \\ 0 \\ -12 \\ -16 \end{bmatrix}$$

Transformationsmatix $\boldsymbol{A}_{\mathrm{n,m}}$

$$\begin{bmatrix} u_2 \\ w_2 \\ \varphi_2 \\ u_3 \\ w_3 \\ \varphi_3 \end{bmatrix} = \begin{bmatrix} 1 & 0 & 0 & 0 & 0 & 0 \\ 0 & -1 & 0 & 0 & 0 & 0 \\ 0 & 0 & 1 & 0 & 0 & 0 \\ 0 & 0 & 0 & 1 & 0 & 0 \\ 0 & 0 & 0 & 0 & -1 & 0 \\ 0 & 0 & 0 & 0 & 0 & 1 \end{bmatrix} \cdot \begin{bmatrix} U_2 \\ W_2 \\ \Phi_2 \\ U_3 \\ W_3 \\ \Phi_3 \end{bmatrix}$$

Globale Elementsteifigkeitsmatrix $\boldsymbol{K}_{\mathrm{m,m}} = \boldsymbol{A}^{\mathrm{T}}_{\mathrm{m,n}} \cdot \boldsymbol{K}_{\mathrm{n,n}} \cdot \boldsymbol{A}_{\mathrm{n,m}} \qquad \boldsymbol{s}_{\mathrm{m,0}} = \boldsymbol{A}^{\mathrm{T}}_{\mathrm{m,n}} \cdot \boldsymbol{s}_{\mathrm{n,0}}$

$$\begin{bmatrix} X_2 \\ Z_2 \\ B_2 \\ X_3 \\ Z_3 \\ B_3 \end{bmatrix} = \begin{bmatrix} 190837{,}5 & 0 & 0 & -190837{,}5 & 0 & 0 \\ 0 & 800{,}8 & 3203{,}2 & 0 & -800{,}8 & 3203{,}2 \\ 0 & 3203{,}2 & 17083{,}5 & 0 & -3203{,}2 & 8541{,}8 \\ -190837{,}5 & 0 & 0 & 190837{,}5 & 0 & 0 \\ 0 & -800{,}8 & -3203{,}2 & 0 & 800{,}8 & -3203{,}2 \\ 0 & 3203{,}2 & 8541{,}8 & 0 & -3203{,}2 & 17083{,}5 \end{bmatrix} \cdot \begin{bmatrix} U_2 \\ W_2 \\ \Phi_2 \\ U_3 \\ W_3 \\ \Phi_3 \end{bmatrix} + \begin{bmatrix} 0 \\ +12 \\ +16 \\ 0 \\ +12 \\ -16 \end{bmatrix}$$

Stab <u>3</u> Stab M_{ae}

Lokale Elementsteifigkeitsmatrix $\boldsymbol{s}_{\mathrm{n}} = \boldsymbol{K}_{\mathrm{n,n}} \cdot \boldsymbol{v}_{\mathrm{n}} + \boldsymbol{s}_{\mathrm{n0}}$

$$\begin{bmatrix} N_3 \\ V_3 \\ M_3 \\ N_4 \\ V_4 \\ M_4 \end{bmatrix} = \begin{bmatrix} 225120 & 0 & 0 & 225120 & 0 & 0 \\ 0 & 1685{,}4 & -4213{,}4 & 0 & -1685{,}4 & -4213{,}4 \\ 0 & -4213{,}4 & 14044{,}8 & 0 & 4213{,}4 & 7022{,}4 \\ 225120 & 0 & 0 & 225120 & 0 & 0 \\ 0 & -1685{,}4 & 4213{,}4 & 0 & 1685{,}4 & 4213{,}4 \\ 0 & -4213{,}4 & 7022{,}4 & 0 & 4213{,}4 & 14044{,}8 \end{bmatrix} \cdot \begin{bmatrix} u_3 \\ w_3 \\ \varphi_3 \\ u_4 \\ w_4 \\ \varphi_4 \end{bmatrix}$$

Transformationsmatrix $\boldsymbol{A}_{\mathrm{n,m}}$

$$\begin{bmatrix} u_3 \\ w_3 \\ \varphi_3 \\ u_4 \\ w_4 \\ \varphi_4 \end{bmatrix} = \begin{bmatrix} 0 & -1 & 0 & 0 & 0 & 0 \\ -1 & 0 & 0 & 0 & 0 & 0 \\ 0 & 0 & 1 & 0 & 0 & 0 \\ 0 & 0 & 0 & 0 & -1 & 0 \\ 0 & 0 & 0 & -1 & 0 & 0 \\ 0 & 0 & 0 & 0 & 0 & 1 \end{bmatrix} \cdot \begin{bmatrix} U_3 \\ W_3 \\ \Phi_3 \\ U_4 \\ W_4 \\ \Phi_4 \end{bmatrix}$$

Globale Elementsteifigkeitsmatrix $\boldsymbol{K}_{\mathrm{m,m}} = \boldsymbol{A}^{\mathrm{T}}_{\mathrm{m,n}} \cdot \boldsymbol{K}_{\mathrm{n,n}} \cdot \boldsymbol{A}_{\mathrm{n,m}}$ $\quad \boldsymbol{s}_{\mathrm{m,0}} = \boldsymbol{A}^{\mathrm{T}}_{\mathrm{m,n}} \cdot \boldsymbol{s}_{\mathrm{n,0}}$

$$\begin{bmatrix} X_3 \\ Z_3 \\ B_3 \\ X_4 \\ Z_4 \\ B_4 \end{bmatrix} = \begin{bmatrix} 1685{,}4 & 0 & 4213{,}4 & -1685{,}4 & 0 & 4213{,}4 \\ 0 & 225120 & 0 & 0 & -225120 & 0 \\ 4213{,}4 & 0 & 14044{,}8 & -4213{,}4 & 0 & 7022{,}4 \\ -1685{,}4 & 0 & -4213{,}4 & 1685{,}4 & 0 & -4213{,}4 \\ 0 & -225120 & 0 & 0 & 225120 & 0 \\ 4213{,}4 & 0 & 7022{,}4 & -4213{,}4 & 0 & 14044{,}8 \end{bmatrix} \cdot \begin{bmatrix} U_3 \\ W_3 \\ \Phi_3 \\ U_4 \\ W_4 \\ \Phi_4 \end{bmatrix}$$

10. Aufstellung der Systemsteifigkeitsmatrix $\boldsymbol{s}_{\mathrm{j}} = \boldsymbol{K}_{\mathrm{j,j}} \cdot \boldsymbol{v}_{\mathrm{j}}$

Die Systemsteifigkeitsmatrix wird aufgestellt, wie es in der Finiten-Elemente-Methode üblich ist. Die Untermatrizen der Elementsteifigkeitsmatrix $\boldsymbol{K}_{\mathrm{m,m}}$, die mit durchgezogenen Linien in der Matrix gekennzeichnet sind, sind an die entsprechende Stelle in die Systemsteifigkeitsmatrix einzuordnen und aufzusummieren.

Größe des Gleichungssystems:

$$j = 3 \cdot k = 3 \cdot 4 = 12$$

Aus der Tabelle der Lagerungsbedingungen folgt:

$$U_1 = 0{,}00 \text{ cm} \qquad W_1 = 0{,}00 \text{ cm}$$

$$U_4 = 0{,}00 \text{ cm} \qquad W_4 = 0{,}00 \text{ cm} \qquad \Phi_4 = 0$$

Es werden die zugehörigen Zeilen und Spalten 0 gesetzt und auf der Hauptdiagonale eine 1.

Der Vektor der Starreinspanngrößen $\boldsymbol{s}_{m,0}$ wird dem Lastvektor $\boldsymbol{s}_j$ zugeordnet und erhält ein negatives Vorzeichen im Gleichungssystem. Knotenmomente im Lastvektor $\boldsymbol{s}_j$ sind positiv, wenn diese im Gegenuhrzeigersinn wirken. Knotenkräfte sind positiv, wenn sie in Richtung der globalen Koordinaten wirken. Diese Werte sind zu summieren.

In dem Beispiel gilt für die Knotenbelastung:

$$s_8 = -4 \text{ kN} \qquad s_9 = -6 \text{ kNm}$$

Systemsteifigkeitsmatrix $\boldsymbol{s}_j = \boldsymbol{K}_{j,j} \cdot \boldsymbol{v}_j$

$\boldsymbol{s}_j$															$\boldsymbol{v}_j$
0		1	0	0	0	0	0	0	0	0	0	0	0		U_1
0		0	1	0	0	0	0	0	0	0	0	0	0		W_1
0				12045,3	2657,8	−1594,8	6022,6	0	0	0	0	0	0		Φ_1
0					+51909,5 190837,5	+84736,8 0	2657,8 0	0 −190837,5	0 0	0 0	0	0	0		U_2
−12						142280,5 800,8	−1594,8 3203,2	0 0	0 −800,8	0 3203,2	0	0	0		W_2
−16							12045,3 17083,5	0 0	0 −3203,2	0 8541,8	0	0	0		Φ_2
0	=							+190837,5 1685,4	0 +0	0 +4213,4	0	0	0	·	U_3
−12 −4						symmetrisch			800,8 225120	−3203,2 0	0	0	0		W_3
16 −6										17083,5 14044,8	0	0	0		Φ_3
0											1	0	0		U_4
0												1	0		W_4
0													1		Φ_4

Das Gleichungssystem lautet damit:

$$\begin{bmatrix} 0 \\ 0 \\ 0 \\ 0 \\ -12 \\ -16 \\ 0 \\ -16 \\ 10 \\ 0 \\ 0 \\ 0 \end{bmatrix} = \begin{bmatrix} 1 & 0 & 0 & 0 & 0 & 0 & 0 & 0 & 0 & 0 & 0 & 0 \\ 0 & 1 & 0 & 0 & 0 & 0 & 0 & 0 & 0 & 0 & 0 & 0 \\ 0 & 0 & 12045,3 & 2657,8 & -1594,8 & 6022,6 & 0 & 0 & 0 & 0 & 0 & 0 \\ 0 & 0 & 2657,8 & 242747 & +84736,8 & 2657,8 & -190837,5 & 0 & 0 & 0 & 0 & 0 \\ 0 & 0 & -1594,8 & +84736,8 & 143081,3 & 1608,4 & 0 & -800,8 & 3203,2 & 0 & 0 & 0 \\ 0 & 0 & 6022,6 & 2657,8 & 1608,4 & 29128,8 & 0 & -3203,2 & 8541,8 & 0 & 0 & 0 \\ 0 & 0 & 0 & -190837,5 & 0 & 0 & 192522,9 & 0 & +4213,4 & 0 & 0 & 0 \\ 0 & 0 & 0 & 0 & -800,8 & -3203,2 & 0 & 225920 & -3203,2 & 0 & 0 & 0 \\ 0 & 0 & 0 & 0 & 3203,2 & 8541,8 & +4213,4 & -3203,2 & 31128,3 & 0 & 0 & 0 \\ 0 & 0 & 0 & 0 & 0 & 0 & 0 & 0 & 0 & 1 & 0 & 0 \\ 0 & 0 & 0 & 0 & 0 & 0 & 0 & 0 & 0 & 0 & 1 & 0 \\ 0 & 0 & 0 & 0 & 0 & 0 & 0 & 0 & 0 & 0 & 0 & 1 \end{bmatrix} \cdot \begin{bmatrix} U_1 \\ W_1 \\ \Phi_1 \\ U_2 \\ W_2 \\ \Phi_2 \\ U_3 \\ W_3 \\ \Phi_3 \\ U_4 \\ W_4 \\ \Phi_4 \end{bmatrix}$$

Die Lösung des Gleichungssystems sind die unbekannten globalen Knotenweggrößen.

$$\begin{bmatrix} U_1 \\ W_1 \\ \Phi_1 \\ U_2 \\ W_2 \\ \Phi_2 \\ U_3 \\ W_3 \\ \Phi_3 \\ U_4 \\ W_4 \\ \Phi_4 \end{bmatrix} = \begin{bmatrix} 0 \\ 0 \\ -4,83681 \cdot 10^{-4} \\ +2,76068 \cdot 10^{-3} \\ -1,72377 \cdot 10^{-3} \\ -7,07389 \cdot 10^{-4} \\ +2,72962 \cdot 10^{-3} \\ -8,24982 \cdot 10^{-5} \\ +3,14784 \cdot 10^{-4} \\ 0 \\ 0 \\ 0 \end{bmatrix}$$

11. Berechnung der lokalen Randschnittgrößen

$$\boldsymbol{v}_{\text{n}} = \boldsymbol{A}_{\text{n,m}} \cdot \boldsymbol{v}_{\text{m}} \text{ und } \boldsymbol{s}_{\text{n}} = \boldsymbol{K}_{\text{n,n}} \cdot \boldsymbol{v}_{\text{n}} + \boldsymbol{s}_{\text{n0}}$$

Lokale Elementsteifigkeitsmatrix $\boldsymbol{s}_{\text{n}} = \boldsymbol{K}_{\text{n,n}} \cdot \boldsymbol{v}_{\text{n}} + \boldsymbol{s}_{\text{n0}}$

Stab 1

$$\begin{bmatrix} N_1 \\ V_1 \\ M_1 \\ N_2 \\ V_2 \\ M_2 \end{bmatrix} = \begin{bmatrix} 193070,3 & 0 & 0 & -193070,3 & 0 & 0 \\ 0 & 1063,2 & -3099,1 & 0 & -1063,2 & -3099,1 \\ 0 & -3099,1 & 12045,3 & 0 & 3099,1 & 6022,6 \\ -193070,3 & 0 & 0 & 193070,3 & 0 & 0 \\ 0 & -1063,2 & 3099,1 & 0 & 1063,2 & 3099,1 \\ 0 & -3099,1 & 6022,6 & 0 & 3099,1 & 12045,3 \end{bmatrix} \cdot \begin{bmatrix} u_1 \\ w_1 \\ \varphi_1 \\ u_2 \\ w_2 \\ \varphi_2 \end{bmatrix}$$

Transformationsmatrix $\boldsymbol{v}_{\text{n}} = \boldsymbol{A}_{\text{n,m}} \cdot \boldsymbol{v}_{\text{m}}$

$$\begin{bmatrix} u_1 \\ w_1 \\ \varphi_1 \\ u_2 \\ w_2 \\ \varphi_2 \end{bmatrix} = \begin{bmatrix} 0,5146 & 0,8576 & 0 & 0 & 0 & 0 \\ 0,8576 & -0,5146 & 0 & 0 & 0 & 0 \\ 0 & 0 & 1 & 0 & 0 & 0 \\ 0 & 0 & 0 & 0,5146 & 0,8576 & 0 \\ 0 & 0 & 0 & 0,8576 & -0,5146 & 0 \\ 0 & 0 & 0 & 0 & 0 & 1 \end{bmatrix} \cdot \begin{bmatrix} 0 \\ 0 \\ -4,83681 \cdot 10^{-4} \\ +2,76068 \cdot 10^{-3} \\ -1,72377 \cdot 10^{-3} \\ -7,07389 \cdot 10^{-4} \end{bmatrix} = \begin{bmatrix} 0 \\ 0 \\ -4,83681 \cdot 10^{-4} \\ -5,765922 \cdot 10^{-5} \\ +3,254611 \cdot 10^{-3} \\ -7,07389 \cdot 10^{-4} \end{bmatrix}$$

Lokale Elementsteifigkeitsmatrix $\boldsymbol{s}_{\text{n}} = \boldsymbol{K}_{\text{n,n}} \cdot \boldsymbol{v}_{\text{n}} + \boldsymbol{s}_{\text{n0}}$

$$\begin{bmatrix} N_1 \\ V_1 \\ M_1 \\ N_2 \\ V_2 \\ M_2 \end{bmatrix} = \begin{bmatrix} 193070,3 & 0 & 0 & -193070,3 & 0 & 0 \\ 0 & 1063,2 & -3099,1 & 0 & -1063,2 & -3099,1 \\ 0 & -3099,1 & 12045,3 & 0 & 3099,1 & 6022,6 \\ -193070,3 & 0 & 0 & 193070,3 & 0 & 0 \\ 0 & -1063,2 & 3099,1 & 0 & 1063,2 & 3099,1 \\ 0 & -3099,1 & 6022,6 & 0 & 3099,1 & 12045,3 \end{bmatrix} \cdot \begin{bmatrix} 0 \\ 0 \\ -4,83681 \cdot 10^{-4} \\ -5,765922 \cdot 10^{-5} \\ +3,254611 \cdot 10^{-3} \\ -7,07389 \cdot 10^{-4} \end{bmatrix} = \begin{bmatrix} +11,13 \text{ kN} \\ 0,23 \text{ kN} \\ 0 \text{ kNm} \\ -11,13 \text{ kN} \\ -0,23 \text{ kN} \\ -1,35 \text{ kNm} \end{bmatrix}$$

Stab 2

$$\begin{bmatrix} N_2 \\ V_2 \\ M_2 \\ N_3 \\ V_3 \\ M_3 \end{bmatrix} = \begin{bmatrix} 190837,5 & 0 & 0 & -190837,5 & 0 & 0 \\ 0 & 800,8 & -3203,2 & 0 & -800,8 & -3203,2 \\ 0 & -3203,2 & 17083,5 & 0 & 3203,2 & 8541,8 \\ -190837,5 & 0 & 0 & 190837,5 & 0 & 0 \\ 0 & -800,8 & 3203,2 & 0 & 800,8 & 3203,2 \\ 0 & -3203,2 & 8541,8 & 0 & 3203,2 & 17083,5 \end{bmatrix} \cdot \begin{bmatrix} u_2 \\ w_2 \\ \varphi_2 \\ u_3 \\ w_3 \\ \varphi_3 \end{bmatrix} + \begin{bmatrix} 0 \\ -12 \\ +16 \\ 0 \\ -12 \\ -16 \end{bmatrix}$$

Transformationsmatrix $\boldsymbol{v}_{\mathrm{n}} = \boldsymbol{A}_{\mathrm{n,m}} \cdot\ \boldsymbol{v}_{\mathrm{m}}$

$$\begin{bmatrix} u_2 \\ w_2 \\ \varphi_2 \\ u_3 \\ w_3 \\ \varphi_3 \end{bmatrix} = \begin{bmatrix} 1 & 0 & 0 & 0 & 0 & 0 \\ 0 & -1 & 0 & 0 & 0 & 0 \\ 0 & 0 & 1 & 0 & 0 & 0 \\ 0 & 0 & 0 & 1 & 0 & 0 \\ 0 & 0 & 0 & 0 & -1 & 0 \\ 0 & 0 & 0 & 0 & 0 & 1 \end{bmatrix} \cdot \begin{bmatrix} +2,76068 \cdot 10^{-3} \\ -1,72377 \cdot 10^{-3} \\ -7,07389 \cdot 10^{-4} \\ +2,72962 \cdot 10^{-3} \\ -8,24982 \cdot 10^{-5} \\ +3,14784 \cdot 10^{-4} \end{bmatrix} = \begin{bmatrix} +2,76068 \cdot 10^{-3} \\ +1,72377 \cdot 10^{-3} \\ -7,07389 \cdot 10^{-4} \\ +2,72962 \cdot 10^{-3} \\ +8,24982 \cdot 10^{-5} \\ +3,14784 \cdot 10^{-4} \end{bmatrix}$$

Lokale Elementsteifigkeitsmatrix $\boldsymbol{s}_{\mathrm{n}} = \boldsymbol{K}_{\mathrm{n,n}} \cdot\ \boldsymbol{v}_{\mathrm{n}} + \boldsymbol{s}_{\mathrm{n0}}$

$$\begin{bmatrix} N_2 \\ V_2 \\ M_2 \\ N_3 \\ V_3 \\ M_3 \end{bmatrix} = \begin{bmatrix} 190837,5 & 0 & 0 & -190837,5 & 0 & 0 \\ 0 & 800,8 & -3203,2 & 0 & -800,8 & -3203,2 \\ 0 & -3203,2 & 17083,5 & 0 & 3203,2 & 8541,8 \\ -190837,5 & 0 & 0 & 190837,5 & 0 & 0 \\ 0 & -800,8 & 3203,2 & 0 & 800,8 & 3203,2 \\ 0 & -3203,2 & 8541,8 & 0 & 3203,2 & 17083,5 \end{bmatrix} \cdot \begin{bmatrix} 2,76068 \cdot 10^{-3} \\ +1,72377 \cdot 10^{-3} \\ -7,07389 \cdot 10^{-4} \\ +2,72962 \cdot 10^{-3} \\ +8,24982 \cdot 10^{-5} \\ +3,14784 \cdot 10^{-4} \end{bmatrix} + \begin{bmatrix} 0 \\ -12 \\ +16 \\ 0 \\ -12 \\ -16 \end{bmatrix} = \begin{bmatrix} +5,93\ \mathrm{kN} \\ -9,43\ \mathrm{kN} \\ +1,35\ \mathrm{kNm} \\ -5,93\ \mathrm{kN} \\ -14,57\ \mathrm{kN} \\ -21,92\ \mathrm{kNm} \end{bmatrix}$$

Stab 3

$$\begin{bmatrix} N_3 \\ V_3 \\ M_3 \\ N_4 \\ V_4 \\ M_4 \end{bmatrix} = \begin{bmatrix} 225120 & 0 & 0 & 225120 & 0 & 0 \\ 0 & 1685,4 & -4213,4 & 0 & -1685,4 & -4213,4 \\ 0 & -4213,4 & 14044,8 & 0 & 4213,4 & 7022,4 \\ 225120 & 0 & 0 & 225120 & 0 & 0 \\ 0 & -1685,4 & 4213,4 & 0 & 1685,4 & 4213,4 \\ 0 & -4213,4 & 7022,4 & 0 & 4213,4 & 14044,8 \end{bmatrix} \cdot \begin{bmatrix} u_3 \\ w_3 \\ \varphi_3 \\ u_4 \\ w_4 \\ \varphi_4 \end{bmatrix}$$

Transformationsmatrix $\boldsymbol{v}_{\mathrm{n}} = \boldsymbol{A}_{\mathrm{n,m}} \cdot\ \boldsymbol{v}_{\mathrm{m}}$

$$\begin{bmatrix} u_3 \\ w_3 \\ \varphi_3 \\ u_4 \\ w_4 \\ \varphi_4 \end{bmatrix} = \begin{bmatrix} 0 & -1 & 0 & 0 & 0 & 0 \\ -1 & 0 & 0 & 0 & 0 & 0 \\ 0 & 0 & 1 & 0 & 0 & 0 \\ 0 & 0 & 0 & 0 & -1 & 0 \\ 0 & 0 & 0 & -1 & 0 & 0 \\ 0 & 0 & 0 & 0 & 0 & 1 \end{bmatrix} \cdot \begin{bmatrix} +2,72962 \cdot 10^{-3} \\ -8,24982 \cdot 10^{-5} \\ +3,14784 \cdot 10^{-4} \\ 0 \\ 0 \\ 0 \end{bmatrix} = \begin{bmatrix} +8,24982 \cdot 10^{-5} \\ -2,72962 \cdot 10^{-3} \\ +3,14784 \cdot 10^{-4} \\ 0 \\ 0 \\ 0 \end{bmatrix}$$

Lokale Elementsteifigkeitsmatrix $\boldsymbol{s}_{\mathrm{n}} = \boldsymbol{K}_{\mathrm{n,n}} \cdot\ \boldsymbol{v}_{\mathrm{n}} + \boldsymbol{s}_{\mathrm{n0}}$

$$\begin{bmatrix} N_3 \\ V_3 \\ M_3 \\ N_4 \\ V_4 \\ M_4 \end{bmatrix} = \begin{bmatrix} 225120 & 0 & 0 & 225120 & 0 & 0 \\ 0 & 1685,4 & -4213,4 & 0 & -1685,4 & -4213,4 \\ 0 & -4213,4 & 14044,8 & 0 & 4213,4 & 7022,4 \\ 225120 & 0 & 0 & 225120 & 0 & 0 \\ 0 & -1685,4 & 4213,4 & 0 & 1685,4 & 4213,4 \\ 0 & -4213,4 & 7022,4 & 0 & 4213,4 & 14044,8 \end{bmatrix} \cdot \begin{bmatrix} +8,24982 \cdot 10^{-5} \\ -2,72962 \cdot 10^{-3} \\ +3,14784 \cdot 10^{-4} \\ 0 \\ 0 \\ 0 \end{bmatrix} = \begin{bmatrix} +18,57\ \mathrm{kN} \\ -5,93\ \mathrm{kN} \\ +15,92\ \mathrm{kNm} \\ -18,57\ \mathrm{kN} \\ +5,93\ \mathrm{kN} \\ 13,71\ \mathrm{kNm} \end{bmatrix}$$

12. Berechnung der Auflagerkräfte

Die Auflagerkräfte können auf verschiedene Art berechnet werden, wie schon in den anderen Kapiteln gezeigt wurde. Sie können auch in einfacher Weise aus den lokalen Randschnittgrößen des Stabelementes am Auflagerknoten berechnet werden. Der Auflagerknoten kann dabei ein Stabanfang oder ein Stabende sein.

$$\begin{bmatrix} A_X \\ A_Z \\ M_A \end{bmatrix} = \begin{bmatrix} c & s & 0 \\ s & -c & 0 \\ 0 & 0 & 1 \end{bmatrix} \cdot \begin{bmatrix} N_{a,e} \\ V_{a,e} \\ M_{a,e} \end{bmatrix} \tag{6.20}$$

Auflagerknoten 1

$$\begin{bmatrix} A_{X,1} \\ A_{Z,1} \\ M_{A,1} \end{bmatrix} = \begin{bmatrix} c & s & 0 \\ s & -c & 0 \\ 0 & 0 & 1 \end{bmatrix} \cdot \begin{bmatrix} N_1 \\ V_1 \\ M_1 \end{bmatrix} = \begin{bmatrix} 0{,}5146 & 0{,}8576 & 0 \\ 0{,}8576 & -0{,}5146 & 0 \\ 0 & 0 & 1 \end{bmatrix} \cdot \begin{bmatrix} +11{,}13 \\ +0{,}23 \\ 0 \end{bmatrix} = \begin{bmatrix} +5{,}93 \text{ kN} \\ +9{,}43 \text{ kN} \\ 0 \end{bmatrix}$$

Auflagerknoten 4

$$\begin{bmatrix} A_{X,4} \\ A_{Z,4} \\ M_{A,4} \end{bmatrix} = \begin{bmatrix} c & s & 0 \\ s & -c & 0 \\ 0 & 0 & 1 \end{bmatrix} \cdot \begin{bmatrix} N_4 \\ V_4 \\ M_4 \end{bmatrix} = \begin{bmatrix} 0 & -1 & 0 \\ -1 & 0 & 0 \\ 0 & 0 & 1 \end{bmatrix} \cdot \begin{bmatrix} -18{,}57 \\ +5{,}93 \\ +13{,}71 \end{bmatrix} = \begin{bmatrix} -5{,}93 \text{ kN} \\ +18{,}57 \text{ kN} \\ +13{,}71 \text{ kNm} \end{bmatrix}$$

13. Berechnung der Zustandsflächen

Die Berechnung der Zustandsflächen erfolgt mit der Übertragungsmatrix. Bei genügender Unterteilung wird auch das maximale Biegemoment bei Gleichstreckenlast gut erfasst. Der Stab $\underline{2}$ wird z. B. in 32 Abschnitte unterteilt. Es sollen die Zustandsgrößen an der Stelle 3,25 m berechnet werden.

Stab $\underline{2}$

$$EA \cdot u_2 = 21000 \cdot 72{,}7 \cdot 2{,}76068 \cdot 10^{-3} = +4214{,}7 \text{ kNm}$$

$$EI \cdot w_2 = 21000 \cdot 1627010^{-4} \cdot 1{,}72377 \cdot 10^{-3} = +58{,}896 \text{ kNm}$$

$$EI \cdot \varphi_2 = 21000 \cdot 16270 \cdot 10^{-4} \cdot \left(-7{,}07389 \cdot 10^{-4}\right) = -24{,}169 \text{ kNm}$$

$$\begin{bmatrix} N(x) \\ V(x) \\ M(x) \\ EA \cdot u(x) \\ EI \cdot w(x) \\ EI \cdot \varphi(x) \end{bmatrix} = \begin{bmatrix} -1 & 0 & 0 & 0 & 0 & 0 \\ 0 & -1 & 0 & 0 & 0 & 0 \\ 0 & -x & -1 & 0 & 0 & 0 \\ -x & 0 & 0 & 1 & 0 & 0 \\ 0 & x^3/6 & x^2/2 & 0 & 1 & -x \\ 0 & -x^2/2 & -x & 0 & 0 & 1 \end{bmatrix} \cdot \begin{bmatrix} N_a \\ V_a \\ M_a \\ EA \cdot u_a \\ EI \cdot w_a \\ EI \cdot \varphi_a \end{bmatrix} + \begin{bmatrix} -q_x \cdot x \\ -q_z \cdot x \\ -q_z \cdot x^2/2 \\ -q_x \cdot x^2/2 \\ +q_z \cdot x^4/24 \\ -q_z \cdot x^3/6 \end{bmatrix}$$

$$\begin{bmatrix} N(x) \\ V(x) \\ M(x) \\ EA \cdot u(x) \\ EI \cdot w(x) \\ EI \cdot \varphi(x) \end{bmatrix} = \begin{bmatrix} -1 & 0 & 0 & 0 & 0 & 0 \\ 0 & -1 & 0 & 0 & 0 & 0 \\ 0 & -3{,}25 & -1 & 0 & 0 & 0 \\ -3{,}25 & 0 & 0 & 1 & 0 & 0 \\ 0 & 5{,}721 & 5{,}281 & 0 & 1 & -3{,}25 \\ 0 & -5{,}281 & -3{,}25 & 0 & 0 & 1 \end{bmatrix} \cdot \begin{bmatrix} +5{,}93 \\ -9{,}43 \\ +1{,}35 \\ +4214{,}7 \\ +58{,}896 \\ -24{,}169 \end{bmatrix} + \begin{bmatrix} 0 \\ -9{,}75 \\ -15{,}844 \\ 0 \\ +13{,}946 \\ -17{,}164 \end{bmatrix} = \begin{bmatrix} -5{,}93 \text{ kN} \\ -0{,}32 \text{ kN} \\ +13{,}45 \text{ kNm} \\ +4195{,}43 \text{ kNm} \\ +104{,}57 \text{ kNm} \\ +4{,}08 \text{ kNm}^3 \end{bmatrix}$$

Die Durchbiegung beträgt an der Stelle:

$x = 3{,}25$ m $\qquad EI \cdot w(3{,}25) = +104{,}57$ kNm

$$EI \cdot w(3{,}25) = \frac{104{,}57 \cdot 10^6}{21000 \cdot 16270} = +0{,}306 \text{ cm}$$

In Abb. 6.9 sind die Momentenfläche, die Auflagerkräfte, die Querkraftfläche und die Normalkraftfläche für dieses System dargestellt.

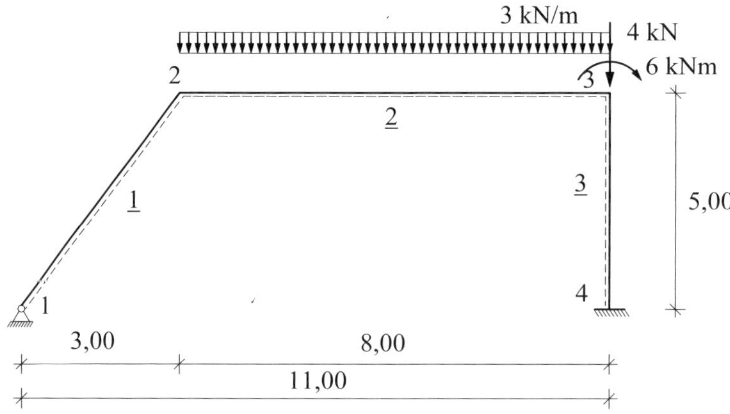

Abb. 6.8 System und Belastung

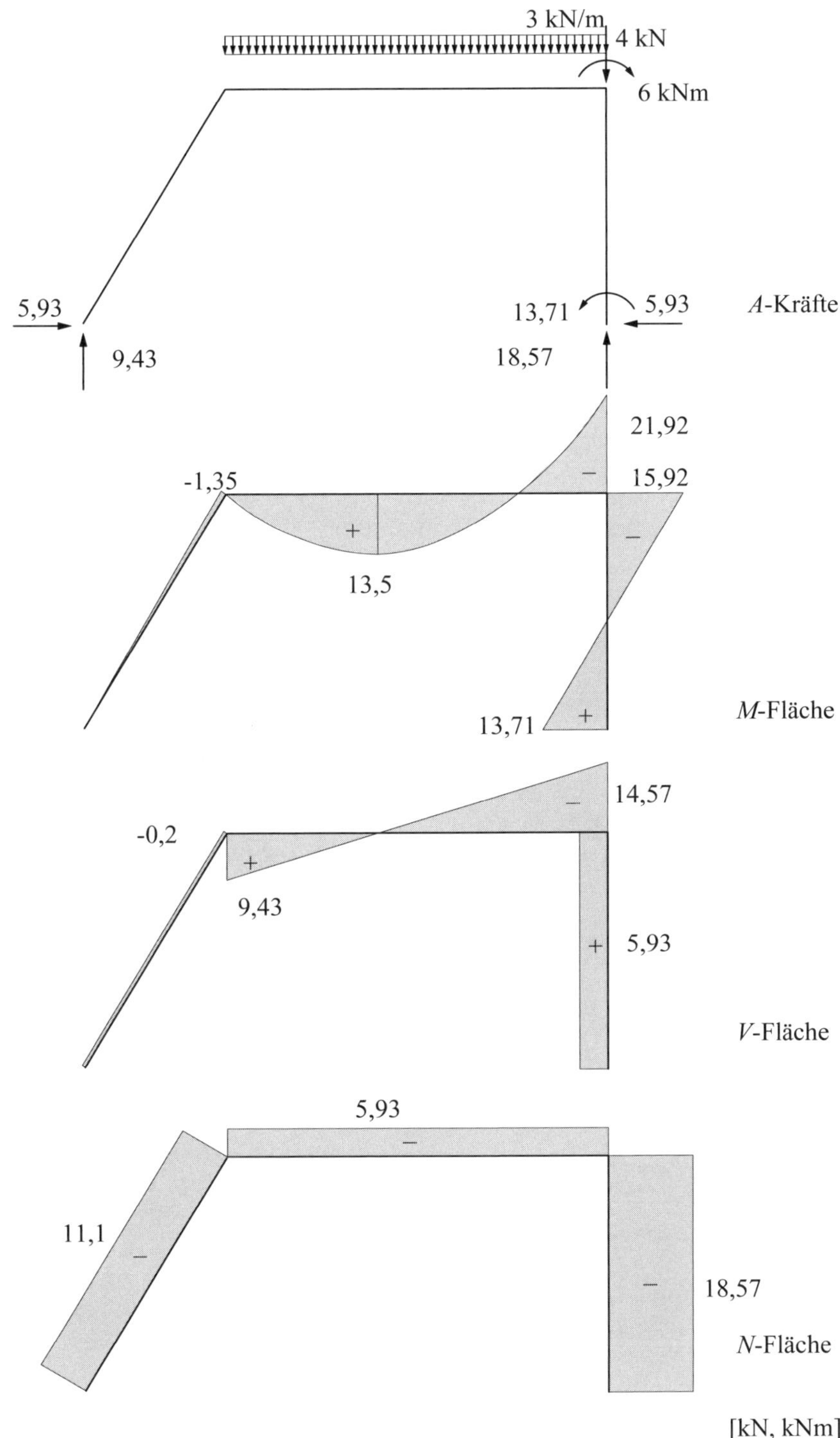

Abb. 6.9 Verlauf der Biegemomente, Querkräfte und Normalkräfte

In der Finite-Elemente-Methode, insbesondere bei Scheiben und Platten, wird das Tragwerk in einzelne kleine Elemente aufgeteilt. Dies ist auch bei Stabelementen möglich. Dann entfällt die zusätzliche Berechnung der Zustandsgrößen mit der Übertragungsmatrix.

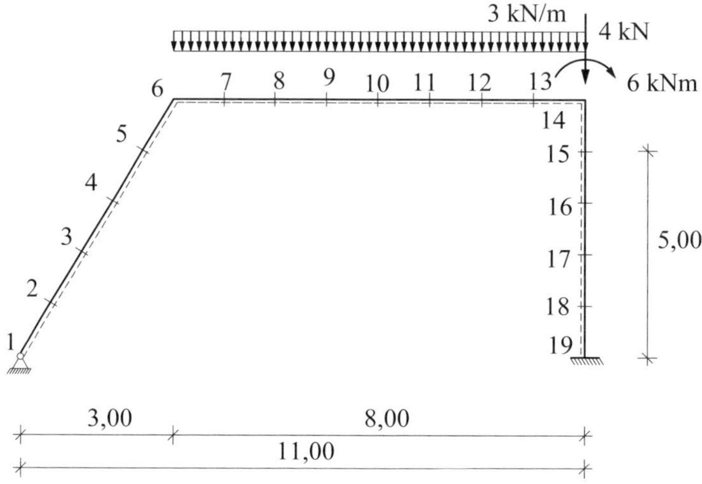

Abb. 6.10 System und Belastung mit Stabunterteilung

6.4 Zusammenfassung

1. Lokale Elementsteifigkeitsmatrix

$$\boldsymbol{s}_{\mathrm{n}} = \boldsymbol{K}_{\mathrm{n,n}} \cdot \boldsymbol{v}_{\mathrm{n}} + \boldsymbol{s}_{\mathrm{n0}} \tag{6.21}$$

n Ordnung der lokalen Elementsteifigkeitsmatrix
$\boldsymbol{s}_{\mathrm{n}}$ Vektor der lokalen Randschnittgrößen
$\boldsymbol{K}_{\mathrm{n,n}}$ lokale Elementsteifigkeitsmatrix
$\boldsymbol{v}_{\mathrm{n}}$ Vektor der lokalen Knotenweggrößen
$\boldsymbol{s}_{\mathrm{n0}}$ Vektor der lokalen Starreinspanngrößen

2. Kinematische Verträglichkeit

$$\boldsymbol{v}_{\mathrm{n}} = \boldsymbol{A}_{\mathrm{n,m}} \cdot \boldsymbol{v}_{\mathrm{m}} \tag{6.22}$$

m Ordnung der globalen Knotenweggrößen
$\boldsymbol{A}_{\mathrm{n,m}}$ kinematische Verträglichkeit
$\boldsymbol{v}_{\mathrm{m}}$ Vektor der globalen Knotenweggrößen

3. Globale Elementsteifigkeitsmatrix

$$\boldsymbol{s}_{\mathrm{m}} = \boldsymbol{K}_{\mathrm{m,m}} \cdot \boldsymbol{v}_{\mathrm{m}} + \boldsymbol{s}_{\mathrm{m0}} \tag{6.23}$$

$$\boldsymbol{K}_{\mathrm{m,m}} = \boldsymbol{A}^{\mathrm{T}}_{\mathrm{m,n}} \cdot \boldsymbol{K}_{\mathrm{n,n}} \cdot \boldsymbol{A}_{\mathrm{n,m}} \qquad \boldsymbol{s}_{\mathrm{m,0}} = \boldsymbol{A}^{\mathrm{T}}_{\mathrm{m,n}} \cdot \boldsymbol{s}_{\mathrm{n,0}}$$

m Ordnung der lokalen Elementsteifigkeitsmatrix
$\boldsymbol{s}_{\mathrm{m}}$ Vektor der globalen Randschnittgrößen
$\boldsymbol{K}_{\mathrm{m,m}}$ globale Elementsteifigkeitsmatrix
$\boldsymbol{s}_{\mathrm{m0}}$ Vektor der globalen Starreinspanngrößen
$\boldsymbol{A}^{\mathrm{T}}_{\mathrm{m,n}}$ statische Verträglichkeit (Transponierte der kinematischen Verträglichkeit)

4. Aufbau der Systemsteifigkeitsmatrix

$$\boldsymbol{s}_{\mathrm{j}} = \boldsymbol{K}_{\mathrm{j,j}} \cdot \boldsymbol{v}_{\mathrm{j}} \tag{6.24}$$

j Ordnung der Systemsteifigkeitsmatrix
$\boldsymbol{s}_{\mathrm{j}}$ Lastvektor mit Knotenlasten und Starreinspanngrößen
$\boldsymbol{K}_{\mathrm{j,j}}$ Systemsteifigkeitsmatrix
$\boldsymbol{v}_{\mathrm{j}}$ Vektor der globalen Knotenweggrößen des Systems

5. Berücksichtigung der Randbedingungen

6. Lösung des Gleichungssystems

Man erhält als Lösung die unbekannten Weggrößenverfahren $\boldsymbol{v}_{\mathrm{m}}$ für jeden Knoten.

7. Rückrechnung für jedes Stabelement

a) lokale Knotenweggrößen

$$\boldsymbol{v}_{\mathrm{n}} = \boldsymbol{A}_{\mathrm{n,m}} \cdot \boldsymbol{v}_{\mathrm{m}}$$

b) lokale Randschnittgrößen

$$\boldsymbol{s}_{\mathrm{n}} = \boldsymbol{K}_{\mathrm{n,n}} \cdot \boldsymbol{v}_{\mathrm{n}} + \boldsymbol{s}_{\mathrm{n0}}$$

c) Zustandsgrößen mit Übertragungsmatrix

7 FEM mit numerischer Integration

7.1 Mathematische Formulierung

Die mechanischen Probleme, die hier behandelt werden sollen, führen zu gewöhnlichen Differenzialgleichungssystemen 1. Ordnung mit nicht konstanten Koeffizienten. Geschlossene Lösungen sind nur in Sonderfällen möglich. Differenzialgleichungssysteme 1. Ordnung sind mathematisch gut erforscht. Sie können bei der Anwendung von elektronischen Rechnern mittels vieler, allgemein verfügbarer Programme gelöst werden.
Das Differenzialgleichungssystem 1. Ordnung lautet:

$$z' = \boldsymbol{A}(x) \cdot z + \boldsymbol{p}(x) \tag{7.1}$$

z Vektor der gewählten unbekannten Funktionen
z' Ableitung dieses Vektors nach der Variablen x
$\boldsymbol{A}(x)$ Koeffizientenmatrix des Differenzialgleichungssystems
$\boldsymbol{p}(x)$ Vektor der Belastungsfunktionen

Die Lösung dieser Gleichung lautet:

$$z_x = \boldsymbol{U}_x \cdot z_i + z_{0x} \tag{7.2}$$

z_x Lösungsvektor an der Stelle x
$\boldsymbol{U}_x$ Integralmatrix
z_i Anfangsvektor an der Stelle $x = 0$
$\mathbf{z}_{0x}$ Vektor der partikulären Lösung an der Stelle x

Liegt ein mechanisches Problem in dieser mathematischen Formulierung vor, dann bezeichnet man die Integralmatrix $\boldsymbol{U}_x$ als die Übertragungsmatrix des Problems. Diese Formulierung führt zu einer einfachen, ingenieurmäßigen und anschaulichen Darstellung des mechanischen Problems, was anschließend in einem einfachen Beispiel demonstriert wird. Die mechanischen Größen lassen sich mit dieser Methode praktisch genügend genau bestimmen. Dies soll an zwei Beispielen erläutert werden.

7.2 Balkenelement nach Theorie I. Ordnung

Die lokale Elementsteifigkeitsmatrix des Balkenelementes nach Theorie I. Ordnung soll mithilfe der Differenzialgleichung für den Biegestab hergeleitet werden. Anhand der Berechnung des geraden Stabes für einachsige Biegung mit konstantem Querschnitt nach Theorie I. Ordnung soll diese allgemeingültige

Berechnungsweise exemplarisch aufgezeigt werden. Die Bezeichnungen für das gewählte lokale Koordinatensystem, für das Biegemoment, die Querkraft und die Belastung können Abb. 7.1 entnommen werden. Es sind ebenfalls die Bezeichnungen für die lokalen Weggrößen angegeben.

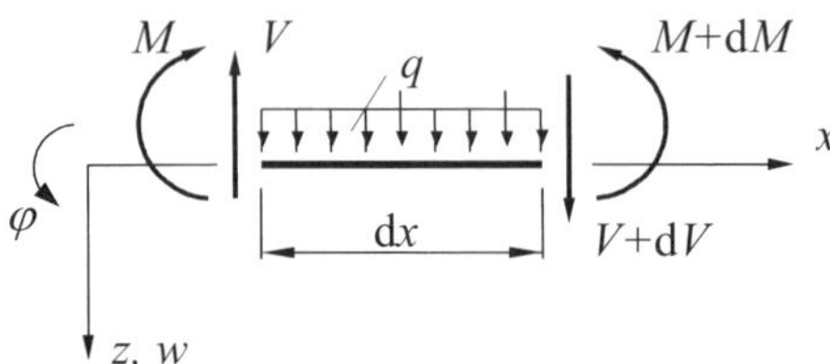

Abb. 7.1 Differenzielles Element nach Theorie I. Ordnung

Unter den üblichen Voraussetzungen der Stabstatik gilt:
Kinematik:

$$w' = -\varphi \tag{7.3}$$

Werkstoffgesetz: $\sigma = -E \cdot z \cdot w''$

$$M = \int_A \sigma \cdot z \cdot \mathrm{d}A = \int_A E \cdot z^2 \cdot \varphi' \cdot \mathrm{d}A = E \cdot I \cdot \varphi' \tag{7.4}$$

mit $I = \int_A z^2 \cdot \mathrm{d}A$ als Flächenträgheitsmoment 2. Grades

Gleichgewicht:

$$M' = V \tag{7.5}$$

$$V' = -q \tag{7.6}$$

Setzt man diese Gleichungen ineinander ein, führt dies zu der bekannten Differenzialgleichung 4. Ordnung für den Biegestab.

$$E \cdot I \cdot w^{\mathrm{IV}} = q \tag{7.7}$$

Die Differenzialgleichung 4. Ordnung (7.7) kann also durch die 4 Differenzialgleichungen 1. Ordnung (7.3) bis (7.6) ersetzt werden.

$$\begin{bmatrix} w' \\ \varphi' \\ V' \\ M' \end{bmatrix} = \begin{bmatrix} 0 & -1 & 0 & 0 \\ 0 & 0 & 0 & 1/EI \\ 0 & 0 & 0 & 0 \\ 0 & 0 & 1 & 0 \end{bmatrix} \cdot \begin{bmatrix} w \\ \varphi \\ V \\ M \end{bmatrix} + \begin{bmatrix} 0 \\ 0 \\ -q \\ 0 \end{bmatrix} \tag{7.8}$$

$$\boldsymbol{z}' = \boldsymbol{A}(x) \cdot \boldsymbol{z} + \boldsymbol{p}(x) \tag{7.9}$$

Dies wird als Differenzialgleichungssystem 1. Ordnung bezeichnet und kann in Matrizenschreibweise formuliert werden. Die Koeffizientenmatrix $\boldsymbol{A}$ und der Vektor der Belastungsfunktion $\boldsymbol{p}$ des Differenzialgleichungssystems 1. Ordnung sind für den Biegestab in Gleichung (7.8) angegeben.

Die Koeffizientenmatrix $\boldsymbol{A}$ des Differenzialgleichungssystems gliedert sich in vier Teile. Die Untermatrix $\boldsymbol{A}_{11-22}$ beschreibt die Kinematik. Der zweite Teil $\boldsymbol{A}_{13-24}$ formuliert die Beziehung zwischen den Schnittgrößen und den Weggrößen (Flexibilität). Die Untermatrizen $\boldsymbol{A}_{31-42}$ und $\boldsymbol{A}_{33-44}$ beinhalten die Gleichgewichtsbedingungen am differenziellen Element, wobei in der Untermatrix $\boldsymbol{A}_{31-42}$ die Elemente für die elastische Lagerung des Stabes und für die Theorie II. Ordnung enthalten sind. Das Differenzialgleichungssystem kann z. B. mit dem klassischen Runge-Kutta-Verfahren gelöst werden. Die aus dieser Lösung resultierende Übertragungsmatrix muss dann nur noch in die Elementsteifigkeitsmatrix $\boldsymbol{K}$ mit der Gleichung (7.19) umgeordnet werden.
Die Matrix (7.8) gilt für den konstanten und auch den veränderlichen Querschnitt. Eine geschlossene Lösung ist nur für den konstanten Querschnitt möglich. Für die Herleitung der Gleichgewichtsbeziehungen gilt die Regelung, dass die Schnittgrößen am positiven Schnittufer stets in Richtung, am negativen entgegen der Richtung der gewählten Koordinaten positiv sind. Die Weggrößen sind positiv, wenn sie in Richtung der Koordinatenachsen wirken. Diese Vorzeichenkonvention soll als Vorzeichenkonvention DGL (Differenzialgleichung) bezeichnet werden.

7.3 Übertragungsmatrix für das Stabelement

Für die Berechnung der Übertragungsmatrix wird die Vorzeichenkonvention FEM (Finite-Element-Methode) in Abb. 7.2 eingeführt, wie sie der Berechnung der Elementsteifigkeitsmatrix zugrunde liegt.

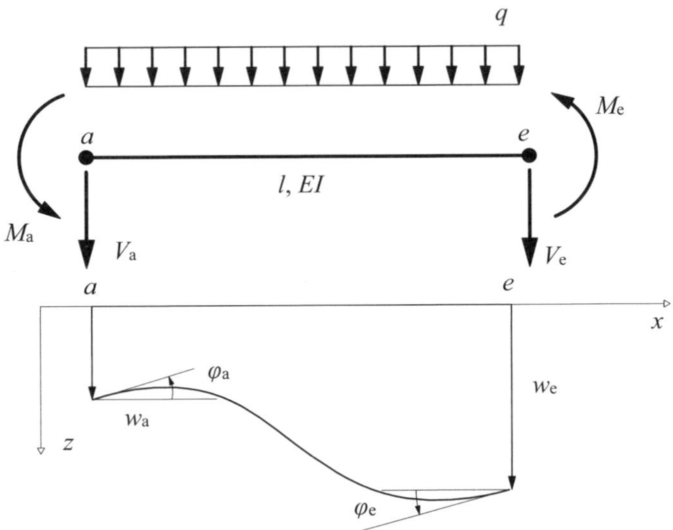

Abb. 7.2 Vorzeichenkonvention FEM für die Randgrößen

Dies hat sehr große Vorteile bei der Formulierung der Gleichgewichtsbedingungen, da diese dann systematisiert werden können.
Das Stabelement ist im Systemverband am Knoten a und Knoten e angeschlossen. An einem Knoten treten sowohl Knotenweggrößen als auch Knotenschnittgrößen als Randgrößen des Stabelementes auf. Der Vektor der Randgrößen eines Knotens des Elementes wird als Zustandsvektor bezeichnet. Im Unterschied zum Differenzialgleichungssystem gilt für die Übertragungsmatrix und die Elementsteifigkeitsmatrix die Regelung, dass alle Randgrößen positiv sind, wenn sie in Richtung der gewählten Koordinatenachsen wirken, Vorzeichenkonvention FEM, s. Abb. 7.2. Die Matrizengleichung lautet für das Stabende mit $x = l$:

$$\boldsymbol{z}_\mathrm{e} = \boldsymbol{U} \cdot \boldsymbol{z}_\mathrm{a} + \boldsymbol{z}_0 \tag{7.10}$$

$\boldsymbol{z}_\mathrm{e}$ Zustandsvektor der Randgrößen am Knoten e
$\boldsymbol{U}$ Übertragungsmatrix
$\boldsymbol{z}_\mathrm{a}$ Zustandsvektor der Randgrößen am Knoten a
$\boldsymbol{z}_0$ Belastungsvektor

Die Integration des Differenzialgleichungssystems 1. Ordnung (7.9) für konstanten Querschnitt und Gleichstreckenlast liefert die folgenden Gleichungen:

$$\begin{aligned}
V &= -q \cdot x + C_1 \\
M &= -q \cdot \frac{x^2}{2} + C_1 \cdot x + C_2 \\
\varphi &= -\frac{1}{6} \cdot q \cdot \frac{x^3}{EI} + C_1 \cdot \frac{1}{2} \cdot \frac{x^2}{EI} + C_2 \cdot \frac{x}{EI} + C_3 \\
w &= \frac{1}{24} \cdot q \cdot \frac{x^4}{EI} - C_1 \cdot \frac{1}{6} \cdot \frac{x^3}{EI} - C_2 \cdot \frac{1}{2} \cdot \frac{x^2}{EI} - C_3 \cdot x + C_4
\end{aligned}$$

Mit dem Zustandsvektor $\boldsymbol{z}_\mathrm{a}$ der Randgrößen am Knoten a mit der Vorzeichenkonvention FEM erhält man für die Konstanten C_1 bis C_4:

$$\begin{aligned}
V(0) &= -V_\mathrm{a} & \qquad C_1 &= -V_\mathrm{a} \\
M(0) &= -M_\mathrm{a} & C_2 &= -M_\mathrm{a} \\
\varphi(0) &= \varphi_\mathrm{a} & C_3 &= \varphi_\mathrm{a} \\
w(0) &= w_\mathrm{a} & C_4 &= w_\mathrm{a}
\end{aligned}$$

Dies kann auch in Matrizenschreibweise formuliert werden. Setzt man als Anfangsvektoren $\boldsymbol{z}_\mathrm{a}$ die Spaltenvektoren der Einheitsmatrix ein – für die Knotenschnittgrößen soll hier die Vorzeichenkonvention FEM berücksichtigt werden –, dann erhält man mit Hilfe der numerischen Integration die entsprechenden Spaltenvektoren der Übertragungsmatrix $\boldsymbol{U}$. Ist der Anfangsvektor z_a gleich null, dann folgt als partikuläre Lösung der Belastungsvektor z_0.

Zu diesem Zweck wird das Differenzialgleichungssystems 1. Ordnung umgeordnet:

$$\begin{array}{lllllll} w & = & +C_4 & -x\cdot C_3 & -\frac{1}{6}\cdot\frac{x^3}{EI}\cdot C_1 & -\frac{1}{2}\cdot\frac{x^2}{EI}\cdot C_2 & +\frac{1}{24}\cdot q\cdot\frac{x^4}{EI} \\ \varphi & = & 0 & +C_3 & +\frac{1}{2}\cdot\frac{x^2}{EI}\cdot C_1 & +\frac{x}{EI}\cdot C_2 & -\frac{1}{6}\cdot q\cdot\frac{x^3}{EI} \\ V & = & 0 & 0 & +C_1 & 0 & -q\cdot x \\ M & = & 0 & 0 & +x\cdot C_1 & +C_2 & -q\cdot\frac{x^2}{2} \end{array}$$

$$E=\begin{bmatrix} 1 & 0 & 0 & 0 \\ 0 & 1 & 0 & 0 \\ 0 & 0 & -1 & 0 \\ 0 & 0 & 0 & -1 \end{bmatrix} \tag{7.11}$$

Die Übertragungsmatrix $\boldsymbol{U}_x$ für das Beispiel lautet damit:

$$\begin{bmatrix} w \\ \varphi \\ V \\ M \end{bmatrix} = \begin{bmatrix} 1 & -x & \frac{x^3}{6\cdot EI} & \frac{x^2}{2\cdot EI} \\ 0 & 1 & -\frac{x^2}{2\cdot EI} & -\frac{x}{EI} \\ 0 & 0 & -1 & 0 \\ 0 & 0 & -x & -1 \end{bmatrix} \cdot \begin{bmatrix} w_a \\ \varphi_a \\ V_a \\ M_a \end{bmatrix} + \begin{bmatrix} \frac{q\cdot x^4}{24\cdot EI} \\ -\frac{q\cdot x^3}{6\cdot EI} \\ -q\cdot x \\ -\frac{1}{2}\cdot q\cdot x^2 \end{bmatrix} \tag{7.12}$$

$$z_x = \boldsymbol{U}_x \cdot z_a + z_{0x} \tag{7.13}$$

Mit dieser Integralmatrix $\boldsymbol{U}_x$ kann der Zustandsvektor z_x an jeder Stelle x bestimmt werden. Dies bedeutet, dass die Schnittgrößen und die Verformungen an jeder Stelle x berechnet und zeichnerisch dargestellt werden können.

7.4 Lokale Elementsteifigkeitsmatrix

Mithilfe der Übertragungsmatrix kann auch die lokale Elementsteifigkeitsmatrix bestimmt werden. Mit dem Zustandsvektor z_a berechnet man für $x = l$ den Zustandsvektor z_e und die zugehörige Übertragungsmatrix $\boldsymbol{U}_e$. Der Zustandsvektor z_e der Randgrößen am Stabende lautet mit (7.12):

$$\begin{bmatrix} w_e \\ \varphi_e \\ V_e \\ M_e \end{bmatrix} = \begin{bmatrix} 1 & -l & \frac{l^3}{6 \cdot EI} & \frac{l^2}{2 \cdot EI} \\ 0 & 1 & -\frac{l^2}{2 \cdot EI} & -\frac{l}{EI} \\ 0 & 0 & -1 & 0 \\ 0 & 0 & -l & -1 \end{bmatrix} \cdot \begin{bmatrix} w_a \\ \varphi_a \\ V_a \\ M_a \end{bmatrix} + \begin{bmatrix} \frac{q \cdot l^4}{24 \cdot EI} \\ -\frac{q \cdot l^3}{6 \cdot EI} \\ -q \cdot l \\ -\frac{1}{2} \cdot q \cdot l^2 \end{bmatrix} \quad (7.14)$$

$$z_e = \boldsymbol{U}_e \cdot z_a + z_0 \quad (7.15)$$

Mit der Übertragungsmatrix $\boldsymbol{U}_e$ und dem Belastungsvektor z_0 kann die lokale Elementsteifigkeitsmatrix mithilfe einfacher Matrizenoperationen berechnet werden. Die lokale Elementsteifigkeitsmatrix des Stabelementes beschreibt die Beziehung zwischen den lokalen Knotenschnittgrößen und den lokalen Knotenweggrößen.

$$\boldsymbol{s}_n = \boldsymbol{K}_{n,n} \cdot \boldsymbol{v}_n + \boldsymbol{s}_{n,0} \quad (7.16)$$

n Ordnung der lokalen Elementsteifigkeitsmatrix $n = 4$

$\boldsymbol{s}_n$ Vektor der lokalen Knotenschnittgrößen

$\boldsymbol{K}_{n,n}$ lokale Elementsteifigkeitsmatrix

$\boldsymbol{v}_n$ Vektor der lokalen Knotenweggrößen

$\boldsymbol{s}_{n,0}$ Vektor der Starreinspanngrößen

Die Übertragungsmatrix $\boldsymbol{U}_e$ und die Elementsteifigkeitsmatrix $\boldsymbol{K}_{n,n}$ mit der Ordnung n bestehen aus vier Untermatrizen der Ordnung $n/2$.

Übertragungsbeziehung:

$$\begin{bmatrix} \boldsymbol{v}_e \\ \boldsymbol{s}_e \end{bmatrix} = \begin{bmatrix} \boldsymbol{U}_1 & \boldsymbol{U}_2 \\ \boldsymbol{U}_3 & \boldsymbol{U}_4 \end{bmatrix} \cdot \begin{bmatrix} \boldsymbol{v}_a \\ \boldsymbol{s}_a \end{bmatrix} + \begin{bmatrix} z_1 \\ z_2 \end{bmatrix} \quad (7.17)$$

Steifigkeitsbeziehung:

$$\begin{bmatrix} \boldsymbol{s}_a \\ \boldsymbol{s}_e \end{bmatrix} = \begin{bmatrix} \boldsymbol{K}_1 & \boldsymbol{K}_2 \\ \boldsymbol{K}_3 & \boldsymbol{K}_4 \end{bmatrix} \cdot \begin{bmatrix} \boldsymbol{v}_a \\ \boldsymbol{v}_e \end{bmatrix} + \begin{bmatrix} \boldsymbol{s}_1 \\ \boldsymbol{s}_2 \end{bmatrix} \quad (7.18)$$

In (7.19) sind die Matrizenoperationen zur Berechnung der Untermatrizen der Steifigkeitsmatrix und der Teilvektoren des Vektors der Einspanngrößen angegeben.

$$\begin{bmatrix} \boldsymbol{s}_\mathrm{a} \\ \hline \boldsymbol{s}_\mathrm{e} \end{bmatrix} = \left[\begin{array}{c|c} -\boldsymbol{U}_2^{-1}\cdot\boldsymbol{U}_1 & \boldsymbol{U}_2^{-1} \\ \hline \boldsymbol{U}_3 - \boldsymbol{U}_4\cdot\boldsymbol{U}_2^{-1}\cdot\boldsymbol{U}_1 & \boldsymbol{U}_4\cdot\boldsymbol{U}_2^{-1} \end{array}\right] \cdot \begin{bmatrix} \boldsymbol{v}_\mathrm{a} \\ \hline \boldsymbol{v}_\mathrm{e} \end{bmatrix} + \begin{bmatrix} -\boldsymbol{U}_2^{-1}\cdot\boldsymbol{z}_1 \\ \hline -\boldsymbol{U}_4\cdot\boldsymbol{U}_2^{-1}\cdot\boldsymbol{z}_1 + \boldsymbol{z}_2 \end{bmatrix} \qquad (7.19)$$

Ableitung der Gleichung (7.19):

$$\boldsymbol{v}_\mathrm{e} = \boldsymbol{U}_1\cdot\boldsymbol{v}_\mathrm{a} + \boldsymbol{U}_2\cdot\boldsymbol{s}_\mathrm{a}$$
$$\boldsymbol{s}_\mathrm{e} = \boldsymbol{U}_3\cdot\boldsymbol{v}_\mathrm{a} + \boldsymbol{U}_4\cdot\boldsymbol{s}_\mathrm{a}$$
$$\boldsymbol{s}_\mathrm{a} = -\boldsymbol{U}_2^{-1}\cdot\boldsymbol{U}_1\cdot\boldsymbol{v}_\mathrm{a} + \boldsymbol{U}_2^{-1}\cdot\boldsymbol{v}_\mathrm{e}$$
$$\boldsymbol{s}_\mathrm{e} = \left(\boldsymbol{U}_3 - \boldsymbol{U}_4\cdot\boldsymbol{U}_2^{-1}\cdot\boldsymbol{U}_1\right)\cdot\boldsymbol{v}_\mathrm{a} + \boldsymbol{U}_4\cdot\boldsymbol{U}_2^{-1}\cdot\boldsymbol{v}_\mathrm{e}$$

Daraus folgt:

$$\boldsymbol{K}_1 = -\boldsymbol{U}_2^{-1}\cdot\boldsymbol{U}_1 \qquad \boldsymbol{K}_2 = \boldsymbol{U}_2^{-1}$$
$$\boldsymbol{K}_3 = \boldsymbol{U}_3 - \boldsymbol{U}_4\cdot\boldsymbol{U}_2^{-1}\cdot\boldsymbol{U}_1 \qquad \boldsymbol{K}_4 = \boldsymbol{U}_4\cdot\boldsymbol{U}_2^{-1}$$

Ableitung für den Belastungsvektor:
Die Starreinspanngrößen erhält man, wenn alle lokalen Knotenweggrößen gleich null sind.

$$\boldsymbol{v}_\mathrm{e} = 0 \qquad 0 = \boldsymbol{U}_2\cdot\boldsymbol{s}_{\mathrm{a}0} + \boldsymbol{z}_1$$
$$\boldsymbol{v}_\mathrm{a} = 0 \qquad \boldsymbol{s}_{\mathrm{e}0} = \boldsymbol{U}_4\cdot\boldsymbol{s}_{\mathrm{a}0} + \boldsymbol{z}_2$$
$$\boldsymbol{s}_{\mathrm{a}0} = -\boldsymbol{U}_2^{-1}\cdot\boldsymbol{z}_1 = -\boldsymbol{K}_2\cdot\boldsymbol{z}_1$$
$$\boldsymbol{s}_{\mathrm{e}0} = \boldsymbol{U}_4\cdot\boldsymbol{s}_{\mathrm{a}0} + \boldsymbol{z}_2 = -\boldsymbol{U}_2^{-1}\cdot\boldsymbol{U}_4\cdot\boldsymbol{z}_1 + +\boldsymbol{z}_2$$
$$\boldsymbol{s}_{\mathrm{e}0} = -\boldsymbol{K}_4\cdot\boldsymbol{z}_1 + \boldsymbol{z}_2$$

Die Indizes a und e bezeichnen die Teilvektoren am Knoten *a* bzw. *e*. Mit den Untermatrizen der Gleichung (7.17) erhält man mit den Matrizenoperationen der Gleichung (7.19) die lokale Elementsteifigkeitsmatrix des Biegestabes.

$$\begin{bmatrix} V_\mathrm{a} \\ \hline M_\mathrm{a} \\ \hline V_\mathrm{e} \\ \hline M_\mathrm{e} \end{bmatrix} = \left[\begin{array}{c|c|c|c} \frac{12\cdot EI}{l^3} & -\frac{6\cdot EI}{l^2} & -\frac{12\cdot EI}{l^3} & -\frac{6\cdot EI}{l^2} \\ \hline -\frac{6\cdot EI}{l^2} & \frac{4\cdot EI}{l} & \frac{6\cdot EI}{l^2} & \frac{2\cdot EI}{l} \\ \hline -\frac{12\cdot EI}{l^3} & \frac{6\cdot EI}{l^2} & \frac{12\cdot EI}{l^3} & \frac{6\cdot EI}{l^2} \\ \hline -\frac{6\cdot EI}{l^2} & \frac{2\cdot EI}{l} & \frac{6\cdot EI}{l^2} & \frac{4\cdot EI}{l} \end{array}\right] \cdot \begin{bmatrix} w_\mathrm{a} \\ \hline \varphi_\mathrm{a} \\ \hline w_\mathrm{e} \\ \hline \varphi_\mathrm{e} \end{bmatrix} + \begin{bmatrix} -\frac{1}{2}\cdot q\cdot l \\ \hline \frac{1}{12}\cdot q\cdot l^2 \\ \hline -\frac{1}{2}\cdot q\cdot l \\ \hline -\frac{1}{12}\cdot q\cdot l^2 \end{bmatrix} \qquad (7.20)$$

$$\boldsymbol{s}_{\mathrm{n}} = \boldsymbol{K}_{\mathrm{n,n}} \cdot \boldsymbol{v}_{\mathrm{n}} + \boldsymbol{s}_{\mathrm{n,0}} \tag{7.21}$$

Den Vektor der Starrreinspanngrößen $\boldsymbol{s}_{\mathrm{n,0}}$ erhält man demnach, wenn die lokalen Knotenweggrößen $\boldsymbol{v}_{\mathrm{n}}$ gleich null sind. Dies bedeutet, dass die Starreinspanngrößen die Randschnittgrößen des starr eingespannten Stabelementes sind. Dabei ist die Vorzeichenkonvention FEM zu beachten.

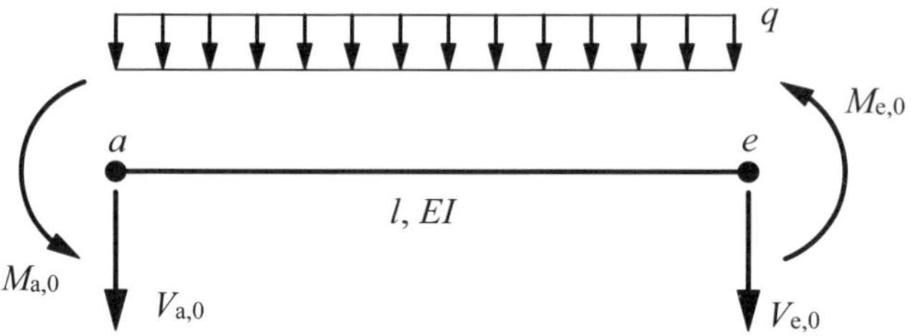

Abb. 7.3 Vorzeichenkonvention FEM für die Randschnittgrößen

In Abb. 7.3 sind die Starreinspanngrößen für die Gleichstreckenlast dargestellt. In den Bautabellenbüchern sind meist nur die Starreinspannmomente angegeben. Die zugehörigen Querkräfte können aus den Gleichgewichtsbedingungen ermittelt werden. Es gilt dann allgemein:

$$\begin{bmatrix} V_a \\ M_a \\ V_e \\ M_e \end{bmatrix} = \begin{bmatrix} \frac{12 \cdot EI}{l^3} & -\frac{6 \cdot EI}{l^2} & -\frac{12 \cdot EI}{l^3} & -\frac{6 \cdot EI}{l^2} \\ -\frac{6 \cdot EI}{l^2} & \frac{4 \cdot EI}{l} & \frac{6 \cdot EI}{l^2} & \frac{2 \cdot EI}{l} \\ -\frac{12 \cdot EI}{l^3} & \frac{6 \cdot EI}{l^2} & \frac{12 \cdot EI}{l^3} & \frac{6 \cdot EI}{l^2} \\ -\frac{6 \cdot EI}{l^2} & \frac{2 \cdot EI}{l} & \frac{6 \cdot EI}{l^2} & \frac{4 \cdot EI}{l} \end{bmatrix} \cdot \begin{bmatrix} w_a \\ \varphi_a \\ w_e \\ \varphi_e \end{bmatrix} + \begin{bmatrix} V_{a,0} \\ M_{a,0} \\ V_{e,0} \\ M_{e,0} \end{bmatrix} \tag{7.22}$$

Die Gleichung (7.22) kann auch kompakter dargestellt werden:
Stab $M_{a,e}$

$$\begin{bmatrix} V_a \\ M_a \\ V_e \\ M_e \end{bmatrix} = \frac{EI}{l^3} \cdot \begin{bmatrix} 12 & -6l & -12 & -6l \\ -6l & 4l^2 & 6l & 2l^2 \\ -12 & 6l & 12 & 6l \\ -6l & 2l^2 & 6l & 4l^2 \end{bmatrix} \cdot \begin{bmatrix} w_a \\ \varphi_a \\ w_e \\ \varphi_e \end{bmatrix} + \begin{bmatrix} V_{a,0} \\ M_{a,0} \\ V_{e,0} \\ M_{e,0} \end{bmatrix} \tag{7.23}$$

Die weitere Vorgehensweise ist in den vorherigen Abschnitten erläutert worden.

8 Grundlagen der Theorie II. Ordnung

8.1 Erläuterungsbeispiel

Das Erläuterungsbeispiel für das Gleichgewicht am verformten System ist eine Stütze mit einer elastischen Lagerung nach Abb. 8.1.

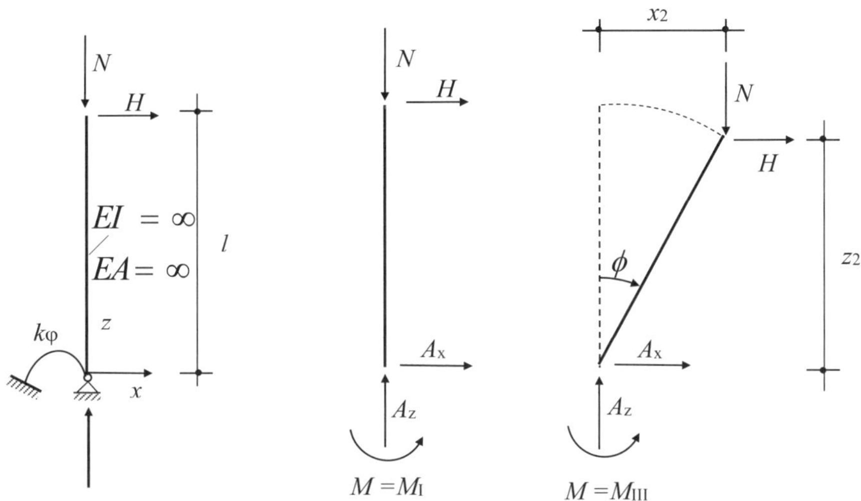

Abb. 8.1 Stütze mit elastischer Lagerung

Das einzige elastische Element dieses Systems ist eine Drehfeder mit der Federsteifigkeit k_φ. Die Biegesteifigkeit EI und die Dehnsteifigkeit EA des Druckstabes seien im Verhältnis zu der Feder unendlich groß. Das System ist durch eine Vertikalkraft N und eine Horizontalkraft H belastet. Für die Berechnung der Schnittgrößen und der Verformungen sind die folgenden Gleichungen erforderlich:

- die Elementsteifigkeitsmatrix, in welche das Werkstoffgesetz eingeht,
- die Gleichgewichtsbedingungen,
- die kinematische Verträglichkeit, d. h. die Beziehungen der globalen Verformungen zu den Elementverformungen.

Für die Drehfeder wird ein ideal-elastisches Verhalten angenommen. Die Elementsteifigkeitsmatrix lautet mit dem Federmoment M und der zugehörigen Elementverformung φ_E :

$$M = k_\varphi \cdot \varphi_E \tag{8.1}$$

Diese Beziehung gilt unabhängig davon, ob es sich um kleine oder große Elementverformungen handelt. Für das Gleichgewicht am verformten System werden zunächst große Verformungen angenommen. Dies wird als Theorie III. Ordnung bezeichnet.

$$\sum X = 0 \qquad A_x + H = 0 \qquad A_x = -H$$
$$\sum Z = 0 \qquad A_z - N = 0 \qquad A_z = N$$
$$\sum M(A) = 0 \qquad N \cdot x_2 + H \cdot z_2 - M = 0$$

Die Koordinaten des Punktes 2 des verformten Systems sind in diesem Beispiel nicht unabhängig voneinander. Es gilt mit der globalen Verformung φ:

$$x_2 = l \cdot \sin\varphi \qquad z_2 = l \cdot \cos\varphi$$

Die kinematische Verträglichkeit zwischen der Elementverformung und der globalen Verformung lautet:

$$\varphi = \varphi_E$$
$$N \cdot l \cdot \sin\varphi + H \cdot l \cdot \cos\varphi - k_\varphi \cdot \varphi = 0$$
$$\frac{N \cdot l}{k_\varphi} = \frac{\varphi}{\sin\varphi} - \frac{H \cdot l \cdot \cos\varphi}{k_\varphi \cdot \sin\varphi}$$

Es wird das Verhältnis $\varphi_0 = \dfrac{H}{N}$ eingeführt, was einer linearen Erhöhung der Belastung entspricht.

$$\frac{N \cdot l}{k_\varphi} = \frac{\varphi}{\sin\varphi} - \varphi_0 \frac{N \cdot l \cdot \cos\varphi}{k_\varphi \cdot \sin\varphi} = \frac{\varphi}{\sin\varphi} \cdot \frac{1}{1 + \varphi_0 \cdot \dfrac{\cos\varphi}{\sin\varphi}}$$

$$\frac{N \cdot l}{k_\varphi} = \frac{\varphi}{\sin\varphi + \varphi_0 \cdot \cos\varphi} \tag{8.2}$$

Baupraktisch von Interesse sind jedoch kleine Verformungen. Man spricht von Theorie II. Ordnung, wenn die Verformungen klein gegenüber den Abmessungen des Systems sind. Für den Winkel φ gelten die Taylorreihen:

$$\sin\varphi = \varphi - \frac{\varphi^3}{3!} + \cdots$$
$$\cos\varphi = 1 - \frac{\varphi^2}{2!} + \cdots$$

Für kleine Winkel gilt näherungsweise:

$$\sin\varphi = \varphi \qquad \cos\varphi = 1 \tag{8.3}$$

Damit lautet die Gleichung (8.2) für Theorie II. Ordnung:

$$\frac{N \cdot l}{k_\varphi} = \frac{\varphi}{\varphi + \varphi_0} \tag{8.4}$$

Für die Berechnung des Gleichungssystems am unverformten System, die als Theorie I. Ordnung bezeichnet wird, gilt für die Verformung φ:

$$\frac{N \cdot l}{k_\varphi} = \frac{\varphi}{\varphi_0} \tag{8.5}$$

Es soll die Gleichung (8.5) für die folgenden Parameter diskutiert werden:

(a) $\varphi_0 = 0$ d. h. $H = 0$

(b) $\varphi_0 = 0{,}05$ d. h. $H = N/20$

Fall (a) $\varphi_0 = 0$

Wird der Druckstab ideal zentrisch belastet, dann ist die Verformung null. Der Stab bleibt in seiner Ursprungslage. Dies ist die Gerade I.(a) nach Theorie I. Ordnung in Abb. 8.2.

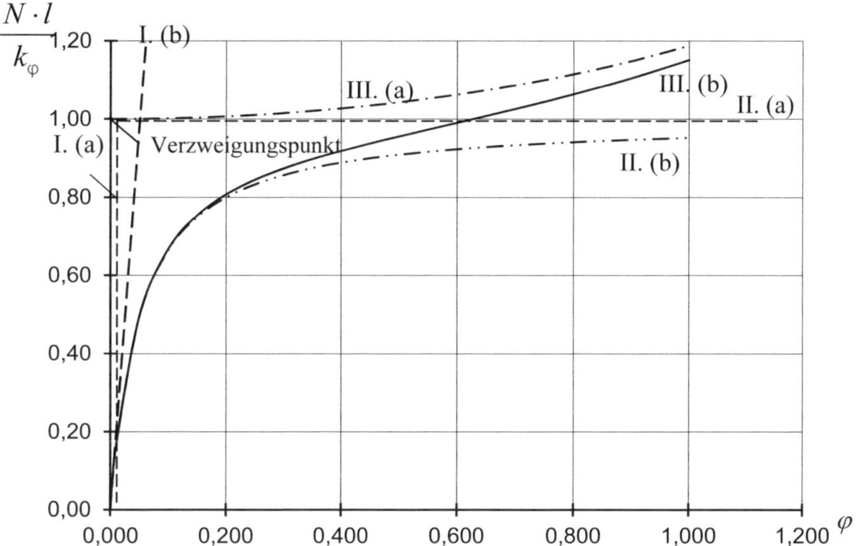

Abb. 8.2 Gleichgewicht am verformten System

Wird das System durch geringe Einwirkungen gestört, erhält man eine benachbarte Gleichgewichtslage mit der Verformung $\varphi \neq 0$. Es gilt die Beziehung:

$$\frac{N \cdot l}{k_\varphi} = \frac{\varphi}{\sin\varphi} \tag{8.6}$$

Es gilt für den Grenzwert von $\varphi \to 0$:

$$\lim_{\varphi \to 0} \frac{\varphi}{\sin\varphi} = 1 \to \frac{N \cdot l}{k_\varphi} = 1 \tag{8.7}$$

Dies ist der Anfangspunkt der Kurve III.(a) für das Gleichgewicht nach Theorie III. Ordnung. Da sich das Gleichgewicht für den zentrisch belasteten Druckstab an diesem Punkt verzweigt, nennt man diesen ausgezeichneten Punkt den Verzweigungspunkt und die zugehörige Last die Verzweigungslast N_{cr} des Systems. Sie wird auch als ideale Knicklast oder kritische Last des Systems bezeichnet. Man erhält die ideale Knicklast auch mit der Gleichgewichtsbedingung nach Theorie II. Ordnung. Dies ist die Gerade II.(a). Aus Gleichung (8.6) folgt für $\sin\varphi = \varphi$:

$$\frac{N \cdot l}{k_\varphi} = 1 \to N_{cr} = \frac{k_\varphi}{l} \tag{8.8}$$

Diese Gleichung gilt für jedes beliebige φ. Wichtig ist, dass die ideale Knicklast mit dem Gleichgewicht nach Theorie II. Ordnung berechnet werden kann und keine Berechnung nach Theorie III. Ordnung erforderlich ist. Es gelten für die Verformung $\varphi = 0$ folgende Gleichgewichtsaussagen:

$N > N_{cr}$	labiles Gleichgewicht
$N = N_{cr}$	indifferentes Gleichgewicht
$N < N_{cr}$	stabiles Gleichgewicht

Die Kurve III.(a) sagt etwas über das Verhalten des Systems aus, wenn die Last N größer als die kritische Last ist. Man erkennt, dass dieses System bei großen Verformungen φ im überkritischen Bereich noch geringe Tragreserven besitzt. Die Tangente an diese Kurve hat mit zunehmender Verformung φ einen positiven Anstieg. Dieses Verhalten liegt auch bei idealen biegesteifen Druckstäben vor. Bei realen Druckstäben versagt der Stab schon unterhalb der idealen Knicklast, wie im Kapitel Druckstab erläutert wird.

Fall (b) $\varphi_0 = 0{,}05$

Durch die zusätzliche Horizontallast H wird die Stütze schon nach Theorie I. Ordnung durch Biegung und Normalkraft beansprucht. Über die Kurven, die sich für das Gleichgewicht nach Theorie I., II. und III. Ordnung ergeben, können folgende Aussagen getroffen werden:

1. Nach Theorie I. Ordnung besteht die lineare Beziehung zwischen der Belastung und der Verformung φ. Die Gerade I.(b) ist die Tangente an die Kurven II.(b) und III.(b) für Theorie II. und III. Ordnung im Punkt für $N = 0$.
2. Die Kurve II.(b) nähert sich asymptotisch der Geraden II.(a) für die ideale Knicklast.
3. Für kleine Verformungen ist die Differenz zu der Kurve III.(b) gering, dagegen gegenüber Kurve I.(b) sehr deutlich.
4. Die Kurve III.(b) für Theorie III. Ordnung mit Querbelastung nähert sich asymptotisch der Kurve III.(a) für Theorie III. Ordnung ohne Querbelastung.

Der Verlauf dieser Kurven gilt nicht nur für die Verformung φ, sondern auch für das Moment in der Stütze und der Drehfeder.

In der Baupraxis ist die Berechnung der Beanspruchungen des Systems nach Theorie II. Ordnung ausreichend, da im Allg. kleine Verformungen vorliegen.

8.2 Berechnung nach Theorie II. Ordnung

Die Gleichgewichtsbedingungen zur Berechnung der Schnittgrößen sind am verformten Tragwerk aufzustellen, da dies bei einer **Druckbeanspruchung** zu größeren Schnittgrößen führt. Das Gleichgewicht am verformten System wird als Theorie II. Ordnung, das Gleichgewicht am unverformten System als Theorie I. Ordnung bezeichnet.

Das Gleichgewicht am unverformten System nach Abb. 8.1 lautet für das Moment:

$$M_{\mathrm{I}} = H \cdot l$$

Das Gleichgewicht am verformten System lautet mit der Verformung φ_{II}, wobei vorausgesetzt wird, dass diese Verformung klein gegenüber den Abmessungen des Systems ist:

$$M_{\mathrm{II}} = H \cdot l + N \cdot l \cdot \varphi_{\mathrm{II}}$$

oder

$$M_{\mathrm{II}} = M_{\mathrm{I}} + \Delta M \qquad \text{mit } \Delta M = N \cdot l \cdot \varphi_{\mathrm{II}}$$

Man erkennt:
Das Gleichgewicht am verformten System führt bei Druckkräften, die in diesem Fall positiv definiert werden, zu einer Vergrößerung des Momentes. Der Zuwachs ΔM hängt von dem Produkt aus der Normalkraft N und der

Verformung φ_{II} ab. Dies bedeutet, dass die Berechnung nach Theorie II. Ordnung nicht linear ist und das Superpositionsprinzip für die Überlagerung mehrerer Lastfälle nicht mehr gilt. Bei der Berechnung nach Theorie II. Ordnung sind also zunächst die Einwirkungen zu kombinieren und anschließend die Berechnung und der Nachweis durchzuführen.
Die noch unbekannte Verformung φ_{II} kann mit der Elementsteifigkeitsmatrix bestimmt werden.

$$M_{\mathrm{II}} = k_{\varphi} \cdot \varphi_{\mathrm{II}}$$

Damit erhält man die Gleichung zur Berechnung des Momentes nach Theorie II. Ordnung.

$$M_{\mathrm{II}} = \frac{M_{\mathrm{I}}}{1 - \dfrac{N \cdot l}{k_{\varphi}}} \tag{8.9}$$

Wenn der Nenner dieser Gleichung gleich null wird, wird die Schnittgröße nach Theorie II. Ordnung unendlich groß unabhängig von der Art und der Größe der Einwirkung. Dies ist der Fall, wenn die Normalkraft

$$N = \frac{k_{\varphi}}{l} \tag{8.10}$$

wird. Dieser Wert ist ein spezifischer Wert des Systems und wird, wie schon erläutert, als **Verzweigungslast** N_{cr} bezeichnet.

$$M_{\mathrm{II}} = \frac{M_{\mathrm{I}}}{1 - \dfrac{N}{N_{\mathrm{cr}}}} \tag{8.11}$$

Die Gleichung (8.11) ist genau für Systeme aus starren Stäben mit elastischen Federn. Sie ist aber auch eine sehr gute Näherung für elastische Stabsysteme, wenn für jeden Stab die Normalkraft und die zugehörige Verzweigungslast eingesetzt werden. Für die weitere Betrachtung werden die folgenden Abkürzungen eingeführt:

$$k = \frac{M_{\mathrm{II}}}{M_{\mathrm{I}}} = \frac{1}{1 - \dfrac{N}{N_{\mathrm{cr}}}} = \frac{1}{1 - q_{\mathrm{cr}}} \tag{8.12}$$

$$\text{mit} \quad q_{\mathrm{cr}} = \frac{N}{N_{\mathrm{cr}}} \tag{8.13}$$

$$\alpha_{\mathrm{cr}} = \frac{N_{\mathrm{cr}}}{N} \tag{8.14}$$

Der Vergrößerungsfaktor k ist das Verhältnis der Schnittgrößen nach Theorie II. Ordnung zu den Schnittgrößen nach Theorie I. Ordnung.

Tabelle 8.1 Abgrenzungskriterium für Theorie I. und II. Ordnung

$q_{cr} = \frac{N}{N_{cr}}$	k	$\alpha_{cr} = \frac{N_{cr}}{N}$	**Anmerkung**
0	1,00	∞	Theorie I. Ordnung erlaubt
0,1	1,11	10,00	
0,2	1,25	5,00	Theorie II. Ordnung baupraktischer Bereich
0,3	1,43	3,33	
0,4	1,67	2,50	
0,5	2,00	2,00	sehr weiches System
0,6	2,50	1,67	
0,7	3,33	1,43	
0,8	5,00	1,25	
0,9	10,00	1,11	
1,0	∞	1,00	

Dieser Vergrößerungsfaktor k gilt auch für die Verformungen. Der Faktor q_{cr} dient als Abgrenzungskriterium und ist für die vereinfachte Berechnung der Schnittgrößen nach Theorie II. Ordnung erforderlich. Der Kehrwert davon wird als Verzweigungslastfaktor α_{cr} bezeichnet. Dieser Verzweigungslastfaktor α_{cr} ist von grundsätzlicher Bedeutung zur Berechnung der Verzweigungslasten.
Die Zunahme der Beanspruchung beträgt nach Tabelle 8.1 bei $q_{cr} = 0{,}2$ schon $25\ \%$. Für die Berechnung der Beanspruchung gilt im Allg. die folgende Regelung. Der Einfluss der sich nach Theorie II. Ordnung ergebenden Verformungen auf das Gleichgewicht darf vernachlässigt werden, wenn der Zuwachs der maßgebenden Schnittgrößen infolge der Verformungen nicht größer als 10 % ist. Diese Bedingung kann als erfüllt angesehen werden, wenn bei einer elastischen Berechnung

$$q_{cr} = \frac{N_{Ed}}{N_{cr}} \leq 0{,}1 \quad \text{bzw.} \quad \alpha_{cr} = \frac{N_{cr}}{N_{Ed}} \geq 10 \tag{8.15}$$

sind. Es soll der Einfluss der Theorie II. Ordnung an einem einfachen Beispiel einer eingespannten Stütze nach Abb. 8.3 diskutiert werden. Das System ist durch eine vertikale Kraft N und eine horizontale Einzellast H belastet. Die vertikale Kraft wird vereinfacht mit N bezeichnet, da es sich hier um einen Stab mit einer konstanten Normalkraft N handelt.

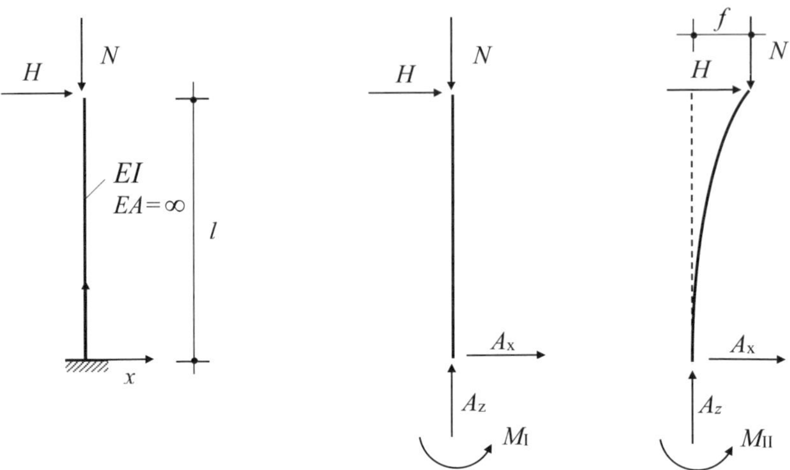

Abb. 8.3 Eingespannte Stütze

Die ideale Knicklast N_{cr} lautet für dieses System:

$$N_{cr} = \frac{\pi^2 \cdot E \cdot I}{L_{cr}^2} \qquad \text{mit} \qquad L_{cr} = 2 \cdot l$$

L_{cr} – Knicklänge des Systems

Der Vergrößerungsfaktor

$$k = \frac{1}{1 - \frac{N}{N_{cr}}}$$

für die Berechnung des Momentes nach Theorie II. Ordnung ist umso größer,

– je größer die Normalkraft N,
– je größer die Knicklänge L_{cr} des Stabes und
– je kleiner die Biegesteifigkeit $E \cdot I$ des Stabes

ist.

Die exakte Berechnung des Biegemomentes nach Theorie II. Ordnung ist sehr aufwändig. Deshalb wird die Berechnung von Tragwerken im Allg. mit entsprechenden Stabwerksprogrammen durchgeführt. Für einfache Systeme können die Schnittgrößen nach Theorie II. Ordnung auch mit Näherungsverfahren berechnet werden. Die Kenntnisse der exakten Lösung einfacher Systeme und der Näherungsverfahren sind erforderlich, um die Ergebnisse von EDV-Programmen überprüfen zu können.

8.3 Beanspruchungen nach Theorie II. Ordnung

Schon für Einfeldträger unter allgemeiner Belastung ist die exakte Lösung sehr aufwändig.

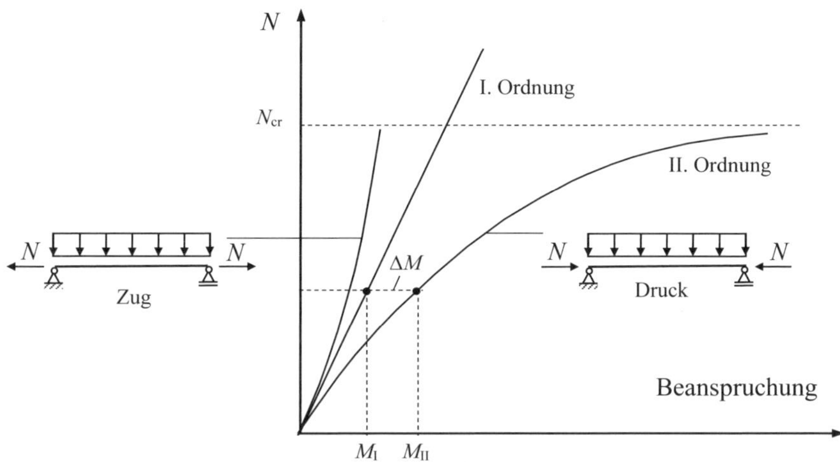

Abb. 8.4 Beanspruchungen nach Theorie II. Ordnung

Um die Theorie II. Ordnung zu erläutern, soll ein Einfeldträger unter einem konstanten Moment M_I nach Abb. 8.5 betrachtet werden. Die Beziehung zwischen dem Biegemoment M und der zugehörigen Elementverformung w'' lautet:

$$M = -E \cdot I \cdot w'' \tag{8.16}$$

Für das Gleichgewicht am verformten System werden kleine Verformungen angenommen, d. h. das System wird nach Theorie II. Ordnung berechnet.

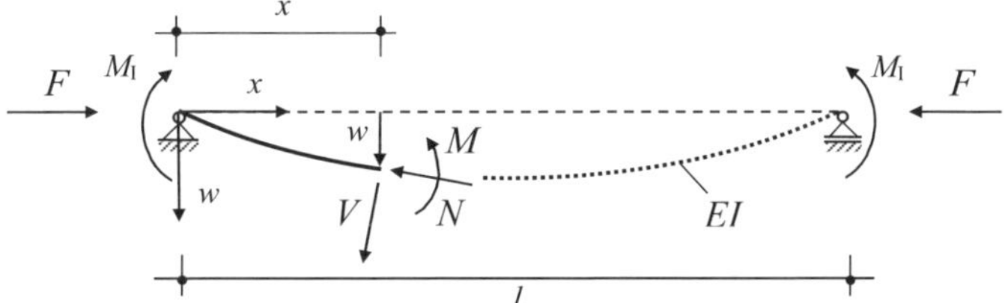

Abb. 8.5 Gleichgewicht am verformten System

Es gilt für das Biegemoment M an der Stelle x dieses Systems, wenn die Normalkraft N als Druckkraft positiv eingeführt wird:

$$F \approx N \qquad M(x) = M_I + N \cdot w \tag{8.17}$$

Mit der elastostatischen Grundgleichung (8.16) erhält man

$$w'' + \frac{N}{E \cdot I} \cdot w + \frac{M_{\mathrm{I}}}{E \cdot I} = 0 \tag{8.18}$$

und mit der Abkürzung $\alpha^2 = \frac{N}{E \cdot I}$

die Differenzialgleichung der Biegelinie für das konstante Moment:

$$w'' + \alpha^2 \cdot w + \frac{M_{\mathrm{I}}}{E \cdot I} = 0$$

Lösungsansatz:

$$w = C_1 \cdot \sin \alpha x + C_2 \cdot \cos \alpha x - \frac{M_{\mathrm{I}}}{N}$$

C_1 und C_2 werden mit den Randbedingungen bestimmt.

$$w(0) = 0 \text{ ergibt } C_2 = \frac{M_{\mathrm{I}}}{N}$$

$$w(l) = 0 \text{ ergibt } C_1 = \frac{M_{\mathrm{I}}}{N} \cdot \tan \alpha \frac{l}{2}$$

Durchbiegung:

$$w = \frac{M_{\mathrm{I}}}{N} \cdot \left(\tan \alpha \frac{l}{2} \cdot \sin \alpha x + \cos \alpha x - 1 \right)$$

$$f = w(l/2) = \frac{M_{\mathrm{I}}}{N} \cdot \left[\frac{1}{\cos \alpha \frac{l}{2}} - 1 \right]$$

Der Biegemomentenverlauf kann auf folgende Weise berechnet werden:

$$M_{\mathrm{II}} = -E \cdot I \cdot w''$$

oder

$$M_{\mathrm{II}} = M_{\mathrm{I}} + N \cdot w = M_{\mathrm{I}} \cdot \left(\tan \alpha \frac{l}{2} \cdot \sin \alpha x + \cos \alpha x \right)$$

$$\max M_{\mathrm{II}} = \frac{M_{\mathrm{I}}}{\cos \frac{\varepsilon}{2}} \tag{8.19}$$

$$\text{mit } \varepsilon = \sqrt{\frac{N}{E \cdot I}} \cdot l \tag{8.20}$$

Querkraftverlauf:

$$V_{\mathrm{II}} = \frac{\mathrm{d}M}{\mathrm{d}x} = M_{\mathrm{I}} \cdot \alpha \cdot \left(\tan\alpha \frac{l}{2} \cdot \cos\alpha x - \sin\alpha x \right)$$

$$\max\, V_{\mathrm{II}} = M_{\mathrm{I}} \cdot \alpha \cdot \tan\frac{\varepsilon}{2}$$

Für den einfachen Stab gibt es geschlossene Lösungen, in denen stets als Parameter die Stabkennzahl ε vorkommt. Sie ist ein Maß für die „Empfindlichkeit" eines gedrückten Stabes bezüglich Theorie II. Ordnung, wobei jedoch die Knicklänge zu berücksichtigen ist.

$$\varepsilon_{\mathrm{cr}} = L_{\mathrm{cr}} \cdot \sqrt{\frac{N}{E \cdot I}} \tag{8.21}$$

In diesem Beispiel ist $L_{\mathrm{cr}} = l$. Die Zunahme des Momentes k nach Theorie II. Ordnung beträgt:

$$k = \frac{M_{\mathrm{II}}}{M_{\mathrm{I}}} = \frac{1}{\cos\varepsilon / 2} \tag{8.22}$$

Tabelle 8.2 Zunahme des Momentes nach Theorie II. Ordnung

$\varepsilon_{\mathrm{cr}}$	$k = \frac{M_{\mathrm{II}}}{M_{\mathrm{I}}}$
0,00	1,000
0,25	1,008
0,50	1,032
0,75	1,075
1,00	1,139
1,50	1,367
2,00	1,851
2,50	3,171
2,75	5,140

Die Tabelle 8.2 zeigt deutlich, dass mit zunehmender Druckkraft die Biegemomente überproportional ansteigen. Das Superpositonsgesetz gilt bei Theorie II. Ordnung nicht mehr. Die Einwirkungen sind zunächst zu kombinieren, bevor die Berechnung nach Theorie II. Ordnung erfolgt. Die Berechnung nach Theorie I. Ordnung ist erlaubt, wenn $\varepsilon_{\mathrm{K}} \leq 1{,}00$ ist. Dies ist gleichbedeutend mit der Bedingung (8.15) $q_{\mathrm{cr}} \leq 0{,}1$. Die Gleichung (8.22) soll im nächsten Abschnitt benutzt werden, um die Genauigkeit der Näherungsberechnung aufzuzeigen.

8.4 Näherungsberechnung

Um die aufwändige Berechnung mit komplizierten trigonometrischen Funktionen zu vermeiden – ich selbst denke noch an die Berechnung mit dem Rechenschieber –, wurden einfache Näherungsberechnungen entwickelt. Als Erläuterungsbeispiel wird der gleiche Einfeldträger mit einem konstanten Moment M_{I} und der konstanten Druckkraft N nach Abb. 8.6 gewählt.

Das maximale Biegemoment in der Mitte nach Theorie II. Ordnung beträgt:

$$M_{II} = M_I + N \cdot f = M_I + \Delta M \tag{8.23}$$

Unbekannt ist die sich einstellende endgültige Verformung f. Diese soll iterativ berechnet werden. Die Verformung f_I unter dem konstanten Moment M_I beträgt:

$$f_I = \frac{1}{8} \cdot \frac{M_I \cdot l^2}{E \cdot I}$$

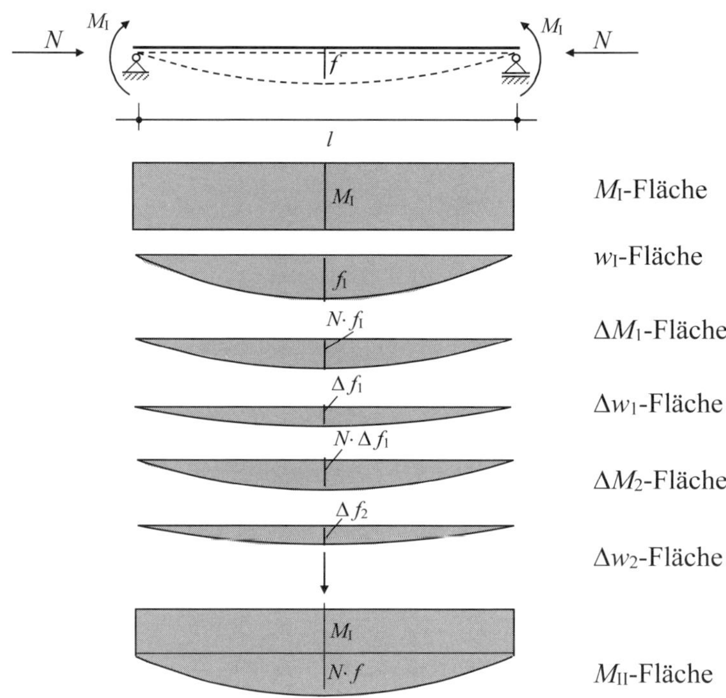

Abb. 8.6 Näherungsberechnung für Theorie II. Ordnung

Daraus folgt das Zusatzmoment

$$\Delta M_1 = N \cdot f_I$$

Der Momentenverlauf von ΔM_1 ist entsprechend der Verformung eine quadratische Parabel. Unter dem Zusatzmoment ΔM_1 entsteht eine Zusatzverformung Δf_1. Mit den Integraltafeln für das Prinzip der virtuellen Kräfte folgt:

$$\Delta f_1 = \frac{5}{12} \cdot N \cdot f_I \cdot \frac{l}{4} \cdot \frac{l}{E \cdot I} = \frac{5}{48} \cdot \frac{N \cdot l^2}{E \cdot I} \cdot f_I = q \cdot f_I \tag{8.24}$$

Als Abkürzung wird eingeführt:

$$q = \frac{5}{48} \cdot \frac{N \cdot l^2}{E \cdot I} \qquad (8.25)$$

$$\Delta M_2 = N \cdot \Delta f_1 = N \cdot q \cdot f_{\mathrm{I}}$$

Unter dem Zusatzmoment ΔM_2 entsteht eine weitere Zusatzverformung Δf_2. Es ist offensichtlich, dass die w-Flächen sich ähnlich sind und für den Maximalwert der Verformung folgende Annahme getroffen werden kann:

$$\frac{\Delta f_1}{f_{\mathrm{I}}} \approx \frac{\Delta f_2}{\Delta f_1}; \; \Delta f_2 = \frac{\Delta f_1}{f_{\mathrm{I}}} \cdot \Delta f_1 = q \cdot \Delta f_1$$

$$\Delta M_3 = N \cdot \Delta f_2 = N \cdot q \cdot \Delta f_1 = N \cdot q^2 \cdot f_{\mathrm{I}}$$

Für den Zuwachs ΔM nach Theorie II. Ordnung gilt damit:

$$\Delta M = \Delta M_1 + \Delta M_2 + \Delta M_3 \ldots$$

$$\Delta M = N \cdot f_{\mathrm{I}} + N \cdot q \cdot f_{\mathrm{I}} + N \cdot q^2 \cdot f_{\mathrm{I}} \ldots$$

$$\Delta M = N \cdot f_{\mathrm{I}}(1 + q + q^2 \ldots)$$

Der Klammerausdruck ist eine geometrische Reihe mit dem Faktor q.

$$M_{\mathrm{II}} = M_{\mathrm{I}} + \Delta M = M_{\mathrm{I}} + \frac{\Delta M_1}{1-q} = M_{\mathrm{I}} + \frac{N \cdot f_{\mathrm{I}}}{1-q} \qquad (8.26)$$

$$\text{mit } q = \frac{\Delta f_1}{f_{\mathrm{I}}} \qquad (8.27)$$

Die Gleichung (8.26) ist eine sehr gute Näherungsberechnung nach Theorie II. Ordnung von einfachen Systemen.

Es soll nun q noch auf eine andere Art berechnet werden. Wenn $q \to 1$ geht, dann wachsen selbst bei sehr kleinem Anfangsmoment $\Delta M_1 = N \cdot f_{\mathrm{I}}$ die Biegemomente und Verformungen grenzenlos an. Der Stab knickt!

$$q = \frac{5}{48} \cdot \frac{N \cdot l^2}{E \cdot I} = N \cdot \alpha \to 1 = N_{\mathrm{cr}} \cdot \alpha \to \alpha = \frac{1}{N_{\mathrm{cr}}} \qquad q = q_{\mathrm{cr}} = \frac{N}{N_{\mathrm{cr}}} \qquad (8.28)$$

Diese Gleichung wurde schon im Abschnitt 1.3.3 hergeleitet. Es gibt damit zwei Wege zur Berechnung. Ist die Verzweigungslast bekannt, wird q mit Gleichung (8.28) sonst mit Gleichung (8.27) berechnet. Die Gleichung (8.27) liefert auch eine Näherung für den Verzweigungslastfaktor α_{cr}.

$$q_{\mathrm{cr}} \approx \frac{\Delta f_1}{f_{\mathrm{I}}} \to \alpha_{\mathrm{cr}} = \frac{f_{\mathrm{I}}}{\Delta f_1} \qquad (8.29)$$

Für das Erläuterungsbeispiel gilt mit Gleichung (8.24):

$$a_{\mathrm{cr}} = \frac{f_{\mathrm{I}}}{\Delta f_1} = \frac{48 \cdot E \cdot I}{5 \cdot l^2 \cdot N}$$

$$N_{\mathrm{cr}} = \alpha_{\mathrm{cr}} \cdot N = \frac{48 \cdot E \cdot I}{5 \cdot l^2} = \frac{9{,}6 \cdot E \cdot I}{l^2}$$

Die genaue Lösung lautet

$$N_{\mathrm{cr}} = \frac{\pi^2 \cdot E \cdot I}{l^2} = \frac{9{,}87 \cdot E \cdot I}{l^2}$$

In der Praxis sind im Stahlbau häufig Wandstiele oder Giebelwandstützen mit einer Druckkraft und Gleichstreckenlast aus Wind zu bemessen und nachzuweisen.

System und Belastung sind in Abb. 8.7 dargestellt.

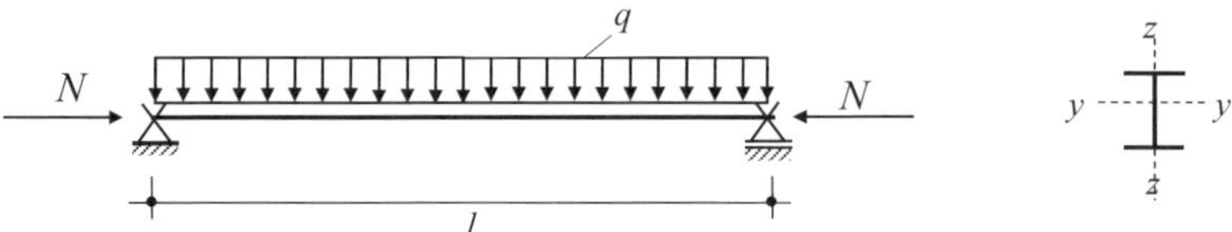

Abb. 8.7 Stütze mit Gleichstreckenlast

Die Gleichung (8.26) kann noch folgendermaßen umgeformt werden.

$$M_{\mathrm{II}} = M_{\mathrm{I}} + \frac{N \cdot f_{\mathrm{I}}}{1-q} \qquad f_{\mathrm{I}} = \frac{5}{384} \cdot \frac{q \cdot l^4}{E \cdot I}$$

$$N \cdot f_{\mathrm{I}} = N \cdot \frac{5}{384} \cdot \frac{q \cdot l^4}{E \cdot I} = N \cdot \frac{5}{48} \cdot \frac{l^2}{E \cdot I} \cdot M_{\mathrm{I}} \cdot \frac{\pi^2}{\pi^2} = \frac{5 \cdot \pi^2}{48} \cdot \frac{N}{N_{\mathrm{cr}}} \cdot M_{\mathrm{I}}$$

$$N \cdot f_{\mathrm{I}} = 1{,}028 \cdot q_{\mathrm{cr}} \cdot M_{\mathrm{I}} \qquad M_{\mathrm{II}} = M_{\mathrm{I}} + \frac{1{,}028 \cdot q_{\mathrm{cr}}}{1-q_{\mathrm{cr}}} \cdot M_{\mathrm{I}} = M_{\mathrm{I}} \left(1 + \frac{1{,}028 \cdot q_{\mathrm{cr}}}{1-q_{\mathrm{cr}}}\right)$$

$$\frac{M_{\mathrm{II}}}{M_{\mathrm{I}}} = \frac{1-q_{\mathrm{cr}} + 1{,}028 \cdot q_{\mathrm{cr}}}{1-q_{\mathrm{cr}}} = \frac{1+0{,}028 \cdot q_{\mathrm{cr}}}{1-q_{\mathrm{cr}}} \approx \frac{1}{1-q_{\mathrm{cr}}}$$

$$M_{\mathrm{II}} = \frac{M_{\mathrm{I}}}{1-q_{\mathrm{cr}}} \qquad (8.30)$$

Die Gleichung (8.30) ist eine sehr einfache und genaue Formel zur Berechnung der Momente nach Theorie II. Ordnung für gelenkig gelagerte Stützen mit Gleichstreckenlast. Sie darf auch für verschiebliche Systeme wie eingespannte Stützen unter Horizontalbelastung angewendet werden. Für die Stütze mit konstantem Moment erhält man entsprechend

$$k = \frac{M_{\mathrm{II}}}{M_{\mathrm{I}}} = \frac{1+0{,}234 \cdot q_{\mathrm{cr}}}{1-q_{\mathrm{cr}}}$$

Das folgende Beispiel dient dem Vergleich für die angegebene Näherungsberechnung mit der exakten Lösung und zeigt eine sehr gute Übereinstimmung.

Z. B. $q_{\mathrm{cr}} = 0{,}6$

$$k = \frac{1 + 0,234 \cdot q_{\text{cr}}}{1 - q_{\text{cr}}} = \frac{1 + 0,234 \cdot 0,6}{1 - 0,6} = 2,851$$

Die exakte Lösung erfordert noch folgende Umformung

$$q_{\text{cr}} = \frac{N}{N_{\text{cr}}} = \frac{N \cdot l^2}{\pi^2 \cdot E \cdot I} = \frac{1}{\pi^2} \cdot \varepsilon^2$$

$$\varepsilon^2 = \pi^2 \cdot q_{\text{cr}} \tag{8.31}$$

$$\varepsilon^2 = \pi^2 \cdot q_{\text{cr}} = \pi^2 \cdot 0,6 = 5,9212 \qquad k = \frac{1}{\cos \varepsilon / 2} = \frac{1}{\cos 2,433 / 2} = 2,884$$

9 Stabelement nach Theorie II. Ordnung

9.1 Lokale Elementsteifigkeitsmatrix

Die Herleitung der lokalen Elementsteifigkeitsmatrix nach Theorie II. Ordnung für das Balkenelement erfolgt ebenfalls durch die numerische Integration des zugehörigen Differenzialgleichungssystems 1. Ordnung. Abb. 9.1 zeigt die Einwirkungen und Schnittgrößen am differenziellen Element dx.

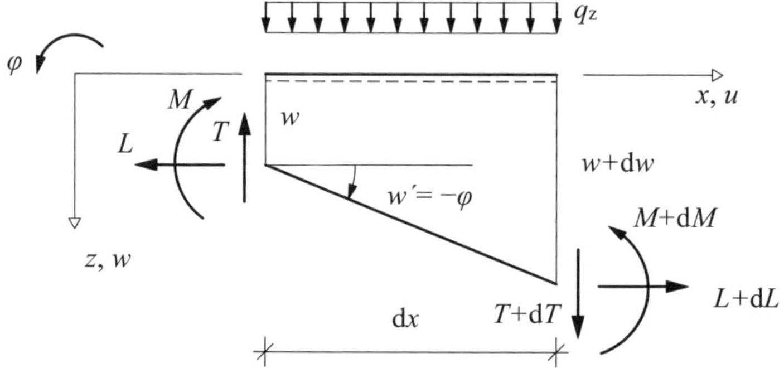

Abb. 9.1 Differenzielles Element nach Theorie II. Ordnung

Es gilt folgende Definition für die Randschnittgrößen:
Die Longitudinalkraft L wirkt in Richtung der unverformten lokalen Achse x. Die Transversalkraft T wirkt in Richtung der unverformten lokalen Achse z.
V und N sind hier definiert als Schnittgrößen an der verformten Achse aus Biegung und Querkraft, s. Abb. 9.2.

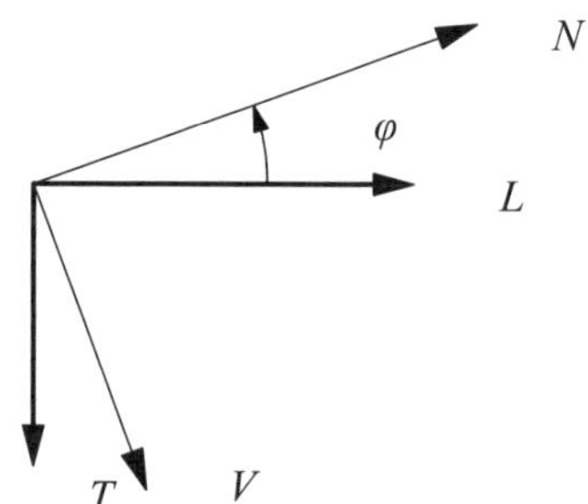

Abb. 9.2 Zerlegung der Randschnittgrößen

Die Randschnittgrößen L und T werden für die Berechnung der Gleichgewichtsbedingungen genutzt. In [7] werden deshalb diese Schnittgrößen als Gleichgewichtsgrößen bezeichnet. Die Randschnittgrößen N und V werden dagegen für den Nachweis des Querschnittes benötigt und deshalb als Nachweisgrößen bezeichnet [7].

Die Zerlegung lautet:

$$N = L \cdot \cos\varphi - T \cdot \sin\varphi$$
$$V = T \cdot \cos\varphi + L \cdot \sin\varphi$$

Für kleine Winkel φ gilt:

$$\sin\varphi = \varphi \qquad \cos\varphi = 1$$
$$N = L - T \cdot \varphi$$
$$V = T + L \cdot \varphi \tag{9.1}$$

Das Differenzialgleichungssystem für den geraden ebenen Stab nach Theorie II. Ordnung lautet in Richtung der unverformten Achsen:

$$L + \mathrm{d}L - L + q_x \cdot \mathrm{d}x = 0$$
$$T + \mathrm{d}T - T + q_z \cdot \mathrm{d}x = 0$$
$$M + \mathrm{d}M - M - T \cdot \mathrm{d}x + L \cdot \mathrm{d}w + q_z \cdot \mathrm{d}x \cdot \frac{\mathrm{d}x}{2} = 0$$
$$M + \mathrm{d}M - M - T \cdot \mathrm{d}x + L \cdot \mathrm{d}w = 0$$

Der Anteil $q_z \cdot \mathrm{d}x \cdot \frac{\mathrm{d}x}{2}$ ist klein gegenüber den anderen Ausdrücken und kann vernachlässigt werden.

Unter den üblichen Voraussetzungen der Stabstatik gilt für das Balkenelement nach Theorie II. Ordnung:

Kinematik:

$$w' = -\varphi \tag{9.2}$$

Werkstoffgesetz: $\sigma = -E \cdot z \cdot w''$

$$M = \int_A \sigma \cdot z \cdot \mathrm{d}A = \int_A E \cdot z^2 \cdot \varphi' \cdot \mathrm{d}A = E \cdot I \cdot \varphi' \tag{9.3}$$

mit $I = \int_A z^2 \cdot \mathrm{d}A$ als Flächenträgheitsmoment 2. Grades

Gleichgewicht:

$$L' = -q_x$$
$$M' = T + L \cdot \varphi \tag{9.4}$$
$$T' = -q_z \tag{9.5}$$

Eine geschlossene Lösung des Differenzialgleichungssystems ist nur möglich, wenn die Längskraft L und der Querschnitt konstant sind. Setzt man diese Gleichungen ineinander ein, führt dies zu der bekannten Differenzialgleichung 4. Ordnung für den Biegestab nach Theorie II. Ordnung.

$$E \cdot I \cdot w^{\mathrm{IV}} - L \cdot w^{\mathrm{II}} = q_z \tag{9.6}$$

Die Differenzialgleichung 4. Ordnung (9.6) kann also durch die vier Differenzialgleichungen 1. Ordnung (9.2) bis (9.5) ersetzt werden.

$$\begin{bmatrix} w' \\ \varphi' \\ T' \\ M' \end{bmatrix} = \begin{bmatrix} 0 & -1 & 0 & 0 \\ 0 & 0 & 0 & 1/EI \\ 0 & 0 & 0 & 0 \\ 0 & L & 1 & 0 \end{bmatrix} \cdot \begin{bmatrix} w \\ \varphi \\ T \\ M \end{bmatrix} + \begin{bmatrix} 0 \\ 0 \\ -q_z \\ 0 \end{bmatrix} \tag{9.7}$$

$$\boldsymbol{z}' = \boldsymbol{A}(x) \cdot \boldsymbol{z} + \boldsymbol{p}(x) \tag{9.8}$$

Der Lösungsansatz dieses Differenzialgleichungssystems ist abhängig davon, ob die Längskraft L eine Druckkraft D oder eine Zugkraft Z ist. Die folgende Berechnung gilt für den gedrückten Biegestab. Es gilt dann $L = -D$. Für die weitere Betrachtung wird eine dimensionslose Darstellung gewählt. Wie allgemein üblich wird weiterhin für die Druckkraft D die Bezeichnung N beibehalten.

$$\bar{x} = \frac{x}{l} \qquad \bar{w} = \frac{w}{l} \qquad \bar{\varphi} = \varphi$$

$$\bar{T} = \frac{T \cdot l^2}{EI} \qquad \bar{M} = \frac{M \cdot l}{EI} \qquad \bar{q}_z = \frac{q_z \cdot l^3}{EI} \qquad \bar{N} = \frac{N \cdot l^2}{EI} = \varepsilon^2$$

$$\begin{bmatrix} \bar{w}' \\ \bar{\varphi}' \\ \bar{T}' \\ \bar{M}' \end{bmatrix} = \begin{bmatrix} 0 & -1 & 0 & 0 \\ 0 & 0 & 0 & 1 \\ 0 & 0 & 0 & 0 \\ 0 & -\varepsilon^2 & 1 & 0 \end{bmatrix} \cdot \begin{bmatrix} \bar{w} \\ \bar{\varphi} \\ \bar{T} \\ \bar{M} \end{bmatrix} + \begin{bmatrix} 0 \\ 0 \\ -\bar{q}_z \\ 0 \end{bmatrix}$$

Der dimensionslose Lösungsansatz lautet:

$$\bar{w} = C_1 \cdot \sin \varepsilon \bar{x} + C_2 \cdot \cos \varepsilon \bar{x} + C_3 \cdot \bar{x} + C_4 + \bar{q}_z \cdot \frac{\bar{x}^2}{2\varepsilon^2}$$

$$\bar{\varphi} = -\bar{w}' = -C_1 \cdot \varepsilon \cdot \cos \varepsilon \bar{x} + C_2 \cdot \varepsilon \cdot \sin \varepsilon \bar{x} - C_3 - \bar{q}_z \cdot \frac{\bar{x}}{\varepsilon^2}$$

$$\bar{M} = \bar{\varphi}' = C_1 \cdot \varepsilon^2 \cdot \sin \varepsilon \bar{x} + C_2 \cdot \varepsilon^2 \cdot \cos \varepsilon \bar{x} - \bar{q}_z \cdot \frac{1}{\varepsilon^2}$$

$$\bar{T} = \bar{M}' + \varepsilon^2 \cdot \bar{\varphi} = -C_3 \cdot \varepsilon^2 - \bar{q}_z \cdot \bar{x}$$

Mit dem Zustandsvektor $\boldsymbol{z}_a$ der Randgrößen am Knoten a und der Vorzeichenkonvention FEM erhält man für die Konstanten C_1 bis C_4:

$$\overline{T}(0) = -\overline{T}_a = -C_3 \cdot \varepsilon^2 \qquad C_3 = \frac{\overline{T}_a}{\varepsilon^2}$$

$$\overline{M}(0) = -\overline{M}_a = C_2 \cdot \varepsilon^2 - \frac{\overline{q}_z}{\varepsilon^2} \qquad C_2 = -\frac{\overline{M}_a}{\varepsilon^2} + \frac{\overline{q}_z}{\varepsilon^4}$$

$$\overline{\varphi}(0) = \overline{\varphi}_a = -C_1 \cdot \varepsilon - C_3 \qquad C_1 = -\frac{\overline{\varphi}_a}{\varepsilon} - C_3 = -\frac{\overline{\varphi}_a}{\varepsilon} - \frac{\overline{T}_a}{\varepsilon^2}$$

$$\overline{w}(0) = \overline{w}_a = C_2 + C_4 \qquad C_4 = \overline{w}_a + \frac{\overline{M}_a}{\varepsilon^2} - \frac{\overline{q}_z}{\varepsilon^4}$$

Damit gilt für die gesuchte Funktion von $\overline{w}(\overline{x})$ in dimensionsloser Schreibweise:

$$\overline{w}(\overline{x}) = \overline{w}_a + \left(-\frac{\sin\varepsilon\overline{x}}{\varepsilon}\right)\cdot\overline{\varphi}_a + \left(\frac{\overline{x}}{\varepsilon^2} - \frac{\sin\varepsilon\overline{x}}{\varepsilon^3}\right)\cdot\overline{T}_a + \left(\frac{1}{\varepsilon^2} - \frac{\cos\varepsilon\overline{x}}{\varepsilon^2}\right)\cdot\overline{M}_a + \overline{q}_z\cdot\left(\frac{\overline{x}^2}{2\varepsilon^2} - \frac{1}{\varepsilon^4} + \frac{\cos\varepsilon\overline{x}}{\varepsilon^4}\right)$$

Die Übertragungsmatrix $\boldsymbol{U}_x$ für das Beispiel lautet damit:

$$\begin{bmatrix} \overline{w} \\ \overline{\varphi} \\ \overline{T} \\ \overline{M} \end{bmatrix} = \begin{bmatrix} 1 & -\frac{\sin\varepsilon\overline{x}}{\varepsilon} & \frac{\overline{x}}{\varepsilon^2} - \frac{\sin\varepsilon\overline{x}}{\varepsilon^3} & \frac{1}{\varepsilon^2} - \frac{\cos\varepsilon\overline{x}}{\varepsilon^2} \\ 0 & \cos\varepsilon\overline{x} & -\frac{1}{\varepsilon^2} + \frac{\cos\varepsilon\overline{x}}{\varepsilon^2} & -\frac{\sin\varepsilon\overline{x}}{\varepsilon} \\ 0 & 0 & -1 & 0 \\ 0 & -\varepsilon\cdot\sin\varepsilon\overline{x} & -\frac{\sin\varepsilon\overline{x}}{\varepsilon} & -\cos\varepsilon\overline{x} \end{bmatrix} \cdot \begin{bmatrix} \overline{w}_a \\ \overline{\varphi}_a \\ \overline{T}_a \\ \overline{M}_a \end{bmatrix} + \begin{bmatrix} \overline{q}_z\cdot\left(\frac{\overline{x}^2}{2\varepsilon^2} - \frac{1}{\varepsilon^4} + \frac{\cos\varepsilon\overline{x}}{\varepsilon^4}\right) \\ -\overline{q}_z\cdot\left(\frac{\overline{x}}{\varepsilon^2} - \frac{\sin\varepsilon\overline{x}}{\varepsilon^3}\right) \\ -\overline{q}_z\cdot\overline{x} \\ -\overline{q}_z\cdot\left(\frac{1}{\varepsilon^2} - \frac{\cos\varepsilon\overline{x}}{\varepsilon^2}\right) \end{bmatrix}$$

$$\boldsymbol{z}_x = \boldsymbol{U}_x \cdot \boldsymbol{z}_a + \boldsymbol{z}_{0x} \tag{9.9}$$

Mit dieser Integralmatrix $\boldsymbol{U}_x$ kann der Zustandsvektor $\boldsymbol{z}_x$ an jeder Stelle $\overline{x}$ bestimmt werden. Dies bedeutet, dass die Schnittgrößen und die Verformungen an jeder Stelle $\overline{x}$ berechnet und zeichnerisch dargestellt werden können.
Mithilfe der Übertragungsmatrix kann auch die lokale Elementsteifigkeitsmatrix bestimmt werden. Mit dem Zustandsvektor $\boldsymbol{z}_a$ berechnet man für $\overline{x} = 1$ den Zustandsvektor $\boldsymbol{z}_e$ und die zugehörige Übertragungsmatrix $\boldsymbol{U}_e$. Der Zustandsvektor $\boldsymbol{z}_e$ der Randgrößen am Stabende lautet:

$$\begin{bmatrix} \overline{w}_e \\ \overline{\varphi}_e \\ \overline{T}_e \\ \overline{M}_e \end{bmatrix} = \begin{bmatrix} 1 & -\frac{\sin\varepsilon}{\varepsilon} & \frac{1}{\varepsilon^2} - \frac{\sin\varepsilon}{\varepsilon^3} & \frac{1}{\varepsilon^2} - \frac{\cos\varepsilon}{\varepsilon^2} \\ 0 & \cos\varepsilon & -\frac{1}{\varepsilon^2} + \frac{\cos\varepsilon}{\varepsilon^2} & -\frac{\sin\varepsilon}{\varepsilon} \\ 0 & 0 & -1 & 0 \\ 0 & -\varepsilon\cdot\sin\varepsilon & -\frac{\sin\varepsilon}{\varepsilon} & -\cos\varepsilon \end{bmatrix} \cdot \begin{bmatrix} \overline{w}_a \\ \overline{\varphi}_a \\ \overline{T}_a \\ \overline{M}_a \end{bmatrix} + \begin{bmatrix} \overline{q}_z\cdot\left(\frac{1}{2\varepsilon^2} - \frac{1}{\varepsilon^4} + \frac{\cos\varepsilon}{\varepsilon^4}\right) \\ -\overline{q}_z\cdot\left(\frac{1}{\varepsilon^2} - \frac{\sin\varepsilon}{\varepsilon^3}\right) \\ -\overline{q}_z \\ -\overline{q}_z\cdot\left(\frac{1}{\varepsilon^2} - \frac{\cos\varepsilon}{\varepsilon^2}\right) \end{bmatrix} \tag{9.10}$$

$$\boldsymbol{z}_e = \boldsymbol{U}_e \cdot \boldsymbol{z}_a + \boldsymbol{z}_0 \tag{9.11}$$

Mit der Übertragungsmatrix $\boldsymbol{U}_e$ und dem Belastungsvektor $\boldsymbol{z}_0$ kann die lokale Elementsteifigkeitsmatrix mithilfe einfacher Matrizenoperationen berechnet werden, s. Kapitel 7. Die lokale Elementsteifigkeitsmatrix $\boldsymbol{K}_{n,n}$ des Stabelementes nach Theorie II. Ordnung beschreibt die Beziehung zwischen den lokalen Knotenschnittgrößen und den lokalen Knotenweggrößen.

$$\begin{bmatrix} \overline{T}_a \\ \overline{M}_a \\ \overline{T}_e \\ \overline{M}_e \end{bmatrix} = \frac{1}{2(1-\cos\varepsilon)-\varepsilon\sin\varepsilon} \cdot \begin{bmatrix} \varepsilon^3\sin\varepsilon & -\varepsilon^2(1-\cos\varepsilon) & -\varepsilon^3\sin\varepsilon & -\varepsilon^2(1-\cos\varepsilon) \\ -\varepsilon^2(1-\cos\varepsilon) & \varepsilon\sin\varepsilon-\varepsilon^2\cos\varepsilon & \varepsilon^2(1-\cos\varepsilon) & \varepsilon^2-\varepsilon\sin\varepsilon \\ -\varepsilon^3\sin\varepsilon & \varepsilon^2(1-\cos\varepsilon) & \varepsilon^3\sin\varepsilon & \varepsilon^2(1-\cos\varepsilon) \\ -\varepsilon^2(1-\cos\varepsilon) & \varepsilon^2-\varepsilon\sin\varepsilon & \varepsilon^2(1-\cos\varepsilon) & \varepsilon\sin\varepsilon-\varepsilon^2\cos\varepsilon \end{bmatrix} \cdot \begin{bmatrix} \overline{w}_a \\ \overline{\varphi}_a \\ \overline{w}_e \\ \overline{\varphi}_e \end{bmatrix}$$

$$+ \begin{bmatrix} -\frac{\overline{q}_z}{2} \\ \frac{\overline{q}_z}{2(\alpha+\beta)} \\ -\frac{\overline{q}_z}{2} \\ -\frac{\overline{q}_z}{2(\alpha+\beta)} \end{bmatrix}$$

$$\boldsymbol{s}_n = \boldsymbol{K}_{n,n} \cdot \boldsymbol{v}_n + \boldsymbol{s}_{n,0} \tag{9.12}$$

Für den Druckstab werden für die Vorzahlen der lokalen Elcmentsteifigkeitsmatrix folgende bekannte Abkürzungen eingeführt. Wie allgemein üblich wird weiterhin für die Druckkraft D die Bezeichnung N beibehalten.

$$\varepsilon = \sqrt{\frac{N}{EI}} \cdot l \tag{9.13}$$

$$\alpha = \frac{\varepsilon\sin\varepsilon - \varepsilon^2\cos\varepsilon}{2(1-\cos\varepsilon)-\varepsilon\sin\varepsilon} \tag{9.14}$$

$$\beta = \frac{\varepsilon^2 - \varepsilon\sin\varepsilon}{2(1-\cos\varepsilon)-\varepsilon\sin\varepsilon} \tag{9.15}$$

$$\gamma = \frac{\varepsilon^2 \cdot \sin\varepsilon}{\sin\varepsilon - \varepsilon\cos\varepsilon} \tag{9.16}$$

Die weiteren Elemente dieser Elementsteifigkeitsmatrix nach Theorie II. Ordnung können mithilfe von α, β und γ ausgedrückt werden.

$$\frac{\varepsilon^2(1-\cos\varepsilon)}{2(1-\cos\varepsilon)-\varepsilon\sin\varepsilon} = \alpha + \beta$$

$$\frac{\varepsilon^3 \sin\varepsilon}{2(1-\cos\varepsilon)-\varepsilon\sin\varepsilon} = 2(\alpha+\beta)-\varepsilon^2$$

Die Vorzahl γ erhält man für den Biegestab mit einem Momentengelenk. In [2] sind praktische Näherungsformeln für die Vorzahlen angegeben, die die gleichen Werte liefert wie das Näherungsverfahren, das auf dem Prinzip der virtuellen Verschiebungen basiert, s. Kapitel 10.
Für die Funktionen sin ε und cos ε werden die ersten vier Glieder der Taylor-Reihe berücksichtigt.

$$\cos\varepsilon = 1-\frac{\varepsilon^2}{2}+\frac{\varepsilon^4}{24}-\frac{\varepsilon^6}{720} \tag{9.17}$$

$$\sin\varepsilon = \varepsilon-\frac{\varepsilon^3}{6}+\frac{\varepsilon^5}{120}-\frac{\varepsilon^7}{5040} \tag{9.18}$$

Die Gleichungen (9.17) und (9.18) werden in die Gleichungen (9.14), (9.15) und (9.16) eingesetzt. Beispielhaft wird verkürzt die Näherung für α angegeben. Die Glieder nach der gestrichelten Linie sind klein und werden vernachlässigt.

$$\alpha = \frac{\frac{\varepsilon^4}{3}-\frac{\varepsilon^6}{30}+\frac{\varepsilon^8}{840}}{\frac{\varepsilon^4}{12}-\frac{\varepsilon^6}{180}+\frac{\varepsilon^8}{5040}} = \frac{\frac{1}{3}-\frac{\varepsilon^2}{30}+\frac{\varepsilon^4}{840}}{\frac{1}{12}-\frac{\varepsilon^2}{180}+\frac{\varepsilon^4}{5040}}$$

$$\alpha = \frac{\frac{4}{12}-\frac{4\varepsilon^2}{180}+\frac{4\varepsilon^4}{5040}}{\frac{1}{12}-\frac{\varepsilon^2}{180}+\frac{\varepsilon^4}{5040}} - \frac{\frac{\varepsilon^2}{90}\,\vdots -\frac{\varepsilon^4}{2520}}{\frac{1}{12}\,\vdots -\frac{\varepsilon^2}{180}+\frac{\varepsilon^4}{5040}} \approx 4-\frac{2}{15}\varepsilon^2$$

Entsprechend erhält man:

$$\alpha = 4-\frac{2}{15}\varepsilon^2 \tag{9.19}$$

$$\beta = 2+\frac{1}{30}\varepsilon^2 \tag{9.20}$$

$$\gamma = 3-\frac{1}{5}\varepsilon^2 \tag{9.21}$$

Mit diesen Vorzahlen werden weitere Abkürzungen eingeführt, die für die Angabe der Vorzahlen für die lokale Elementsteifigkeitsmatrix nach Theorie II. Ordnung erforderlich sind. Diese Werte sind in Tabelle 9.1 angegeben und in [13] sowohl für Druckkräfte als auch für Zugkräfte tabelliert. Die zusätzlichen Anteile mit $a\cdot\varepsilon^2$ werden in der FE-Methode als geometrische Elementsteifigkeitsmatrix bezeichnet.

Tabelle 9.1 Vorzahlen nach Theorie II.Ordnung

Druckstab			
	Theorie II. Ordnung exakt	Theorie II. Ordnung Näherung	Theorie I. Ordnung
Vorzahlen	$\varepsilon = \sqrt{\frac{N}{EI}} \cdot l$	$\varepsilon^2 = \frac{N \cdot l^2}{EI}$	
Ψ_1	α	$4 - \frac{2}{15}\varepsilon^2$	4
Ψ_2	β	$2 + \frac{1}{30}\varepsilon^2$	2
Ψ_3	γ	$3 - \frac{1}{5}\varepsilon^2$	3
Ψ_4	$\alpha + \beta$	$6 - \frac{1}{10}\varepsilon^2$	6
Ψ_5	$2(\alpha + \beta) - \varepsilon^2$	$12 - \frac{6}{5}\varepsilon^2$	12
Ψ_6	$\gamma - \varepsilon^2$	$3 - \frac{6}{5}\varepsilon^2$	3

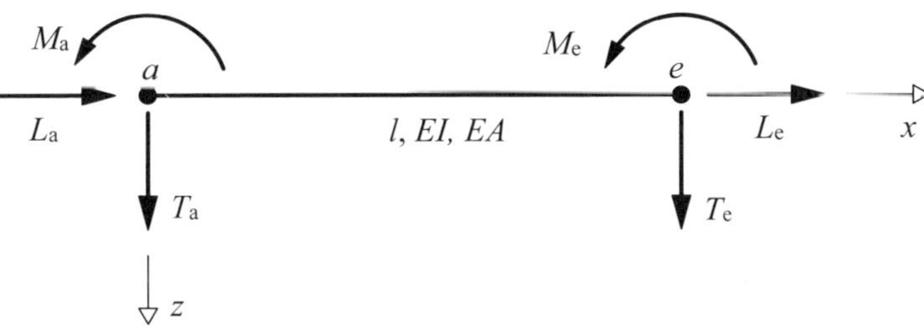

Abb. 9.3 Lokale Elementsteifigkeitsmatrix nach Theorie II. Ordnung

Stab M_{ae}

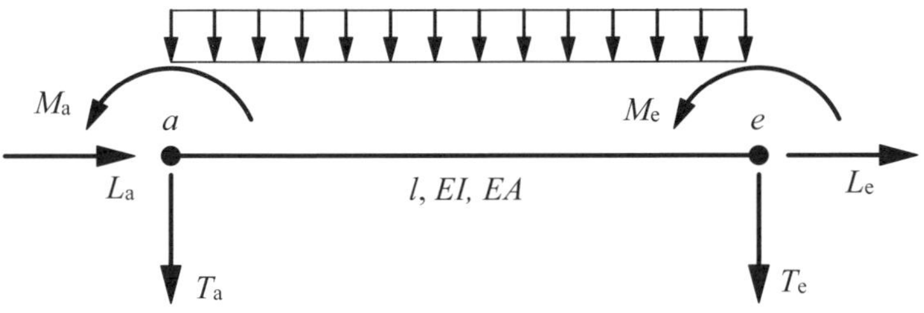

$$\begin{bmatrix} L_a \\ T_a \\ M_a \\ L_e \\ T_e \\ M_e \end{bmatrix} = \begin{bmatrix} \frac{EA}{l} & 0 & 0 & -\frac{EA}{l} & 0 & 0 \\ 0 & \Psi_5 \frac{EI}{l^3} & -\Psi_4 \frac{EI}{l^2} & 0 & -\Psi_5 \frac{EI}{l^3} & -\Psi_4 \frac{EI}{l^2} \\ 0 & -\Psi_4 \frac{EI}{l^2} & \Psi_1 \frac{EI}{l} & 0 & \Psi_4 \frac{EI}{l^2} & \Psi_2 \frac{EI}{l} \\ -\frac{EA}{l} & 0 & 0 & \frac{EA}{l} & 0 & 0 \\ 0 & -\Psi_5 \frac{EI}{l^3} & \Psi_4 \frac{EI}{l^2} & 0 & \Psi_5 \frac{EI}{l^3} & \Psi_4 \frac{EI}{l^2} \\ 0 & -\Psi_4 \frac{EI}{l^2} & \Psi_2 \frac{EI}{l} & 0 & \Psi_4 \frac{EI}{l^2} & \Psi_1 \frac{EI}{l} \end{bmatrix} \begin{bmatrix} u_a \\ w_a \\ \varphi_a \\ u_e \\ w_e \\ \varphi_e \end{bmatrix} + \begin{bmatrix} 0 \\ T_{a,0} \\ M_{a,0} \\ 0 \\ T_{e,0} \\ M_{e,0} \end{bmatrix} \tag{9.22}$$

$$\boldsymbol{s}_n = \boldsymbol{K}_{n,n} \cdot \boldsymbol{v}_n + \boldsymbol{s}_{n0} \tag{9.23}$$

n Ordnung der lokalen Elementsteifigkeitsmatrix $n = 6$
$\boldsymbol{K}_{n,n}$ lokale Elementsteifigkeitsmatrix
$\boldsymbol{v}_n$ Vektor der lokalen Knotenweggrößen
$\boldsymbol{s}_{n0}$ Vektor der Starreinspanngrößen

Stab M_a

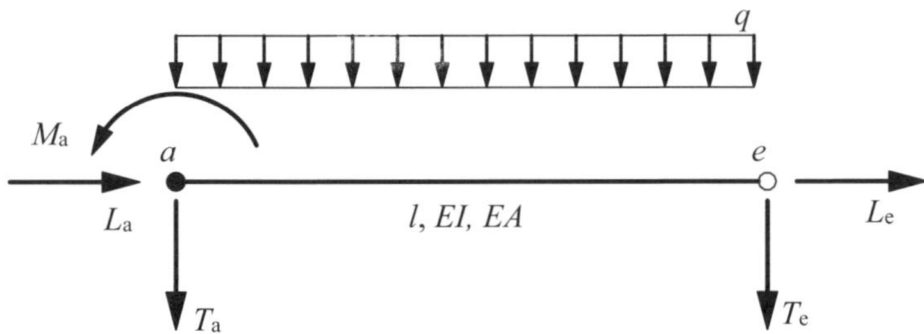

$$\begin{bmatrix} L_a \\ T_a \\ M_a \\ L_e \\ T_e \\ M_e \end{bmatrix} = \begin{bmatrix} \frac{EA}{l} & 0 & 0 & -\frac{EA}{l} & 0 & 0 \\ 0 & \Psi_6 \frac{EI}{l^3} & -\Psi_3 \frac{EI}{l^2} & 0 & -\Psi_6 \frac{EI}{l^3} & 0 \\ 0 & -\Psi_3 \frac{EI}{l^2} & \Psi_3 \frac{EI}{l} & 0 & \Psi_3 \frac{EI}{l^2} & 0 \\ -\frac{EA}{l} & 0 & 0 & \frac{EA}{l} & 0 & 0 \\ 0 & -\Psi_6 \frac{EI}{l^3} & \Psi_3 \frac{EI}{l^2} & 0 & \Psi_6 \frac{EI}{l^3} & 0 \\ 0 & 0 & 0 & 0 & 0 & 0 \end{bmatrix} \begin{bmatrix} u_a \\ w_a \\ \varphi_a \\ u_e \\ w_e \\ \varphi_e \end{bmatrix} + \begin{bmatrix} 0 \\ T_{a,0} \\ M_{a,0} \\ 0 \\ T_{e,0} \\ M_{e,0} \end{bmatrix} \tag{9.24}$$

Stab M_e

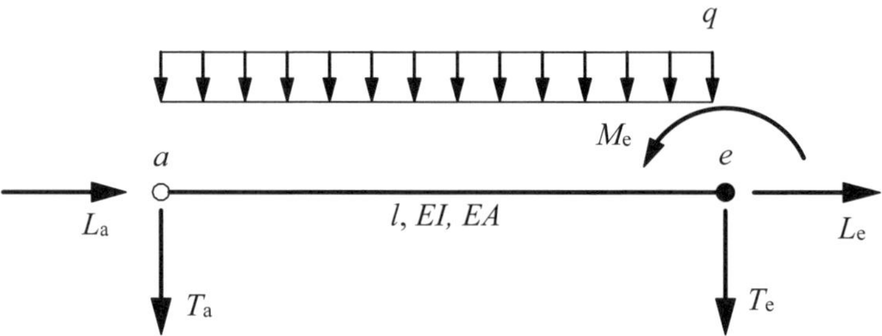

$$\begin{bmatrix} L_a \\ T_a \\ M_a \\ L_e \\ T_e \\ M_e \end{bmatrix} = \begin{bmatrix} \frac{EA}{l} & 0 & 0 & -\frac{EA}{l} & 0 & 0 \\ 0 & \Psi_6 \frac{EI}{l^3} & 0 & 0 & -\Psi_6 \frac{EI}{l^3} & -\Psi_3 \frac{EI}{l^2} \\ 0 & 0 & 0 & 0 & 0 & 0 \\ -\frac{EA}{l} & 0 & 0 & \frac{EA}{l} & 0 & 0 \\ 0 & -\Psi_6 \frac{EI}{l^3} & 0 & 0 & \Psi_6 \frac{EI}{l^3} & \Psi_3 \frac{EI}{l^2} \\ 0 & -\Psi_3 \frac{EI}{l^2} & 0 & 0 & \Psi_3 \frac{EI}{l^2} & \Psi_3 \frac{EI}{l} \end{bmatrix} \begin{bmatrix} u_a \\ w_a \\ \varphi_a \\ u_e \\ w_e \\ \varphi_e \end{bmatrix} + \begin{bmatrix} 0 \\ T_{a,0} \\ M_{a,0} \\ 0 \\ T_{e,0} \\ M_{e,0} \end{bmatrix} \tag{9.25}$$

Die globale Elementsteifigkeitsmatrix $\boldsymbol{K}_{m,m}$ wird berechnet, wie es im Kapitel „Ebener Rahmen“ beschrieben wird. Für die Berechnung nach Theorie II. Ordnung ist zunächst eine Berechnung nach Theorie I. Ordnung erforderlich, um die Normalkräfte der Stäbe zu bestimmen. Diese werden dann für die Berechnung

nach Theorie II. Ordnung verwendet. Eine weitere Iteration ist im Allgemeinen nicht erforderlich.
Zusammenstellung der lokalen Elementsteifigkeitsmatrizen nach Theorie II. Ordnung für dehnstarre Stäbe:

Stab M_{ae}

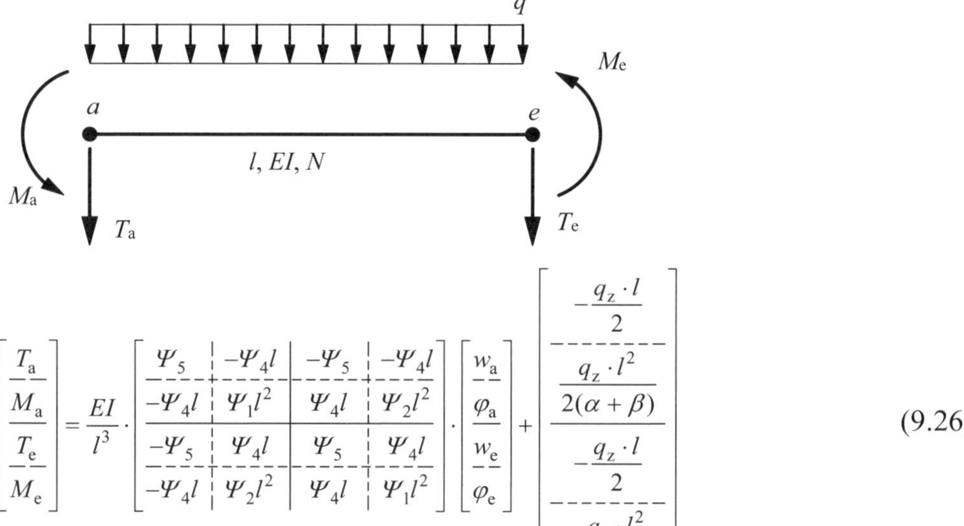

$$\begin{bmatrix} T_a \\ M_a \\ T_e \\ M_e \end{bmatrix} = \frac{EI}{l^3} \cdot \begin{bmatrix} \Psi_5 & -\Psi_4 l & -\Psi_5 & -\Psi_4 l \\ -\Psi_4 l & \Psi_1 l^2 & \Psi_4 l & \Psi_2 l^2 \\ -\Psi_5 & \Psi_4 l & \Psi_5 & \Psi_4 l \\ -\Psi_4 l & \Psi_2 l^2 & \Psi_4 l & \Psi_1 l^2 \end{bmatrix} \cdot \begin{bmatrix} w_a \\ \varphi_a \\ w_e \\ \varphi_e \end{bmatrix} + \begin{bmatrix} -\dfrac{q_z \cdot l}{2} \\ \dfrac{q_z \cdot l^2}{2(\alpha + \beta)} \\ -\dfrac{q_z \cdot l}{2} \\ -\dfrac{q_z \cdot l^2}{2(\alpha + \beta)} \end{bmatrix} \qquad (9.26)$$

Stab M_a – Momentengelenk am Stabende

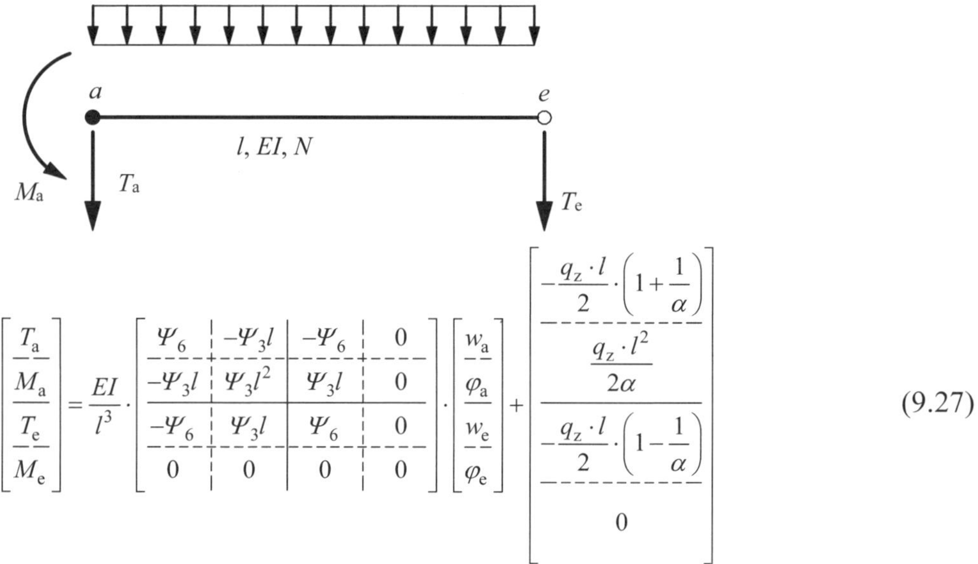

$$\begin{bmatrix} T_a \\ M_a \\ T_e \\ M_e \end{bmatrix} = \frac{EI}{l^3} \cdot \begin{bmatrix} \Psi_6 & -\Psi_3 l & -\Psi_6 & 0 \\ -\Psi_3 l & \Psi_3 l^2 & \Psi_3 l & 0 \\ -\Psi_6 & \Psi_3 l & \Psi_6 & 0 \\ 0 & 0 & 0 & 0 \end{bmatrix} \cdot \begin{bmatrix} w_a \\ \varphi_a \\ w_e \\ \varphi_e \end{bmatrix} + \begin{bmatrix} -\dfrac{q_z \cdot l}{2} \cdot \left(1 + \dfrac{1}{\alpha}\right) \\ \dfrac{q_z \cdot l^2}{2\alpha} \\ -\dfrac{q_z \cdot l}{2} \cdot \left(1 - \dfrac{1}{\alpha}\right) \\ 0 \end{bmatrix} \qquad (9.27)$$

Stab M_e – Momentengelenk am Stabanfang

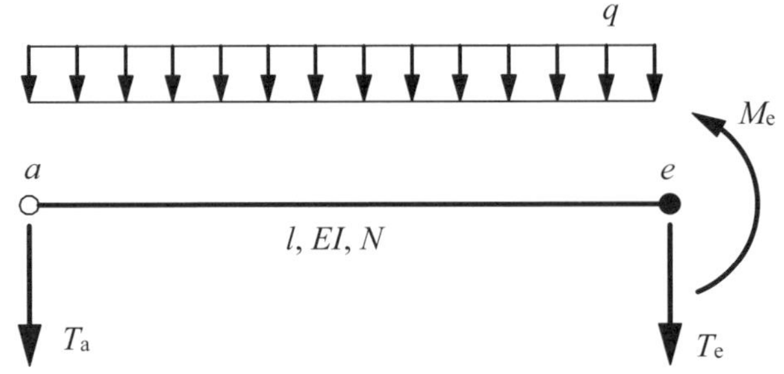

$$\begin{bmatrix} T_a \\ M_a \\ T_e \\ M_e \end{bmatrix} = \frac{EI}{l^3} \cdot \begin{bmatrix} \Psi_6 & 0 & -\Psi_6 & -\Psi_3 l \\ 0 & 0 & 0 & 0 \\ -\Psi_6 & 0 & \Psi_6 & \Psi_3 l \\ -\Psi_3 l & 0 & \Psi_3 l & \Psi_3 l^2 \end{bmatrix} \cdot \begin{bmatrix} w_a \\ \varphi_a \\ w_e \\ \varphi_e \end{bmatrix} + \begin{bmatrix} -\frac{q_z \cdot l}{2} \cdot \left(1 - \frac{1}{\alpha}\right) \\ 0 \\ -\frac{q_z \cdot l}{2} \cdot \left(1 + \frac{1}{\alpha}\right) \\ -\frac{q_z \cdot l^2}{2\alpha} \end{bmatrix} \tag{9.28}$$

9.2 Pendelstab nach Theorie II. Ordnung

Es gibt viele Tragwerke, die gelenkig gelagerte Stäbe mit Normalkraftbeanspruchung enthalten. Diese Stäbe werden auch als Pendelstäbe bezeichnet. Der Pendelstab in Abb. 9.4 ist nur durch eine Druckkraft belastet. Die Stabendmomente sind gleich null. Deshalb ist die Elementsteifigkeitsmatrix für die Balkenbiegung nach Theorie I. Ordnung eine Nullmatrix. Dagegen erhält man für den Pendelstab nach Theorie II. Ordnung eine geometrische Steifigkeitsmatrix. Für das Gleichgewicht des Pendelstabes nach Theorie II. Ordnung gilt:

$$\sum M = 0 \quad T_a \cdot l - N \cdot (w_e - w_a) = 0$$

$$T_a = -\frac{N}{l} \cdot w_a + \frac{N}{l} \cdot w_e$$

$$\sum Z = 0 \quad T_a + T_e = 0 \quad T_a = -T_e$$

$$T_e = \frac{N}{l} \cdot w_a - \frac{N}{l} \cdot w_e$$

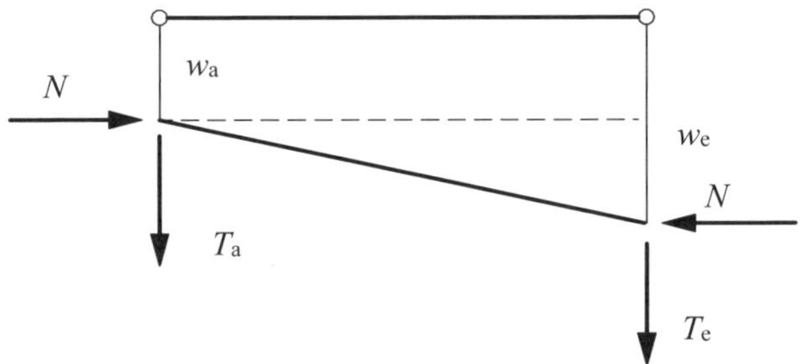

Abb. 9.4 Pendelstab nach Theorie II. Ordnung

$$\begin{bmatrix} T_a \\ M_a \\ T_e \\ M_e \end{bmatrix} = \begin{bmatrix} -N/l & 0 & N/l & 0 \\ 0 & 0 & 0 & 0 \\ N/l & 0 & -N/l & 0 \\ 0 & 0 & 0 & 0 \end{bmatrix} \cdot \begin{bmatrix} w_a \\ 0 \\ w_e \\ 0 \end{bmatrix} \tag{9.29}$$

9.3 Instabile Systeme

Ein Tragwerk ist instabil, wenn sich eine kinematische Kette bildet oder die Belastung die Knicklast (Verzweigungslast) überschreitet. Bei der Berechnung nach Theorie I. Ordnung ist ein Tragwerk instabil oder labil, wenn sich eine kinematischen Kette gebildet hat. Ob die Knicklast des Systems überschritten ist, kann nur durch eine Berechnung nach Theorie II. Ordnung überprüft werden. Die Knicklast N_{cr} ist erreicht, wenn für ein Tragwerk die Determinante der Systemsteifigkeitsmatrix $\boldsymbol{K}_{jj}$ null wird.

$$\det \boldsymbol{K}_{jj} = 0$$

Das Tragwerk ist instabil, wenn $\det \boldsymbol{K}_{jj} < 0$ ist. Bei einer Berechnung eines Tragwerkes ist es nicht notwendig, die Knicklast N_{cr} zu berechnen. Es muss nur überprüft werden, ob $\det \boldsymbol{K}_{jj} < 0$ ist. Wird bei der Lösung des Gleichungssystems die Koeffizientenmatrix a_{ik} in eine obere und untere Dreiecksmatrix zerlegt, dann ist $\det \boldsymbol{K}_{jj}$ das Produkt der Hauptdiagonalelemente d'_{ii} der oberen Dreiecksmatrix. Wenn demnach ein Hauptdiagonalelement d'_{ii} negativ ist, dann ist $\det \boldsymbol{K}_{jj} < 0$ und der zugehörige Freiheitsgrad des Knotens die Ursache für die Instabilität. Das Vorzeichen zu überprüfen ist sicherer, da zwei negative Vorzeichen ebenfalls erkannt werden.

Soll die Knicklast N_{cr} berechnet werden, dann ist die Normalkraft N bzw. die Belastung solange zu steigern, bis $\det \boldsymbol{K}_{jj} = 0$ ist. Dabei ist der niedrigste Wert für N maßgebend. Für die manuelle Berechnung einfacher Systeme eignet sich besonders das Weggrößenverfahren mit dehnstarren Stäben, da die Normalkraftverformung im Allg. vernachlässigbar ist. Bei verschieblichen Systemen kann auch mit der Näherung für die Vorzahlen nach Tabelle 9.1 gerechnet werden, da der Einfluss der Knotenverschiebungen w wesentlich größer ist als der Einfluss der Knotenverdrehungen φ. Dies kann bei unverschieblichen Systemen dadurch erreicht werden, dass der Stab oder das System in mehrere Stabelemente unterteilt wird.

9.4 Eulerfälle

Als erstes Beispiel soll die Knicklast N_{cr} des Eulerfall I der eingespannten Stütze berechnet werden. Die Berechnung erfolgt mit allgemeinen Zahlen.

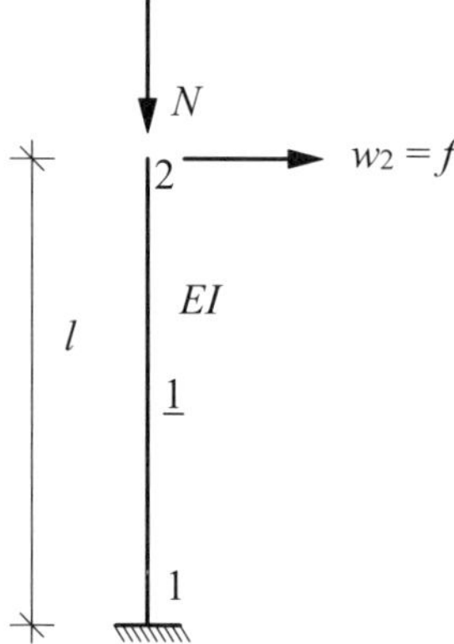

Abb. 9.5 Eulerfall I

Für den Stab 1 gilt die folgende Elementsteifigkeitsmatrix:

$$\begin{bmatrix} T_{1,1} \\ M_{1,1} \\ T_{2,1} \\ M_{2,1} \end{bmatrix} = \frac{EI}{l^3} \cdot \begin{bmatrix} \Psi_6 & -\Psi_3 l & -\Psi_6 & 0 \\ -\Psi_3 l & \Psi_3 l^2 & \Psi_3 l & 0 \\ -\Psi_6 & \Psi_3 l & \Psi_6 & 0 \\ 0 & 0 & 0 & 0 \end{bmatrix} \cdot \begin{bmatrix} w_1 \\ \varphi_1 \\ w_2 \\ \varphi_2 \end{bmatrix}$$

Die Randbedingungen für die Einspannung lauten:

$w_1 = 0 \qquad \varphi_1 = 0 \qquad w_2 = f$

$$\begin{bmatrix} T_{1,1} \\ M_{1,1} \\ T_{2,1} \\ M_{2,1} \end{bmatrix} = \frac{EI}{l^3} \cdot \begin{bmatrix} 0 & 0 & 0 & 0 \\ 0 & 0 & 0 & 0 \\ 0 & 0 & \Psi_6 & 0 \\ 0 & 0 & 0 & 0 \end{bmatrix} \cdot \begin{bmatrix} 0 \\ 0 \\ f \\ 0 \end{bmatrix}$$

Die Systemsteifigkeitsmatrix lautet:

$$[0] = \frac{EI}{l^3} \cdot [\Psi_6] \cdot [f]$$

Die exakte Lösung lautet:

$$[0]=\frac{EI}{l^3}\cdot\left[\gamma-\varepsilon^2\right]\cdot[f]$$

Die Determinante lautet für $f\neq 0$:

$$[0]=\left[\gamma-\varepsilon^2\right] \qquad \varepsilon_{cr}^2=\frac{\pi^2}{4}=2{,}467$$

Die Lösung ist der kritische Wert ε_{cr}^2, der zur Knicklast N_{cr} gehört.

$$\varepsilon_{cr}^2=\frac{N_{cr}}{EI}\cdot l^2$$

$$N_{cr}=\varepsilon_{cr}^2\cdot\frac{EI}{l^2}=\frac{\pi^2}{4}\cdot\frac{EI}{l^2}=\frac{\pi^2}{4}\cdot\frac{EI}{(2l)^2}=2{,}467\cdot\frac{EI}{l^2}$$

Die Systemsteifigkeitsmatrix lautet mit der geometrischen Steifigkeitsmatrix für $f\neq 0$:

$$[0]=\left[3-\frac{6}{5}\cdot\varepsilon^2\right] \qquad \varepsilon_{cr}^2=2{,}5$$

Die Näherungslösung lautet:

$$N_{cr}=\varepsilon_{cr}^2\cdot\frac{EI}{l^2}=2{,}5\cdot\frac{EI}{l^2}$$

Man erhält mit der geometrischen Elementsteifigkeitsmatrix als Näherung eine Lösung, die größer als die exakte Lösung ist. Wird der Stab in mehrere Elemente unterteilt, dann wird der Fehler immer kleiner.

Als zweites Beispiel soll die Knicklast N_{cr} des Eulerfall II der gelenkig gelagerten Stütze berechnet werden. Die Berechnung erfolgt mit allgemeinen Zahlen.

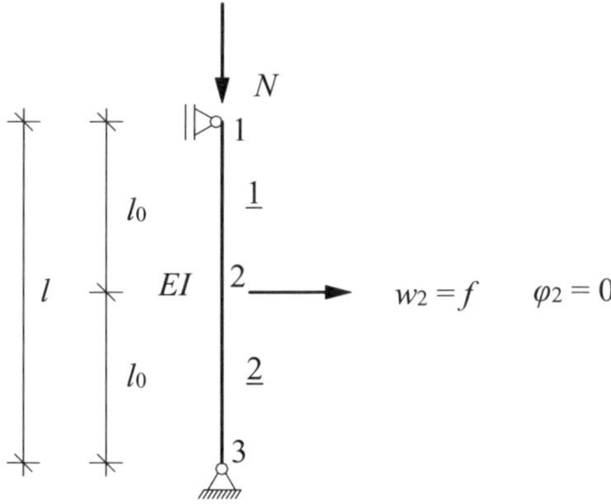

Abb. 9.6 Eulerfall II

Für den Stab 1 gilt die folgende Elementsteifigkeitsmatrix:

$$\begin{bmatrix} T_{1,1} \\ M_{1,1} \\ T_{2,1} \\ M_{2,1} \end{bmatrix} = \frac{EI}{l_0^3} \cdot \begin{bmatrix} \Psi_6 & 0 & -\Psi_6 & -\Psi_3 l_0 \\ 0 & 0 & 0 & 0 \\ -\Psi_6 & 0 & \Psi_6 & \Psi_3 l_0 \\ -\Psi_3 l_0 & 0 & \Psi_3 l_0 & \Psi_3 l^2 \end{bmatrix} \cdot \begin{bmatrix} w_1 \\ \varphi_1 \\ w_2 \\ \varphi_2 \end{bmatrix}$$

Die Randbedingungen für die Einspannung lauten:

$$w_1 = 0 \qquad \varphi_2 = 0 \qquad w_2 = f$$

$$\begin{bmatrix} T_{1,1} \\ M_{1,1} \\ T_{2,1} \\ M_{2,1} \end{bmatrix} = \frac{EI}{l_0^3} \cdot \begin{bmatrix} 0 & 0 & 0 & 0 \\ 0 & 0 & 0 & 0 \\ 0 & 0 & \Psi_6 & 0 \\ 0 & 0 & 0 & 0 \end{bmatrix} \cdot \begin{bmatrix} 0 \\ 0 \\ f \\ 0 \end{bmatrix}$$

Für den Stab 2 gilt die folgende Elementsteifigkeitsmatrix:

$$\begin{bmatrix} T_{2,2} \\ M_{2,2} \\ T_{3,2} \\ M_{3,2} \end{bmatrix} = \frac{EI}{l_0^3} \cdot \begin{bmatrix} \Psi_6 & -\Psi_3 l_0 & -\Psi_6 & 0 \\ -\Psi_3 l_0 & \Psi_3 l_0^2 & \Psi_3 l_0 & 0 \\ -\Psi_6 & \Psi_3 l_0 & \Psi_6 & 0 \\ 0 & 0 & 0 & 0 \end{bmatrix} \cdot \begin{bmatrix} w_2 \\ \varphi_2 \\ w_3 \\ \varphi_3 \end{bmatrix}$$

Die Randbedingungen für die Einspannung lauten:

$$w_2 = f \qquad \varphi_2 = 0 \qquad w_3 = 0$$

$$\begin{bmatrix} T_{2,2} \\ M_{2,2} \\ T_{3,2} \\ M_{3,2} \end{bmatrix} = \frac{EI}{l_0^3} \cdot \begin{bmatrix} \Psi_6 & 0 & 0 & 0 \\ 0 & 0 & 0 & 0 \\ 0 & 0 & 0 & 0 \\ 0 & 0 & 0 & 0 \end{bmatrix} \cdot \begin{bmatrix} f \\ 0 \\ 0 \\ 0 \end{bmatrix}$$

Die Systemsteifigkeitsmatrix lautet:

$$[0] = \frac{EI}{l_0^3} \cdot [2 \cdot \Psi_6] \cdot [f]$$

Die exakte Lösung lautet:

$$[0] = \frac{EI}{l_0^3} \cdot \left[2 \cdot \left(\gamma - \varepsilon^2\right)\right] \cdot [f]$$

Die Determinante lautet für $f \neq 0$ lautet:

$$[0] = \left[\gamma - \varepsilon^2\right] \qquad \varepsilon_{\text{cr}}^2 = \frac{\pi^2}{4}$$

Die Lösung ist der kritische Wert $\varepsilon_{\text{cr}}^2$, der zur Knicklast N_{cr} gehört.

$$\varepsilon_{\text{cr}}^2 = \frac{N_{\text{cr}}}{EI} \cdot l_0^2$$

Mit $l = 2l_0$ für den Eulerfall II erhält man die bekannte Lösung:

$$N_{cr} = \varepsilon_{cr}^2 \cdot \frac{EI}{l_0^2} = \frac{\pi^2}{4} \cdot \frac{4 \cdot EI}{l^2} = \pi^2 \cdot \frac{EI}{l^2}$$

Die Systemsteifigkeitsmatrix lautet mit der geometrischen Steifigkeitsmatrix für $f \neq 0$:

$$[0] = \left[2 \cdot \left(3 - \frac{6}{5} \cdot \varepsilon^2 \right) \right] \qquad \varepsilon_{cr}^2 = 2{,}5$$

Die Lösung ist der kritische Wert ε_{cr}^2, der zur Knicklast N_{cr} gehört.

$$N_{cr} = \varepsilon_{cr}^2 \cdot \frac{EI}{l_0^2} = 2{,}5 \cdot \frac{4 \cdot EI}{l^2} = 10 \cdot \frac{EI}{l^2}$$

Man erhält mit der geometrischen Elementsteifigkeitsmatrix als Näherung eine Lösung, die größer als die exakte Lösung ist. Wird der Stab in mehrere Elemente unterteilt, dann wird der Fehler immer kleiner.

Das Programm FE-STAB [8] stellt die Elementsteifigkeitsmatrix nach Theorie II. Ordnung mithilfe der geometrischen Steifigkeitsmatrix auf. In dem Programm GWSTATIK, das in Kapitel 15 vorgestellt wird, wird die Elementsteifigkeitsmatrix nach Theorie II. Ordnung mithilfe der numerischen Integration berechnet.

Die Genauigkeit der Berechnung hängt von der Anzahl der Unterteilungen des Stabes ab. Bei der Berechnung mit der geometrischen Steifigkeitsmatrix nähert man sich dem exakten Ergebnis von oben (unsichere Seite) und bei der numerischen Integration von unten (sichere Seite). Im Allgemeinen ist bei beiden Berechnungsverfahren eine größere Unterteilung erforderlich, um den Verlauf der Schnittgrößen darstellen zu können.

9.5 Einspannstützen mit Pendelstützen

Im Allgemeinen wird in den Programmen für das Tragwerk die Belastung solange gesteigert, bis $\det \boldsymbol{K}_{jj} = 0$ der Systemsteifigkeitsmatrix gleich null wird. Dieser Laststeigerungsfaktor wird als der Verzweigungslastfaktor α_{cr} des Tragwerkes unter der gegebenen Belastung bezeichnet. Für das Biegeknicken bedeutet dies die Steigerung der Normalkräfte N in dem Tragwerk, d. h. die Normalkraftfläche nach Theorie I. Ordnung wird zur Knicklastfläche. Es gibt nur einen Verzweigungslastfaktor α_{cr} des Systems, aber jeder Druckstab hat seine eigene Knicklast N_{cr}. Dies ist für den Nachweis jedes Druckstabes zu beachten.

$$N_{cr} = \alpha_{cr} \cdot N \tag{9.30}$$

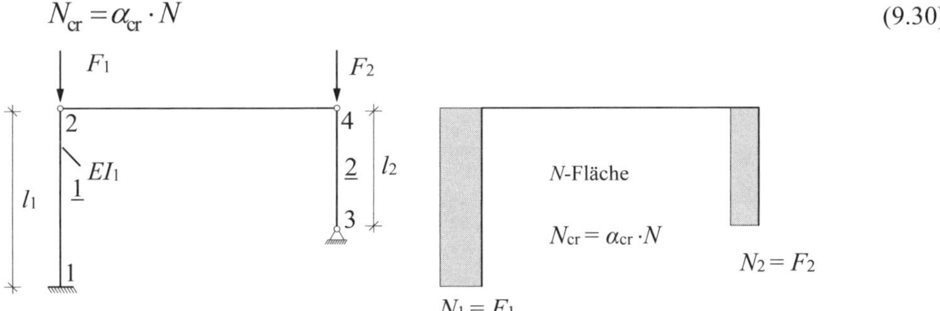

Abb. 9.7 Einspannstütze mit Pendelstütze

Weiterhin ist zu beachten, dass ein Tragwerk aus Teilsystemen bestehen kann, die unabhängig voneinander knicken. Dies soll an dem System der Einspannstütze mit einer Pendelstützen nach Abb. 9.7 erläutert werden.

Für dieses System gibt es zwei Knickfiguren, das seitliche Ausweichen der eingespannten Stütze mit starrer Pendelstütze und das seitliche Ausweichen der Pendelstütze mit starrer eingespannter Stütze. Es sind also beide Verzeigungslastfaktoren zu bestimmen. Aus der zugehörigen Knickfigur ist ersichtlich, um welches Teilsystem es sich handelt. Der Nachweis ist für jedes Teilsystem zu führen. Insbesondere sind für die Pendelstütze und die eingespannte Stütze zu beachten, dass diese auch senkrecht zur Tragwerksebene ausweichen können (räumliche Tragwirkung).

Für den Stab 1 gilt die folgende Elementsteifigkeitsmatrix:

$$\begin{bmatrix} T_{1,1} \\ M_{1,1} \\ T_{2,1} \\ M_{2,1} \end{bmatrix} = \frac{EI_1}{l_1^3} \cdot \begin{bmatrix} \Psi_6 & -\Psi_3 l_1 & -\Psi_6 & 0 \\ -\Psi_3 l_1 & \Psi_3 l_1^2 & \Psi_3 l_1 & 0 \\ -\Psi_6 & \Psi_3 l_1 & \Psi_6 & 0 \\ 0 & 0 & 0 & 0 \end{bmatrix} \cdot \begin{bmatrix} w_1 \\ \varphi_1 \\ w_1 \\ 0 \end{bmatrix}$$

Die Randbedingungen für die Einspannung lauten:

$$w_1 = 0 \qquad \varphi_1 = 0 \qquad w_2 = f$$

$$\begin{bmatrix} T_{1,1} \\ M_{1,1} \\ T_{2,1} \\ M_{2,1} \end{bmatrix} = \frac{EI_1}{l_1^3} \cdot \begin{bmatrix} 0 & 0 & 0 & 0 \\ 0 & 0 & 0 & 0 \\ 0 & 0 & \Psi_6 & 0 \\ 0 & 0 & 0 & 0 \end{bmatrix} \cdot \begin{bmatrix} 0 \\ 0 \\ f \\ 0 \end{bmatrix}$$

Für den Stab 2 gilt die folgende Elementsteifigkeitsmatrix des Pendelstabes:

$$\begin{bmatrix} T_{3,2} \\ 0 \\ T_{4,2} \\ 0 \end{bmatrix} = \begin{bmatrix} -N_2/l_2 & 0 & N_2/l_2 & 0 \\ 0 & 0 & 0 & 0 \\ N_2/l_2 & 0 & -N_2/l_2 & 0 \\ 0 & 0 & 0 & 0 \end{bmatrix} \cdot \begin{bmatrix} w_3 \\ 0 \\ w_4 \\ 0 \end{bmatrix}$$

Die Randbedingungen lauten:

$$w_3 = 0 \qquad w_4 = f$$

$$\begin{bmatrix} T_{3,2} \\ 0 \\ T_{4,2} \\ 0 \end{bmatrix} = \begin{bmatrix} 0 & 0 & 0 & 0 \\ 0 & 0 & 0 & 0 \\ 0 & 0 & -N_2/l_2 & 0 \\ 0 & 0 & 0 & 0 \end{bmatrix} \cdot \begin{bmatrix} 0 \\ 0 \\ f \\ 0 \end{bmatrix}$$

Die Systemsteifigkeitsmatrix lautet mit $N_{\mathrm{cr}} = \alpha_{\mathrm{cr}} \cdot N$:

$$[0] = \left[\Psi_6 \cdot \frac{EI_1}{l_1^3} - \alpha_{\mathrm{cr}} \cdot \frac{N_2}{l_2} \right] \cdot [f]$$

$$\varepsilon_{\mathrm{cr},1}^2 = \frac{\alpha_{\mathrm{cr}} \cdot N_1}{EI_1} \cdot l_1^2$$

$$\Psi_6 = 3 - \frac{6}{5} \cdot \varepsilon_{\mathrm{cr},1}^2 = 3 - \frac{6}{5} \cdot \frac{\alpha_{\mathrm{cr}} \cdot N_1}{EI_1} \cdot l_1^2$$

$$[0]=\left[\left(3-\frac{6}{5}\cdot\frac{\alpha_{\mathrm{cr}}\cdot N_1}{EI_1}\cdot l_1^2\right)\cdot\frac{EI_1}{l_1^3}-\alpha_{\mathrm{cr}}\cdot\frac{N_2}{l_2}\right]\cdot[f]$$

Die Determinante lautet für $f\neq 0$:

$$0=3\cdot\frac{EI_1}{l_1^3}-\frac{6}{5}\cdot\alpha_{\mathrm{cr}}\cdot\frac{N_1}{l_1}-\alpha_{\mathrm{cr}}\cdot\frac{N_2}{l_2}$$

Die Lösung ist der Verzweigungslastfaktor α_{cr}.

$$\alpha_{\mathrm{cr}}=\frac{\dfrac{2{,}5\cdot EI_1}{l_1^2}\cdot\dfrac{1}{l_1}}{\dfrac{N_1}{l_1}+\dfrac{5}{6}\cdot\dfrac{N_2}{l_2}}$$

In [12] ist eine genauere Lösung angegeben, die auf einem anderen Weg hergeleitet wurde. Für $N_2=0$ erhält man den Eulerfall I.

$$\alpha_{\mathrm{cr}}=\frac{\dfrac{\pi^2\cdot EI_1}{4\cdot l_1^2}\cdot\dfrac{1}{l_1}}{\dfrac{N_1}{l_1}+\dfrac{\pi^2}{12}\cdot\dfrac{N_2}{l_2}} \tag{9.31}$$

Für mehrere Einspannstützen mit mehreren Pendelstützen gilt:

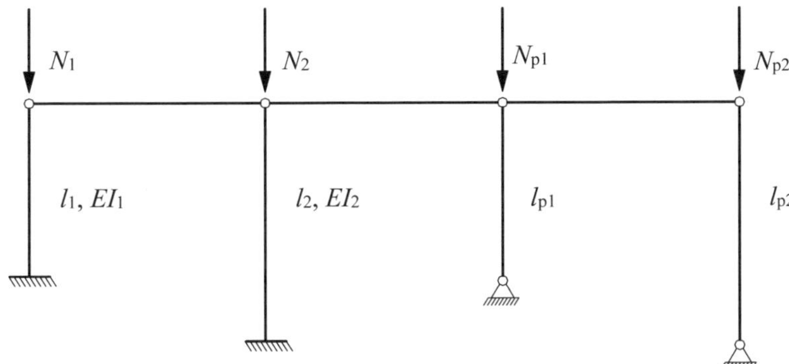

Abb. 9.8 Einspannstützen mit Pendelstützen

$$N_{\mathrm{Ei}}=\frac{\pi^2\cdot EI_{\mathrm{i}}}{4\cdot l_{\mathrm{i}}^2}$$

$$\alpha_{\mathrm{cr}}=\frac{\sum_i \dfrac{N_{\mathrm{Ei}}}{l_{\mathrm{i}}}}{\sum_i \dfrac{N_{\mathrm{i}}}{l_{\mathrm{i}}}+\dfrac{\pi^2}{12}\cdot\sum_k \dfrac{N_{\mathrm{Pk}}}{l_{\mathrm{pk}}}} \tag{9.32}$$

9.6 Eingespannte Stützen mit Fachwerkbindern

Das Tragwerk in Abb. 9.9 ist ein Hallenquerschnitt mit eingespannten Stützen. Die Fachwerkbinder sind gelenkig gelagerte Balken, welche die Stützen nur durch Normalkräfte beanspruchen.
Die Berechnung kann auch mit der lokalen Elementsteifigkeitsmatrix durchgeführt werden, wobei die kinematische Verträglichkeit des Systems berücksichtigt wird. Die Randbedingungen werden direkt in der lokalen Elementsteifigkeitsmatrix berücksichtigt. Die Auflagerkräfte werden durch die Gleichgewichtsbedingungen am Knoten berechnet.

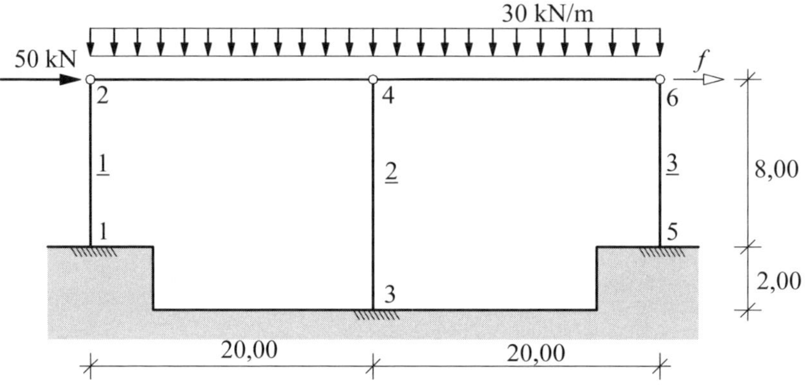

Abb. 9.9 Hallenquerschnitt mit eingespannten Stützen

Für die Berechnung des Tragwerkes nach Theorie II. Ordnung sind zunächst die Normalkräfte der Stabelemente zu berechnen. Es ist im Allgemeinen ausreichend, diese Normalkräfte durch eine Berechnung nach Theorie I. Ordnung zu bestimmen. Darauf folgt eine zweite Berechnung nach Theorie II. Ordnung. In diesem Beispiel ist die Berechnung der Normalkräfte sehr einfach. Biegemomente nach Theorie I. Ordnung entstehen in diesem Beispiel nur unter der Horizontalkraft. Da hier nur eine Knotenbelastung vorliegt, sind keine Starreinspanngrößen zu berechnen. Für die Handrechnung werden dehnstarre Stäbe angenommen.

$N_1 = 300$ kN $\quad N_2 = 600$ kN $\quad N_3 = 300$ kN

Werkstoff: S 235 $\qquad E = 21000$ kN/cm^2

Querschnittswerte:

Stab 1, 3 $\qquad$ Profil HEA 280 $\qquad I = 13670$ cm^4

Stab 2 $\qquad$ Profil HEA 340 $\qquad I = 27690$ cm^4

Unbekannte:

Stab 1, 2, 3 $\qquad w_2 = w_4 = w_6 = f$

Es folgt die Berechnung nach **Theorie II. Ordnung** mit den angegebenen Normalkräften.

Lokale Elementsteifigkeitsmatrizen
Die Berechnung der lokalen Randschnittgrößen mit der Vorzeichenregelung FEM ist direkt in den lokalen Elementsteifigkeitsmatrizen angegeben.

Stab 1 Stab Ma

$EI = 28707\ \text{kNm}^2 \qquad l = 8{,}00\ \text{m}$

$\frac{EI}{l^3} = 56{,}0684\ \frac{\text{kN}}{\text{m}}$

$N_1 = 300\ \text{kN} \qquad \varepsilon^2 = \frac{N \cdot l^2}{EI} = \frac{300 \cdot 8^2}{28707} = 0{,}6688$

$\Psi_3 = 3 - \frac{1}{5}\varepsilon^2 = 3 - \frac{1}{5} \cdot 0{,}6688 = 2{,}8662$

$\Psi_6 = 3 - \frac{6}{5}\varepsilon^2 = 3 - \frac{6}{5} \cdot 0{,}6688 = 2{,}1974$

$w_1 = 0 \qquad \varphi_1 = 0 \qquad w_2 = f$

$$\begin{bmatrix} T_{1,1} \\ M_{1,1} \\ T_{2,1} \\ M_{2,1} \end{bmatrix} = \frac{EI}{l^3} \cdot \begin{bmatrix} 0 & 0 & -\Psi_6 & 0 \\ 0 & 0 & \Psi_3 l & 0 \\ 0 & 0 & \Psi_6 & 0 \\ 0 & 0 & 0 & 0 \end{bmatrix} \cdot \begin{bmatrix} 0 \\ 0 \\ f \\ 0 \end{bmatrix}$$

$$\begin{bmatrix} T_{1,1} \\ M_{1,1} \\ T_{2,1} \\ M_{2,1} \end{bmatrix} = \begin{bmatrix} 0 & 0 & -123{,}20 & 0 \\ 0 & 0 & 1285{,}63 & 0 \\ 0 & 0 & 123{,}20 & 0 \\ 0 & 0 & 0 & 0 \end{bmatrix} \cdot \begin{bmatrix} 0 \\ 0 \\ f \\ 0 \end{bmatrix} = \begin{bmatrix} -17{,}66\ \text{kN} \\ +184{,}3\ \text{kNm} \\ +17{,}66\ \text{kN} \\ 0 \end{bmatrix}$$

Stab 2 Stab Ma

$EI = 58149\ \text{kNm}^2 \qquad l = 10{,}00\ \text{m}$

$\frac{EI}{l^3} = 58{,}149\ \frac{\text{kN}}{\text{m}}$

$N_2 = 600\ \text{kN} \qquad \varepsilon^2 = \frac{N \cdot l^2}{EI} = \frac{600 \cdot 10^2}{58149} = 1{,}0318$

$\Psi_3 = 3 - \frac{1}{5}\varepsilon^2 = 3 - \frac{1}{5} \cdot 1{,}0318 = 2{,}79364$

$\Psi_6 = 3 - \frac{6}{5}\varepsilon^2 = 3 - \frac{6}{5} \cdot 1{,}0318 = 1{,}76184$

$w_3 = 0 \qquad \varphi_3 = 0 \qquad w_4 = f$

$$\begin{bmatrix} T_{3,2} \\ M_{3,2} \\ T_{4,2} \\ M_{4,2} \end{bmatrix} = \frac{EI}{l^3} \cdot \begin{bmatrix} 0 & 0 & -\Psi_6 & 0 \\ 0 & 0 & \Psi_3 l & 0 \\ 0 & 0 & \Psi_6 & 0 \\ 0 & 0 & 0 & 0 \end{bmatrix} \cdot \begin{bmatrix} 0 \\ 0 \\ f \\ 0 \end{bmatrix}$$

$$\begin{bmatrix} T_{3,2} \\ M_{3,2} \\ T_{4,2} \\ M_{4,2} \end{bmatrix} = \begin{bmatrix} 0 & 0 & -102,45 & 0 \\ 0 & 0 & 1624,47 & 0 \\ 0 & 0 & 102,45 & 0 \\ 0 & 0 & 0 & 0 \end{bmatrix} \cdot \begin{bmatrix} 0 \\ 0 \\ f \\ 0 \end{bmatrix} = \begin{bmatrix} -14,68 \text{ kN} \\ +232,8 \text{ kNm} \\ +14,68 \text{ kN} \\ 0 \text{ kNm} \end{bmatrix}$$

Stab 3 Stab Ma

$$EI = 28707 \text{ kNm}^2 \qquad l = 8,00 \text{ m}$$

$$\frac{EI}{l^3} = 56,0684 \ \frac{\text{kN}}{\text{m}}$$

$$N_3 = 300 \text{ kN} \qquad \varepsilon^2 = \frac{N \cdot l^2}{EI} = \frac{300 \cdot 8^2}{28707} = 0,6688$$

$$\Psi_3 = 3 - \frac{1}{5}\varepsilon^2 = 3 - \frac{1}{5} \cdot 0,6688 = 2,8662$$

$$\Psi_6 = 3 - \frac{6}{5}\varepsilon^2 = 3 - \frac{6}{5} \cdot 0,6688 = 2,1974$$

$$\begin{bmatrix} T_{5,3} \\ M_{5,3} \\ T_{6,3} \\ M_{6,3} \end{bmatrix} = \frac{EI}{l^3} \cdot \begin{bmatrix} 0 & 0 & -\Psi_6 & 0 \\ 0 & 0 & \Psi_3 l & 0 \\ 0 & 0 & \Psi_6 & 0 \\ 0 & 0 & 0 & 0 \end{bmatrix} \cdot \begin{bmatrix} 0 \\ 0 \\ f \\ 0 \end{bmatrix}$$

$$\begin{bmatrix} T_{5,3} \\ M_{5,3} \\ T_{6,3} \\ M_{6,3} \end{bmatrix} = \begin{bmatrix} 0 & 0 & -123,20 & 0 \\ 0 & 0 & 1285,63 & 0 \\ 0 & 0 & 123,20 & 0 \\ 0 & 0 & 0 & 0 \end{bmatrix} \cdot \begin{bmatrix} 0 \\ 0 \\ f \\ 0 \end{bmatrix} = \begin{bmatrix} -17,66 \text{ kN} \\ +184,3 \text{ kNm} \\ +17,66 \text{ kN} \\ 0 \end{bmatrix}$$

Systemsteifigkeitsmatrix

Die Untermatrizen werden zugeordnet, die Summe der Elemente für das Gleichungssystem ist fett gedruckt. Die Horizontalkraft ist im Lastvektor positiv, wenn sie in Richtung der unbekannten Knotenweggröße wirkt.

$$\begin{bmatrix} 123,20 \\ 102,45 \\ 123,20 \\ 348,85 \end{bmatrix} \cdot [f] = \begin{bmatrix} 0 \\ 0 \\ 0 \\ +50 \end{bmatrix}$$

Lösung des Gleichungssystems

$$f = +0,143328 \text{ m}$$

Schnittgrößen und Auflagerkräfte

Die Berechnung der lokalen Randschnittgrößen mit der Vorzeichenregelung FEM ist direkt in den lokalen Elementsteifigkeitsmatrizen angegeben.
In Abb. 9.10 sind die Momentenfläche, die Auflagerkräfte und die Querkraftfläche für dieses System dargestellt.

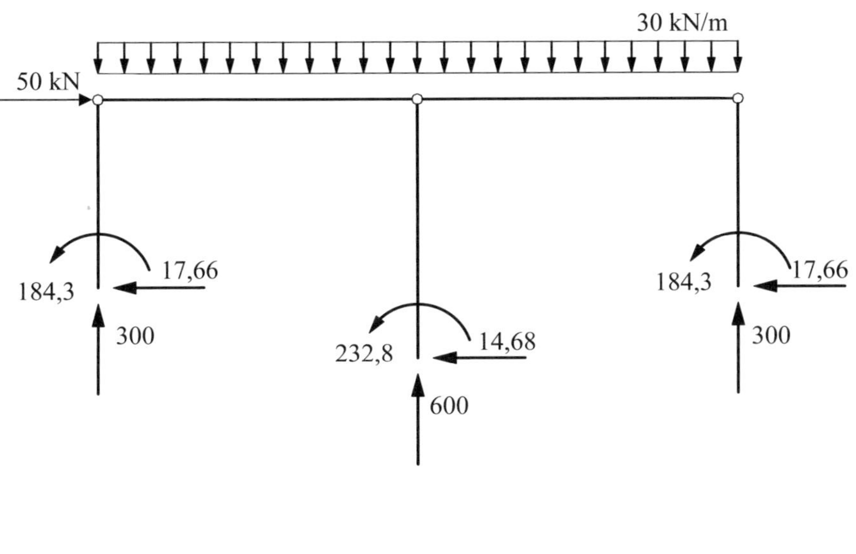

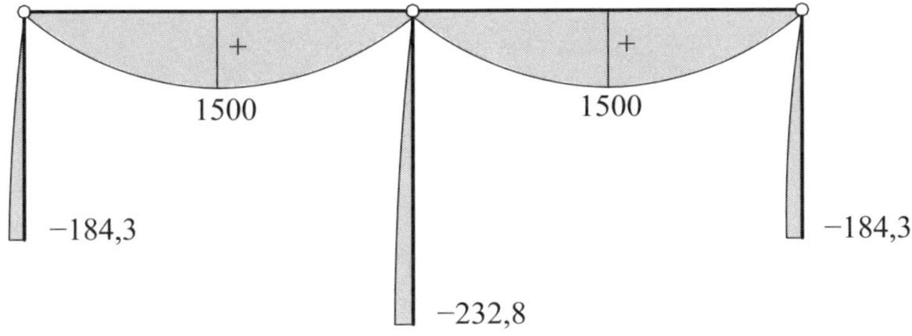

Abb. 9.10 Auflagerkräfte und Verlauf der Biegemomente nach Theorie II. Ordnung

Berechnung des Verzweigungslastfaktors α_{cr}

Die Elementsteifigkeitsmatrizen lauten mit $N_{cr} = \alpha_{cr} \cdot N$:

Stab 1 Stab Ma

$$EI = 28707 \text{ kNm}^2 \qquad l = 8{,}00 \text{ m}$$

$$\frac{EI}{l^3} = 56{,}0684 \ \frac{\text{kN}}{\text{m}}$$

$$N_1 = 300 \text{ kN} \qquad \varepsilon^2 = \frac{N \cdot l^2}{EI} = \frac{300 \cdot 8^2}{28707} = 0{,}6688$$

$$\Psi_3 = 3 - \alpha_{cr} \cdot \frac{1}{5} \varepsilon^2 = 3 - \alpha_{cr} \cdot \frac{1}{5} \cdot 0{,}6688$$

$$\Psi_6 = 3 - \alpha_{cr} \cdot \frac{6}{5} \varepsilon^2 = 3 - \alpha_{cr} \cdot \frac{6}{5} \cdot 0{,}6688$$

$$w_1 = 0 \qquad \varphi_1 = 0 \qquad w_2 = f$$

$$\begin{bmatrix} T_{1,1} \\ M_{1,1} \\ T_{2,1} \\ M_{2,1} \end{bmatrix} = \frac{EI}{l^3} \cdot \begin{bmatrix} 0 & 0 & 0 & 0 \\ 0 & 0 & 0 & 0 \\ 0 & 0 & \Psi_6 & 0 \\ 0 & 0 & 0 & 0 \end{bmatrix} \cdot \begin{bmatrix} 0 \\ 0 \\ f \\ 0 \end{bmatrix}$$

$$\begin{bmatrix} T_{1,1} \\ M_{1,1} \\ T_{2,1} \\ M_{2,1} \end{bmatrix} = 56{,}0684 \cdot \begin{bmatrix} 0 & 0 & 0 & 0 \\ 0 & 0 & 0 & 0 \\ 0 & 0 & 3-\alpha_{cr} \cdot \frac{6}{5} \cdot 0{,}6688 & 0 \\ 0 & 0 & 0 & 0 \end{bmatrix} \cdot \begin{bmatrix} 0 \\ 0 \\ f \\ 0 \end{bmatrix}$$

Stab 2 Stab Ma

$EI = 58149 \text{ kNm}^2 \qquad l = 10{,}00 \text{ m} \qquad \frac{EI}{l^3} = 58{,}149 \ \frac{\text{kN}}{\text{m}}$

$N_2 = 600 \text{ kN} \qquad \varepsilon^2 = \frac{N \cdot l^2}{EI} = \frac{600 \cdot 10^2}{58149} = 1{,}0318$

$\Psi_3 = 3 - \alpha_{cr} \cdot \frac{1}{5} \varepsilon^2 = 3 - \alpha_{cr} \cdot \frac{1}{5} \cdot 1{,}0318$

$\Psi_6 = 3 - \alpha_{cr} \cdot \frac{6}{5} \varepsilon^2 = 3 - \alpha_{cr} \cdot \frac{6}{5} \cdot 1{,}0318$

$w_3 = 0 \qquad \varphi_3 = 0 \qquad w_4 = f$

$$\begin{bmatrix} T_{3,2} \\ M_{3,2} \\ T_{4,2} \\ M_{4,2} \end{bmatrix} = \frac{EI}{l^3} \cdot \begin{bmatrix} 0 & 0 & 0 & 0 \\ 0 & 0 & 0 & 0 \\ 0 & 0 & \Psi_6 & 0 \\ 0 & 0 & 0 & 0 \end{bmatrix} \cdot \begin{bmatrix} 0 \\ 0 \\ f \\ 0 \end{bmatrix}$$

$$\begin{bmatrix} T_{3,2} \\ M_{3,2} \\ T_{4,2} \\ M_{4,2} \end{bmatrix} = 58{,}149 \cdot \begin{bmatrix} 0 & 0 & 0 & 0 \\ 0 & 0 & 0 & 0 \\ 0 & 0 & 3-\alpha_{cr} \cdot \frac{6}{5} \cdot 1{,}0318 & 0 \\ 0 & 0 & 0 & 0 \end{bmatrix} \cdot \begin{bmatrix} 0 \\ 0 \\ f \\ 0 \end{bmatrix}$$

Stab 3 Stab Ma

$EI = 28707 \text{ kNm}^2 \qquad l = 8{,}00 \text{ m} \qquad \frac{EI}{l^3} = 56{,}0684 \ \frac{\text{kN}}{\text{m}}$

$N_3 = 300 \text{ kN} \qquad \varepsilon^2 = \frac{N \cdot l^2}{EI} = \frac{300 \cdot 8^2}{28707} = 0{,}6688$

$$\Psi_3 = 3 - \alpha_{cr} \cdot \frac{1}{5}\varepsilon^2 = 3 - \alpha_{cr} \cdot \frac{1}{5} \cdot 0,6688$$

$$\Psi_6 = 3 - \alpha_{cr} \cdot \frac{6}{5}\varepsilon^2 = 3 - \alpha_{cr} \cdot \frac{6}{5} \cdot 0,6688$$

$$w_5 = 0 \qquad \varphi_5 = 0 \qquad w_6 = f$$

$$\begin{bmatrix} T_{5,3} \\ M_{5,3} \\ \hline T_{6,3} \\ M_{6,3} \end{bmatrix} = \frac{EI}{l^3} \cdot \left[\begin{array}{cc|cc} 0 & 0 & 0 & 0 \\ 0 & 0 & 0 & 0 \\ \hline 0 & 0 & \Psi_6 & 0 \\ 0 & 0 & 0 & 0 \end{array}\right] \cdot \begin{bmatrix} 0 \\ 0 \\ \hline f \\ 0 \end{bmatrix}$$

$$\begin{bmatrix} T_{5,3} \\ M_{5,3} \\ \hline T_{6,3} \\ M_{6,3} \end{bmatrix} = 56,0684 \cdot \left[\begin{array}{cc|cc} 0 & 0 & 0 & 0 \\ 0 & 0 & 0 & 0 \\ \hline 0 & 0 & 3 - \alpha_{cr} \cdot \frac{6}{5} \cdot 0,6688 & 0 \\ 0 & 0 & 0 & 0 \end{array}\right] \cdot \begin{bmatrix} 0 \\ 0 \\ \hline f \\ 0 \end{bmatrix}$$

Die Systemsteifigkeitsmatrix lautet:

$$[0] = \begin{bmatrix} 56,0684 \cdot \left(3 - \alpha_{cr} \cdot \frac{6}{5} \cdot 0,6688\right) + 58,149 \cdot \left(3 - \alpha_{cr} \cdot \frac{6}{5} \cdot 1,0318\right) \\ +56,0684 \cdot \left(3 - \alpha_{cr} \cdot \frac{6}{5} \cdot 0,6688\right) \end{bmatrix} \cdot [f]$$

Die Determinante lautet für $f \neq 0$:

$$0 = 510,8573 - \alpha_{cr} \cdot 161,99$$

Die Lösung ist der Verzweigungslastfaktor α_{cr}.

$$\alpha_{cr} = 3,15$$

Knicklasten:

$$N_{cr,1} = \alpha_{cr} \cdot N_1 = 3,15 \cdot 300 = 945 \text{ kN}$$

$$N_{cr,2} = \alpha_{cr} \cdot N_2 = 3,15 \cdot 600 = 1890 \text{ kN}$$

$$N_{cr,3} = \alpha_{cr} \cdot N_3 = 3,15 \cdot 300 = 945 \text{ kN}$$

Mit der Gleichung (9.32) erhält man:

$$N_{E1} = \frac{\pi^2 \cdot EI_1}{4 \cdot l_1^2} = \frac{\pi^2 \cdot 28707}{4 \cdot 8^2} = 1106,7 \text{ kN}$$

$$N_{E2} = \frac{\pi^2 \cdot EI_2}{4 \cdot l_2^2} = \frac{\pi^2 \cdot 58149}{4 \cdot 10^2} = 1434,8 \text{ kN}$$

$$N_{E3} = \frac{\pi^2 \cdot EI_3}{4 \cdot l_3^2} = \frac{\pi^2 \cdot 28707}{4 \cdot 8^2} = 1106,7 \text{ kN}$$

$$\alpha_{cr} = \frac{\sum_i \frac{N_{Ei}}{l_i}}{\sum_i \frac{N_i}{l_i}} = \frac{\frac{1106,7}{8} + \frac{1434,8}{10} + \frac{1106,7}{8}}{\frac{300}{8} + \frac{600}{10} + \frac{300}{8}} = 3,11$$

Mit GWSTATIK erhält man für den dehnstarren Stab $\alpha_{cr} = 3,11$.

9.7 Rahmen mit Pendelstütze

Das Tragwerk in Abb. 9.11 ist ein einhüftiger Rahmen mit einer Pendelstütze. Die Pendelstütze ist ein Balken, der durch eine Gleichstreckenlast belastet wird.
Die Berechnung kann auch mit der lokalen Elementsteifigkeitsmatrix durchgeführt werden, wobei die kinematische Verträglichkeit des Systems berücksichtigt wird. Die Randbedingungen werden direkt in der lokalen Elementsteifigkeitsmatrix berücksichtigt. Die Auflagerkräfte werden durch die Gleichgewichtsbedingungen am Auflagerknoten berechnet und entsprechen hier, da nur ein Stab angreift, den Randschnittgrößen des Stabes am Auflager.

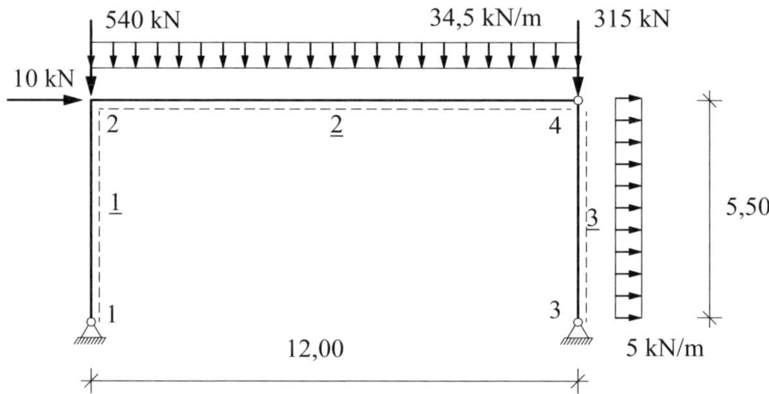

Abb. 9.11 Einhüftiger Rahmen mit Pendelstütze

Für die Berechnung des Tragwerkes nach Theorie II. Ordnung sind zunächst die Normalkräfte der Stabelemente nach Theorie I. Ordnung zu berechnen. Es ist im Allgemeinen ausreichend, diese Normalkräfte durch eine Berechnung nach Theorie I. Ordnung zu bestimmen. Darauf folgt eine zweite Berechnung nach Theorie II. Ordnung. Dieses Beispiel ist statisch bestimmt, sodass die Auflagerkräfte mit den Gleichgewichtsbedingungen ermittelt werden können.

Werkstoff: S 235 $E = 21000$ kN/cm^2

Querschnittswerte:

Stab 1 Profil HEB 360 $I = 43190$ cm^4

Stab 2 Profil IPE 500 $I = 48200$ cm^4

Stab 3 Profil HEA 300 $I = 18260$ cm^4

Unbekannte für dehnstarres System: φ_2, f

In Abb. 9.12 sind die Auflagerkräfte für die Berechnung nach Theorie I. Ordnung dieses Systems dargestellt.

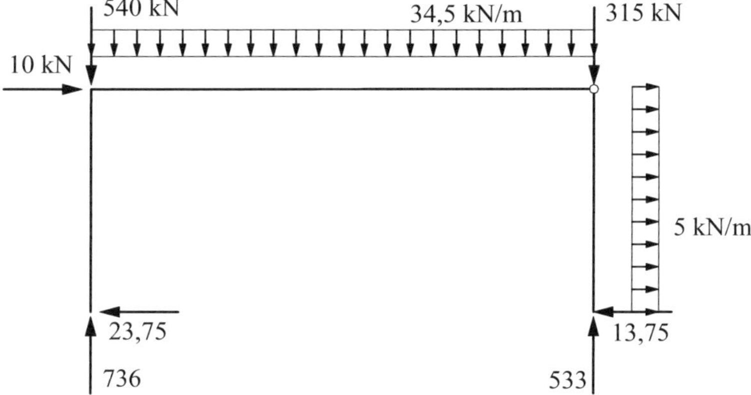

Abb. 9.12 Auflagerkräfte nach Theorie I. Ordnung

Es folgt die Berechnung nach **Theorie II. Ordnung** mit den berechneten Normalkräften in den Stützen.

$N_1 = 736$ kN Druckkraft

$N_2 = 13{,}8$ kN Zugkraft (wird vernachlässigt)

$N_3 = 533$ kN Druckkraft

Lokale Elementsteifigkeitsmatrizen

Die Berechnung der lokalen Randschnittgrößen mit der Vorzeichenregelung FEM ist direkt in den lokalen Elementsteifigkeitsmatrizen angegeben.

Stab 1 Stab Me

$EI = 90699 \text{ kNm}^2 \qquad l = 5{,}50 \text{ m}$

$$\frac{EI}{l^3} = 545{,}148 \ \frac{\text{kN}}{\text{m}}$$

$$N_1 = 736 \text{ kN} \qquad \varepsilon^2 = \frac{N \cdot l^2}{EI} = \frac{736 \cdot 5{,}50^2}{90699} = 0{,}24547$$

$$\Psi_3 = 3 - \frac{1}{5}\varepsilon^2 = 3 - \frac{1}{5} \cdot 0{,}24547 = 2{,}9509$$

$$\Psi_6 = 3 - \frac{6}{5}\varepsilon^2 = 3 - \frac{6}{5} \cdot 0{,}24547 = 2{,}7054$$

$w_1 = 0 \qquad \varphi_1 = 0 \qquad w_2 = f$

$$\begin{bmatrix} T_{1,1} \\ 0 \\ T_{2,1} \\ M_{2,1} \end{bmatrix} = \frac{EI}{l^3} \cdot \begin{bmatrix} 0 & 0 & -\Psi_6 & -\Psi_3 l \\ 0 & 0 & 0 & 0 \\ 0 & 0 & \Psi_6 & \Psi_3 l \\ 0 & 0 & \Psi_3 l & \Psi_3 l^2 \end{bmatrix} \cdot \begin{bmatrix} 0 \\ 0 \\ f \\ \varphi_2 \end{bmatrix}$$

$$\begin{bmatrix} T_{1,1} \\ 0 \\ T_{2,1} \\ M_{2,1} \end{bmatrix} = \begin{bmatrix} 0 & 0 & -1474{,}84 & -8847{,}72 \\ 0 & 0 & 0 & 0 \\ 0 & 0 & \mathbf{1474{,}84} & \mathbf{8847{,}72} \\ 0 & 0 & \mathbf{8847{,}72} & \mathbf{48662{,}5} \end{bmatrix} \cdot \begin{bmatrix} 0 \\ 0 \\ f \\ \varphi_2 \end{bmatrix} = \begin{bmatrix} -53{,}48 \text{ kN} \\ 0 \text{ kNm} \\ +53{,}48 \text{ kN} \\ +519{,}9 \text{ kNm} \end{bmatrix}$$

Stab <u>2</u> <u>Stab</u> Mₐ

$EI = 101220 \text{ kNm}^2 \qquad l = 12{,}00 \text{ m}$

$\frac{EI}{l^3} = 58{,}5764 \ \frac{\text{kN}}{\text{m}}$

$N_2 = 0 \text{ kN}$

$w_2 = 0 \qquad \varphi_4 = 0 \qquad w_4 = 0$

$$\begin{bmatrix} T_{2,2} \\ M_{22} \\ T_{4,2} \\ 0 \end{bmatrix} = \frac{EI}{l^3} \cdot \begin{bmatrix} 0 & -3l & 0 & 0 \\ 0 & \mathbf{3l^2} & 0 & 0 \\ 0 & 3l & 0 & 0 \\ 0 & 0 & 0 & 0 \end{bmatrix} \cdot \begin{bmatrix} 0 \\ \varphi_2 \\ 0 \\ 0 \end{bmatrix} + \begin{bmatrix} -\frac{5}{8} \cdot q \cdot l \\ \frac{1}{8} \cdot q \cdot l^2 \\ -\frac{3}{8} \cdot q \cdot l \\ 0 \end{bmatrix}$$

$$\begin{bmatrix} T_{2,2} \\ M_{2,2} \\ T_{4,2} \\ 0 \end{bmatrix} = \begin{bmatrix} 0 & -2108{,}75 & 0 & 0 \\ 0 & \mathbf{25305} & 0 & 0 \\ 0 & 2108{,}75 & 0 & 0 \\ 0 & 0 & 0 & 0 \end{bmatrix} \cdot \begin{bmatrix} 0 \\ \varphi_2 \\ 0 \\ 0 \end{bmatrix} + \begin{bmatrix} -258{,}75 \\ \mathbf{+621{,}0} \\ -155{,}25 \\ 0 \end{bmatrix} = \begin{bmatrix} -163{,}7 \text{ kN} \\ -519{,}9 \text{ kNm} \\ -250{,}3 \text{ kN} \\ 0 \text{ kNm} \end{bmatrix}$$

Stab <u>3</u> Pendelstab mit Belastung

$EI = 0 \text{ kNm}^2 \qquad l = 5{,}50 \text{ m} \qquad N_3 = 533 \text{ kN}$

$w_3 = 0 \qquad w_4 = f$

$$\begin{bmatrix} T_{3,3} \\ 0 \\ T_{4,3} \\ 0 \end{bmatrix} = \begin{bmatrix} 0 & 0 & N/l & 0 \\ 0 & 0 & 0 & 0 \\ 0 & 0 & \mathbf{-N/l} & 0 \\ 0 & 0 & 0 & 0 \end{bmatrix} \cdot \begin{bmatrix} 0 \\ 0 \\ f \\ 0 \end{bmatrix} + \begin{bmatrix} -\frac{1}{2} \cdot q \cdot l \\ 0 \\ \mathbf{-\frac{1}{2} \cdot q \cdot l} \\ 0 \end{bmatrix}$$

$$\begin{bmatrix} T_{3,3} \\ 0 \\ T_{4,3} \\ 0 \end{bmatrix} = \begin{bmatrix} 0 & 0 & 96{,}91 & 0 \\ 0 & 0 & 0 & 0 \\ 0 & 0 & \mathbf{-96{,}91} & 0 \\ 0 & 0 & 0 & 0 \end{bmatrix} \cdot \begin{bmatrix} 0 \\ 0 \\ f \\ 0 \end{bmatrix} + \begin{bmatrix} -13{,}75 \\ 0 \\ \mathbf{-13{,}75} \\ 0 \end{bmatrix} = \begin{bmatrix} -15{,}98 \text{ kN} \\ 0 \text{ kNm} \\ -43{,}58 \text{ kN} \\ 0 \text{ kNm} \end{bmatrix}$$

Systemsteifigkeitsmatrix

Die Untermatrizen werden zugeordnet, die Summe der Elemente für das Gleichungssystem ist fett gedruckt. Die Horizontalkraft ist im Lastvektor positiv, wenn sie in Richtung der unbekannten Knotenweggröße wirkt. Die Lagerungsbedingungen sind eingearbeitet.

$$\left[\begin{array}{c|c} 1474{,}84 & 8847{,}72 \\ 0 & 0 \\ -96{,}91 & 0 \\ \hline \mathbf{1377{,}93} & \mathbf{8847{,}72} \\ \hline 8847{,}72 & 48662{,}5 \\ 0 & 25305 \\ 0 & 0 \\ \hline \mathbf{8847{,}72} & \mathbf{73967{,}5} \end{array}\right] \cdot \left[\begin{array}{c} f \\ \hline \varphi_2 \end{array}\right] + \left[\begin{array}{c} 0 \\ -13{,}75 \\ 0 \\ \hline \mathbf{-13{,}75} \\ \hline 0 \\ +621 \\ 0 \\ \hline \mathbf{+621} \end{array}\right] = \left[\begin{array}{c} +10 \\ 0 \\ 0 \\ \hline \mathbf{-10} \\ \hline 0 \\ 0 \\ 0 \\ \hline \mathbf{0} \end{array}\right]$$

Lösung des Gleichungssystems

$$f = 3{,}06734 \cdot 10^{-1}\,\mathrm{m} \quad \varphi_2 = -4{,}5086 \cdot 10^{-2}$$

Schnittgrößen und Auflagerkräfte

Die Berechnung der lokalen Randschnittgrößen mit der Vorzeichenregelung FEM ist direkt in den lokalen Elementsteifigkeitsmatrizen angegeben.

Die Auflagerkraft A_Z in Richtung der unverformten Achse folgt aus dem Gleichgewicht am Knoten 2 und die Auflagerkraft B_Z in Richtung der unverformten Achse folgt aus dem Gleichgewicht am Knoten 4.

$$A_Z = 540 + 163{,}7 = +703{,}7 \text{ kN}$$

$$B_Z = 315 + 250{,}3 = +565{,}3 \text{ kN}$$

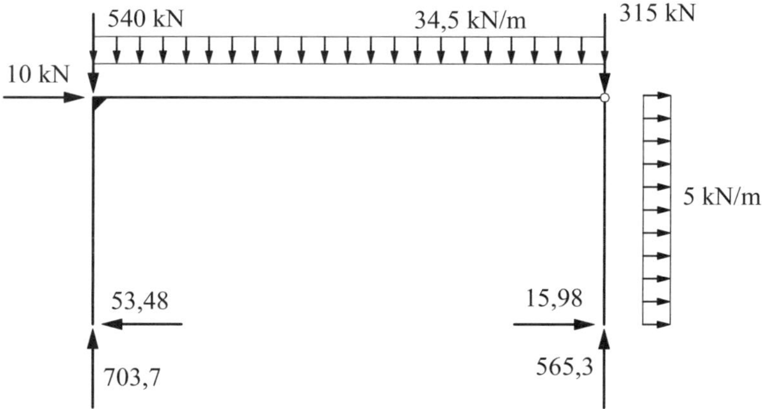

Abb. 9.13 Auflagerkräfte nach Theorie II. Ordnung

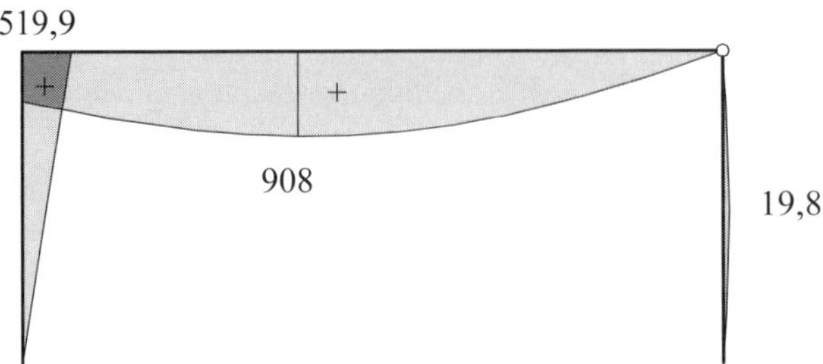

Abb. 9.14 Auflagerkräfte und Verlauf der Biegemomente nach Theorie II. Ordnung

In Abb. 9.13 sind die Auflagerkräfte und in Abb. 9.14 die Momentenfläche für dieses System dargestellt.

Berechnung des Verzweigungslastfaktors α_{cr}

Für dieses System gibt es zwei Knickfiguren, das seitliche Ausweichen des einhüftigen Rahmens mit starrer Pendelstütze und das seitliche Ausweichen der Pendelstütze. Es sind also beide Verzweigungslastfaktoren zu bestimmen. Aus der zugehörigen Knickfigur ist ersichtlich, um welches Teilsystem es sich handelt. Der Nachweis ist für jedes Teilsystem zu führen. Insbesondere sind für die Pendelstütze und die eingespannte Stütze zu beachten, dass diese auch senkrecht zur Tragwerksebene ausweichen können (räumliche Tragwirkung).

Die Elementsteifigkeitsmatrizen lauten mit $N_{cr} = \alpha_{cr} \cdot N$:

Stab 1 Stab Ma

$$EI = 90699 \text{ kNm}^2 \qquad l = 5{,}50 \text{ m}$$

$$\frac{EI}{l^3} = 545{,}148 \ \frac{\text{kN}}{\text{m}}$$

$$N_1 = 736 \text{ kN} \qquad \varepsilon^2 = \frac{N \cdot l^2}{EI} = \frac{736 \cdot 5{,}50^2}{90699} = 0{,}24547$$

$$\Psi_3 = 3 - \frac{1}{5}\varepsilon^2 = 3 - \alpha_{cr} \cdot \frac{1}{5} \cdot 0{,}24547$$

$$\Psi_6 = 3 - \frac{6}{5}\varepsilon^2 = 3 - \alpha_{cr} \cdot \frac{6}{5} \cdot 0{,}24547$$

$$w_1 = 0 \qquad \varphi_1 = 0 \qquad w_2 = f$$

$$\begin{bmatrix} T_{1,1} \\ 0 \\ T_{2,1} \\ M_{2,1} \end{bmatrix} = \frac{EI}{l^3} \cdot \begin{bmatrix} 0 & 0 & 0 & 0 \\ 0 & 0 & 0 & 0 \\ 0 & 0 & \Psi_6 & \Psi_3 l \\ 0 & 0 & \Psi_3 l & \Psi_3 l^2 \end{bmatrix} \cdot \begin{bmatrix} 0 \\ 0 \\ f \\ \varphi_2 \end{bmatrix}$$

$$\begin{bmatrix} T_{1,1} \\ 0 \\ T_{2,1} \\ M_{2,1} \end{bmatrix} = 545{,}148 \cdot \begin{bmatrix} 0 & 0 & 0 & 0 \\ 0 & 0 & 0 & 0 \\ 0 & 0 & 3-\alpha_{cr}\cdot\frac{6}{5}\cdot 0{,}24547 & \left(3-\alpha_{cr}\cdot\frac{1}{5}\cdot 0{,}24547\right)\cdot 5{,}50 \\ 0 & 0 & \left(3-\alpha_{cr}\cdot\frac{1}{5}\cdot 0{,}24547\right)\cdot 5{,}50 & \left(3-\alpha_{cr}\cdot\frac{1}{5}\cdot 0{,}24547\right)\cdot 5{,}50^2 \end{bmatrix} \cdot \begin{bmatrix} 0 \\ 0 \\ f \\ \varphi_2 \end{bmatrix}$$

$$\begin{bmatrix} T_{1,1} \\ 0 \\ T_{2,1} \\ M_{2,1} \end{bmatrix} = \begin{bmatrix} 0 & 0 & 0 & 0 \\ 0 & 0 & 0 & 0 \\ 0 & 0 & 1635{,}444-160{,}58\cdot\alpha_{cr} & 8994{,}94-147{,}20\cdot\alpha_{cr} \\ 0 & 0 & 8994{,}94-147{,}20\cdot\alpha_{cr} & 49472{,}18-809{,}60\cdot\alpha_{cr} \end{bmatrix} \cdot \begin{bmatrix} 0 \\ 0 \\ f \\ \varphi_2 \end{bmatrix}$$

Stab <u>2</u> <u>Stab</u> Ma

$EI = 101220\ \text{kNm}^2 \qquad l = 12{,}00\ \text{m}$

$\frac{EI}{l^3} = 58{,}5764\ \frac{\text{kN}}{\text{m}} \qquad N_2 = 0\ \text{kN}$

$w_2 = 0 \qquad \varphi_4 = 0 \qquad w_4 = 0$

$$\begin{bmatrix} T_{2,2} \\ M_{2,2} \\ T_{4,2} \\ 0 \end{bmatrix} = \frac{EI}{l^3} \cdot \begin{bmatrix} 0 & 0 & 0 & 0 \\ 0 & 3l^2 & 0 & 0 \\ 0 & 0 & 0 & 0 \\ 0 & 0 & 0 & 0 \end{bmatrix} \cdot \begin{bmatrix} 0 \\ \varphi_2 \\ 0 \\ 0 \end{bmatrix}$$

$$\begin{bmatrix} T_{2,2} \\ M_{2,2} \\ T_{4,2} \\ 0 \end{bmatrix} = \begin{bmatrix} 0 & 0 & 0 & 0 \\ 0 & 25305 & 0 & 0 \\ 0 & 0 & 0 & 0 \\ 0 & 0 & 0 & 0 \end{bmatrix} \cdot \begin{bmatrix} 0 \\ \varphi_2 \\ 0 \\ 0 \end{bmatrix}$$

Stab <u>3</u> Pendelstab mit Belastung

$EI = 0\ \text{kNm}^2 \qquad l = 5{,}50\ \text{m} \qquad N_3 = 533\ \text{kN}$

$w_3 = 0 \qquad w_4 = f$

$$\begin{bmatrix} T_{3,3} \\ \hline 0 \\ \hline T_{4,3} \\ \hline 0 \end{bmatrix} = \begin{bmatrix} 0 & 0 & 0 & 0 \\ 0 & 0 & 0 & 0 \\ 0 & 0 & -\alpha_{cr} \cdot \frac{N}{l} & 0 \\ 0 & 0 & 0 & 0 \end{bmatrix} \cdot \begin{bmatrix} 0 \\ 0 \\ f \\ 0 \end{bmatrix}$$

$$\begin{bmatrix} T_{3,3} \\ \hline 0 \\ \hline T_{4,3} \\ \hline 0 \end{bmatrix} = \begin{bmatrix} 0 & 0 & 0 & 0 \\ 0 & 0 & 0 & 0 \\ 0 & 0 & -96{,}91 \cdot \alpha_{cr} & 0 \\ 0 & 0 & 0 & 0 \end{bmatrix} \cdot \begin{bmatrix} 0 \\ 0 \\ f \\ 0 \end{bmatrix}$$

Die Systemsteifigkeitsmatrix lautet:

$$\begin{bmatrix} 0 \\ 0 \\ 0 \\ 0 \end{bmatrix} = \begin{bmatrix} 0 & 0 & 0 & 0 \\ 0 & 0 & 0 & 0 \\ 0 & 0 & 1635{,}444 - 257{,}49 \cdot \alpha_{cr} & 8994{,}94 - 147{,}20 \cdot \alpha_{cr} \\ 0 & 0 & 8994{,}94 - 147{,}20 \cdot \alpha_{cr} & 74777{,}2 - 809{,}60 \cdot \alpha_{cr} \end{bmatrix} \cdot \begin{bmatrix} 0 \\ 0 \\ f \\ \varphi_2 \end{bmatrix}$$

Die Determinante lautet für $f \neq 0$:

$$(1635{,}444 - 257{,}49 \cdot \alpha_{cr}) \cdot (74777{,}2 - 809{,}60 \cdot \alpha_{cr})$$
$$-(8994{,}94 - 147{,}20 \cdot \alpha_{cr})^2 = 0$$
$$\alpha_{cr} = 2{,}366$$

Die Lösung ist der Verzweigungslastfaktor α_{cr}.

$$\alpha_{cr} = 2{,}366$$

Knicklasten:

$$N_{cr,1} = \alpha_{cr} \cdot N_1 = 2{,}366 \cdot 736 = 1741 \text{ kN}$$

Mit GWSTATIK erhält man für den dehnstarren Stab $\alpha_{cr} = 2{,}366$.

10 Prinzip der virtuellen Arbeiten

10.1 Allgemeine Formulierung

Die mechanischen Probleme, die hier behandelt werden sollen, führen zu gewöhnlichen Differenzialgleichungssystemen 1. Ordnung mit nicht konstanten Koeffizienten. Geschlossene Lösungen sind nur in Sonderfällen möglich.
Eine näherungsweise Lösung kann mit dem Prinzip der virtuellen Arbeiten formuliert werden. Die Arbeit ist das Produkt aus Kraft mal Weg bzw. Moment mal Verdrehung. Die virtuelle Arbeit ist die Arbeit einer Kraft auf einer virtuellen (gedachten) Verschiebung. An einem elastischen System leisten sowohl die inneren Kräfte als auch die äußeren Kräfte virtuelle Arbeiten. Bei virtuellen Arbeiten und virtuellen Verschiebungen wird der griechische Buchstabe δ vorangestellt. Die virtuelle Arbeit δW lautet:

$$\delta W = \delta W_{\mathrm{i}} + \delta W_{\mathrm{a}} \tag{10.1}$$

Dabei ist δW_{i} die innere virtuelle Arbeit und δW_{a} die äußere virtuelle Arbeit. Die innere virtuelle Arbeit ist negativ, da die Spannungen, die aus einer äußeren Einwirkung resultieren, diesen entgegengesetzt sind. Eine ausführliche Darstellung des Prinzips der virtuellen Verschiebung ist in [4] und [6] angegeben. Das Prinzip der virtuellen Verschiebungen wird angewendet, um die Differenzialgleichungen, z. B. des Biegestabes, zu ermitteln. Weiterhin kann mit dem Prinzip der virtuellen Verschiebungen die lokale Elementsteifigkeitsmatrix und der Belastungsvektor berechnet werden. Diese folgen aus einer Gleichgewichtsaussage.
An einem System oder einem Element herrscht Gleichgewicht, wenn die Summe der virtuellen Arbeiten der inneren und äußeren Kräfte gleich null ist. Dabei wird vorausgesetzt, dass die virtuellen Verschiebungen die geometrischen Gleichungen und Randbedingungen erfüllen.

$$\delta W = 0 \tag{10.2}$$

10.2 Virtuelle Arbeit des Biegestabes

Als Einführungsbeispiel soll die lokale Elementsteifigkeitsmatrix des Biegestabes nach Theorie I. Ordnung mit dem Prinzip der virtuellen Arbeit aufgestellt werden.

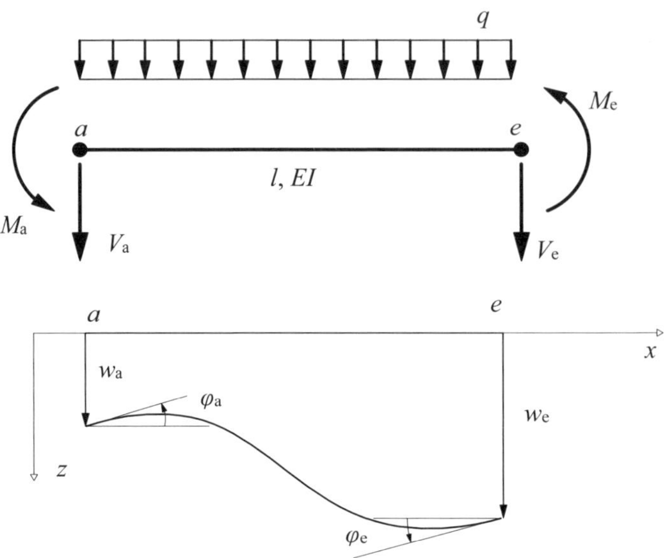

Abb. 10.1 Element nach Theorie I. Ordnung mit lokalen Knotenschnittgrößen und Knotenweggrößen

Die innere virtuelle Arbeit des Biegestabes folgt aus der Integration der Arbeit der realen Spannungen σ multipliziert mit den virtuellen Dehnungen $\delta\varepsilon$.

$$-\delta W_{\mathrm{i}} = \int \delta\varepsilon \cdot \sigma \cdot \mathrm{d}V = \int_l \int_A \delta\varepsilon \cdot \sigma \cdot \mathrm{d}A \cdot \mathrm{d}x \tag{10.3}$$

Für den Biegestab gelten die folgenden Beziehungen:

$\varepsilon = z \cdot w''$ Ebenbleiben des Querschnittes

$\sigma = E \cdot \varepsilon$ *Hooke*sches Gesetz

$$\delta W_{\mathrm{i}} = -\int_l \int_A \delta\varepsilon \cdot \sigma \cdot \mathrm{d}A \cdot \mathrm{d}x = -\int_l \int_A \delta w'' \cdot z \cdot E \cdot z \cdot w'' \cdot \mathrm{d}A \cdot \mathrm{d}x$$

$$\delta W_{\mathrm{i}} = -\int_l \int_A \delta w'' E \cdot z^2 \cdot w'' \cdot \mathrm{d}A \cdot \mathrm{d}x$$

$$\delta W_{\mathrm{i}} = -\int_l \delta w'' EI \cdot w'' \cdot \mathrm{d}x \tag{10.4}$$

Mit $I = \int_A z^2 \cdot \mathrm{d}A$

Die äußere virtuelle Arbeit des Biegestabes folgt aus der Integration der Arbeit der Gleichstreckenlast q multipliziert mit der virtuellen Verschiebung δw. Weiterhin leisten die lokalen Knotenschnittgrößen virtuelle Arbeit auf den virtuellen lokalen Knotenweggrößen am Rande des Stabelementes.

$$\delta W_{\mathrm{a}} = \int_l \delta w \cdot q \mathrm{d}x + \delta w_{\mathrm{a}} \cdot V_{\mathrm{a}} + \delta\varphi_{\mathrm{a}} \cdot M_{\mathrm{a}} + \delta w_{\mathrm{e}} \cdot V_{\mathrm{e}} + \delta\varphi_{\mathrm{e}} \cdot M_{\mathrm{e}} \tag{10.5}$$

An dem Stabelement herrscht Gleichgewicht, wenn die Summe der virtuellen Arbeiten der inneren und äußeren Kräfte gleich null ist.

$$\delta W_\mathrm{i} + \delta W_\mathrm{a} = 0$$

$$-\int_l \delta w'' EI \cdot w'' \cdot \mathrm{d}x + \int_l \delta w \cdot q \cdot \mathrm{d}x + \delta w_\mathrm{a} \cdot V_\mathrm{a} + \delta\varphi_\mathrm{a} \cdot M_\mathrm{a} + \delta w_\mathrm{e} \cdot V_\mathrm{e} + \delta\varphi_\mathrm{e} \cdot M_\mathrm{e} = 0$$

Diese Gleichung wird folgendermaßen umgeordnet:

$$\delta w_\mathrm{a} \cdot V_\mathrm{a} + \delta\varphi_\mathrm{a} \cdot M_\mathrm{a} + \delta w_\mathrm{e} \cdot V_\mathrm{e} + \delta\varphi_\mathrm{e} \cdot M_\mathrm{e} = \int_l \delta w'' EI \cdot w'' \cdot \mathrm{d}x - \int_l \delta w \cdot q \cdot \mathrm{d}x \qquad (10.6)$$

Die Auswertung der Gleichung (10.6) mit einem Polynomansatz für die Verschiebung w führt zu der schon bekannten Elementsteifigkeitsmatrix (10.7).

$$\boldsymbol{s}_\mathrm{n} = \boldsymbol{K}_\mathrm{n,n} \cdot \boldsymbol{v}_\mathrm{n} + \boldsymbol{s}_\mathrm{n0} \qquad (10.7)$$

n Ordnung der lokalen Elementsteifigkeitsmatrix $n = 4$
$\boldsymbol{s}_\mathrm{n}$ Vektor der lokalen Knotenweggrößen
$\boldsymbol{K}_\mathrm{n,n}$ lokale Elementsteifigkeitsmatrix
$\boldsymbol{v}_\mathrm{n}$ Vektor der lokalen Knotenweggrößen
$\boldsymbol{s}_\mathrm{n0}$ Vektor der Starreinspanngrößen

Dies wird im Folgenden gezeigt. Der Index n wird zur Vereinfachung weggelassen.

10.3 Ansatzfunktion für das Stabelement

Der Polynomansatz für die Verschiebung $w(x)$

$$w(x) = a_0 + a_1 \cdot x + a_2 \cdot x^2 + a_3 \cdot x^3 \qquad (10.8)$$

ist für dieses Stabelement sehr günstig, da er die geometrischen Gleichungen und die Randbedingungen erfüllt. Diese Biegelinie ist stetig an den Stabenden und die vier Konstanten können durch die vier lokalen Knotenweggrößen ersetzt werden. Die Gleichung (10.8) kann auch in Matrizenschreibweise dargestellt werden.

$$w(x) = \boldsymbol{\phi} \cdot \boldsymbol{a} = \boldsymbol{a}^\mathrm{T} \cdot \boldsymbol{\phi}^\mathrm{T} \qquad (10.9)$$

$\boldsymbol{a}$ ist ein Spaltenvektor und $\boldsymbol{\phi}$ ein Zeilenvektor.

$$\boldsymbol{a} = \begin{bmatrix} a_0 \\ a_1 \\ a_2 \\ a_3 \end{bmatrix} \qquad \boldsymbol{\phi} = \begin{bmatrix} 1 & x & x^2 & x^3 \end{bmatrix}$$

In dem Ausdruck der virtuellen Arbeit treten auch die Ableitungen von $w(x)$ auf.

$$w'(x) = a_0 \cdot 0 + a_1 \cdot 1 + a_2 \cdot 2x + a_3 \cdot 3x^2$$

$$w''(x) = a_0 \cdot 0 + a_1 \cdot 0 + a_2 \cdot 2 + a_3 \cdot 6x$$

In Matrizenschreibweise:

$$w'(x) = \boldsymbol{\phi}' \cdot \boldsymbol{a} = \boldsymbol{a}^{\mathrm{T}} \cdot \boldsymbol{\phi}'^{\mathrm{T}} \tag{10.10}$$

$$w''(x) = \boldsymbol{\phi}'' \cdot \boldsymbol{a} = \boldsymbol{a}^{\mathrm{T}} \cdot \boldsymbol{\phi}''^{\mathrm{T}} \tag{10.11}$$

$$\boldsymbol{a} = \begin{bmatrix} a_0 \\ a_1 \\ a_2 \\ a_3 \end{bmatrix} \qquad \begin{aligned} \boldsymbol{\phi}' &= \begin{bmatrix} 0 & 1 & 2x & 3x^2 \end{bmatrix} \\ \boldsymbol{\phi}'' &= \begin{bmatrix} 0 & 0 & 2 & 6x \end{bmatrix} \end{aligned}$$

Die vier Konstanten werden durch die lokalen Knotenweggrößen ausgedrückt.

$$w(x) = a_0 + a_1 \cdot x + a_2 \cdot x^2 + a_3 \cdot x^3$$

$$\varphi(x) = -w'(x) = -0 \cdot a_0 - a_1 - a_2 \cdot 2 \cdot x - a_3 \cdot 3 \cdot x^2$$

Es gelten die folgenden Randbedingungen:

$$w(0) = w_{\mathrm{a}} \rightarrow w_{\mathrm{a}} = a_0$$

$$\varphi(0) = \varphi_{\mathrm{a}} \rightarrow \varphi_{\mathrm{a}} = -a_1$$

$$w(l) = w_{\mathrm{e}} \rightarrow w_{\mathrm{e}} = 1 \cdot a_0 + l \cdot a_1 + l^2 \cdot a_2 + l^3 \cdot a_3$$

$$\varphi(l) = \varphi_{\mathrm{e}} \rightarrow \varphi_{\mathrm{e}} = -0 \cdot a_0 - 1 \cdot a_1 - 2l \cdot a_2 - 3l^2 a_3$$

Die Beziehung zwischen den lokalen Knotenweggrößen und den Konstanten lautet in Matrizenschreibweise:

$$\boldsymbol{v} = \boldsymbol{\Phi} \cdot \boldsymbol{a}$$

$$\begin{bmatrix} w_{\mathrm{a}} \\ \varphi_{\mathrm{a}} \\ w_{\mathrm{e}} \\ \varphi_{\mathrm{e}} \end{bmatrix} = \begin{bmatrix} 1 & 0 & 0 & 0 \\ 0 & -1 & 0 & 0 \\ 1 & l & l^2 & l^3 \\ 0 & -1 & -2l & -3l^2 \end{bmatrix} \cdot \begin{bmatrix} a_0 \\ a_1 \\ a_2 \\ a_3 \end{bmatrix}$$

Die Inverse der Matrix $\boldsymbol{\Phi}$ liefert die gesuchte Beziehung zwischen den Konstanten und den lokalen Knotenweggrößen. Diese Matrix wird wie in [6] mit $\boldsymbol{G}$ bezeichnet.

$$\boldsymbol{a} = \boldsymbol{G} \cdot \boldsymbol{v} \tag{10.12}$$

$$\begin{bmatrix} a_0 \\ a_1 \\ a_2 \\ a_3 \end{bmatrix} = \begin{bmatrix} 1 & 0 & 0 & 0 \\ 0 & -1 & 0 & 0 \\ -3/l^2 & 2/l & 3/l^2 & 1/l \\ 2/l^3 & -1/l^2 & -2/l^3 & -1/l^2 \end{bmatrix} \cdot \begin{bmatrix} w_{\mathrm{a}} \\ \varphi_{\mathrm{a}} \\ w_{\mathrm{e}} \\ \varphi_{\mathrm{e}} \end{bmatrix}$$

Setzt man die Gleichung (10.12) in die Gleichung (10.9) ein, erhält man die Verschiebung $w(x)$ in Abhängigkeit von den lokalen Knotenweggrößen.

$$w(x) = \boldsymbol{\phi} \cdot \boldsymbol{a} = \boldsymbol{\phi} \cdot \boldsymbol{G} \cdot \boldsymbol{v} = \boldsymbol{v}^{\mathrm{T}} \cdot \boldsymbol{G}^{\mathrm{T}} \cdot \boldsymbol{\phi}^{\mathrm{T}} \tag{10.13}$$

Entsprechend gilt für die Ableitungen von $w(x)$:

$$w'(x) = \boldsymbol{\phi}' \cdot \boldsymbol{G} \cdot \boldsymbol{v} = \boldsymbol{v}^{\mathrm{T}} \cdot \boldsymbol{G}^{\mathrm{T}} \cdot \boldsymbol{\phi}'^{\mathrm{T}} \tag{10.14}$$

$$w''(x) = \boldsymbol{\phi}'' \cdot \boldsymbol{G} \cdot \boldsymbol{v} = \boldsymbol{v}^{\mathrm{T}} \cdot \boldsymbol{G}^{\mathrm{T}} \cdot \boldsymbol{\phi}''^{\mathrm{T}} \tag{10.15}$$

10.4 Lokale Elementsteifigkeitsmatrix

Die lokale Elementsteifigkeitsmatrix folgt aus der Gleichung (10.6) in Matrizenschreibweise, wenn die Gleichungen (10.15) und (10.13) berücksichtigt werden.

$$\delta w_{\mathrm{a}} \cdot V_{\mathrm{a}} + \delta \varphi_{\mathrm{a}} \cdot M_{\mathrm{a}} + \delta w_{\mathrm{e}} \cdot V_{\mathrm{a}} + \delta \varphi_{\mathrm{e}} \cdot M_{\mathrm{e}} = \int_l \delta w'' EI \cdot w'' \cdot \mathrm{d}x - \int_l \delta w \cdot q \cdot \mathrm{d}x$$

Im Einzelnen gilt:

$$\delta w_{\mathrm{a}} \cdot V_{\mathrm{a}} + \delta \varphi_{\mathrm{a}} \cdot M_{\mathrm{a}} + \delta w_{\mathrm{e}} \cdot V_{\mathrm{e}} + \delta \varphi_{\mathrm{e}} \cdot M_{\mathrm{e}} = \delta \boldsymbol{v}^{T} \cdot \boldsymbol{s}$$

$$\int_l \delta w'' EI \cdot w'' \cdot \mathrm{d}x = \int_l \delta \boldsymbol{v}^{\mathrm{T}} \cdot \boldsymbol{G}^{\mathrm{T}} \cdot \boldsymbol{\phi}''^{\mathrm{T}} \cdot EI \cdot \boldsymbol{\phi}'' \cdot \boldsymbol{G} \cdot \boldsymbol{v} \cdot \mathrm{d}x =$$

$$\int_l \delta w'' EI \cdot w'' \cdot \mathrm{d}x = \delta \boldsymbol{v}^{\mathrm{T}} \cdot \left(\boldsymbol{G}^{\mathrm{T}} \int_l \boldsymbol{\phi}''^{\mathrm{T}} \cdot EI \cdot \boldsymbol{\phi}'' \cdot \mathrm{d}x \cdot \boldsymbol{G} \right) \cdot \boldsymbol{v} = \delta \boldsymbol{v}^{\mathrm{T}} \cdot \boldsymbol{K} \cdot \boldsymbol{v}$$

mit der Elementsteifigkeitsmatrix

$$\boldsymbol{K} = \boldsymbol{G}^{\mathrm{T}} \int_l \boldsymbol{\phi}''^{\mathrm{T}} \cdot EI \cdot \boldsymbol{\phi}'' \cdot \mathrm{d}x \cdot \boldsymbol{G} \tag{10.16}$$

$$-\int_l \delta w \cdot q \cdot \mathrm{d}x = -\int_l \delta \boldsymbol{v}^{\mathrm{T}} \cdot \boldsymbol{G}^{\mathrm{T}} \cdot \boldsymbol{\phi}^{\mathrm{T}} \cdot q \cdot \mathrm{d}x = \delta \boldsymbol{v}^{\mathrm{T}} \cdot \left(-\boldsymbol{G}^{\mathrm{T}} \cdot \int_l \boldsymbol{\phi}^{\mathrm{T}} \cdot q \cdot \mathrm{d}x \right) = \delta \boldsymbol{v}^{\mathrm{T}} \cdot \boldsymbol{s}_0$$

mit dem Belastungsvektor

$$\boldsymbol{s}_0 = -\boldsymbol{G}^{\mathrm{T}} \cdot \int_l \boldsymbol{\phi}^{\mathrm{T}} \cdot q \cdot \mathrm{d}x \tag{10.17}$$

Die Gleichung (10.6) kann damit in Matrizenschreibweise dargestellt werden:

$$\delta \boldsymbol{v}^{T} \cdot \boldsymbol{s} = \delta \boldsymbol{v}^{\mathrm{T}} \cdot \boldsymbol{K} \cdot \boldsymbol{v} + \delta \boldsymbol{v}^{\mathrm{T}} \cdot \boldsymbol{s}_0$$

Für die Annahme der virtuellen Arbeit gilt:

$$\delta \boldsymbol{v}^{T} \neq 0$$

Man erhält damit die Matrizengleichung der Elementsteifigkeitsmatrix für den Biegestab nach Theorie I. Ordnung.

$$\boldsymbol{s} = \boldsymbol{K} \cdot \boldsymbol{v} + \boldsymbol{s}_0 \tag{10.18}$$

Berechnung der Elementsteifigkeitsmatrix

Die folgende Berechnung entspricht der Vorgehensweise in [6].

$$\boldsymbol{K} = \boldsymbol{G}^{\mathrm{T}} \int_l \boldsymbol{\phi}''^{\mathrm{T}} \cdot EI \cdot \boldsymbol{\phi}'' \cdot \mathrm{d}x \cdot \boldsymbol{G}$$

Es werden die Matrizenmultiplikationen dargestellt.

$$\boldsymbol{\phi}''^{\mathrm{T}} \cdot \boldsymbol{\phi}''$$

$$\boldsymbol{\phi}'' = \left[\begin{array}{c:c|c:c} 0 & 0 & 2 & 6x \end{array}\right]$$

$$\boldsymbol{\phi}''^{\mathrm{T}} = \left[\begin{array}{c} 0 \\ \hdashline 0 \\ \hline 2 \\ \hdashline 6x \end{array}\right] \left[\begin{array}{c:c|c:c} 0 & 0 & 0 & 0 \\ \hdashline 0 & 0 & 0 & 0 \\ \hline 0 & 0 & 4 & 12x \\ \hdashline 0 & 0 & 12x & 36x^2 \end{array}\right]$$

$$\int_l \boldsymbol{\phi}''^{\mathrm{T}} \cdot EI \cdot \boldsymbol{\phi}'' \cdot \mathrm{d}x = EI \cdot \left[\begin{array}{c:c|c:c} 0 & 0 & 0 & 0 \\ \hdashline 0 & 0 & 0 & 0 \\ \hline 0 & 0 & 4l & 6l^2 \\ \hdashline 0 & 0 & 6l^2 & 12l^3 \end{array}\right]$$

$$\boldsymbol{K} = \boldsymbol{G}^{\mathrm{T}} \int_l \boldsymbol{\phi}''^{\mathrm{T}} \cdot EI \cdot \boldsymbol{\phi}'' \cdot \mathrm{d}x \cdot \boldsymbol{G}$$

$$\left[\begin{array}{c:c|c:c} 1 & 0 & 0 & 0 \\ \hdashline 0 & -1 & 0 & 0 \\ \hline -3/l^2 & 2/l & 3/l^2 & 1/l \\ \hdashline 2/l^3 & -1/l^2 & -2/l^3 & -1/l^2 \end{array}\right]$$

$$EI \cdot \left[\begin{array}{c:c|c:c} 0 & 0 & 0 & 0 \\ \hdashline 0 & 0 & 0 & 0 \\ \hline 0 & 0 & 4l & 6l^2 \\ \hdashline 0 & 0 & 6l^2 & 12l^3 \end{array}\right] \qquad \frac{EI}{l^3} \cdot \left[\begin{array}{c:c|c:c} 0 & 0 & 0 & 0 \\ \hdashline 0 & 0 & 0 & 0 \\ \hline 0 & 2 & 0 & -2 \\ \hdashline 6 & 0 & -6 & -6l \end{array}\right]$$

$$\left[\begin{array}{c:c|c:c} 1 & 0 & -3/l^2 & 2/l^3 \\ \hdashline 0 & -1 & 2/l & -1/l^2 \\ \hline 0 & 0 & 3/l^2 & -2/l^3 \\ \hdashline 0 & 0 & 1/l & -1/l^2 \end{array}\right] \qquad \frac{EI}{l^3} \cdot \left[\begin{array}{c:c|c:c} 12 & -6l & -12 & -6l \\ \hdashline -6l & 4l^2 & 6l & 2l^2 \\ \hline -12 & 6l & 12 & 6l \\ \hdashline -6l & 2l^2 & 6l & 4l^2 \end{array}\right]$$

Berechnung des Belastungsvektors

$$\boldsymbol{s}_0 = -\boldsymbol{G}^{\mathrm{T}} \cdot \int_l \boldsymbol{\phi}^{\mathrm{T}} \cdot q \cdot \mathrm{d}x$$

$$\boldsymbol{\phi}^{\mathrm{T}} = \begin{bmatrix} 1 \\ x \\ x^2 \\ x^3 \end{bmatrix} \qquad -\int_l \boldsymbol{\phi}^{\mathrm{T}} \cdot q \cdot \mathrm{d}x = \begin{bmatrix} -q \cdot l \\ -\frac{1}{2} q l^2 \\ -\frac{1}{3} q l^3 \\ -\frac{1}{4} q l^4 \end{bmatrix}$$

$$\boldsymbol{s}_0 = -\boldsymbol{G}^{\mathrm{T}} \cdot \int_l \boldsymbol{\phi}^{\mathrm{T}} \cdot q \cdot \mathrm{d}x \quad \begin{bmatrix} -q \cdot l \\ -\frac{1}{2} q l^2 \\ -\frac{1}{3} q l^3 \\ -\frac{1}{4} q l^4 \end{bmatrix}$$

$$\begin{bmatrix} 1 & 0 & -\frac{3}{l^2} & \frac{2}{l^3} \\ 0 & -1 & \frac{2}{l} & -\frac{1}{l^2} \\ 0 & 0 & \frac{3}{l^2} & -\frac{2}{l^3} \\ 0 & 0 & \frac{1}{l} & -\frac{1}{l^2} \end{bmatrix} \quad \begin{bmatrix} -\frac{1}{2} q \cdot l \\ \frac{1}{12} q \cdot l^2 \\ -\frac{1}{2} q \cdot l \\ -\frac{1}{12} q \cdot l^2 \end{bmatrix}$$

Matrizengleichung der Elementsteifigkeitsmatrix für den Biegestab nach Theorie I. Ordnung:

$$\boldsymbol{s} = \boldsymbol{K} \cdot \boldsymbol{v} + \boldsymbol{s}_0$$

Die Elementsteifigkeitsmatrix ist hier die exakte Lösung, da der Polynomansatz die Lösung für die Biegelinie des Biegestabes exakt erfasst.

$$\begin{bmatrix} V_{\mathrm{a}} \\ M_{\mathrm{a}} \\ \hline V_{\mathrm{e}} \\ M_{\mathrm{e}} \end{bmatrix} = \frac{EI}{l^3} \cdot \begin{bmatrix} 12 & -6l & -12 & -6l \\ -6l & 4l^2 & 6l & 2l^2 \\ \hline -12 & 6l & 12 & 6l \\ -6l & 2l^2 & 6l & 4l^2 \end{bmatrix} \cdot \begin{bmatrix} w_{\mathrm{a}} \\ \varphi_{\mathrm{a}} \\ \hline w_{\mathrm{e}} \\ \varphi_{\mathrm{e}} \end{bmatrix} + \begin{bmatrix} -\frac{1}{2} \cdot q \cdot l \\ \frac{1}{12} \cdot q \cdot l^2 \\ \hline -\frac{1}{2} \cdot q \cdot l \\ -\frac{1}{12} \cdot q \cdot l^2 \end{bmatrix}$$

10.5 Biegestab nach Theorie II. Ordnung

Als Einführungsbeispiel für nichtlineare Probleme soll die lokale Elementsteifigkeitsmatrix des Biegestabes nach Theorie II. Ordnung mit dem Prinzip der virtuellen Arbeit aufgestellt werden.

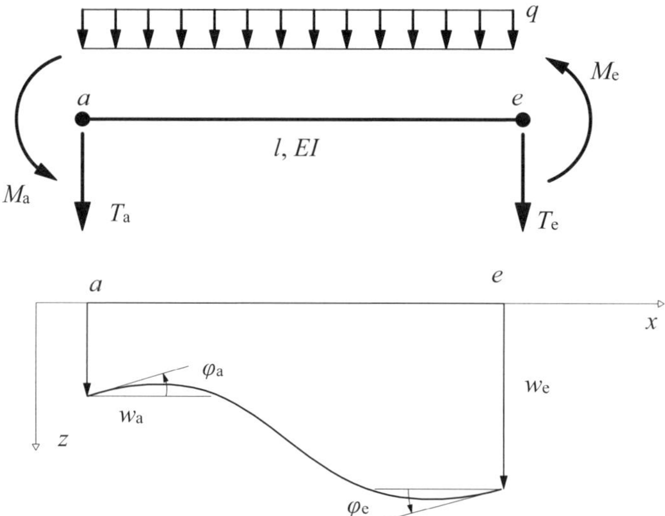

Abb. 10.2 Element nach Theorie II. Ordnung mit lokalen Knotenschnittgrößen und Knotenweggrößen

Die innere virtuelle Arbeit des Biegestabes folgt aus der Integration der Arbeit der realen Spannungen σ multipliziert mit den virtuellen Dehnungen $\delta\varepsilon$.

$$-\delta W_{\mathrm{i}} = \int \delta\varepsilon \cdot \sigma \cdot \mathrm{d}V = \int_l \int_A \delta\varepsilon \cdot \sigma \cdot \mathrm{d}A \cdot \mathrm{d}x$$

Für den Biegestab nach Theorie II. Ordnung gilt die folgende nichtlineare Beziehung für die Dehnung ε, siehe auch [4] und [7]:

$$\varepsilon = \frac{\mathrm{d}u}{\mathrm{d}x} + \frac{1}{2} \cdot \left(\frac{\mathrm{d}w}{\mathrm{d}x} \right)^2 = u' + \frac{1}{2} w'^2 \qquad (10.19)$$

Der erste Anteil ist die Dehnung für den Biegestab nach Theorie I. Ordnung, der bereits behandelt wurde. Der zweite Anteil beschreibt die zusätzliche Dehnung am verformten Biegestab nach Theorie II. Ordnung.

$$\varepsilon = \frac{1}{2} w'^2$$

Die Variation $\delta\varepsilon$ ergibt mit der Variationsrechnung:

$$\delta\varepsilon = \frac{\partial \varepsilon}{\partial w'} \cdot \delta w' = w' \cdot \delta w'$$

Der nichtlineare Anteil lautet damit:

$$\delta W_\mathrm{i} = -\int_l \int_A \delta\varepsilon \cdot \sigma \cdot \mathrm{d}A \cdot \mathrm{d}x = -\int_l \int_A \delta w' \cdot \sigma \cdot w' \cdot \mathrm{d}A \cdot \mathrm{d}x$$

$$\delta W_\mathrm{i} = -\int_l \delta w' \cdot N \cdot w' \cdot \mathrm{d}x \qquad (10.20)$$

mit $N = \int_A \sigma \cdot \mathrm{d}A$

Die äußere virtuelle Arbeit des Biegestabes folgt aus der Integration der Arbeit der Gleichstreckenlast q multipliziert mit der virtuellen Verschiebung δw. Weiterhin leisten die lokalen Knotenschnittgrößen, die in Richtung der unverformten Achsen wirken, virtuelle Arbeit auf den virtuellen lokalen Knotenweggrößen am Rande des Stabelementes.

$$\delta W_\mathrm{a} = \int_l \delta w \cdot q \mathrm{d}x + \delta w_\mathrm{a} \cdot T_\mathrm{a} + \delta\varphi_\mathrm{a} \cdot M_\mathrm{a} + \delta w_\mathrm{e} \cdot T_\mathrm{e} + \delta\varphi_\mathrm{e} \cdot M_\mathrm{e} \qquad (10.21)$$

An dem Stabelement herrscht Gleichgewicht, wenn die Summe der virtuellen Arbeiten der inneren und äußeren Kräfte gleich null ist.

$$\delta W_\mathrm{i} + \delta W_\mathrm{a} = 0$$

$$-\int_l \delta w'' EI \cdot w'' \cdot \mathrm{d}x - \int_l \delta w' \cdot N \cdot w' \cdot \mathrm{d}x + \int_l \delta w \cdot q \cdot \mathrm{d}x$$

$$+\delta w_\mathrm{a} \cdot T_\mathrm{a} + \delta\varphi_\mathrm{a} \cdot M_\mathrm{a} + \delta w_\mathrm{e} \cdot T_\mathrm{e} + \delta\varphi_\mathrm{e} \cdot M_\mathrm{e} = 0$$

Diese Gleichung wird folgendermaßen umgeordnet:

$$\delta w_\mathrm{a} \cdot T_\mathrm{a} + \delta\varphi_\mathrm{a} \cdot M_\mathrm{a} + \delta w_\mathrm{e} \cdot T_\mathrm{e} + \delta\varphi_\mathrm{e} \cdot M_\mathrm{e} =$$

$$\int_l \delta w'' EI \cdot w'' \cdot \mathrm{d}x + \int_l \delta w' \cdot N \cdot w' \cdot \mathrm{d}x - \int_l \delta w \cdot q \cdot \mathrm{d}x \qquad (10.22)$$

Die Auswertung der Gleichung (10.22) mit einem Polynomansatz für die Verschiebung w nach Gleichung (10.8), der in diesem Fall eine Näherung darstellt, führt zu der Elementsteifigkeitsmatrix des Biegestabes nach Theorie II. Ordnung.

$$\boldsymbol{s}_\mathrm{n} = \left(\boldsymbol{K}_\mathrm{n,n} + \boldsymbol{H}_\mathrm{n,n} \right) \cdot \boldsymbol{v}_\mathrm{n} + \boldsymbol{s}_\mathrm{n0} \qquad (10.23)$$

$$\boldsymbol{s}_{\mathrm{n}} = \left(\boldsymbol{K}_{\mathrm{n,n}} + \boldsymbol{H}_{\mathrm{n,n}}\right) \cdot \boldsymbol{v}_{\mathrm{n}} + \boldsymbol{s}_{\mathrm{n0}} \tag{10.23}$$

n Ordnung der lokalen Elementsteifigkeitsmatrix $n = 4$
$\boldsymbol{s}_{\mathrm{n}}$ Vektor der lokalen Knotenweggrößen
$\boldsymbol{K}_{\mathrm{n,n}}$ lokale Elementsteifigkeitsmatrix
$\boldsymbol{H}_{\mathrm{n,n}}$ geometrische Elementsteifigkeitsmatrix
$\boldsymbol{v}_{\mathrm{n}}$ Vektor der lokalen Knotenweggrößen
$\boldsymbol{s}_{\mathrm{n0}}$ Vektor der Starreinspanngrößen

Dies wird im Folgenden gezeigt. Der Index n wird zur Vereinfachung weggelassen.

Berechnung der geometrischen Elementsteifigkeitsmatrix

Die Gleichung (10.18) ist um die geometrische Elementsteifigkeitsmatrix $\boldsymbol{H}$ zu ergänzen.

$$\boldsymbol{s} = \left(\boldsymbol{K} + \boldsymbol{H}\right) \cdot \boldsymbol{v} + \boldsymbol{s}_0$$

$$\boldsymbol{H} = \int_l \delta w' \cdot N \cdot w' \cdot \mathrm{d}x$$

Mit Gleichung (10.14) erhält man entsprechend:

$$\boldsymbol{H} = \boldsymbol{G}^{\mathrm{T}} \int_l \boldsymbol{\phi}'^{\mathrm{T}} \cdot N \cdot \boldsymbol{\phi}' \cdot \mathrm{d}x \cdot \boldsymbol{G}$$

Es werden die Matrizenmultiplikationen dargestellt.

$$\boldsymbol{\phi}'^{\mathrm{T}} \cdot \boldsymbol{\phi}'$$

$$\boldsymbol{\phi}' = \begin{bmatrix} 0 & 1 & 2x & 3x^2 \end{bmatrix}$$

$$\boldsymbol{\phi}'^{\mathrm{T}} = \begin{bmatrix} 0 \\ 1 \\ 2x \\ 3x^2 \end{bmatrix} \quad \begin{bmatrix} 0 & 0 & 0 & 0 \\ 0 & 1 & 2x & 3x^2 \\ 0 & 2x & 4x^2 & 6x^3 \\ 0 & 3x^2 & 6x^3 & 9x^4 \end{bmatrix}$$

Für $N = \text{const.}$ gilt:

$$\int_l \boldsymbol{\phi}'^{\mathrm{T}} \cdot N \cdot \boldsymbol{\phi}' \cdot \mathrm{d}x \qquad \frac{N}{60} \cdot \begin{bmatrix} 0 & 0 & 0 & 0 \\ 0 & 60l & 60l^2 & 60l^3 \\ 0 & 60l^2 & 80l^3 & 90l^4 \\ 0 & 60l^3 & 90l^4 & 108l^5 \end{bmatrix}$$

$$\boldsymbol{H} = \boldsymbol{G}^{\mathrm{T}} \int_l \boldsymbol{\phi}'^{\mathrm{T}} \cdot N \cdot \boldsymbol{\phi}' \cdot \mathrm{d}x \cdot \boldsymbol{G}$$

$$\begin{bmatrix} 1 & 0 & 0 & 0 \\ 0 & -1 & 0 & 0 \\ -3/l^2 & 2/l & 3/l^2 & 1/l \\ 2/l^3 & -1/l^2 & -2/l^3 & -1/l^2 \end{bmatrix}$$

$$\frac{N}{60} \cdot \begin{bmatrix} 0 & 0 & 0 & 0 \\ 0 & 60l & 60l^2 & 60l^3 \\ 0 & 60l^2 & 80 \cdot l^3 & 90 \cdot l^4 \\ 0 & 60l^3 & 90 \cdot l^4 & 108 \cdot l^5 \end{bmatrix} \qquad \frac{N}{60} \cdot \begin{bmatrix} 0 & 0 & 0 & 0 \\ -60 & 0 & 60 & 0 \\ -60l & 10l^2 & 60l & -10l^2 \\ -54 \cdot l^2 & 12l^3 & 54 \cdot l^2 & -18l^3 \end{bmatrix}$$

$$\begin{bmatrix} 1 & 0 & -3/l^2 & 2/l^3 \\ 0 & -1 & 2/l & -1/l^2 \\ 0 & 0 & 3/l^2 & -2/l^3 \\ 0 & 0 & 1/l & -1/l^2 \end{bmatrix} \qquad \frac{N}{60l} \cdot \begin{bmatrix} 72 & -6l & -72 & -6l \\ -6l & 8l^2 & 6l & -2l^2 \\ -72 & 6l & 72 & 6l \\ -6l & -2l^2 & 6 & 8l^2 \end{bmatrix}$$

Matrizengleichung der Elementsteifigkeitsmatrix für den Biegestab nach Theorie II. Ordnung mit der Normalkraft N (positiv als Zugkraft):

$$\boldsymbol{s} = \left(\boldsymbol{K} + \boldsymbol{H} \right) \boldsymbol{v} \tag{10.24}$$

$$\begin{bmatrix} T_{\mathrm{a}} \\ M_{\mathrm{a}} \\ T_{\mathrm{e}} \\ M_e \end{bmatrix} = \left(\frac{EI}{l^3} \cdot \begin{bmatrix} 12 & -6l & -12 & -6l \\ -6l & 4l^2 & 6l & 2l^2 \\ -12 & 6l & 12 & 6l \\ -6l & 2l^2 & 6l & 4l^2 \end{bmatrix} + \frac{N}{60l} \cdot \begin{bmatrix} 72 & -6l & -72 & -6l \\ -6l & 8l^2 & 6l & -2l^2 \\ -72 & 6l & 72 & 6l \\ -6l & -2l^2 & 6 & 8l^2 \end{bmatrix} \right) \cdot \begin{bmatrix} w_{\mathrm{a}} \\ \varphi_{\mathrm{a}} \\ w_{\mathrm{e}} \\ \varphi_{\mathrm{e}} \end{bmatrix} \tag{10.25}$$

Der Belastungsvektor ändert sich mit dieser Formulierung nicht gegenüber der Theorie I. Ordnung.

Mit der Abkürzung $\boldsymbol{\varepsilon}^2 = \dfrac{N \cdot l^2}{EI}$ und der Normalkraft positiv als Druckkraft erhält man als Ergebnis wiederum die Gleichung (9.26) mit der Näherung nach Tabelle 9.1.

$$\begin{bmatrix} T_a \\ M_a \\ T_e \\ M_e \end{bmatrix} = \frac{EI}{l^3} \cdot \begin{bmatrix} 12-\frac{6}{5}\varepsilon^2 & -\left(6-\frac{1}{10}\varepsilon^2\right)l & -\left(12-\frac{6}{5}\varepsilon^2\right) & -\left(6-\frac{1}{10}\varepsilon^2\right)l \\ -\left(6-\frac{1}{10}\varepsilon^2\right)l & \left(4-\frac{2}{15}\varepsilon^2\right)l^2 & \left(6-\frac{1}{10}\varepsilon^2\right)l & \left(2+\frac{1}{30}\varepsilon^2\right)l^2 \\ -\left(12-\frac{6}{5}\varepsilon^2\right) & \left(6-\frac{1}{10}\varepsilon^2\right)l & 12-\frac{6}{5}\varepsilon^2 & \left(6-\frac{1}{10}\varepsilon^2\right)l \\ -\left(6-\frac{1}{10}\varepsilon^2\right)l & \left(2+\frac{1}{30}\varepsilon^2\right)l^2 & \left(6-\frac{1}{10}\varepsilon^2\right)l & \left(2+\frac{1}{30}\varepsilon^2\right)l^2 \end{bmatrix} \cdot \begin{bmatrix} w_a \\ \varphi_a \\ w_e \\ \varphi_e \end{bmatrix}$$

$$\begin{bmatrix} T_a \\ M_a \\ T_e \\ M_e \end{bmatrix} = \frac{EI}{l^3} \cdot \begin{bmatrix} \Psi_5 & -\Psi_4 l & -\Psi_5 & -\Psi_4 l \\ -\Psi_4 l & \Psi_1 l^2 & \Psi_4 l & \Psi_2 l^2 \\ -\Psi_5 & \Psi_4 l & \Psi_5 & \Psi_4 l \\ -\Psi_4 l & \Psi_2 l^2 & \Psi_4 l & \Psi_1 l^2 \end{bmatrix} \cdot \begin{bmatrix} w_a \\ \varphi_a \\ w_e \\ \varphi_e \end{bmatrix} + \begin{bmatrix} -\frac{q_z \cdot l}{2} \\ \frac{q_z \cdot l^2}{2(\alpha+\beta)} \\ -\frac{q_z \cdot l}{2} \\ -\frac{q_z \cdot l^2}{2(\alpha+\beta)} \end{bmatrix} \qquad (10.26)$$

Es wird der Belastungsvektor nach Gleichung (9.26) übernommen, da das Starreinspannmoment nach Theorie II. Ordnung sich vergrößert.

Das hier dargestellte Berechnungsverfahren ist allgemeingültig und kann entsprechend für andere finite Elemente, wie z. B. für Scheiben und Platten, angewendet werden. In [7] werden die lokalen Elementsteifigkeitsmatrizen für die Biegetorsionstheorie II. Ordnung mit dem Prinzip der virtuellen Arbeiten berechnet und in dem Programm FE-STAB [8] angewendet.

11 Ansatz von Imperfektionen

11.1 Allgemeine Formulierung

Der Übergang vom gedrückten Biegestab zum zentrischen Druckstab wird durch die Annahme einer geometrischen Ersatzimperfektion ermöglicht. Dabei unterscheidet man zwischen Vorkrümmungen und Vorverdrehungen, s. Abb. 11.1. Die geometrischen Ersatzimperfektionen sind in ungünstigster Richtung so anzusetzen, dass sie sich der zum niedrigsten Knickeigenwert gehörenden Knickfigur möglichst gut anpassen. Diese Vorverformungen sind in der Regel jeweils in allen maßgebenden Richtungen zu untersuchen, brauchen aber nur in einer Richtung gleichzeitig betrachtet zu werden.

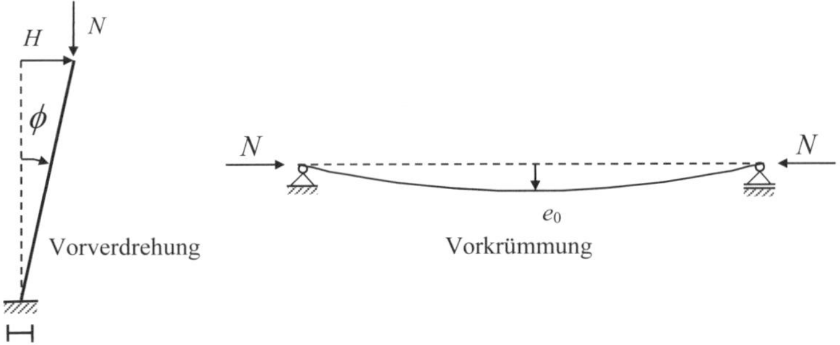

Abb. 11.1 Geometrische Ersatzimperfektionen

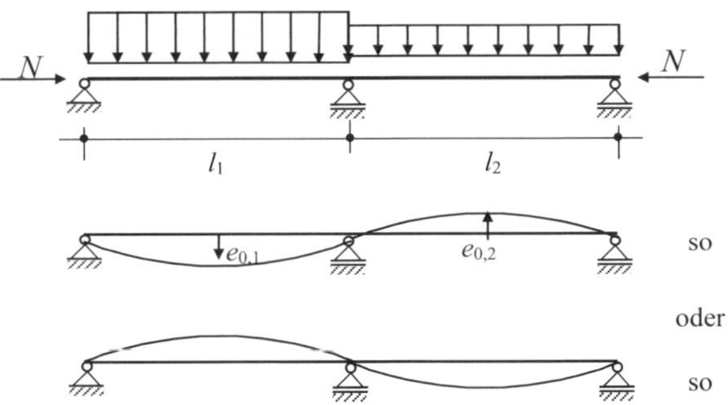

Abb. 11.2 Ansatz von Vorkrümmungen

Die Abb. 11.2 zeigt deutlich, dass die Knickfigur nicht der Biegeverformung des Systems entspricht.
Weiterhin brauchen die Ersatzimperfektionen mit den geometrischen Randbedingungen des Systems, wie z. B. in Abb. 11.3, nicht verträglich zu sein.

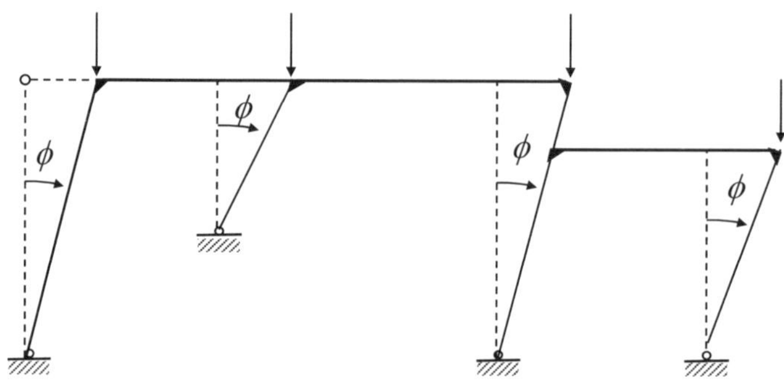

Abb. 11.3 Ansatz von Vorverdrehungen

Die geometrischen Ersatzimperfektionen können in EDV-Programmen, z. B. GWSTATIK, in der Elementsteifigkeitsmatrix direkt berücksichtigt werden.

11.2 Unverschiebliche Systeme

Systeme werden als unverschieblich bezeichnet, wenn die Systempunkte sich nicht verschieben, sondern nur verdrehen können, s. z. B. Abb. 11.4.

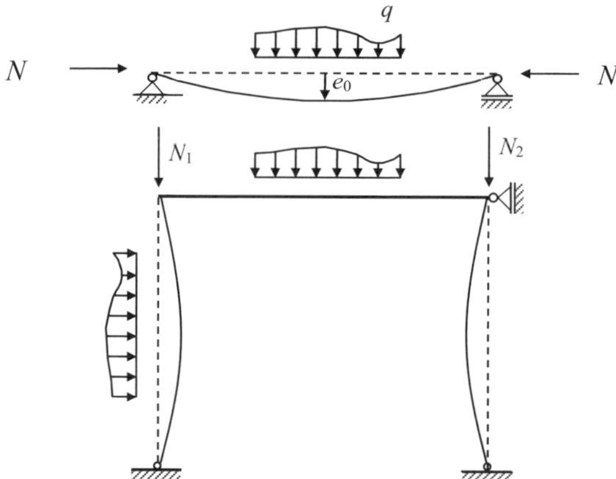

Abb. 11.4 Unverschiebliche Systeme

Das einfachste unverschiebliche System ist der gelenkig gelagerte Biegestab. Für die Ersatzimperfektionen sind festzulegen:

1. Form der Vorkrümmung des Stabes,
2. Stich der Vorkrümmung.

Die Form der Vorkrümmung folgt aus der Knickfigur des *Euler*stabes und ist eine sin-Halbwelle. Auch eine quadratische Parabel ist möglich, da diese der

Knickfigur sehr nahe kommt. Diese Form darf auch für andere unverschiebliche Systeme angewendet werden, wenn sie näherungsweise die Knickfigur beschreibt. Der Betrag der Vorkrümmung e_0 ist in den Anwendungsnormen geregelt. Im Stahlbau z. B. variiert der Betrag für die Walzprofile aus Baustahl von $L/150$ bis $L/300$, wobei L die Länge des Stabes ist.
Ersatzimperfektionen können auch durch den Ansatz gleichwertiger Ersatzlasten berücksichtigt werden, was insbesondere für die Handrechnung sinnvoll ist.
Die Ersatzbelastung ist hier eine Gleichgewichtsgruppe, da keine resultierenden Auflagerkräfte auftreten dürfen. Es gilt:

$$M_0 = N \cdot e_0 = q_0 \cdot \frac{l^2}{8} \rightarrow q_0 = 8 \cdot N \cdot \frac{e_0}{l^2} \tag{11.1}$$

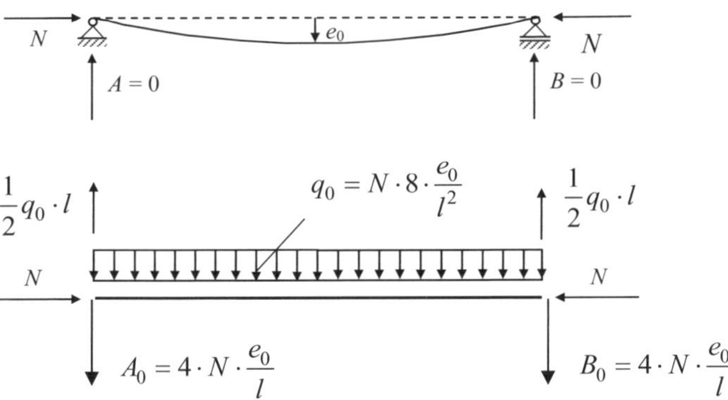

Abb. 11.5 Ersatzbelastung für eine Vorkrümmung

Die Ersatzlast q_0 wird in der lokalen Steifigkeitsmatrix wie eine Gleichstreckenlast behandelt. Die Ersatzlasten A_0 und B_0 werden zu den Querkräften $V_{a,0}$ und $V_{e,0}$ addiert. Dabei ist das Vorzeichen FEM zu beachten. Wird der Stab wie in der FEM-Methode üblich in mehrere Abschnitte unterteilt, dann sind weitere Betrachtungen erforderlich, siehe insbesondere [7].

11.3 Verschiebliche Systeme

Systeme werden als verschieblich bezeichnet, wenn die Systempunkte sich verschieben können. Es treten im System Stabdrehwinkel auf. Im Allg. sind Hallenrahmen und rahmenartige Tragwerke verschiebliche Systeme. Das einfachste verschiebliche System ist die eingespannte Stütze, s. Abb.11.6.

Die Ersatzimperfektion setzt sich bei verschieblichen Tragwerken aus der Anfangsschiefstellung des Tragwerkes und der Vorkrümmung der einzelnen Bauteile zusammen.

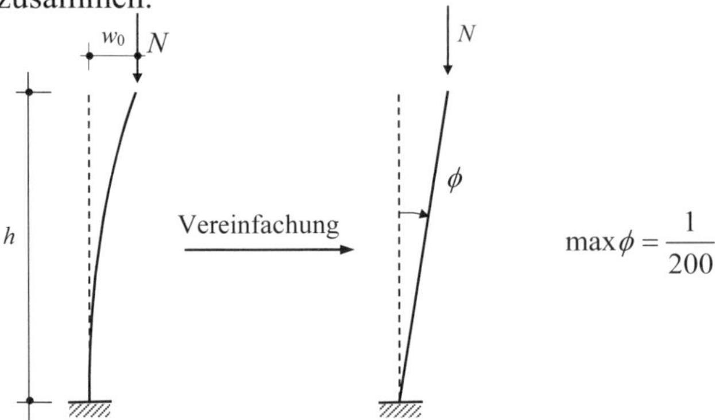

Abb. 11.6 Eingespannte Stütze

Der Ausgangswert der globalen Anfangsschiefstellung lautet z. B. im Stahlbau:

$$\phi_0 = 1/200 \tag{11.2}$$

Dieser Wert darf in Abhängigkeit von der Höhe *h* des Tragwerkes und der Anzahl *m* der Stützen in einer Reihe abgemindert werden. Dabei dürfen nur Stützen berücksichtigt werden, deren Normalkraft größer als 50 % der durchschnittlichen Normalkraft der betrachteten Reihe sind.

$$\phi = \phi_0 \cdot \alpha_\mathrm{h} \cdot \alpha_\mathrm{m} \tag{11.3}$$

$$\alpha_\mathrm{h} = \frac{2}{\sqrt{h}} \quad \text{jedoch} \quad \frac{2}{3} \le \alpha_\mathrm{h} \le 1{,}0$$

h die Höhe der Tragwerkes in m; $\alpha_\mathrm{m} = \sqrt{0{,}5 \cdot \left(1 + \frac{1}{m}\right)}$

Ersatzimperfektionen können auch durch den Ansatz gleichwertiger Ersatzlasten berücksichtigt werden.

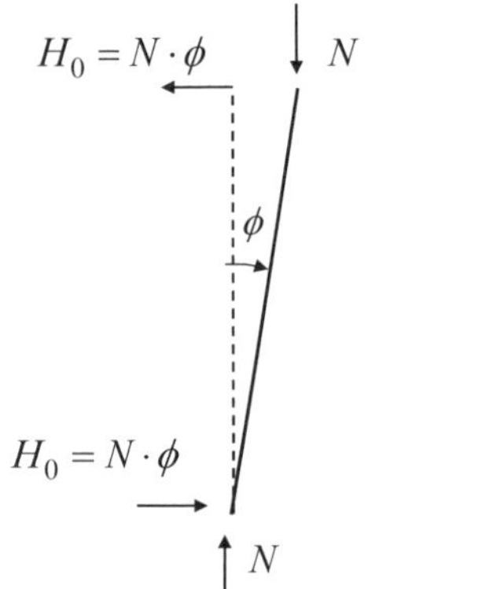

Die Ersatzbelastung ist hier keine Gleichgewichtsgruppe, sondern ein zusätzliches Kräftepaar. Die Auflagerkräfte entsprechen den Querkräften für dieses System.

Abb. 11.7 Ersatzbelastung für eine Vorverdrehung

Die Ersatzlast H_0 wird zu den Querkräften $V_{a,0}$ und $V_{e,0}$ addiert. Dabei ist das Vorzeichen FEM zu beachten.
Ein gleichzeitiger Ansatz von Vorkrümmung und Vorverdrehung nach Abb. 11.8 ist bei verschieblichen Systemen im Stahlbau nur erforderlich, wenn

$$\frac{N_{\text{Ed}}}{\frac{\pi^2 \cdot E \cdot I}{l^2}} > 0{,}25 \text{ ist.} \tag{11.4}$$

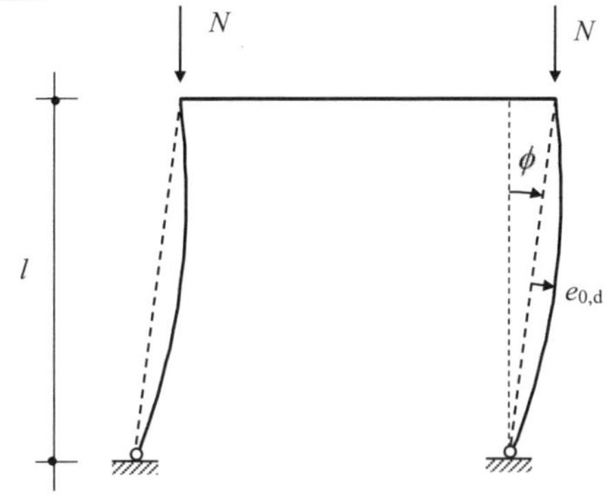

Abb. 11.8 Beispiel für Vorverdrehung und Vorkrümmung

Ein Sonderfall liegt vor, wenn keine Horizontallasten an einem System angreifen („Haus-in-Haus"-Konstruktionen). Dann sollte m. E. als Vorverdrehung der Wert

$$\phi_0 = \frac{1}{100} \tag{11.5}$$

angesetzt werden.

11.4 Eingespannte Stütze

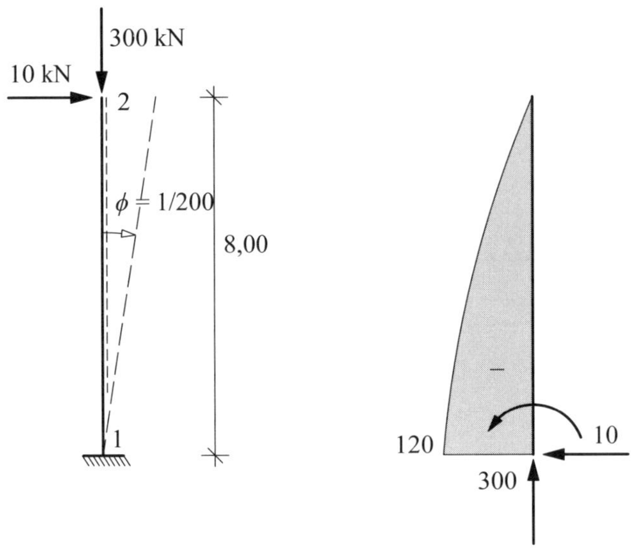

Abb. 11.9 Eingespannte Stütze mit Vorverdrehung, Auflagerkräften und Momentenfläche

$$N = 300 \text{ kN} \quad \phi = 1/200$$

$$H_0 = N \cdot \phi = 300 \cdot \frac{1}{200} = 1{,}5 \text{ kN}$$

Werkstoff: S 235 $\quad E = 21000 \text{ kN/cm}^2$

Querschnittswerte:

Stab 1 $\quad$ Profil HEA 280 $\quad I = 13670 \text{ cm}^4$

Unbekannte: $w_1 = 0 \quad \varphi_1 = 0 \quad w_2 = f$

Lokale Elementsteifigkeitsmatrizen

Stab 1 $\quad$ Stab Ma

$$EI = 28707 \text{ kNm}^2 \qquad l = 8{,}00 \text{ m}$$

$$\frac{EI}{l^3} = 56{,}0684 \ \frac{\text{kN}}{\text{m}}$$

$$N_1 = 300 \text{ kN} \qquad \varepsilon^2 = \frac{N \cdot l^2}{EI} = \frac{300 \cdot 8^2}{28707} = 0{,}6688$$

$$\Psi_3 = 3 - \frac{1}{5}\varepsilon^2 = 3 - \frac{1}{5} \cdot 0{,}6688 = 2{,}8662$$

$$\Psi_6 = 3 - \frac{6}{5}\varepsilon^2 = 3 - \frac{6}{5} \cdot 0{,}6688 = 2{,}1974$$

$$\begin{bmatrix} T_{1,1} \\ M_{1,1} \\ T_{2,1} \\ M_{2,1} \end{bmatrix} = \frac{EI}{l^3} \cdot \begin{bmatrix} 0 & 0 & -\Psi_6 & 0 \\ 0 & 0 & \Psi_3 l & 0 \\ 0 & 0 & \Psi_6 & 0 \\ 0 & 0 & 0 & 0 \end{bmatrix} \cdot \begin{bmatrix} 0 \\ 0 \\ f \\ 0 \end{bmatrix} + \begin{bmatrix} T_{1,0} + H_0 \\ M_{1,0} \\ T_{2,0} - H_0 \\ M_{2,0} \end{bmatrix}$$

$$\begin{bmatrix} T_{1,1} \\ M_{1,1} \\ T_{2,1} \\ M_{2,1} \end{bmatrix} = \begin{bmatrix} 0 & 0 & -123{,}20 & 0 \\ 0 & 0 & 1285{,}63 & 0 \\ 0 & 0 & \mathbf{123{,}20} & 0 \\ 0 & 0 & 0 & 0 \end{bmatrix} \cdot \begin{bmatrix} 0 \\ 0 \\ f \\ 0 \end{bmatrix} + \begin{bmatrix} 0 + 1{,}5 \\ 0 \\ \mathbf{0 - 1{,}5} \\ 0 \end{bmatrix} = \begin{bmatrix} -10 \text{ kN} \\ +120{,}0 \text{ kNm} \\ +10 \text{ kN} \\ 0 \text{ kNm} \end{bmatrix}$$

Systemsteifigkeitsmatrix

Die Untermatrizen werden zugeordnet, die Summe der Elemente für das Gleichungssystem ist fett gedruckt. Die Horizontalkraft ist im Lastvektor positiv, wenn sie in Richtung der unbekannten Knotenweggröße wirkt.

$$[\mathbf{123{,}20}] \cdot [f] + [\mathbf{-1{,}5}] = [\mathbf{+10}]$$

Die Lösung des Gleichungssystems lautet:

$$f = +0{,}093344 \text{ m}$$

Auflagerkräfte und Biegemomente sind in Abb. 11.9 dargestellt.

11.5 Balken nach Theorie II. Ordnung

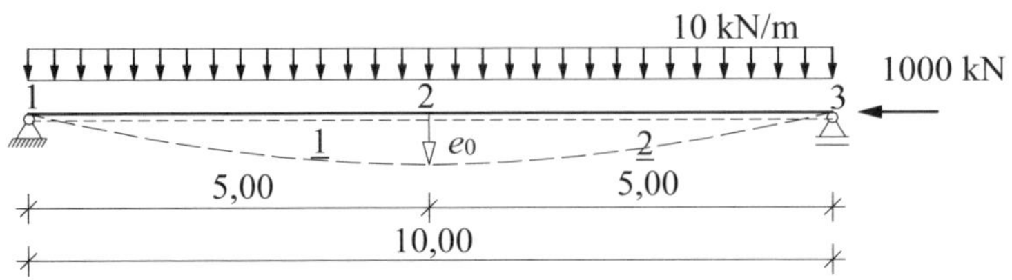

Abb. 11.10 System und Belastung mit zwei Unterteilungen

Querschnittswerte:

$EI = 30000\ \text{kNm}^2$

Belastung:

$l = 10\ \text{m}$

$q_z = 10\ \text{kN/m}$ $\qquad N = 1000\ \text{kN}$ $\qquad e_0 = \dfrac{l}{200} = \dfrac{10}{200} = 0{,}05\ \text{m}$

$$q_0 = N \cdot 8 \cdot \frac{e_0}{l^2} = 1000 \cdot 8 \cdot \frac{0{,}05}{10^2} = 4\ \text{kN/m}$$

$$A_0 = 4 \cdot N \cdot \frac{e_0}{l} = 4 \cdot 1000 \cdot \frac{0{,}05}{10} = 20\ \text{kN}$$

$$B_0 = 4 \cdot N \cdot \frac{e_0}{l} = 4 \cdot 1000 \cdot \frac{0{,}05}{10} = 20\ \text{kN}$$

Näherungslösung:

$$N_{\text{cr}} = \frac{\pi^2 \cdot EI}{l^2} = \frac{\pi^2 \cdot 30000}{10^2} = 2961\ \text{kN}$$

$$\mathbf{max}\, M_{\text{II}} = \frac{\dfrac{q \cdot l^2}{8} + N \cdot e_0}{1 - \dfrac{N}{N_{\text{cr}}}} = \frac{\dfrac{10 \cdot 10^2}{8} + 1000 \cdot 0{,}05}{1 - \dfrac{1000}{2961}} = 264{,}2\ \text{kNm}$$

Berechnung mit FEM

Symmetrie wird berücksichtigt.

Aus Symmetriegründen ist hier $A_0 = 0$ kN

Randbedingungen: $\varphi_2 = 0$; $\qquad w_3 = 0$

Unbekannte: w_2

Stab <u>2</u> Stab Ma

$l = 5\ \text{m}$

$\dfrac{EI}{l^3} = \dfrac{30000}{5^3} = 240 \dfrac{\text{kN}}{\text{m}}$ $\qquad \varepsilon^2 = \dfrac{N \cdot l^2}{EI} = \dfrac{1000 \cdot 5^2}{30000} = 0{,}833$

$\alpha = 4 - \dfrac{2}{15}\varepsilon^2 = 3{,}889$ $\qquad \Psi_3 = 3 - \dfrac{1}{5}\varepsilon^2 = 2{,}833$ $\qquad \Psi_6 = 3 - \dfrac{6}{5}\varepsilon^2 = 2{,}000$

$$\begin{bmatrix} T_2 \\ M_2 \\ T_3 \\ M_3 \end{bmatrix} = \frac{EI}{l^3} \cdot \begin{bmatrix} \Psi_6 & 0 & 0 & 0 \\ -\Psi_3 l & 0 & 0 & 0 \\ -\Psi_6 & 0 & 0 & 0 \\ 0 & 0 & 0 & 0 \end{bmatrix} \cdot \begin{bmatrix} w_2 \\ 0 \\ 0 \\ 0 \end{bmatrix} + \begin{bmatrix} -\frac{(q_z + q_0) \cdot l}{2} \cdot \left(1 + \frac{1}{\alpha}\right) + A_0 \\ \frac{(q_z + q_0) \cdot l^2}{2\alpha} \\ -\frac{(q_z + q_0) \cdot l}{2} \cdot \left(1 - \frac{1}{\alpha}\right) + B_0 \\ 0 \end{bmatrix}$$

$$\begin{bmatrix} T_2 \\ M_2 \\ T_3 \\ M_3 \end{bmatrix} = \begin{bmatrix} \mathbf{480} & 0 & 0 & 0 \\ -3400 & 0 & 0 & 0 \\ -480 & 0 & 0 & 0 \\ 0 & 0 & 0 & 0 \end{bmatrix} \cdot \begin{bmatrix} w_2 \\ 0 \\ 0 \\ 0 \end{bmatrix} + \begin{bmatrix} \mathbf{-44{,}00} \\ +45{,}00 \\ -6{,}00 \\ 0 \end{bmatrix} = \begin{bmatrix} -50 \text{ kN} \\ +266{,}7 \text{ kNm} \\ -50 \text{ kN} \\ 0 \text{ kN} \end{bmatrix}$$

Systemsteifigkeitsmatrix

$$[480][w_2] + [-44{,}00] = [0]$$

Lösung des Gleichungssystems

$$w_2 = +0{,}091667 \text{ m}$$

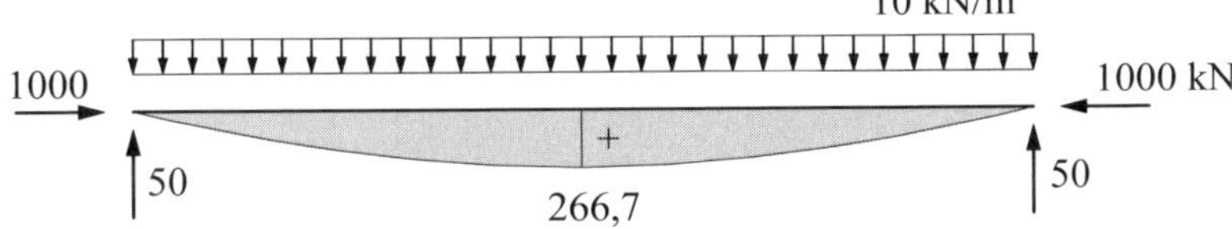

Abb. 11.11 Auflagerkräfte und Verlauf der Biegemomente nach Theorie II. Ordnung

Das maximale Biegemoment beträgt mit zwei Unterteilungen 266,7 kNm. Das Ergebnis stimmt sehr gut mit dem exakten Ergebnis von GWSTATIK von 266,1 kNm überein.

12 Schubweicher Biegestab

12.1 Schubweiches Balkenelement

Die Verformungen aus der Querkraft werden im Allg. vernachlässigt. Sie sind jedoch z. B. bei Sandwichelementen zu berücksichtigen. Die Theorie des schubweichen Biegestabes wurde in der Vergangenheit meist genutzt, um die Beanspruchungen von Fachwerken, Gitterstäben und Rahmenstäben näherungsweise zu berechnen. Durch die Entwicklung der Computertechnik und der FE-Methoden ist es jetzt möglich, solche feingliedrigen Tragsysteme genau mit allen Stabelementen zu berechnen. Die Theorie des schubweichen Stabes dient hier deshalb auch zur Berechnung einfacher Systeme und zur Kontrolle von FE-Berechnungen.

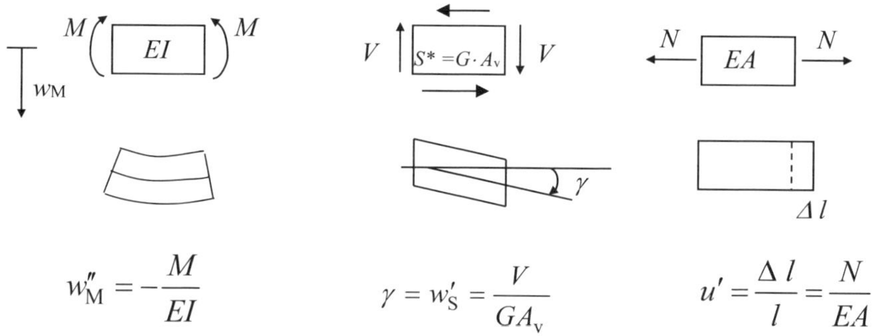

Abb. 12.1 Elastostatische Grundgleichungen

Die Verformung des Stabes nach Abb. 12.1 setzt sich aus Biegeverformungen, Schubverformungen und Normalkraftverformungen zusammen. Allgemein gilt für die Berechnung der Verformungen:

$$w = \int_0^x M \cdot \bar{M} \cdot \frac{\mathrm{d}x}{EI} + \int_0^x V \cdot \bar{V} \cdot \frac{\mathrm{d}x}{GA_v} + \int_0^x N \cdot \bar{N} \cdot \frac{\mathrm{d}x}{EA} \tag{12.1}$$

Wenn der Anteil der Normalkraftverformungen für die Verformung w vernachlässigt wird, addieren sich die Anteile aus den Biege- und Schubverformungen.

$$w = w_M + w_S \tag{12.2}$$

In dem folgenden Beispiel des Balkens auf zwei Stützen mit Gleichstreckenlast nach Abb. 12.2 soll die maximale Durchbiegung in der Stabmitte berechnet werden.

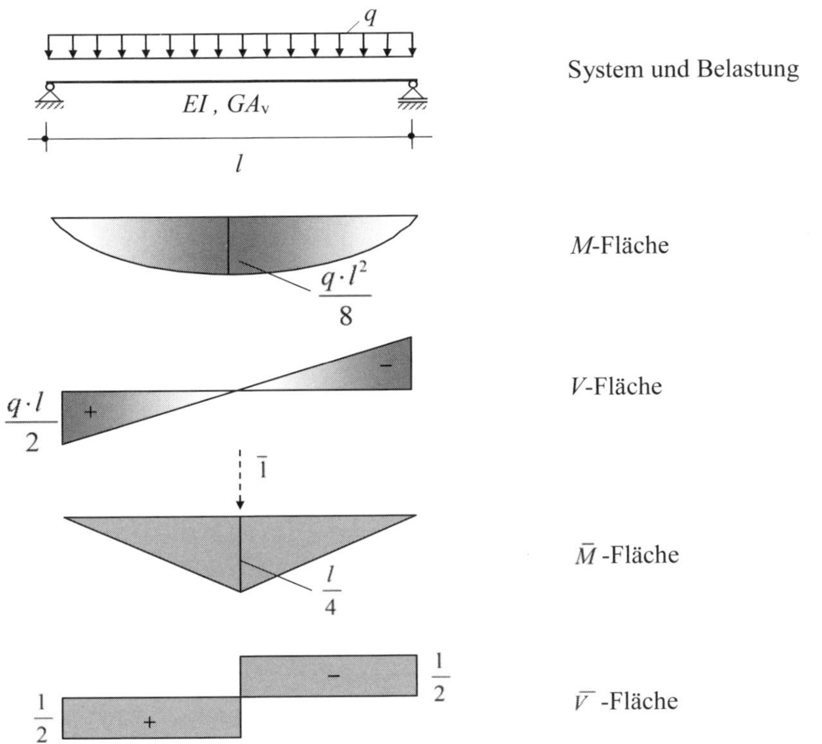

Abb. 12.2 Balken mit Schubverformungen

Durchbiegung f in der Mitte:

$$f = \frac{5}{384} \cdot \frac{q \cdot l^4}{EI} + 2 \cdot \frac{1}{2} \cdot q \cdot \frac{l}{2} \cdot \frac{1}{2} \cdot \frac{l}{GA_v \cdot 2}$$

$$f = \frac{5}{384} \cdot \frac{q \cdot l^4}{EI} + \frac{1}{8} \cdot \frac{q \cdot l^2}{GA_v} \tag{12.3}$$

Um den Anteil der Schubverformungen zu diskutieren, wird die Gleichung (12.3) folgendermaßen umgeformt:

$$f = \frac{5}{384} \cdot \frac{q \cdot l^4}{EI} \cdot \left(1 + 9{,}6 \frac{EI}{l^2 \cdot GA_v}\right) = f_M \cdot \left(1 + 9{,}6 \cdot \chi_S\right) \tag{12.4}$$

$$\text{mit} \quad \chi_S = \frac{EI}{l^2 \cdot GA_v} \tag{12.5}$$

Der Anteil der Schubverformungen hängt von dem Verhältnis der Biegesteifigkeit zur Schubsteifigkeit ab. Bei kurzen Trägern ist der prozentuale Anteil größer, der Absolutbetrag der Verformung dagegen klein. Die Vorzahl (9,6) ist abhängig von der Belastung und der Lagerung. Für eine sinusförmige Belastung ergibt sie sich zu π^2.

Für Walzprofile ist der Einfluss der Schubsteifigkeit gering und kann vernachlässigt werden, wie das folgende Beispiel zeigt:

Werkstoff: S 235

Profil: IPE 500

Querschnittswerte: $I = 48\,200 \text{ cm}^4$; $A_V = 49{,}4 \text{ cm}^2$

$$\frac{f}{f_M} = 1 + 9{,}6 \frac{EI}{l^2 \cdot GA_V}$$

$$l = 200 \text{ cm} \rightarrow \frac{f}{f_M} = 1 + 9{,}6 \frac{21\,000 \cdot 48\,200}{200^2 \cdot 8100 \cdot 49{,}4} = 1{,}61$$

$$l = 500 \text{ cm} \rightarrow \frac{f}{f_M} = 1 + 9{,}6 \frac{21\,000 \cdot 48\,200}{500^2 \cdot 8100 \cdot 49{,}4} = 1{,}097$$

Als zweites Beispiel soll ein statisch unbestimmtes System berechnet werden, da die Schubsteifigkeit die Schnittgrößen verändert. Es ist der Zweifeldträger mit gleicher Spannweite und Gleichstreckenlast, s. Abb. 12.3.

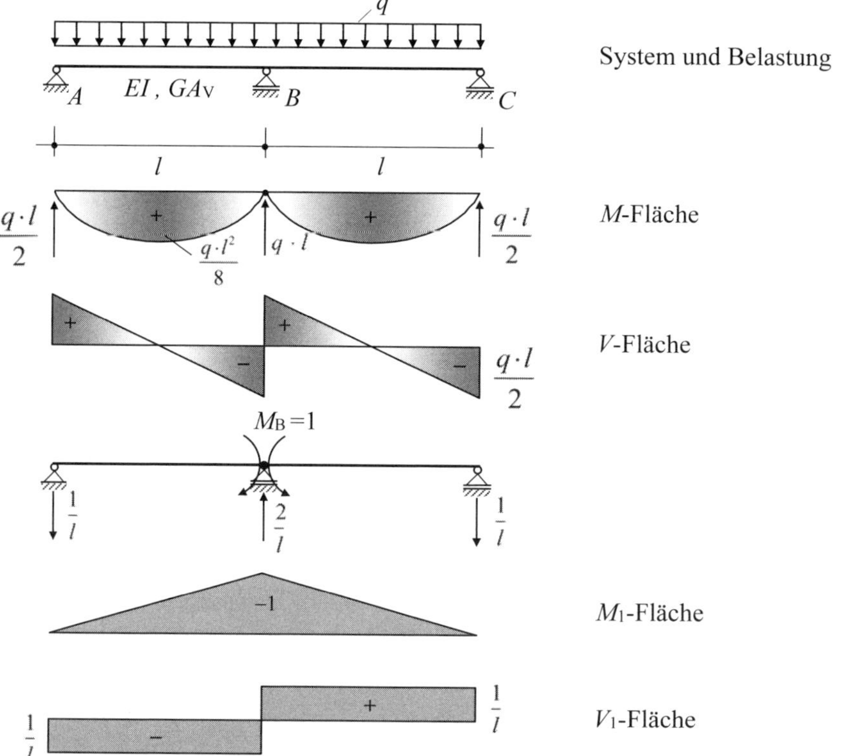

Abb. 12.3 Zweifeldträger mit Schubverformungen

Die statisch unbestimmte Berechnung ergibt:

$$\delta_{10} = \frac{1}{3} \cdot (-1) \cdot q \cdot \frac{l^2}{8} \cdot \frac{l}{EI} \cdot 2 + 0 = -\frac{1}{12} \cdot \frac{q \cdot l^3}{EI}$$

$$\delta_{11} = \frac{1}{3} \cdot (-1) \cdot (-1) \cdot \frac{l}{EI} \cdot 2 + 1 \cdot \left(-\frac{1}{l}\right) \cdot \left(-\frac{1}{l}\right) \cdot \frac{l}{GA_v} + 1 \cdot \frac{1}{l} \cdot \frac{1}{l} \cdot \frac{l}{GA_v}$$

$$\delta_{11} = \frac{2}{3} \cdot \frac{l}{EI} + \frac{2}{l \cdot GA_v}$$

$$M_B = -\frac{\delta_{10}}{\delta_{11}} = q \cdot \frac{l^2}{8} \cdot \frac{1}{1 + 3 \cdot \dfrac{EI}{l^2 \cdot GA_v}} \tag{12.6}$$

Bei einem Zweifeldträger wird das Stützmoment kleiner und das Feldmoment größer. Für die Spannweite $l = 500$ cm und das Profil IPE 500 erhält man:

$$\frac{M_B}{M_{B,M}} = \frac{1}{1 + 3 \cdot \chi_S} = 0{,}97$$

Für Walzprofile ist der Einfluss der Schubsteifigkeit gering und kann vernachlässigt werden.

Die Berechnung der Schubsteifigkeit $S = G \cdot A_V$ von Fachwerkfüllstäben ist ausführlich im Abschnitt 9.12 von [12] besprochen. Hier einige Beispiele [12]:

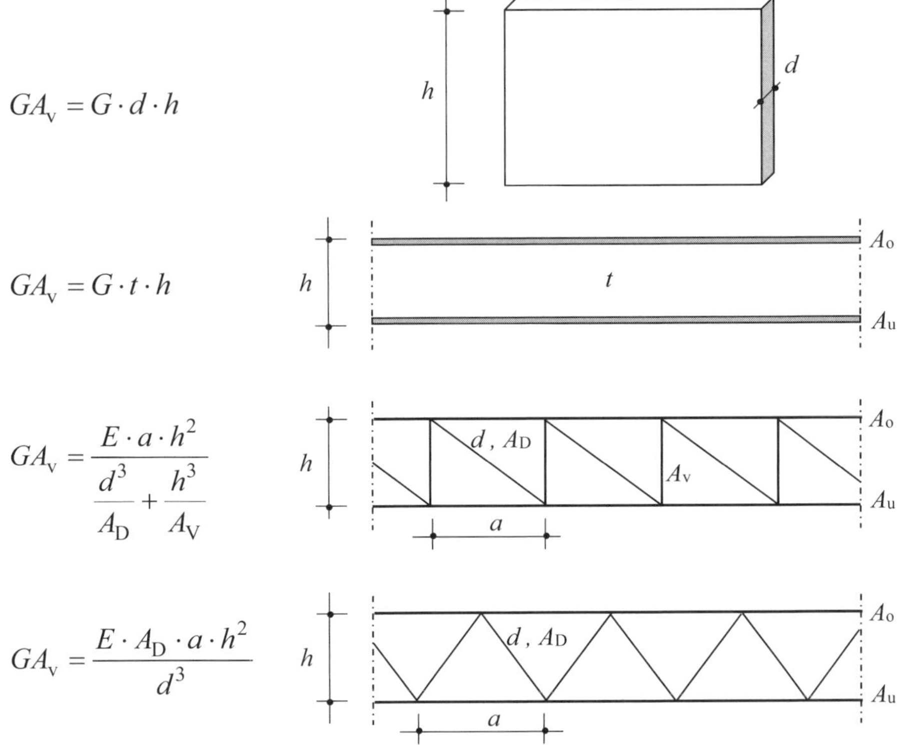

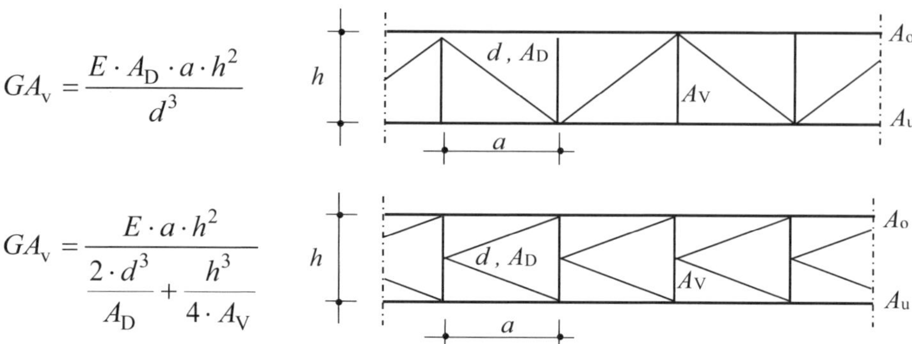

$$GA_{\mathrm{v}} = \frac{E \cdot A_{\mathrm{D}} \cdot a \cdot h^2}{d^3}$$

$$GA_{\mathrm{v}} = \frac{E \cdot a \cdot h^2}{\dfrac{2 \cdot d^3}{A_{\mathrm{D}}} + \dfrac{h^3}{4 \cdot A_{\mathrm{V}}}}$$

Beispiel: Verzweigungslast des schubweichen *Euler*stabes

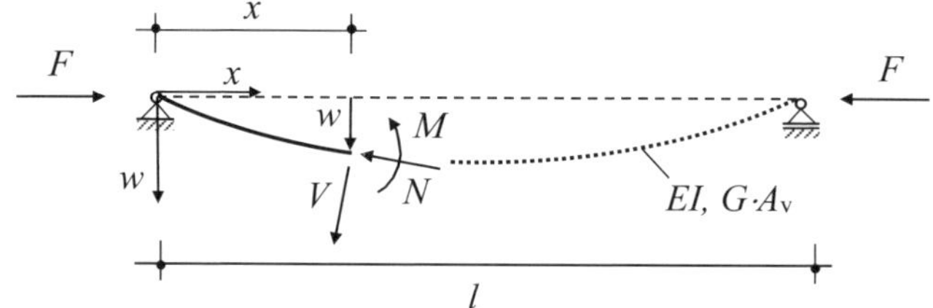

Abb. 12.4 Zentrisch gedrückter schubweicher Stab

Es gilt für das Biegemoment M an der Stelle x dieses Systems, wenn die Normalkraft N als Druckkraft positiv eingeführt wird:

$$F \approx N \qquad M(x) = N \cdot w$$

$$w''_{\mathrm{M}} = -\frac{M}{EI} = -\frac{N \cdot w}{EI}$$

Für den Anteil der Schubverformungen erhält man:

$$w'_{\mathrm{S}} = \frac{V}{GA_{\mathrm{v}}} \qquad \text{mit } V = \frac{\mathrm{d}M}{\mathrm{d}x} = N \cdot w' \qquad \text{folgt}$$

$$w'_{\mathrm{S}} = \frac{N \cdot w'}{GA_{\mathrm{v}}} \text{ und } w''_{\mathrm{S}} = \frac{N \cdot w''}{GA_{\mathrm{v}}}$$

Die Gesamtverformung erhält man mit Gleichung (12.2).

$$w = w_{\mathrm{M}} + w_{\mathrm{S}} \qquad w'' = w''_{\mathrm{M}} + w''_{\mathrm{S}} = -\frac{N}{EI} \cdot w + \frac{N}{GA_{\mathrm{v}}} \cdot w''$$

$$w'' + \frac{N}{EI \cdot \left(1 - \dfrac{N}{GA_{\mathrm{v}}}\right)} \cdot w = 0$$

Dies bedeutet: Es können alle Lösungen für den Knickstab benutzt werden, wenn für $\varepsilon = \alpha \cdot l$

$$\alpha = \sqrt{\frac{N}{EI \cdot \left(1 - \dfrac{N}{GA_v}\right)}} \tag{12.7}$$

eingesetzt wird.

Als Lösung der Knickbedingung erhält man:

$$\varepsilon = \pi = \alpha \cdot l = l \cdot \sqrt{\frac{N_{cr}}{EI \cdot \left(1 - \dfrac{N_{cr}}{GA_v}\right)}} \tag{12.8}$$

$$N_{cr} = \frac{\pi^2 \cdot E \cdot I}{l^2 \cdot \left(1 + \dfrac{\pi^2 \cdot EI}{l^2 \cdot GA_v}\right)} = \frac{1}{\dfrac{l^2}{\pi^2 \cdot EI} + \dfrac{1}{GA_v}} = \frac{1}{\dfrac{1}{N_{cr,M}} + \dfrac{1}{N_{cr,S}}} \tag{12.9}$$

Die Gleichung (12.9) kann auch folgendermaßen geschrieben werden:

$$\frac{1}{N_{cr}} = \frac{1}{N_{cr,M}} + \frac{1}{N_{cr,S}} \tag{12.10}$$

mit $N_{cr,M} = \dfrac{\pi^2 \cdot EI}{l^2}$ und $N_{cr,S} = GA_v$

$N_{cr,M}$ ist die Verzweigungslast des schubstarren Biegestabes und $N_{cr,S}$ die Verzweigungslast der Schubsteifigkeit. Diese verhalten sich wie hintereinander geschaltete Federn.

Beispiel: Elastizitätstheorie II. Ordnung mit geometrischen Ersatzimperfektionen

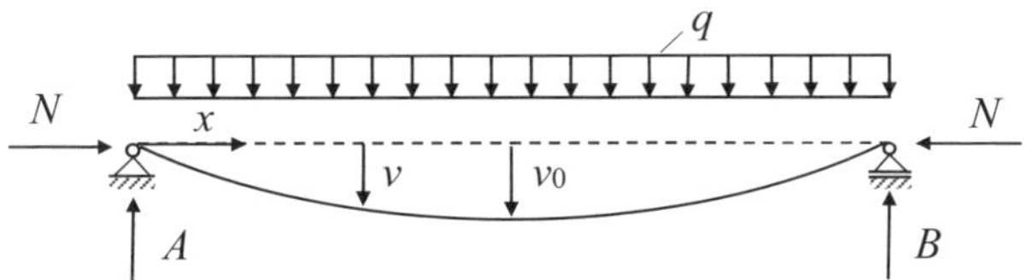

Abb. 12.5 Theorie II. Ordnung mit Ersatzimperfektionen

Als Ersatzimperfektion wird die sin-Halbwelle gewählt (s. Abb. 12.5).

$$v = v_0 \cdot \sin\frac{\pi \cdot x}{l}$$

Die Schnittgrößen für den zentrisch gedrückten Stab lauten für die Gleichstreckenlast:

$$M_{\text{I}} = \frac{q \cdot l}{2} \cdot x - \frac{q}{2} \cdot x^2 + N \cdot v_0 \cdot \sin\left(\frac{\pi}{l} \cdot x\right)$$

$$\max M_{\text{I}} = \frac{q \cdot l^2}{8} + N \cdot v_0$$

$$\max M_{\text{II}} = \frac{\max M_{\text{I}}}{1 - q_{\text{cr}}} = \frac{\frac{q \cdot l^2}{8} + N \cdot v_0}{1 - \frac{N}{N_{\text{cr}}}} \tag{12.11}$$

$$V_{\text{I}} = \frac{\text{d}M}{\text{d}x} = \frac{q \cdot l}{2} - q \cdot x + N \cdot v_0 \cdot \frac{\pi}{l} \cdot \cos\left(\frac{\pi}{l} \cdot x\right)$$

$$\max V_{\text{I}} = \frac{q \cdot l}{2} + N \cdot v_0 \cdot \frac{\pi}{l}$$

$$\max V_{\text{II}} = \frac{\max V_{\text{I}}}{1 - q_{\text{cr}}} = \frac{\frac{q \cdot l}{2} + N \cdot v_0 \cdot \frac{\pi}{l}}{1 - \frac{N}{N_{\text{cr}}}} \tag{12.12}$$

12.2 Ursprüngliche Elementsteifigkeitsmatrix

Die Herleitung der ursprünglichen Elementsteifigkeitsmatrix erfolgt wie im Kapitel 3 mithilfe des Kraftgrößenverfahrens. Dabei ist hier zusätzlich die Verformung aus der Querkraft zu berücksichtigen.

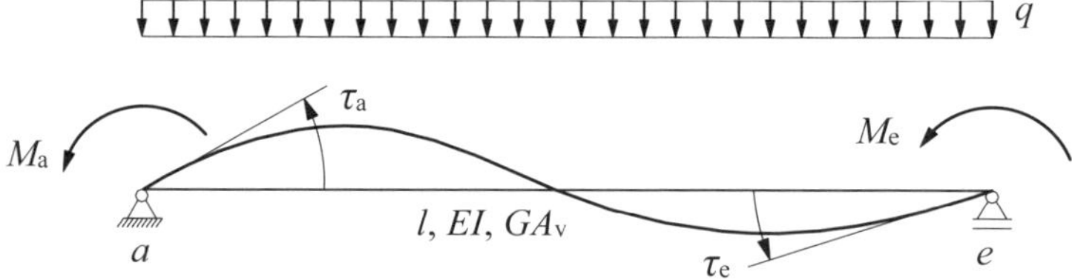

Abb. 12.6 Schubweiches Stabelement

Da in den Bautabellen die Querkraftverformung im Allg. nicht berücksichtigt wird, ist zunächst für das in Abb. 12.7 dargestellte System die M-Fläche und die V-Fläche zu ermitteln. Das System ist einfach statisch unbestimmt. Eine einfache Lösung erhält man, wenn die Auflagerkraft A als statisch Unbestimmte gewählt wird.

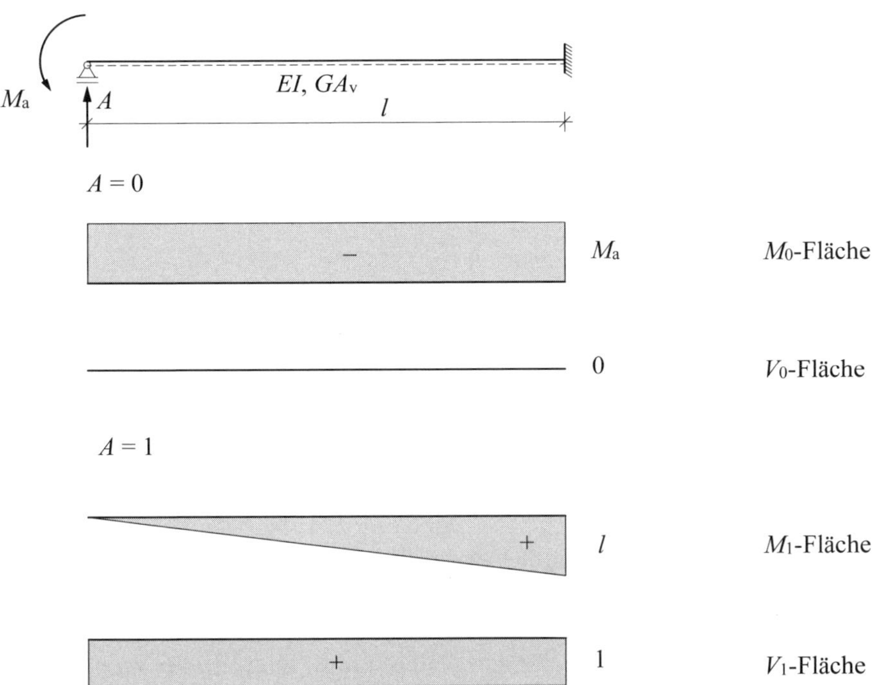

Abb. 12.7 Statisches System

Die statisch unbestimmte Berechnung ergibt:

$$\delta_{10} = \frac{1}{2} \cdot \left(-M_{\mathrm{a}}\right) \cdot l \cdot \frac{l}{EI} = -\frac{1}{2} \cdot M_{\mathrm{a}} \cdot \frac{l^2}{EI}$$

$$\delta_{11} = \frac{1}{3} \cdot l \cdot l \cdot \frac{l}{EI} + 1 \cdot 1 \cdot 1 \cdot \frac{l}{GA_{\mathrm{v}}} = \frac{1}{3} \frac{l^3}{EI} + \frac{l}{GA_{\mathrm{v}}}$$

$$A = -\frac{\delta_{10}}{\delta_{11}} = \frac{1}{2} \cdot M_{\mathrm{a}} \cdot \frac{\frac{l^2}{EI}}{\frac{1}{3}\frac{l^3}{EI} + \frac{l}{GA_{\mathrm{v}}}} = \frac{1}{2} \cdot \frac{M_{\mathrm{a}}}{l} \cdot \frac{1}{\frac{1}{3} + \frac{EI}{l^2 \cdot GA_{\mathrm{v}}}}$$

$$A = \frac{1}{2} \cdot \frac{M_{\mathrm{a}}}{l} \cdot \frac{1}{\frac{1}{3} + \chi_{\mathrm{S}}} \tag{12.13}$$

mit $\chi_{\mathrm{S}} = \dfrac{EI}{l^2 \cdot GA_{\mathrm{v}}}$

Das Einspannmoment M_e für dieses System erhält man mit der Gleichgewichtsbedingung der Summe der Momente um den Punkt e.

$$M_a + M_e - A \cdot l = 0$$

$$M_e = -M_a + A \cdot l = -M_a + \frac{1}{2} \cdot M_a \cdot \frac{1}{\frac{1}{3} + \chi_S}$$

$$M_e = \frac{1}{2} \cdot M_a \cdot \frac{1 - 6\chi_S}{1 + 3\chi_S}$$

Die Querkraft ist konstant.

$$V = \frac{M_a}{l} \cdot \left(1 + \frac{1}{2} \cdot \frac{1 - 6\chi_S}{1 + 3\chi_S}\right)$$

$$V = \frac{3}{2} \cdot \frac{M_a}{l} \cdot \frac{1}{1 + 3\chi_S}$$

Bei der Herleitung wird die Vorzeichenregelung FEM berücksichtigt. Die Steifigkeitsbeziehung zwischen M_a und τ_a erhält man, wenn an dem unverschieblichen Stabelement τ_a vorgegeben wird und die zugehörigen Stabendmomente M_a und M_e berechnet werden. Dabei ist τ_e gleich null. Diese Beziehung wird mit dem Arbeitssatz berechnet.

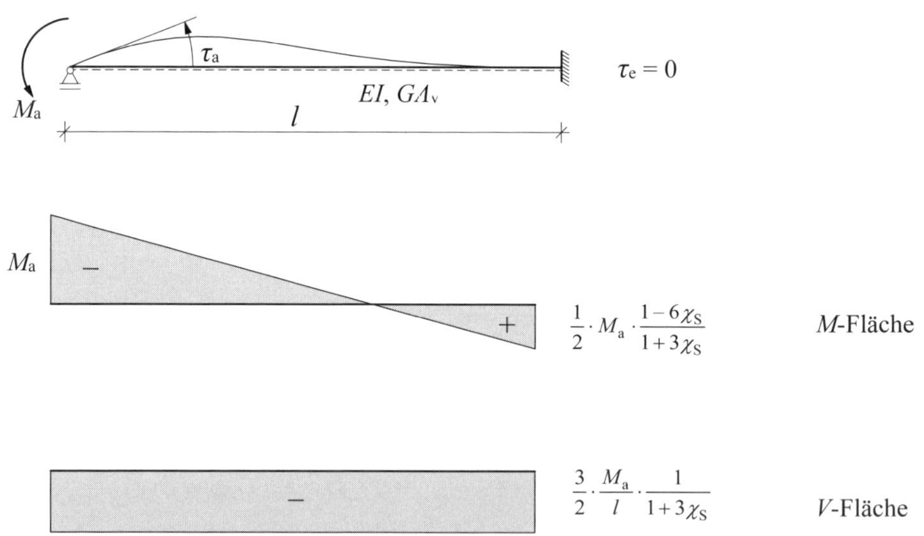

Abb. 12.8 Herleitung der ursprünglichen Elementsteifigkeitsmatrix

Anwendung der Reduktionsmethode:

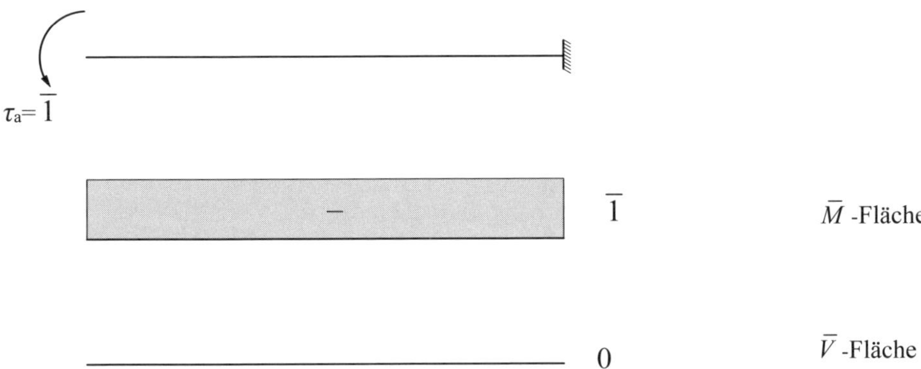

Abb. 12.9 Reduktionsmethode

Bei der Herleitung wird die Vorzeichenregelung FEM berücksichtigt. Die Steifigkeitsbeziehung zwischen M_a und τ_a erhält man, wenn an dem unverschieblichen Stabelement τ_a vorgegeben wird und die zugehörigen Stabendmomente M_a und M_e berechnet werden. Dabei ist τ_e gleich null. Diese Beziehung wird mit dem Arbeitssatz berechnet, s. Abb. 12.8.

$$\tau_a = \frac{1}{2}\cdot(-1)\cdot\left(-M_a + \frac{1}{2}\cdot M_a \cdot \frac{1-6\chi_S}{1+3\chi_S}\right)\cdot\frac{l}{EI}$$

Die Elementbeziehungen lauten damit:

$$M_a = 4\cdot\frac{1+3\chi_S}{1+12\chi_S}\cdot\frac{EI}{l}\cdot\tau_a = 4\cdot\alpha_v\cdot\frac{EI}{l}\cdot\tau_a$$

mit $\alpha_v = \dfrac{1+3\chi_S}{1+12\chi_S}$

$$M_e = \frac{1}{2}\cdot M_a\cdot\frac{1-6\chi_S}{1+3\chi_S} = \frac{1}{2}\cdot 4\cdot\frac{1+3\chi_S}{1+12\chi_S}\cdot\frac{1-6\chi_S}{1+3\chi_S}\cdot\frac{EI}{l}\cdot\tau_a$$

$$M_e = 2\cdot\frac{1-6\chi_S}{1+12\chi_S}\cdot\frac{EI}{l}\cdot\tau_a = 2\cdot\beta_v\cdot\frac{EI}{l}\cdot\tau_a$$

mit $\beta_v = \dfrac{1-6\chi_S}{1+12\chi_S}$

Entsprechend erhält man, wenn τ_e vorgegeben wird:

$$M_a = 2\cdot\beta_v\cdot\frac{EI}{l}\cdot\tau_e \qquad M_e = 4\cdot\alpha_v\cdot\frac{EI}{l}\cdot\tau_e$$

Diese Gleichungen können in Matrizenschreibweise formuliert werden.

$$\begin{bmatrix} M_a \\ \hline M_e \end{bmatrix} = \frac{EI}{l} \cdot \begin{bmatrix} 4 \cdot \alpha_v & 2 \cdot \beta_v \\ 2 \cdot \beta_v & 4 \cdot \alpha_v \end{bmatrix} \cdot \begin{bmatrix} \tau_a \\ \hline \tau_e \end{bmatrix} + \begin{bmatrix} M_{a0} \\ \hline M_{e0} \end{bmatrix} \tag{12.14}$$

$$\boldsymbol{s}_n = \boldsymbol{K}_{n,n} \cdot \boldsymbol{v}_n + \boldsymbol{s}_{n0} \tag{12.15}$$

n Ordnung der lokalen Elementsteifigkeitsmatrix $n = 2$
$\boldsymbol{K}_{n,n}$ lokale Elementsteifigkeitsmatrix
$\boldsymbol{v}_n$ Vektor der ursprünglichen Knotenweggrößen
$\boldsymbol{s}_{n0}$ Vektor der Starreinspanngrößen

Die Gleichung (12.14) ist um den Vektor der Starreinspanngrößen erweitert. Diese Starreinspanngrößen sind zu berücksichtigen, wenn das Stabelement zwischen dem Knoten a und e durch Einwirkungen belastet ist.
Den Vektor der Starreinspanngrößen $\boldsymbol{s}_{n0}$ erhält man demnach, wenn die ursprünglichen Knotenweggrößen $\boldsymbol{v}_n$ gleich null sind. Dies bedeutet, dass die Starreinspanngrößen die Randschnittgrößen des starr eingespannten Stabelementes sind. Dabei ist die Vorzeichenregelung FEM zu beachten, s. Abb. 12.10.

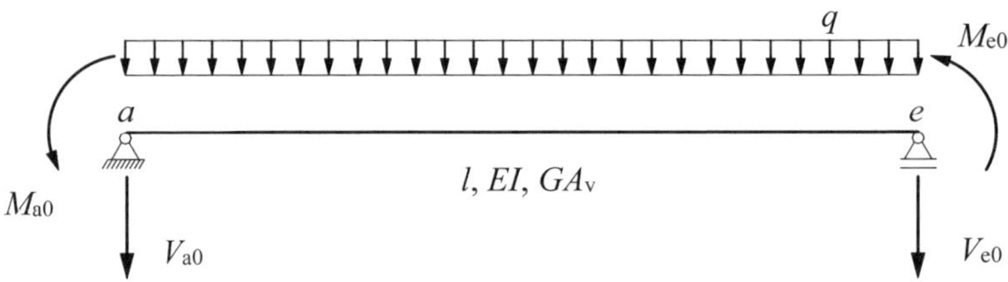

Abb. 12.10 Vorzeichenregelung FEM für die Randschnittgrößen

Die Starreinspannmomente können entsprechenden Bautabellenwerken entnommen werden. Für die Gleichstreckenlast gilt für dieses System ebenfalls die folgende Beziehung, da der Einfluss der Querkraft antimetrisch ist und sich aufhebt.

$$M_{a0} = +\frac{1}{12} \cdot q \cdot l^2 \quad M_{e0} = -\frac{1}{12} \cdot q \cdot l^2$$

Die Elemente k_{ik} der Elementsteifigkeitsmatrix müssen modifiziert werden, wenn spezielle Elementrandbedingungen vorliegen.
Abkürzungen:

$$\chi_S = \frac{E \cdot I}{l^2 \cdot G \cdot A_v} \qquad \alpha_v = \frac{1+3\chi_S}{1+12\chi_S} \qquad \beta_v = \frac{1-6\chi_S}{1+12\chi_S} \qquad \gamma_v = \frac{1}{1+3\chi_S}$$

Stab M_{ae}: Stabendmomente am Stabanfang und am Stabende

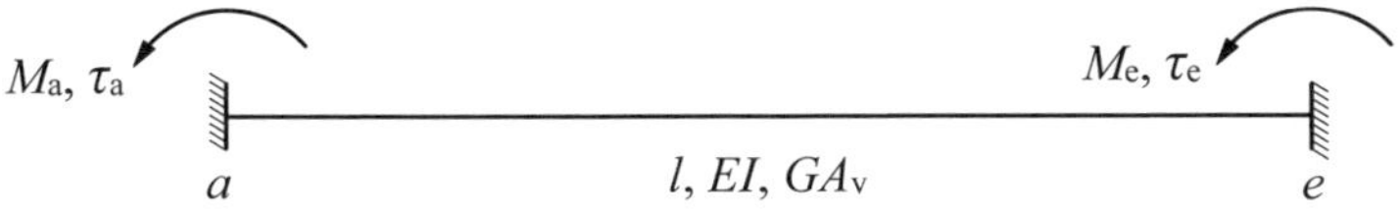

M_a, τ_a M_e, τ_e

a l, EI, GA_v e

$$\begin{bmatrix} M_a \\ --- \\ M_e \end{bmatrix} = \begin{bmatrix} 4 \cdot \alpha_v \cdot \frac{EI}{l} & 2 \cdot \beta_v \cdot \frac{EI}{l} \\ 2 \cdot \beta_v \cdot \frac{EI}{l} & 4 \cdot \alpha_v \cdot \frac{EI}{l} \end{bmatrix} \cdot \begin{bmatrix} \tau_a \\ --- \\ \tau_e \end{bmatrix} + \begin{bmatrix} \frac{1}{12} \cdot q \cdot l^2 \\ -------- \\ -\frac{1}{12} \cdot q \cdot l^2 \end{bmatrix} \qquad (12.16)$$

Stab M_a: Momentengelenk am Stabende

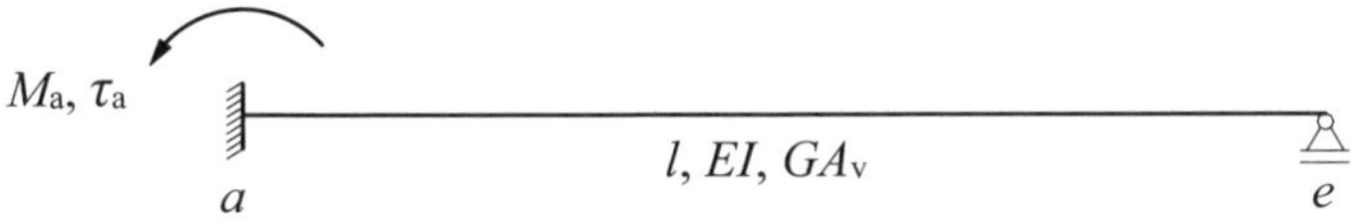

M_a, τ_a

a l, EI, GA_v e

$$\begin{bmatrix} M_a \\ --- \\ M_e \end{bmatrix} = \begin{bmatrix} 3 \cdot \gamma_v \cdot \frac{EI}{l} & 0 \\ 0 & 0 \end{bmatrix} \cdot \begin{bmatrix} \tau_a \\ --- \\ \tau_e \end{bmatrix} + \begin{bmatrix} \frac{1}{8} \cdot q \cdot l^2 \cdot \gamma_v \\ -------- \\ 0 \end{bmatrix} \qquad (12.17)$$

Stab M_e: Momentengelenk am Stabanfang

M_e, τ_e

a l, EI, GA_v e

$$\begin{bmatrix} M_a \\ --- \\ M_e \end{bmatrix} = \begin{bmatrix} 0 & 0 \\ 0 & 3 \cdot \gamma_v \cdot \frac{EI}{l} \end{bmatrix} \cdot \begin{bmatrix} \tau_a \\ --- \\ \tau_e \end{bmatrix} + \begin{bmatrix} 0 \\ ----------- \\ -\frac{1}{8} \cdot q \cdot l^2 \cdot \gamma_v \end{bmatrix} \qquad (12.18)$$

12.3 Lokale Elementsteifigkeitsmatrix

Die weitere Berechnung der lokalen Elementsteifigkeitsmatrix erfolgt nach Abschnitt 4.2. In der Tabelle 12.1 sind die Vorzahlen für das schubweiche Balkenelement angegeben. Bei der Theorie II. Ordnung ist die geometrische Steifigkeitsmatrix, die in Kapitel 10 hergeleitet wurde, berücksichtigt.

Tabelle 12.1 Vorzahlen für das schubweiche Balkenlement

Druckstab			
	Theorie I. Ordnung schubweich	Theorie II. Ordnung Näherung	Theorie I. Ordnung schubstarr
Vorzahlen		$\varepsilon^2 = \frac{N \cdot l^2}{EI}$	
Ψ_1	$4\alpha_v$	$4\alpha_v - \frac{2}{15}\varepsilon^2$	4
Ψ_2	$2\beta_v$	$2\beta_v + \frac{1}{30}\varepsilon^2$	2
Ψ_3	$3\gamma_v$	$3\gamma_v - \frac{1}{5}\varepsilon^2$	3
Ψ_4	$4\alpha_v + 2\beta_v$	$(4\alpha_v + 2\beta_v) - \frac{1}{10}\varepsilon^2$	6
Ψ_5	$8\alpha_v + 4\beta_v$	$(8\alpha_v + 4\beta_v) - \frac{6}{5}\varepsilon^2$	12
Ψ_6	$3\gamma_v$	$3\gamma_v - \frac{6}{5}\varepsilon^2$	3
Abkürzungen			
$\chi_S = \frac{E \cdot I}{l^2 \cdot G \cdot A_v}$	$\alpha_v = \frac{1+3\chi_S}{1+12\chi_S}$	$\beta_v = \frac{1-6\chi_S}{1+12\chi_S}$	$\gamma_v = \frac{1}{1+3\chi_S}$

Zusammenstellung der lokalen Elementsteifigkeitsmatrizen nach Theorie I. Ordnung für schubweiche Stäbe

Stab M_{ae}

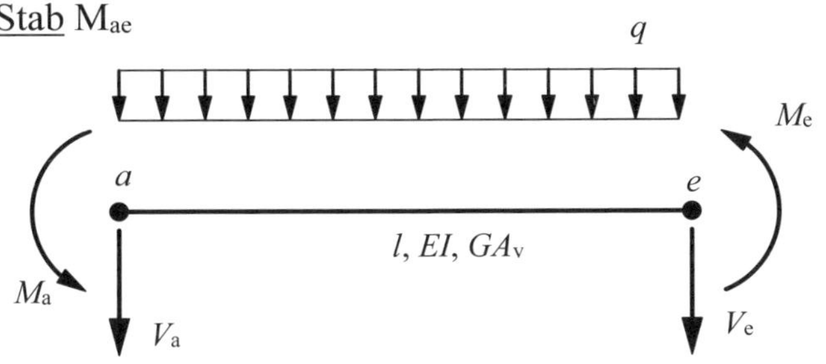

$$\begin{bmatrix} V_a \\ M_a \\ V_e \\ M_e \end{bmatrix} = \frac{EI}{l^3} \cdot \begin{bmatrix} \Psi_5 & -\Psi_4 l & -\Psi_5 & -\Psi_4 l \\ -\Psi_4 l & \Psi_1 l^2 & \Psi_4 l & \Psi_2 l^2 \\ -\Psi_5 & \Psi_4 l & \Psi_5 & \Psi_4 l \\ -\Psi_4 l & \Psi_2 l^2 & \Psi_4 l & \Psi_1 l^2 \end{bmatrix} \cdot \begin{bmatrix} w_a \\ \varphi_a \\ w_e \\ \varphi_e \end{bmatrix} + \begin{bmatrix} -\frac{q_z \cdot l}{2} \\ \frac{q_z \cdot l^2}{12} \\ -\frac{q_z \cdot l}{2} \\ -\frac{q_z \cdot l^2}{12} \end{bmatrix} \tag{12.19}$$

Stab M_a – Momentengelenk am Stabende

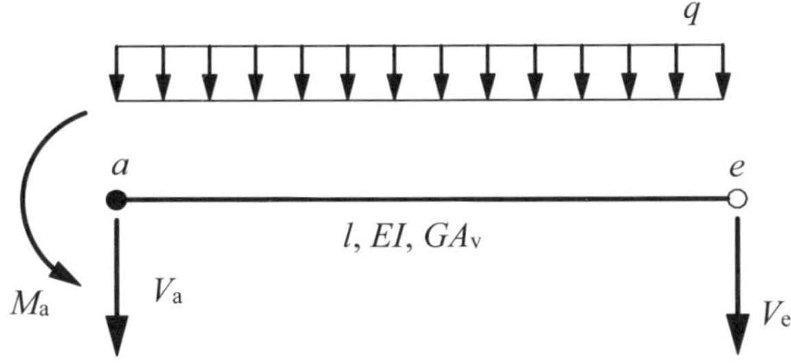

$$\begin{bmatrix} V_a \\ M_a \\ V_e \\ M_e \end{bmatrix} = \frac{EI}{l^3} \cdot \begin{bmatrix} \Psi_6 & -\Psi_3 l & -\Psi_6 & 0 \\ -\Psi_3 l & \Psi_3 l^2 & \Psi_3 l & 0 \\ -\Psi_6 & \Psi_3 l & \Psi_6 & 0 \\ 0 & 0 & 0 & 0 \end{bmatrix} \cdot \begin{bmatrix} w_a \\ \varphi_a \\ w_e \\ \varphi_e \end{bmatrix} + \begin{bmatrix} -\frac{4+\gamma_v}{8} q_z \cdot l \\ \frac{q_z \cdot l^2}{8} \cdot \gamma_v \\ -\frac{4-\gamma_v}{8} q_z \cdot l \\ 0 \end{bmatrix} \tag{12.20}$$

Stab M_e – Momentengelenk am Stabanfang

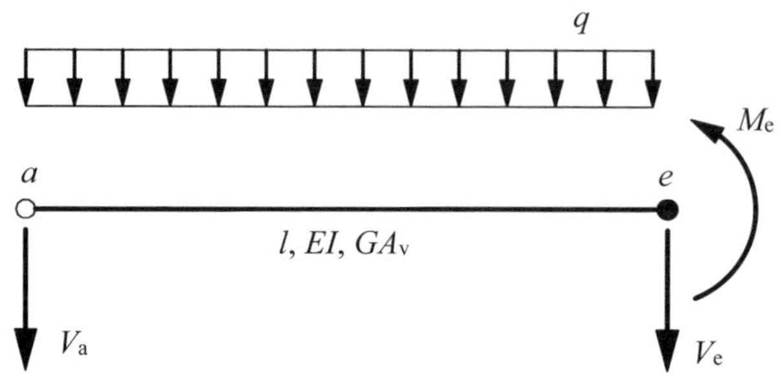

$$\begin{bmatrix} V_a \\ M_a \\ V_e \\ M_e \end{bmatrix} = \frac{EI}{l^3} \cdot \begin{bmatrix} \Psi_6 & 0 & -\Psi_6 & -\Psi_3 l \\ 0 & 0 & 0 & 0 \\ -\Psi_6 & 0 & \Psi_6 & \Psi_3 l \\ -\Psi_3 l & 0 & \Psi_3 l & \Psi_3 l^2 \end{bmatrix} \cdot \begin{bmatrix} w_a \\ \varphi_a \\ w_e \\ \varphi_e \end{bmatrix} + \begin{bmatrix} -\frac{4-\gamma_v}{8} q_z \cdot l \\ 0 \\ -\frac{4+\gamma_v}{8} q_z \cdot l \\ -\frac{q_z \cdot l^2}{8} \cdot \gamma_v \end{bmatrix} \tag{12.21}$$

Zusammenstellung der lokalen Elementsteifigkeitsmatrizen nach Theorie II. Ordnung für schubweiche Stäbe

Stab M_{ae}

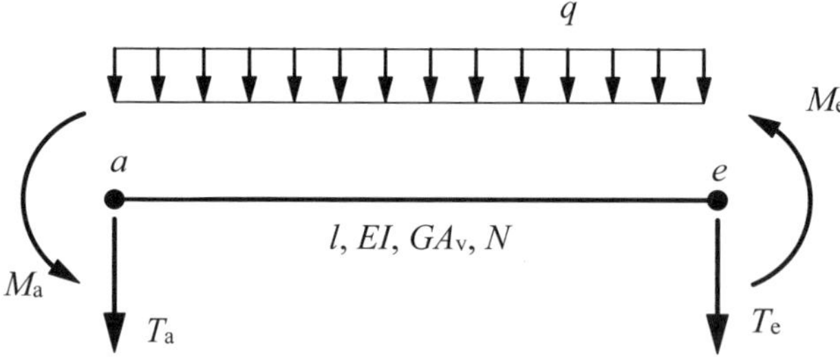

$$\begin{bmatrix} T_a \\ M_a \\ T_e \\ M_e \end{bmatrix} = \frac{EI}{l^3} \cdot \begin{bmatrix} \Psi_5 & -\Psi_4 l & -\Psi_5 & -\Psi_4 l \\ -\Psi_4 l & \Psi_1 l^2 & \Psi_4 l & \Psi_2 l^2 \\ -\Psi_5 & \Psi_4 l & \Psi_5 & \Psi_4 l \\ -\Psi_4 l & \Psi_2 l^2 & \Psi_4 l & \Psi_1 l^2 \end{bmatrix} \cdot \begin{bmatrix} w_a \\ \varphi_a \\ w_e \\ \varphi_e \end{bmatrix} + \begin{bmatrix} -\dfrac{q_z \cdot l}{2} \\ \dfrac{q_z \cdot l^2}{12 - \frac{1}{5}\varepsilon^2} \\ -\dfrac{q_z \cdot l}{2} \\ -\dfrac{q_z \cdot l^2}{12 - \frac{1}{5}\varepsilon^2} \end{bmatrix} \tag{12.22}$$

Stab M_a – Momentengelenk am Stabende

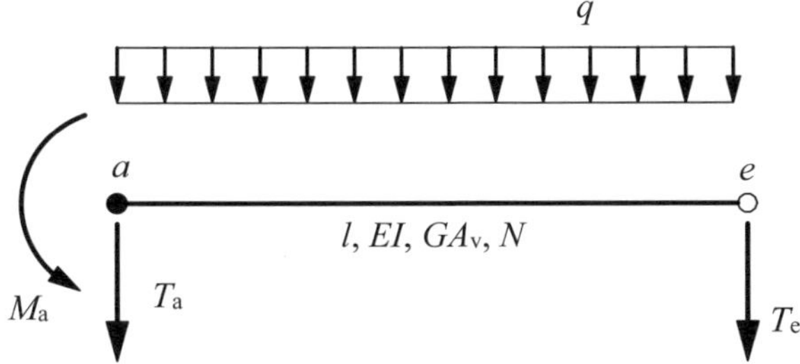

$$\begin{bmatrix} T_a \\ M_a \\ T_e \\ M_e \end{bmatrix} = \frac{EI}{l^3} \cdot \begin{bmatrix} \Psi_6 & -\Psi_3 l & -\Psi_6 & 0 \\ -\Psi_3 l & \Psi_3 l^2 & \Psi_3 l & 0 \\ -\Psi_6 & \Psi_3 l & \Psi_6 & 0 \\ 0 & 0 & 0 & 0 \end{bmatrix} \cdot \begin{bmatrix} w_a \\ \varphi_a \\ w_e \\ \varphi_e \end{bmatrix} + \begin{bmatrix} -\dfrac{\left(4 - \frac{2}{15}\varepsilon^2\right) + \gamma_v}{8 - \frac{4}{15}\varepsilon^2} \cdot q_z \cdot l \\ \dfrac{q_z \cdot l^2}{8 - \frac{4}{15}\varepsilon^2} \cdot \gamma_v \\ -q_z \cdot l \cdot \dfrac{\left(4 - \frac{2}{15}\varepsilon^2\right) - \gamma_v}{8 - \frac{4}{15}\varepsilon^2} \\ 0 \end{bmatrix}$$

(12.23)

<u>Stab</u> M_e – Momentengelenk am Stabanfang

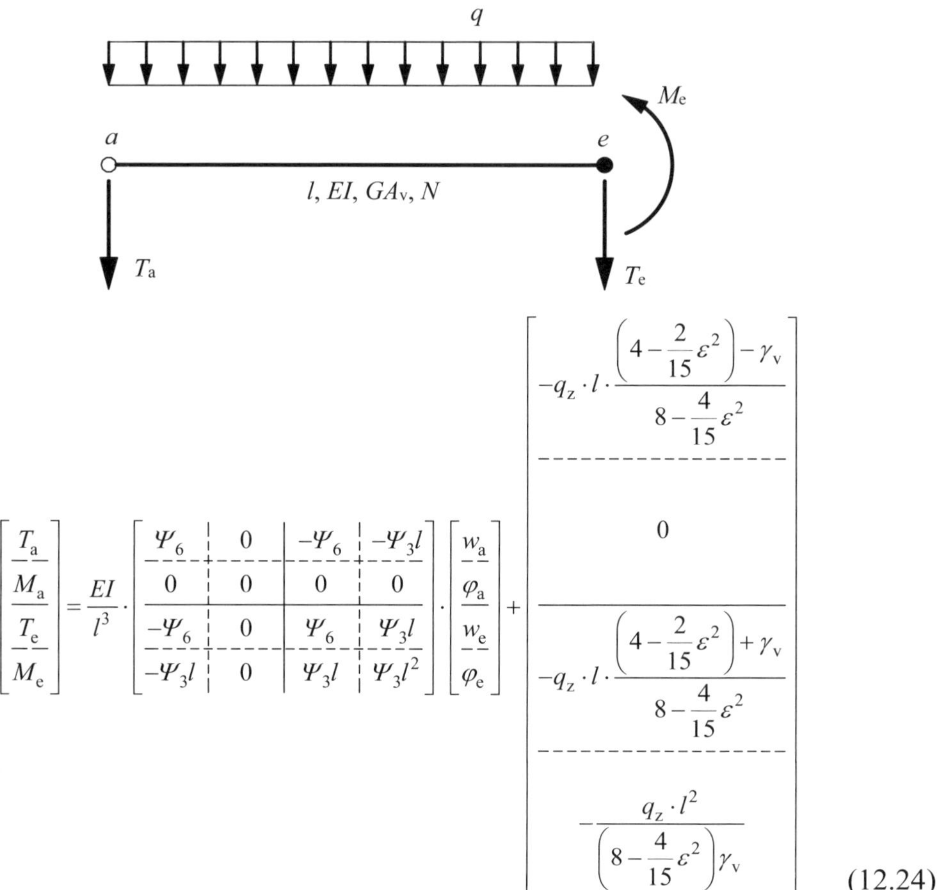

$$\begin{bmatrix} T_a \\ M_a \\ T_e \\ M_e \end{bmatrix} = \frac{EI}{l^3} \cdot \begin{bmatrix} \Psi_6 & 0 & -\Psi_6 & -\Psi_3 l \\ 0 & 0 & 0 & 0 \\ -\Psi_6 & 0 & \Psi_6 & \Psi_3 l \\ -\Psi_3 l & 0 & \Psi_3 l & \Psi_3 l^2 \end{bmatrix} \cdot \begin{bmatrix} w_a \\ \varphi_a \\ w_e \\ \varphi_e \end{bmatrix} + \begin{bmatrix} -q_z \cdot l \cdot \dfrac{\left(4 - \dfrac{2}{15}\varepsilon^2\right) - \gamma_v}{8 - \dfrac{4}{15}\varepsilon^2} \\ 0 \\ -q_z \cdot l \cdot \dfrac{\left(4 - \dfrac{2}{15}\varepsilon^2\right) + \gamma_v}{8 - \dfrac{4}{15}\varepsilon^2} \\ -\dfrac{q_z \cdot l^2}{\left(8 - \dfrac{4}{15}\varepsilon^2\right)\gamma_v} \end{bmatrix} \tag{12.24}$$

12.4 Beispiele

Zweifeldträger mit Einspannung

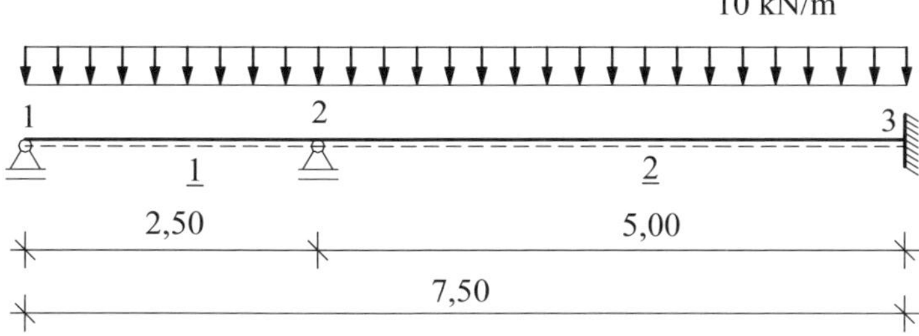

Abb. 12.11 System und Belastung

$EI = 100000\ \text{kNm}^2 \quad GA_\text{v} = 100000\ \text{kN}$

Randbedingungen: $w_1 = 0$; $w_2 = 0$; $w_3 = 0$

Unbekannte: φ_2

Lokale Elementsteifigkeitsmatrizen

Stab 1 Stab Me

$$\frac{EI}{l^3} = \frac{100000}{2{,}5^3} = 6400\frac{\text{kN}}{\text{m}}$$

$$\chi_\text{S} = \frac{EI}{l^2 \cdot GA_\text{v}} = \frac{100000}{2{,}5^2 \cdot 10000} = 0{,}16$$

$$\gamma_\text{v} = \frac{1}{1 + 3 \cdot \chi_\text{S}} = \frac{1}{1 + 3 \cdot 0{,}16} = 0{,}676$$

$$\begin{bmatrix} V_1 \\ M_1 \\ V_2 \\ M_2 \end{bmatrix} = \frac{EI}{l^3} \cdot \begin{bmatrix} 0 & 0 & 0 & -\Psi_3 l \\ 0 & 0 & 0 & 0 \\ 0 & 0 & 0 & \Psi_3 l \\ 0 & 0 & 0 & \boldsymbol{\Psi}_3 l^2 \end{bmatrix} \cdot \begin{bmatrix} 0 \\ 0 \\ 0 \\ \varphi_2 \end{bmatrix} + \begin{bmatrix} -\frac{4-\gamma_\text{v}}{8} q_\text{z} \cdot l \\ 0 \\ -\frac{4+\gamma_\text{v}}{8} q_\text{z} \cdot l \\ -\frac{q_\text{z} \cdot l^2}{\mathbf{8}} \cdot \gamma_\text{v} \end{bmatrix}$$

$$\begin{bmatrix} V_1 \\ M_1 \\ V_2 \\ M_2 \end{bmatrix} = \begin{bmatrix} 0 & 0 & 0 & -32448 \\ 0 & 0 & 0 & 0 \\ 0 & 0 & 0 & 32448 \\ 0 & 0 & 0 & \mathbf{81120} \end{bmatrix} \cdot \begin{bmatrix} 0 \\ 0 \\ 0 \\ \varphi_2 \end{bmatrix} + \begin{bmatrix} -10{,}39 \\ 0 \\ -14{,}61 \\ \mathbf{-5{,}28} \end{bmatrix} = \begin{bmatrix} -6{,}83 \\ 0 \\ -18{,}17 \\ -14{,}18 \end{bmatrix}$$

Stab 2 Stab M_{ae}

$$\frac{EI}{l^3} = \frac{100000}{5^3} = 800\frac{\text{kN}}{\text{m}}$$

$$\chi_S = \frac{EI}{l^2 \cdot GA_v} = \frac{100000}{5^2 \cdot 10000} = 0{,}04$$

$$\alpha_v = \frac{1+3\chi_S}{1+12\chi_S} = \frac{1+3\cdot 0{,}04}{1+12\cdot 0{,}04} = 0{,}757$$

$$\beta_v = \frac{1-6\chi_S}{1+12\chi_S} = \frac{1-6\cdot 0{,}04}{1+12\cdot 0{,}04} = 0{,}514$$

$$\begin{bmatrix} V_2 \\ M_2 \\ V_3 \\ M_3 \end{bmatrix} = \frac{EI}{l^3} \cdot \begin{bmatrix} 0 & -\Psi_4 l & 0 & 0 \\ 0 & \boldsymbol{\Psi}_1 l^2 & 0 & 0 \\ 0 & \Psi_4 l & 0 & 0 \\ 0 & \Psi_2 l^2 & 0 & 0 \end{bmatrix} \cdot \begin{bmatrix} 0 \\ \varphi_2 \\ 0 \\ 0 \end{bmatrix} + \begin{bmatrix} -\frac{q_z \cdot l}{2} \\ \frac{q_z \cdot l^2}{\mathbf{12}} \\ -\frac{q_z \cdot l}{2} \\ -\frac{q_z \cdot l^2}{12} \end{bmatrix}$$

$$\begin{bmatrix} V_2 \\ M_2 \\ V_3 \\ M_3 \end{bmatrix} = \begin{bmatrix} 0 & -16224 & 0 & 0 \\ 0 & \mathbf{60560} & 0 & 0 \\ 0 & 16224 & 0 & 0 \\ 0 & 20560 & 0 & 0 \end{bmatrix} \cdot \begin{bmatrix} 0 \\ \varphi_2 \\ 0 \\ 0 \end{bmatrix} + \begin{bmatrix} -25 \\ \mathbf{+20{,}83} \\ -25 \\ -20{,}83 \end{bmatrix} = \begin{bmatrix} -23{,}22 \\ +14{,}18 \\ -26{,}78 \\ -23{,}09 \end{bmatrix}$$

Systemsteifigkeitsmatrix

$$\begin{bmatrix} 81120 \\ 60560 \\ \mathbf{141680} \end{bmatrix} [\varphi_2] + \begin{bmatrix} -5{,}28 \\ +20{,}83 \\ \mathbf{15{,}55} \end{bmatrix} = \begin{bmatrix} 0 \\ 0 \\ \mathbf{0} \end{bmatrix}$$

Lösung des Gleichungssystems

$$\varphi_2 = -1{,}09754 \cdot 10^{-4}$$

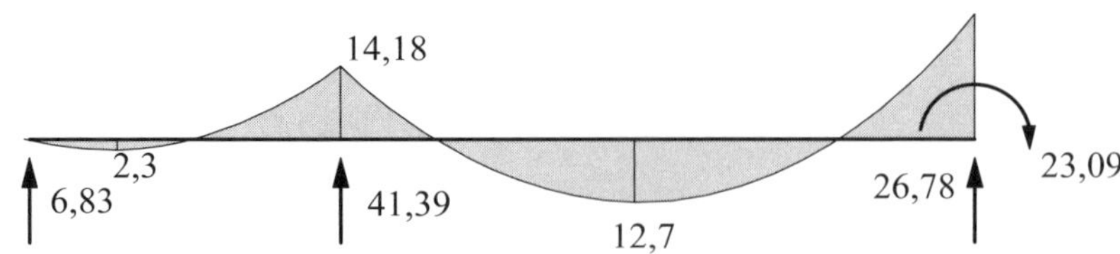

Abb. 12.12 Momentenfläche und Auflagerkräfte in kN und m

Einfeldträger nach Theorie II. Ordnung

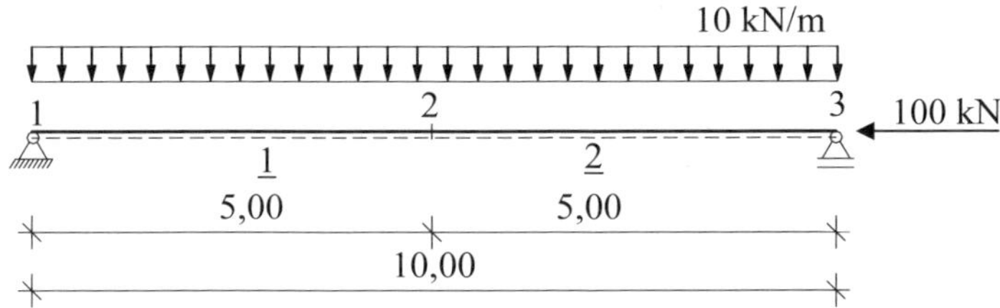

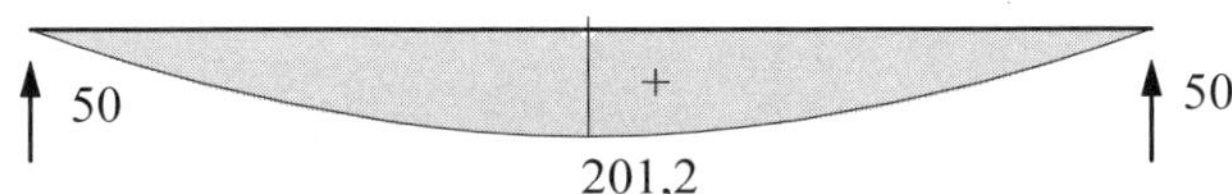

Abb. 12.13 System und Belastung mit zwei Unterteilungen mit Momentenfläche und Auflagerkräfte in kN und m

$$EI = 30000 \text{ kNm}^2$$

Querschnittswerte:

$$GA_\text{v} = 30000 \text{ kN}$$

Verzweigungslast

$$N_\text{cr} = \frac{\pi^2 \cdot EI}{l^2 \cdot \left(1 + \frac{\pi^2 \cdot EI}{l^2 \cdot GA_\text{v}}\right)} = \frac{\pi^2 \cdot 30000}{10^2 \cdot \left(1 + \frac{\pi^2 \cdot 30000}{10^2 \cdot 30000}\right)} = 2695 \text{ kN}$$

Näherungslösung

$$\max M_\text{II} = \frac{\frac{q \cdot l^2}{8}}{1 - \frac{N}{N_\text{cr}}} = \frac{\frac{10 \cdot 10^2}{8}}{1 - \frac{1000}{2695}} = 199 \text{ kNm}$$

Berechnung mit FEM

Randbedingungen: $\varphi_2 = 0$; $w_3 = 0$

Unbekannte: w_2

Stab 2 Stab Ma

$$\frac{EI}{l^3} = \frac{30000}{5^3} = 240 \frac{\text{kN}}{\text{m}}$$

$$\chi_\text{S} = \frac{EI}{l^2 \cdot GA_\text{v}} = \frac{30000}{5^2 \cdot 30000} = 0{,}04$$

$$\gamma_\text{v} = \frac{1}{1 + 3 \cdot \chi_\text{S}} = \frac{1}{1 + 3 \cdot 0{,}04} = 0{,}893$$

$$\varepsilon^2 = \frac{N \cdot l^2}{EI} = \frac{1000 \cdot 5^2}{30000} = 0{,}833$$

$$\Psi_3 = 3\gamma_v - \frac{1}{5}\varepsilon^2 = 2{,}512$$

$$\Psi_6 = 3\gamma_v - \frac{6}{5}\varepsilon^2 = 1{,}679$$

$$\begin{bmatrix} T_2 \\ M_2 \\ T_3 \\ M_3 \end{bmatrix} = \frac{EI}{l^3} \cdot \begin{bmatrix} \Psi_6 & 0 & 0 & 0 \\ -\Psi_3 l & 0 & 0 & 0 \\ -\Psi_6 & 0 & 0 & 0 \\ 0 & 0 & 0 & 0 \end{bmatrix} \cdot \begin{bmatrix} w_2 \\ 0 \\ 0 \\ 0 \end{bmatrix} + \begin{bmatrix} -\dfrac{\left(4-\frac{2}{15}\varepsilon^2\right)+\gamma_v}{8-\frac{4}{15}\varepsilon^2} \cdot q_z \cdot l \\ \dfrac{\frac{q_z \cdot l^2}{8-\frac{4}{15}\varepsilon^2} \cdot \gamma_v}{} \\ -q_z \cdot l \cdot \dfrac{\left(4-\frac{2}{15}\varepsilon^2\right)-\gamma_v}{8-\frac{4}{15}\varepsilon^2} \\ 0 \end{bmatrix}$$

$$\begin{bmatrix} T_2 \\ M_2 \\ T_3 \\ M_3 \end{bmatrix} = \begin{bmatrix} \mathbf{403} & 0 & 0 & 0 \\ -3014 & 0 & 0 & 0 \\ -403 & 0 & 0 & 0 \\ 0 & 0 & 0 & 0 \end{bmatrix} \cdot \begin{bmatrix} w_2 \\ 0 \\ 0 \\ 0 \end{bmatrix} + \begin{bmatrix} \mathbf{-30,74} \\ +28{,}70 \\ -19{,}26 \\ 0 \end{bmatrix} = \begin{bmatrix} 0 \\ -201{,}2 \text{ kNm} \\ 50 \text{ kN} \\ 0 \end{bmatrix}$$

$$[403][w_2] + [-30{,}74] = [0]$$

$$w_2 = 0{,}07628 \text{ m}$$

Das maximale Biegemoment beträgt mit zwei Unterteilungen 201,2 kNm. Das Ergebnis stimmt sehr gut mit dem exakten Ergebnis mit GWSTATIK von 200,8 kNm überein.

Näherungsweise Berechnung der Verzweigungslast

Die Lösung ist der kritische Wert ε_{cr}^2, der zur Knicklast N_{cr} gehört.

$$\varepsilon_{cr}^2 = \frac{N_{cr}}{EI} \cdot l_0^2$$

Mit $l = 2l_0$ für den Eulerfall II erhält man die bekannte Lösung:

$$N_{cr} = \varepsilon_{cr}^2 \cdot \frac{EI}{l_0^2} = \frac{\pi^2}{4} \cdot \frac{4 \cdot EI}{l^2} = \pi^2 \cdot \frac{EI}{l^2}$$

Die Systemsteifigkeitsmatrix lautet mit der geometrischen Steifigkeitsmatrix für $w_2 \neq 0$:

$$[0]=\left[\frac{EI}{l_0^3}\cdot\left(3\gamma_v-\frac{6}{5}\varepsilon^2\right)\right]\cdot w_2 \quad \varepsilon_{cr}^2=2{,}5\gamma_v$$

Die Lösung ist der kritische Wert ε_{cr}^2, der zur Knicklast N_{cr} gehört.

$$N_{cr}=\varepsilon_{cr}^2\cdot\frac{EI}{l_0^2}=2{,}5\cdot\gamma_v\cdot\frac{4\cdot EI}{l^2}=10\cdot\gamma_v\cdot\frac{EI}{l^2}=\left(\frac{1}{1+3\cdot\chi_S}\right)\cdot\frac{10\cdot EI}{l^2}$$

$$N_{cr}=\left(\frac{1}{1+3\cdot\chi_S}\right)\cdot\frac{10\cdot EI}{l^2}=0{,}893\cdot\frac{10\cdot 30000}{10^2}=2679\text{ kN}$$

13 Nachgiebige Verbindungen

13.1 Allgemeines

Die Anschlüsse werden im Stahlbau im Allg. so ausgebildet, dass sie für die Berechnung des Tragwerkes als starr oder gelenkig angenommen werden können. Die neuen europäischen Normen ermöglichen es, das Verformungsverhalten des Anschlusses in der Tragwerksplanung zu berücksichtigen.
Die Auswirkungen der Verformungen des Anschlusses sind:
- die Zunahme der Verformungen des Tragwerkes,
- die Änderung der Schnittgrößenverteilung (Momentenverteilung).

Für den in Abb. 13.1 dargestellten verformbaren Träger-Stützenanschluss gilt, dass der rechte Winkel zwischen der Systemlinie des Trägers und der Stütze nicht mehr erhalten bleibt. Es tritt eine Rotation ϕ im Anschluss auf. Das Verformungsverhalten des Anschlusses kann durch eine nichtlineare Rotationsfeder S_j zwischen dem Träger und der Stütze dargestellt werden. S_j ist dabei die Sekantensteifigkeit des Anschlusses.

$$M_j = S_j \cdot \phi \tag{13.1}$$

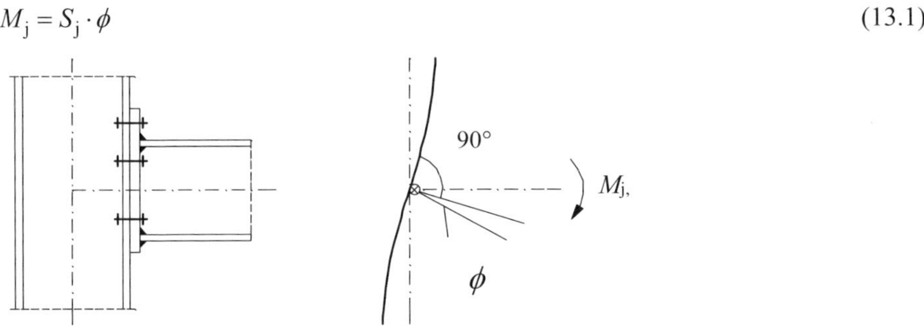

Abb. 13.1 Nachgiebiger Anschluss im Stahlbau

Auch im Holzbau gibt es nachgiebige Knotenverbindungen, z. B. der Dübelkreis einer Rahmenecke. Diese nachgiebigen Verbindungen werden im Folgenden durch eine Drehfeder dargestellt.

$$M_\varphi = c_\varphi \cdot \phi \tag{13.2}$$

13.2 Lokale Elementsteifigkeitsmatrix

Die Herleitung der ursprünglichen Elementsteifigkeitsmatrix erfolgt hier wie im Abschnitt 4.3 mit Gleichung (4.11).

$$k_{\text{ik}}^{*} = k_{\text{ik}} - \frac{k_{\text{iA}}}{k_{\text{AA}} + c_{\text{A}}} \cdot k_{\text{Ak}}, \qquad s_{\text{i0}}^{*} = s_{\text{i0}} - \frac{k_{\text{iA}}}{k_{\text{AA}} + c_{\text{A}}} \cdot s_{\text{A0}} \tag{13.3}$$

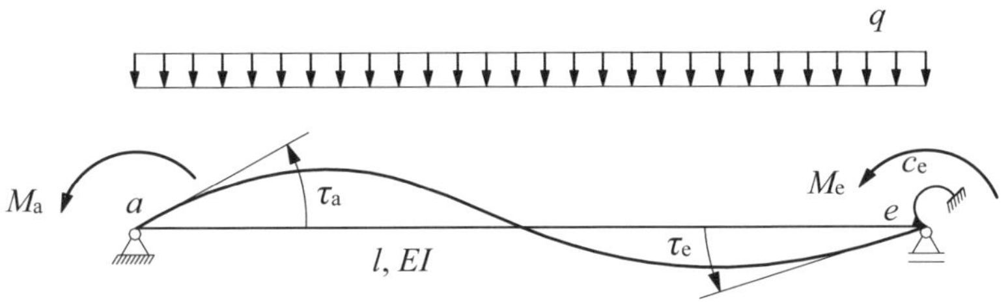

Abb. 13.2 Stabelement mit Drehfeder c_e

Die ursprüngliche Elementsteifigkeitsmatrix für das Balkenelement ohne Drehfeder lautet nach Gleichung (3.1):

$$\begin{bmatrix} M_{\text{a}} \\ M_{\text{e}} \end{bmatrix} = \frac{EI}{l} \cdot \begin{bmatrix} 4 & 2 \\ 2 & 4 \end{bmatrix} \cdot \begin{bmatrix} \tau_{\text{a}} \\ \tau_{\text{e}} \end{bmatrix} + \begin{bmatrix} M_{\text{a0}} \\ M_{\text{e0}} \end{bmatrix}$$

Am Knoten e ist eine Drehfeder c_{e}.

Es gilt:

Modifikation der 2. Zeile $A = 2$.

$$k_{\text{AA}} + c_{\text{e}} = 4 \cdot \frac{EI}{l} + c_{\text{e}} = \frac{EI}{l} \cdot \left(4 + \frac{c_{\text{e}} \cdot l}{EI}\right)$$

Der Faktor $\frac{EI}{l}$ wird ausgeklammert.

$$k_{\text{AA}} + c_{\text{e}} = 4 + \frac{c_{\text{e}} \cdot l}{EI}$$

$$k_{\text{ik}}^{*} = k_{\text{ik}} - \frac{k_{\text{i2}}}{4 + \frac{c_{\text{e}} \cdot l}{EI}} \cdot k_{\text{2k}}$$

$$i = 1 \quad k = 1 \qquad k_{11}^{*} = k_{11} - \frac{k_{12}}{4 + \frac{c_{\text{e}} \cdot l}{EI}} \cdot k_{21} = 4 - \frac{2}{4 + \frac{c_{\text{e}} \cdot l}{EI}} \cdot 2 = 4 \cdot \left(1 - \frac{1}{4 + \frac{c_{\text{e}} \cdot l}{EI}}\right)$$

$$i = 1 \quad k = 2 \qquad k_{12}^{*} = k_{12} - \frac{k_{12}}{4 + \frac{c_{\text{e}} \cdot l}{EI}} \cdot k_{22} = 2 - \frac{2}{4 + \frac{c_{\text{e}} \cdot l}{EI}} \cdot 4 = 2 \cdot \left(1 - \frac{1}{1 + \frac{c_{\text{e}} \cdot l}{4 \cdot EI}}\right)$$

$$i = 2 \quad k = 2 \qquad k_{22}^{*} = k_{22} - \frac{k_{22}}{4 + \frac{c_{\text{e}} \cdot l}{EI}} \cdot k_{22} = 4 - \frac{4}{4 + \frac{c_{\text{e}} \cdot l}{EI}} \cdot 4 = 4 \cdot \left(1 - \frac{1}{1 + \frac{c_{\text{e}} \cdot l}{4 \cdot EI}}\right)$$

Für die Starreinspanngrößen erhält man:

$$s_{i0}^{*} = s_{i0} - \frac{k_{iA}}{4 + \frac{c_e \cdot l}{EI}} \cdot s_{A0}$$

$$i = 1 \quad s_{10}^{*} = s_{10} - \frac{k_{12}}{4 + \frac{c_e \cdot l}{EI}} \cdot s_{20} = \frac{1}{12} \cdot q \cdot l^2 - \frac{2}{4 + \frac{c_e \cdot l}{EI}} \cdot \left(-\frac{1}{12} \cdot q \cdot l^2 \right) = \frac{1}{12} \cdot q \cdot l^2 \cdot \left(1 + \frac{1}{2 + \frac{c_e \cdot l}{2 \cdot EI}} \right)$$

$$i = 2 \quad s_{20}^{*} = s_{20} - \frac{k_{22}}{4 + \frac{c_e \cdot l}{EI}} \cdot s_{20} = -\frac{1}{12} \cdot q \cdot l^2 - \frac{4}{4 + \frac{c_e \cdot l}{EI}} \cdot \left(-\frac{1}{12} \cdot q \cdot l^2 \right) = -\frac{1}{12} \cdot q \cdot l^2 \cdot \left(1 - \frac{1}{1 + \frac{c_e \cdot l}{4 \cdot EI}} \right)$$

Ursprüngliche Elementsteifigkeitsmatrizen

Stab M_{ae} mit Drehfeder c_e am Knoten e

M_a, τ_a M_e, τ_e c_e a l, EI e

$$\begin{bmatrix} M_a \\ M_e \end{bmatrix} = \frac{EI}{l} \cdot \begin{bmatrix} 4 \cdot \left(1 - \frac{1}{4 + \frac{c_e \cdot l}{EI}} \right) & 2 \cdot \left(1 - \frac{1}{1 + \frac{c_e \cdot l}{4 \cdot EI}} \right) \\ 2 \cdot \left(1 - \frac{1}{1 + \frac{c_e \cdot l}{4 \cdot EI}} \right) & 4 \cdot \left(1 - \frac{1}{1 + \frac{c_e \cdot l}{4 \cdot EI}} \right) \end{bmatrix} \cdot \begin{bmatrix} \tau_a \\ \tau_e \end{bmatrix} + \begin{bmatrix} \frac{1}{12} \cdot q \cdot l^2 \cdot \left(1 + \frac{1}{2 + \frac{c_e \cdot l}{2 \cdot EI}} \right) \\ -\frac{1}{12} \cdot q \cdot l^2 \cdot \left(1 - \frac{1}{1 + \frac{c_e \cdot l}{4 \cdot EI}} \right) \end{bmatrix} \quad (13.4)$$

Stab M_{ae} mit Drehfeder c_a am Knoten a

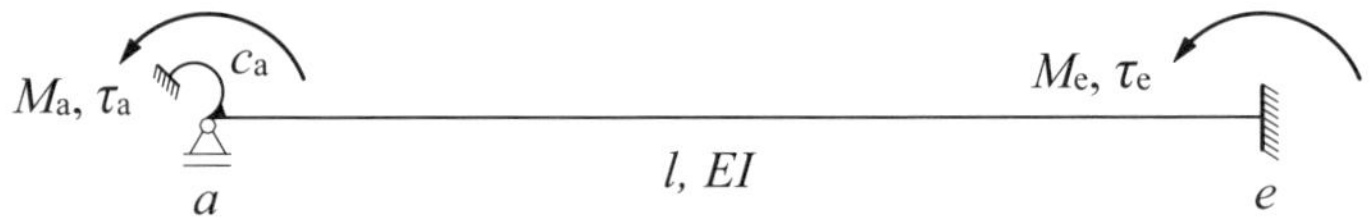

M_a, τ_a c_a M_e, τ_e a l, EI e

$$\begin{bmatrix} M_a \\ M_e \end{bmatrix} = \frac{EI}{l} \cdot \begin{bmatrix} 4 \cdot \left(1 - \frac{1}{1 + \frac{c_a \cdot l}{4 \cdot EI}} \right) & 2 \cdot \left(1 - \frac{1}{1 + \frac{c_a \cdot l}{4 \cdot EI}} \right) \\ 2 \cdot \left(1 - \frac{1}{1 + \frac{c_a \cdot l}{4 \cdot EI}} \right) & 4 \cdot \left(1 - \frac{1}{4 + \frac{c_a \cdot l}{EI}} \right) \end{bmatrix} \cdot \begin{bmatrix} \tau_a \\ \tau_e \end{bmatrix} + \begin{bmatrix} \frac{1}{12} \cdot q \cdot l^2 \cdot \left(1 - \frac{1}{1 + \frac{c_a \cdot l}{4 \cdot EI}} \right) \\ -\frac{1}{12} \cdot q \cdot l^2 \cdot \left(1 + \frac{1}{2 + \frac{c_a \cdot l}{2 \cdot EI}} \right) \end{bmatrix} \quad (13.5)$$

Stab M_a mit Drehfeder c_a am Knoten a

c_a M_a, τ_a a e l, EI

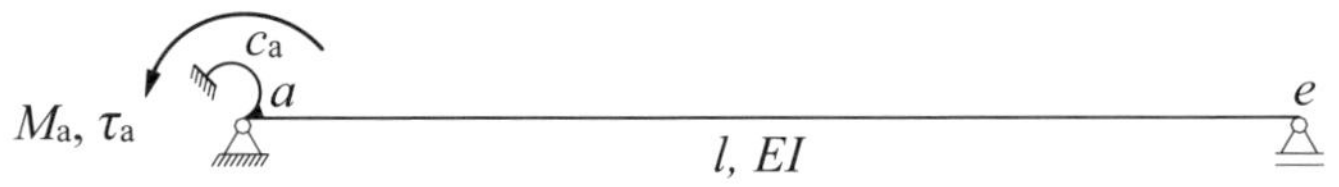

$$\begin{bmatrix} M_a \\ \hline M_e \end{bmatrix} = \frac{EI}{l} \cdot \left[\begin{array}{c|c} 3 \cdot \dfrac{1}{1+\dfrac{3 \cdot EI}{c_a \cdot l}} & 0 \\ \hline 0 & 0 \end{array}\right] \cdot \begin{bmatrix} \tau_a \\ \hline \tau_e \end{bmatrix} + \left[\begin{array}{c} +\dfrac{1}{8} \cdot q \cdot l^2 \cdot \dfrac{1}{1+\dfrac{3 \cdot EI}{c_a \cdot l}} \\ \hline 0 \end{array}\right] \tag{13.6}$$

<u>Stab</u> M_e mit Drehfeder c_e am Knoten e

a — l, EI — M_e, τ_e — c_e — e

$$\begin{bmatrix} M_a \\ \hline M_e \end{bmatrix} = \frac{EI}{l} \cdot \left[\begin{array}{c|c} 0 & 0 \\ \hline 0 & 3 \cdot \dfrac{1}{1+\dfrac{3 \cdot EI}{c_e \cdot l}} \end{array}\right] \cdot \begin{bmatrix} \tau_a \\ \hline \tau_e \end{bmatrix} + \left[\begin{array}{c} 0 \\ \hline -\dfrac{1}{8} \cdot q \cdot l^2 \cdot \dfrac{1}{1+\dfrac{3 \cdot EI}{c_e \cdot l}} \end{array}\right] \tag{13.7}$$

Die ursprünglichen Elementsteifigkeitsmatrizen können direkt für unverschiebliche Systeme angewendet werden. Es gilt dann $\varphi = \tau$. Es müssen die Querkräfte mit den Gleichgewichtsbedingungen nach (3.10) und (3.11) ermittelt werden.

$$V_a = -\frac{M_a + M_e}{l} - \frac{1}{2} \cdot q \cdot l \qquad V_e = -V_a - q \cdot l \tag{13.8}$$

Die lokalen Elementsteifigkeitsmatrizen für die verschieblichen Systeme können entsprechend Abschnitt 4.2 hergeleitet werden. Dabei ist zu beachten, dass hier die Elemente k_{11} und k_{22} nicht gleich sind. Bei der Berechnung nach Theorie II. Ordnung ist die geometrische Steifigkeitsmatrix nach Gleichung (10.25) zu berücksichtigen. Mit einem Programm ist stets die Modifikation nach Abschnitt 4.3 zu empfehlen.

13.3 Beispiel

Beispiel: Zweifeldträger mit nachgiebiger Verbindung

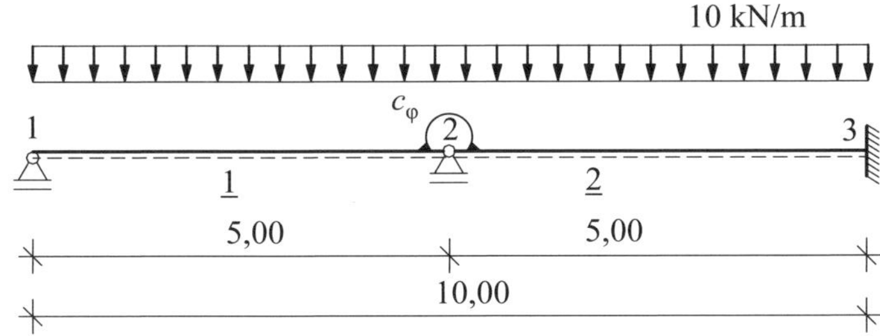

Abb. 13.3 System und Belastung

$EI = 20000\ \text{kNm}^2 \qquad c_\varphi = 12000\ \text{kNm}$

Randbedingungen: $w_1 = 0$; $w_2 = 0$; $w_3 = 0$, $\varphi_3 = 0$

Unbekannte: φ_2

Lokale Elementsteifigkeitsmatrizen

Stab 1 Stab M_e mit Drehfeder c_φ am Knoten e

$$\frac{EI}{l}=\frac{20000}{5}=4000\text{ kNm}$$

$$\begin{bmatrix} M_1 \\ \hline M_2 \end{bmatrix}=\frac{EI}{l}\cdot\left[\begin{array}{c|c} 0 & 0 \\ \hline 0 & 3\cdot\dfrac{1}{1+\dfrac{3\cdot EI}{c_\varphi\cdot l}} \end{array}\right]\cdot\begin{bmatrix} 0 \\ \hline \varphi_2 \end{bmatrix}+\begin{bmatrix} 0 \\ \hline -\dfrac{1}{8}\cdot q\cdot l^2\cdot\dfrac{1}{1+\dfrac{3\cdot EI}{c_\varphi\cdot l}} \end{bmatrix}$$

$$\begin{bmatrix} M_1 \\ \hline M_2 \end{bmatrix}=\left[\begin{array}{c|c} 0 & 0 \\ \hline 0 & \mathbf{6000} \end{array}\right]\cdot\begin{bmatrix} 0 \\ \hline \varphi_2 \end{bmatrix}+\begin{bmatrix} 0 \\ \hline \mathbf{-15,63} \end{bmatrix}=\begin{bmatrix} 0\text{ kNm} \\ \hline -17,05\text{ kNm} \end{bmatrix}$$

Stab 2 Stab M_{ae}

$$\frac{EI}{l}=\frac{20000}{5}=4000\text{ kNm}$$

$$\begin{bmatrix} M_2 \\ \hline M_3 \end{bmatrix}=\frac{EI}{l}\cdot\left[\begin{array}{c|c} 4 & 0 \\ \hline 2 & 0 \end{array}\right]\cdot\begin{bmatrix} \varphi_2 \\ \hline 0 \end{bmatrix}+\begin{bmatrix} \dfrac{1}{12}\cdot q\cdot l^2 \\ \hline -\dfrac{1}{12}\cdot q\cdot l^2 \end{bmatrix}$$

$$\begin{bmatrix} M_2 \\ \hline M_3 \end{bmatrix}=\left[\begin{array}{c|c} \mathbf{16000} & 0 \\ \hline 8000 & 0 \end{array}\right]\cdot\begin{bmatrix} \varphi_2 \\ \hline 0 \end{bmatrix}+\begin{bmatrix} \mathbf{+20,83} \\ \hline -20,83 \end{bmatrix}=\begin{bmatrix} +17,05\text{ kNm} \\ \hline -22,72\text{ kNm} \end{bmatrix}$$

Systemsteifigkeitsmatrix

$$[22000][\varphi_2]+[5,20]=[0]$$

Lösung des Gleichungssystems

$$\varphi_2=-2,36363\cdot 10^{-4}$$

Die Rotation ϕ der Drehfeder folgt aus:

$$\phi=\frac{M_\varphi}{c_\varphi}=\frac{+17,05}{12000}=+1,4208\cdot 10^{-3}$$

Am Knoten 2 entsteht ein Knick von der Größe ϕ. Der Endtangentenwinkel $\tau_{2,1}$ beträgt:

$$\tau_{2,1}=\varphi_2+\phi=-2,36363\cdot 10^{-4}+1,4208\cdot 10^{-3}=+1,11845\cdot 10^{-3}$$

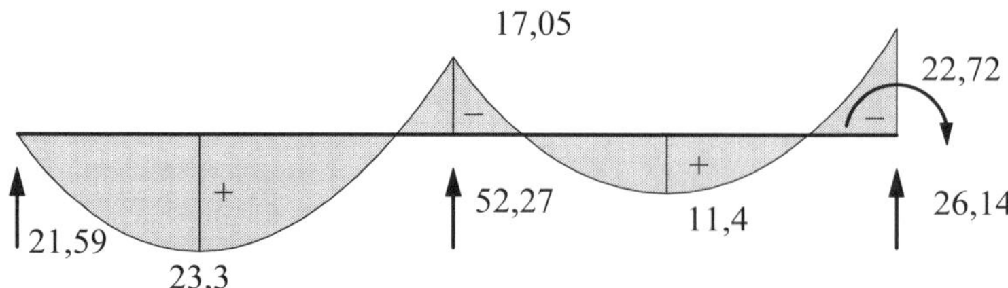

Abb. 13.4 Momentenfläche und Auflagerkräfte in kN und m

14 Fließgelenktheorie

14.1 Fließgelenk

Die Fließgelenktheorie ist ein spezielles Berechnungsverfahren im Stahlbau, da der Werkstoff Baustahl eine plastische Tragwerksbemessung ermöglicht. Eine plastische Tragwerksbemessung darf nur durchgeführt werden, wenn das Tragwerk an den Stellen, an denen sich die plastischen Gelenke, auch Fließgelenke genannt, bilden, über eine ausreichende Rotationskapazität verfügt, s. [12].

Es ist nachzuweisen, dass

1. das System im stabilen Gleichgewicht ist und
2. in allen Querschnitten die Beanspruchungen unter Beachtung der Interaktion nicht zu einer Überschreitung im plastischen Zustand führen.

Es soll das „Fließgelenk" und die Fließgelenktheorie an dem folgenden Beispiel erläutert werden. Ein Biegeträger auf zwei Stützen wird durch eine Einzellast F in der Mitte des Trägers beansprucht, Abb. 14.1a). Die **elastische Grenzlast F_{el}** ist gegeben, wenn die maximal beanspruchte Faser des Systems die Streckgrenze erreicht. Wird die Belastung weiter gesteigert, plastiziert der Querschnitt vom Rand zur Flächenhalbierenden und der Stab von der Mitte zu den Auflagern, Abb. 14.1b). Die Plastizitätstheorie, auch Fließzonentheorie genannt, berücksichtigt die plastischen Bereiche des Stabes. Bei der Berechnung der Schnittgrößen und Verformungen wird der veränderliche Verlauf der Steifigkeit des elastischen Restquerschnittes erfasst. Die **Traglast F_T** ist erreicht, wenn sich das System im indifferenten Gleichgewicht befindet. Der Fließbereich hat eine endliche Länge von Δx.

Die Fließgelenktheorie ist ein vereinfachtes Verfahren der Plastizitätstheorie. Bei der Fließgelenktheorie werden keine ausgebreiteten Fließzonen berücksichtigt. Der Stab ist weiterhin vollkommen elastisch und die Plastizierung wird konzentriert in einem Punkt mit $\Delta x = 0$ des Fließbereiches angenommen, Abb. 14.1c). Das entstehende Fließgelenk ist ein Gelenk mit einem vorhandenen Fließmoment. Die nach der Fließgelenktheorie berechnete Grenzbeanspruchung des Systems soll zur Unterscheidung als plastische Grenzlast bezeichnet werden. Die **plastische Grenzlast F_{pl}** eines Systems ist erreicht, wenn sich durch die Fließgelenke eine kinematische Kette im System gebildet hat, wobei die Grenztragfähigkeit der Querschnitte nicht überschritten werden darf. In unserem Beispiel, das statisch bestimmt ist, entsteht eine kinematische Kette durch ein Fließgelenk. Das Fließmoment ist das reduzierte vollplastische Biegemoment $M_{V,pl}$ des Querschnittes, d. h. es ist die Interaktion zwischen Biegemoment und Querkraft zu beachten. In [12] ist die Fließgelenktheorie ausführlich dargestellt.

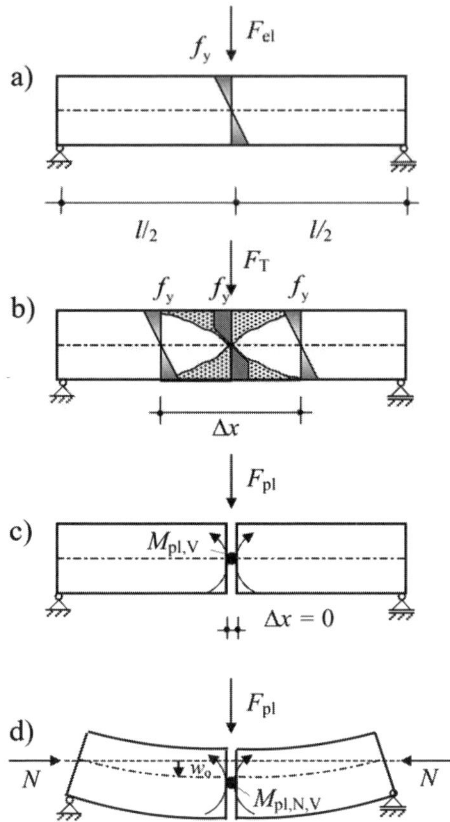

Abb. 14.1 Definition des Fließgelenkes

Die Abb. 14.1d) zeigt einen gedrückten Biegestab. Hier müssen die Beanspruchungen nach Theorie II. Ordnung ermittelt werden, da die Biegemomente durch die Druckkraft und die Durchbiegung vergrößert werden. Die Durchbiegung wird umso größer, je kleiner der elastische Restquerschnitt ist. Die Berechnung nach der Fließgelenktheorie liegt deshalb auf der unsicheren Seite, wenn die Steifigkeit des Stabes voll elastisch angenommen wird. Durch entsprechende Wahl der Ersatzimperfektion w_0 kann die Teilplastizierung des Stabes näherungsweise erfasst werden. Hier ist für das Fließmoment die Interaktion zwischen Biegemoment, Querkraft und Normalkraft zu beachten.
Die Plastizitätstheorie ist für die praktische Anwendung zu kompliziert. Die Fließgelenktheorie wird dagegen schon lange im Stahlbau angewendet.

Auch im Stahlbetonbau ist die Fließgelenktheorie unter bestimmten Bedingungen erlaubt. Sie ist jedoch komplizierter und aufwändiger als im Stahlbau. Vereinfacht dürfen die Momente, im Allgemeinen die Stützmomente für Durchlaufträger, umgelagert werden, wobei die Gleichgewichtsbedingungen einzuhalten sind. Dieser Umlagerungsfaktor δ ist jedoch begrenzt und hängt von der Duktilität des Bewehrungsstahles und der Betonfestigkeitsklasse ab.

14.2 Lokale Elementsteifigkeitsmatrix

Die Herleitung der ursprünglichen Elementsteifigkeitsmatrix erfolgt hier wie im Abschnitt 4.3 mit den Gleichungen (4.9) und (4.10).

$$k_{ik}^{*} = k_{ik} - \frac{k_{iA}}{k_{AA}} \cdot k_{Ak} \quad s_{i0}^{*} = s_{i0} - \frac{k_{iA}}{k_{AA}} \cdot \left(s_{A0} - s_{A}\right) \tag{14.1}$$

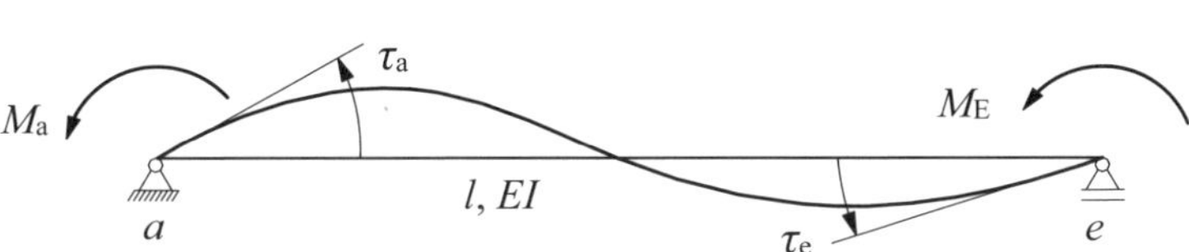

Abb. 14.2 Stabelement mit Fließgelenk M_E am Knoten e

Die ursprüngliche Elementsteifigkeitsmatrix für das Balkenelement ohne Drehfeder lautet nach Gleichung (3.1):

$$\begin{bmatrix} M_a \\ \hline M_e \end{bmatrix} = \frac{EI}{l} \cdot \left[\begin{array}{c|c} 4 & 2 \\ \hline 2 & 4 \end{array}\right] \cdot \begin{bmatrix} \tau_a \\ \hline \tau_e \end{bmatrix} + \begin{bmatrix} +\frac{1}{12} \cdot q \cdot l^2 \\ \hline -\frac{1}{12} \cdot q \cdot l^2 \end{bmatrix}$$

Am Knoten *e* ist ein Fließgelenk mit M_E.
Es gilt:
Modifikation der 2. Zeile $A = 2$

$$s_A = M_E$$

$$k_{11}^{*} = 3 \cdot \frac{EI}{l} \qquad k_{12}^{*} = k_{21}^{*} = k_{22}^{*} = 0$$

Für die Starreinspanngrößen erhält man:

$$s_{10}^{*} = s_{10} - \frac{k_{12}}{k_{22}} \cdot \left(s_{10} - M_E\right) = +\frac{1}{12} \cdot q \cdot l^2 - \frac{2 \cdot \frac{EI}{l}}{4 \cdot \frac{EI}{l}} \left(+\frac{1}{12} \cdot q \cdot l^2 - M_E\right) = +\frac{1}{8} \cdot q \cdot l^2 + \frac{1}{2} M_E$$

$$s_{20}^{*} = s_{20} - \frac{k_{22}}{k_{22}} \cdot \left(s_{20} - M_E\right) = +\frac{1}{12} \cdot q \cdot l^2 - \left(+\frac{1}{12} \cdot q \cdot l^2 - M_E\right) = +M_E$$

Die Starreinspanngrößen für ein Fließgelenk am Knoten *e* mit M_E erhält man auch direkt nach Abb. 3.3.

Ursprüngliche Elementsteifigkeitsmatrizen

<u>Stab</u> M$_a$ mit Fließgelenk M_E

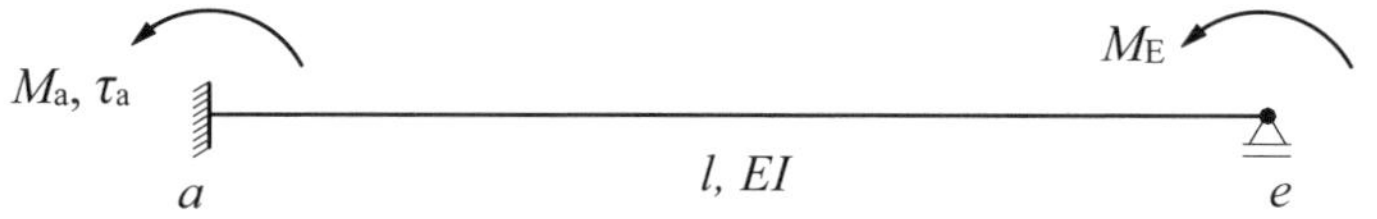

$$\begin{bmatrix} M_a \\ \hline M_e \end{bmatrix} = \frac{EI}{l} \cdot \begin{bmatrix} 3 & 0 \\ 0 & 0 \end{bmatrix} \cdot \begin{bmatrix} \tau_a \\ \hline \tau_e \end{bmatrix} + \begin{bmatrix} +\frac{1}{8} \cdot q \cdot l^2 + \frac{1}{2} M_E \\ \hline +M_E \end{bmatrix} \tag{14.2}$$

<u>Stab</u> M$_e$ mit Fließgelenk M_A

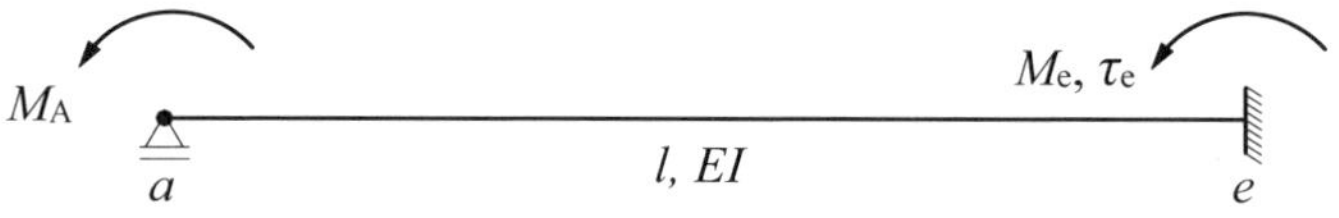

$$\begin{bmatrix} M_a \\ \hline M_e \end{bmatrix} = \frac{EI}{l} \cdot \begin{bmatrix} 0 & 0 \\ 0 & 3 \end{bmatrix} \cdot \begin{bmatrix} \tau_a \\ \hline \tau_e \end{bmatrix} + \begin{bmatrix} +M_A \\ \hline -\frac{1}{8} \cdot q \cdot l^2 + \frac{1}{2} M_A \end{bmatrix} \tag{14.3}$$

<u>Stab</u> M$_{ae}$ mit Fließgelenk M_A und M_E

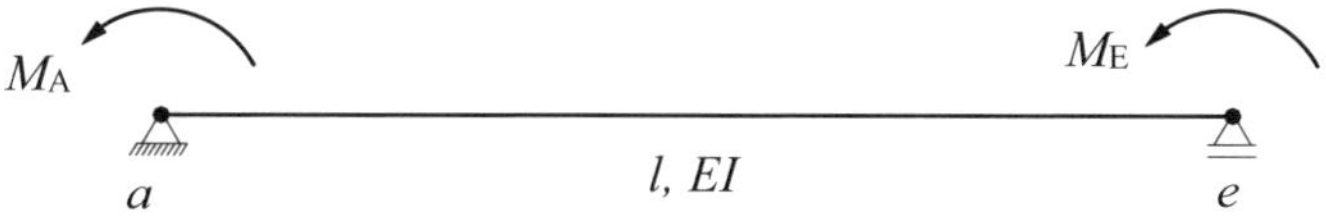

Es soll nun angenommen werden, dass auch am Knoten a ein Fließgelenk mit M_A vorhanden ist.
Es gilt mit (14.2):

$$\begin{bmatrix} M_a \\ \hline M_e \end{bmatrix} = \frac{EI}{l} \cdot \begin{bmatrix} 3 & 0 \\ 0 & 0 \end{bmatrix} \cdot \begin{bmatrix} \tau_a \\ \hline \tau_e \end{bmatrix} + \begin{bmatrix} +\frac{1}{8} \cdot q \cdot l^2 + \frac{1}{2} M_E \\ \hline +M_E \end{bmatrix}$$

Modifikation der 1. Zeile $A = 1$

$$s_A = M_A$$

$$k_{11}^* = 0 \qquad k_{12}^* = k_{21}^* = k_{22}^* = 0$$

Für die Starreinspanngrößen erhält man:

$$s_{10}^* = s_{10} - \frac{k_{11}}{k_{11}} \cdot (s_{10} - M_A) = +M_A$$

$$s_{20}^* = s_{20} - \frac{k_{21}}{k_{22}} \cdot (s_{20} - M_{Ae}) = M_E - \frac{0}{1} \cdot (s_{20} - M_{Ae}) = M_E$$

$$\begin{bmatrix} M_a \\ \hline M_e \end{bmatrix} = \frac{EI}{l} \cdot \begin{bmatrix} 0 & 0 \\ 0 & 0 \end{bmatrix} \cdot \begin{bmatrix} \tau_a \\ \hline \tau_e \end{bmatrix} + \begin{bmatrix} +M_A \\ \hline +M_E \end{bmatrix} \tag{14.4}$$

Das gelenkig gelagerte Balkenelement hat keine Steifigkeit. Es existieren aber die Endtangentenwinkel τ_a und τ_e, die nachträglich berechnet werden können. Die ursprünglichen Elementsteifigkeitsmatrizen können direkt für unverschiebliche Systeme angewendet werden. Es gilt dann $\varphi = \tau$. Es müssen dann die Querkräfte mit den Gleichgewichtsbedingungen nach (3.10) und (3.11) ermittelt werden.

$$V_\mathrm{a} = -\frac{M_\mathrm{a} + M_\mathrm{e}}{l} - \frac{1}{2} \cdot q \cdot l \qquad V_\mathrm{e} = -V_\mathrm{a} - q \cdot l \tag{14.5}$$

Die lokalen Elementsteifigkeitsmatrizen für die verschieblichen Systeme können entsprechend Abschnitt 4.2 hergeleitet werden. Bei der Berechnung nach Theorie II. Ordnung ist die geometrische Steifigkeitsmatrix nach Gleichung (10.25) zu berücksichtigen. Mit einem Programm ist stets die Modifikation nach Abschnitt 4.3 zu empfehlen.

Die Berechnung nach der Fließgelenktheorie ist eine iterative Berechnung. Zunächst wird angenommen, dass kein Fließgelenk vorhanden ist. Ist das Randmoment größer als das Fließmoment, dann erfolgt eine zweite Berechnung mit der angegebenen Modifikation des Stabelementes. Es können sich auch mehrere Fließgelenke unter der gegebenen Belastung einstellen. Insbesondere können auch Fließgelenke im Feld des Stabelementes auftreten. Falls sich eine kinematische Kette einstellt, ist die Belastung für dieses System zu groß. Alle anderen Zustandsgrößen können mit der Übertragungsmatrix berechnet werden.

14.3 Beispiele

Beispiel: Zweifeldträger mit nachgiebiger Verbindung und Fließgelenk

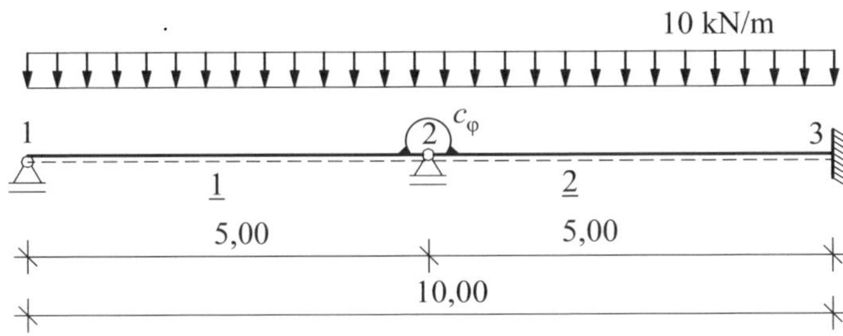

Abb. 14.3 System und Belastung

$EI = 20000$ kNm^2

Knoten 2: Drehfeder $c_\varphi = 12000$ kNm

Knoten 2 des Stabes 1: Fließmoment $M_\mathrm{E} = 20$ kNm

Knoten 3 des Stabes 2: Fließmoment $M_\mathrm{E} = 15$ kNm

Randbedingungen: $w_1 = 0$; $w_2 = 0$; $w_3 = 0$, $\varphi_3 = 0$

Unbekannte: φ_2

Dieses Beispiel ist identisch mit dem Beispiel in Kapitel 13. Im Knoten 3 ist das elastische Moment größer als das Fließmoment. Es ist für diesen Stab 2 Stab M_a mit Fließgelenk M_E anzunehmen.

Lokale Elementsteifigkeitsmatrizen

Stab 1 Stab M_e mit Drehfeder c_φ am Knoten e

$$\frac{EI}{l}=\frac{20000}{5}=4000\text{ kNm}$$

$$\begin{bmatrix} M_1 \\ M_2 \end{bmatrix}=\frac{EI}{l}\cdot\begin{bmatrix} 0 & 0 \\ 0 & 3\cdot\dfrac{1}{1+\dfrac{3\cdot EI}{c_\varphi\cdot l}} \end{bmatrix}\cdot\begin{bmatrix} 0 \\ \varphi_2 \end{bmatrix}+\begin{bmatrix} 0 \\ -\dfrac{1}{8}\cdot q\cdot l^2\cdot\dfrac{1}{1+\dfrac{3\cdot EI}{c_\varphi\cdot l}} \end{bmatrix}$$

$$\begin{bmatrix} M_1 \\ M_2 \end{bmatrix}=\begin{bmatrix} 0 & 0 \\ 0 & \mathbf{6000} \end{bmatrix}\cdot\begin{bmatrix} 0 \\ \varphi_2 \end{bmatrix}+\begin{bmatrix} 0 \\ \mathbf{-15,63} \end{bmatrix}=\begin{bmatrix} 0\text{ kNm} \\ -18,34\text{ kNm} \end{bmatrix}$$

Stab 2 Stab M_a mit Fließgelenk M_E

$$\frac{EI}{l}=\frac{20000}{5}=4000\text{ kNm}$$

$$\begin{bmatrix} M_2 \\ M_3 \end{bmatrix}=\frac{EI}{l}\cdot\begin{bmatrix} 3 & 0 \\ 0 & 0 \end{bmatrix}\cdot\begin{bmatrix} \varphi_2 \\ 0 \end{bmatrix}+\begin{bmatrix} +\dfrac{1}{8}\cdot q\cdot l^2+\dfrac{1}{2}M_E \\ +M_E \end{bmatrix}$$

$$\begin{bmatrix} M_2 \\ M_3 \end{bmatrix}=\begin{bmatrix} \mathbf{12000} & 0 \\ 0 & 0 \end{bmatrix}\cdot\begin{bmatrix} \varphi_2 \\ 0 \end{bmatrix}+\begin{bmatrix} \mathbf{+23,75} \\ -15,00 \end{bmatrix}=\begin{bmatrix} +18,34\text{ kNm} \\ -15,00\text{ kNm} \end{bmatrix}$$

Systemsteifigkeitsmatrix

$$[18000][\varphi_2]+[8,12]=[0]$$

Lösung des Gleichungssystems

$$\varphi_2=-4,51111\cdot 10^{-4}$$

Die Rotation ϕ der Drehfeder folgt aus:

$$\phi=\frac{M_\varphi}{c_\varphi}=\frac{+17,05}{12000}=+1,4208\cdot 10^{-3}$$

Am Knoten 2 entsteht ein Knick von der Größe ϕ. Der Endtangentenwinkel $\tau_{2,1}$ beträgt:

$$\tau_{2,1}=\varphi_2+\phi=-2,36363\cdot 10^{-4}+1,4208\cdot 10^{-3}=+1,11845\cdot 10^{-3}$$

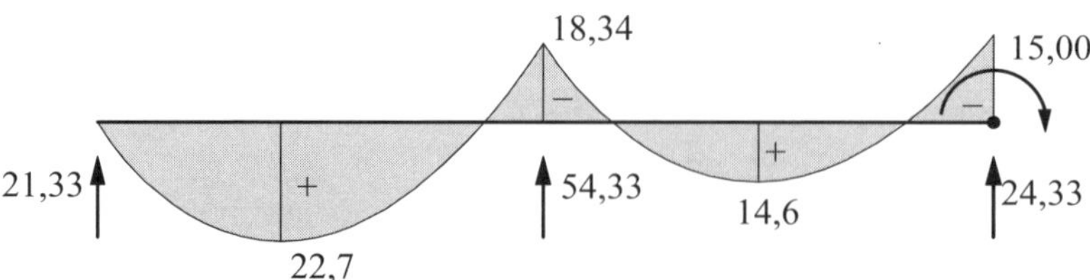

Abb. 14.4 Momentenfläche und Auflagerkräfte in kN und m

Beispiel: Zweifeldträger mit Fließgelenk

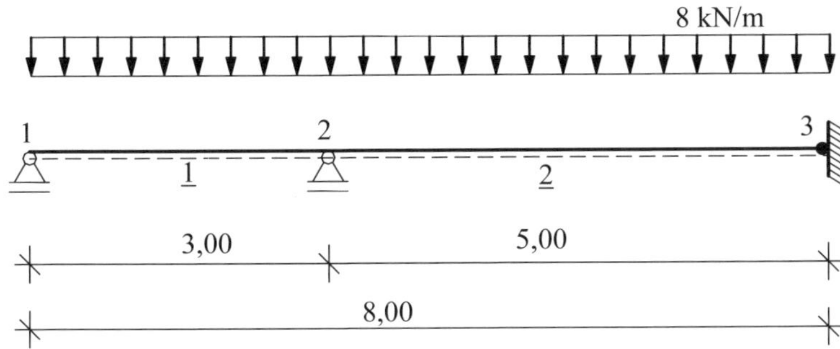

Abb. 14.5 System und Belastung

$EI = 20000\ \text{kNm}^2$

Knoten 2 des Stabes 1: Fließmoment $M_E = 15\ \text{kNm}$

Knoten 3 des Stabes 2: Fließmoment $M_E = 15\ \text{kNm}$

Randbedingungen: $w_1 = 0;\ w_2 = 0;\ w_3 = 0,\ \varphi_3 = 0$

Unbekannte: φ_2

Im Knoten 3 ist das Moment größer als das Fließmoment. Unter dieser Belastung bildet sich im Knoten 3 das erste Fließgelenk. Es ist für diesen Stab 2 Stab Ma mit Fließgelenk *M*E anzunehmen.
Im Feld entsteht noch kein Fließgelenk.

Lokale Elementsteifigkeitsmatrizen

Stab 1 Stab Me

$$\frac{EI}{l} = \frac{20000}{3} = 6667\ \text{kNm}$$

$$\begin{bmatrix} M_1 \\ M_2 \end{bmatrix} = \frac{EI}{l} \cdot \begin{bmatrix} 0 & 0 \\ 0 & 3 \end{bmatrix} \cdot \begin{bmatrix} 0 \\ \varphi_2 \end{bmatrix} + \begin{bmatrix} 0 \\ -\frac{1}{8} \cdot q \cdot l^2 \end{bmatrix}$$

$$\begin{bmatrix} M_1 \\ M_2 \end{bmatrix} = \begin{bmatrix} 0 & 0 \\ 0 & \mathbf{20000} \end{bmatrix} \cdot \begin{bmatrix} 0 \\ \varphi_2 \end{bmatrix} + \begin{bmatrix} 0 \\ \mathbf{-9{,}00} \end{bmatrix} = \begin{bmatrix} 0\ \text{kNm} \\ -14{,}31\ \text{kNm} \end{bmatrix}$$

Stab 2 Stab Ma mit Fließgelenk *M*E

$$\frac{EI}{l} = \frac{20000}{5} = 4000\ \text{kNm}$$

$$\begin{bmatrix} M_2 \\ M_3 \end{bmatrix} = \frac{EI}{l} \cdot \begin{bmatrix} 3 & 0 \\ 0 & 0 \end{bmatrix} \cdot \begin{bmatrix} \varphi_2 \\ 0 \end{bmatrix} + \begin{bmatrix} +\frac{1}{8} \cdot q \cdot l^2 + \frac{1}{2} M_E \\ +M_E \end{bmatrix}$$

$$\begin{bmatrix} M_2 \\ M_3 \end{bmatrix} = \begin{bmatrix} \mathbf{12000} & 0 \\ 0 & 0 \end{bmatrix} \cdot \begin{bmatrix} \varphi_2 \\ 0 \end{bmatrix} + \begin{bmatrix} \mathbf{+17{,}5} \\ -15{,}00 \end{bmatrix} = \begin{bmatrix} +14{,}31\ \text{kNm} \\ -15{,}00\ \text{kNm} \end{bmatrix}$$

Systemsteifigkeitsmatrix

$$[32000][\varphi_2]+[8,50]=[0]$$

Lösung des Gleichungssystems

$$\varphi_2=-2,65625\cdot 10^{-4}$$

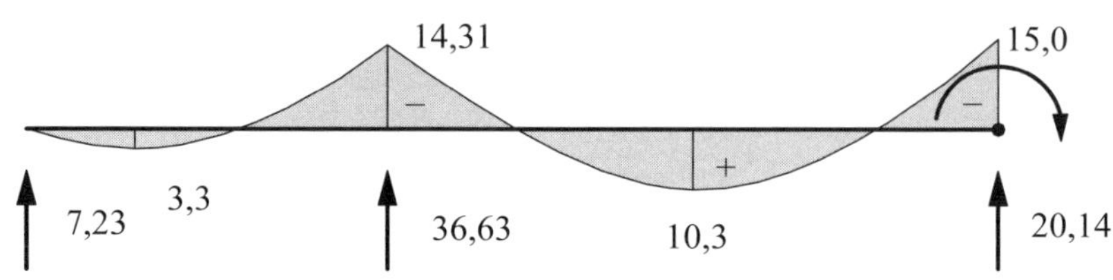

Abb. 14.6 Momentenfläche und Auflagerkräfte in kN und m

Beispiel: Dreifeldträger aus Stahlbeton mit Umlagerung

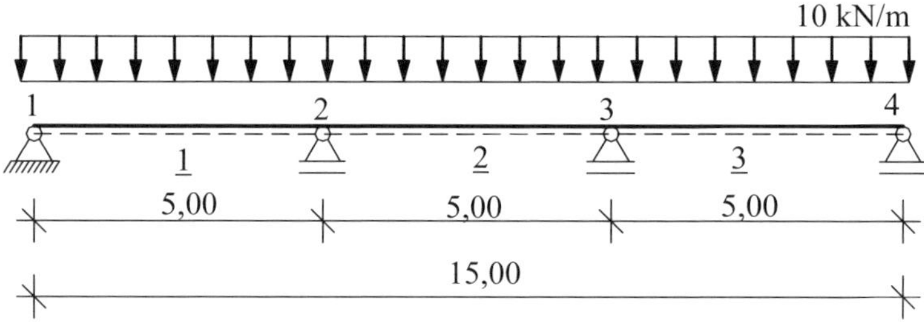

Abb. 14.7 System und Belastung

Werkstoff: C30/37 und B500B (hochduktil)

$$E_c=3300\ \frac{\text{kN}}{\text{cm}^2} \qquad b=30\ \text{cm} \quad h=60\ \text{cm} \qquad I=\frac{1}{12}\cdot b\cdot h^3=540\ 000\ \text{cm}^4$$

$$EI=178200\ \text{kNm}^2$$

Umlagerungsfaktor $\delta=0,85$ angenommen. Die Zulässigkeit ist nach Eurocode 2 zu überprüfen.

Knoten 2: Umlagerungsfaktor $\delta=0,85$

Knoten 3: Umlagerungsfaktor $\delta=0,85$

Die elastische Berechnung ergibt zunächst für die Stützmomente:

Knoten 2: Stützmoment $M_2=25$ kNm

Knoten 3: Stützmoment $M_3=25$ kNm

Damit erhält man die Fließmomente, die hier z. B. am Stab 2 angesetzt werden:

Knoten 2 des Stabes 2: Fließmoment $M_A=+21,25$ kNm

Knoten 3 des Stabes 2: Fließmoment $M_E=-21,25$ kNm

Randbedingungen: $w_1 = 0$; $w_2 = 0$; $w_3 = 0$, $w_4 = 0$

Unbekannte: φ_2, φ_3

Symmetriebedingungen: $\varphi_3 = -\varphi_2$ wird hier berücksichtigt.

Lokale Elementsteifigkeitsmatrizen

Stab 1 Stab M_e

$$\frac{EI}{l} = \frac{178200}{5} = 35640 \text{ kNm}$$

$$\begin{bmatrix} M_1 \\ M_2 \end{bmatrix} = \frac{EI}{l} \cdot \begin{bmatrix} 0 & 0 \\ 0 & 3 \end{bmatrix} \cdot \begin{bmatrix} 0 \\ \varphi_2 \end{bmatrix} + \begin{bmatrix} 0 \\ -\frac{1}{8} \cdot q \cdot l^2 \end{bmatrix}$$

$$\begin{bmatrix} M_1 \\ M_2 \end{bmatrix} = \begin{bmatrix} 0 & 0 \\ 0 & \mathbf{106920} \end{bmatrix} \cdot \begin{bmatrix} 0 \\ \varphi_2 \end{bmatrix} + \begin{bmatrix} 0 \\ \mathbf{-31{,}25} \end{bmatrix} = \begin{bmatrix} 0 \text{ kNm} \\ -21{,}25 \text{ kNm} \end{bmatrix}$$

Stab 2 Stab M_{ae} mit Fließgelenk M_A und M_E

$$\frac{EI}{l} = \frac{178200}{5} = 35640 \text{ kNm}$$

$$\begin{bmatrix} M_2 \\ M_3 \end{bmatrix} = \frac{EI}{l} \cdot \begin{bmatrix} 0 & 0 \\ 0 & 0 \end{bmatrix} \cdot \begin{bmatrix} \varphi_2^* \\ \varphi_3^* \end{bmatrix} + \begin{bmatrix} +M_A \\ +M_E \end{bmatrix}$$

$$\begin{bmatrix} M_2 \\ M_3 \end{bmatrix} = \begin{bmatrix} 0 & 0 \\ 0 & 0 \end{bmatrix} \cdot \begin{bmatrix} \varphi_2^* \\ \varphi_3^* \end{bmatrix} + \begin{bmatrix} \mathbf{+21{,}25} \\ \mathbf{-21{,}25} \end{bmatrix} = \begin{bmatrix} +21{,}25 \text{ kNm} \\ -21{,}25 \text{ kNm} \end{bmatrix}$$

Systemsteifigkeitsmatrix

$$[106920][\varphi_2] + [-31{,}25] + [21{,}25] = [0]$$

Lösung des Gleichungssystems

$$\varphi_2 = +9{,}3528 \cdot 10^{-5}$$

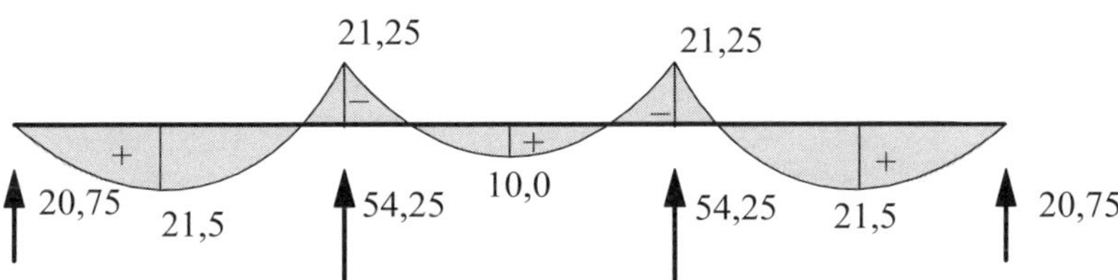

Abb. 14.8 Momentenfläche und Auflagerkräfte in kN und m

Die lokalen Knotendrehwinkel des Stabes 2 folgen aus der Bedingung, s. auch Abschnitt 4.10:

$$\begin{bmatrix} M_A \\ M_E \end{bmatrix} = \frac{EI}{l} \cdot \begin{bmatrix} 4 & 2 \\ 2 & 4 \end{bmatrix} \cdot \begin{bmatrix} \varphi_2^* \\ \varphi_3^* \end{bmatrix} + \begin{bmatrix} +\frac{1}{12} \cdot q \cdot l^2 \\ -\frac{1}{12} \cdot q \cdot l^2 \end{bmatrix}$$

$$\begin{bmatrix} 21{,}25 \\ \hline -21{,}25 \end{bmatrix} = \begin{bmatrix} 142560 & 71280 \\ \hline 71280 & 142560 \end{bmatrix} \cdot \begin{bmatrix} \varphi_2^* \\ \hline \varphi_3^* \end{bmatrix} + \begin{bmatrix} +20{,}833 \\ \hline -20{,}833 \end{bmatrix}$$

$$\varphi_2^* = +5{,}850 \cdot 10^{-6} \qquad \varphi_3^* = -5{,}850 \cdot 10^{-6}$$

Die Differenz ergibt die vorhandene Rotation in dem Fließgelenk.

$$\varphi_2 - \varphi_2^* = +9{,}3528 \cdot 10^{-5} - 5{,}850 \cdot 10^{-6} = +8{,}7678 \cdot 10^{-5}$$

Diese Verformungen sind bei Stahlbeton nicht realistische Werte, da Stahlbeton ein Verbundwerkstoff ist und der Beton in der Zugzone Risse bildet. Die Berechnung nach Eurocode 2 ist sehr aufwändig.
Sind die Stabendmomente bekannt, können die Endtangentenwinkel auch aus den Bautabellenbüchern entnommen werden und mit den Endtangentenwinkeln aus der Belastung superponiert werden.

15 Stabwerksprogramme

15.1 Realisierung

In der täglichen Praxis werden viele unterschiedliche Stabwerksprogramme angewendet. Den Studierenden werden oft Studentenversionen zum Üben angeboten. Es stehen auch viele Lehrprogramme zur Verfügung. Beispielhaft wird hier das Programm GWSTATIK beschrieben. Alle Beispiele werden mit diesem Programm berechnet. Das Programm GWSTATIK und alle gerechneten Beispiele können von www.ing-gg.de heruntergeladen werden. Die mechanischen Grundlagen des Stabwerksprogramms, das auf der Arbeit von [10] basiert, sind in Kapitel 6 ausführlich dargestellt. Das Programm berechnet ebene Systeme mit Balkenelementen und Fachwerkstäben.

Es werden berücksichtigt:

System

1. Stäbe mit veränderlichem Querschnitt
2. Schubsteifigkeit des Querschnittes (Schubbalken nach *Timoshenko*)
3. Momenten-, Normalkraft- und Querkraftgelenke
4. Elastische Verbindungen der Stäbe an den Knoten für Moment, Normalkraft und Querkraft
5. Elastische Auflager
6. Schräges verschiebliches Auflager
7. Fachwerkstäbe, reine Zug- bzw. Druckstäbe
8. Elastische Bettung mit und ohne Zugbeanspruchung
9. Fließ- und Federgelenke für Moment, Normalkraft und Querkraft

Belastung

1. Imperfektionen
2. Eigenspannungszustände
3. Temperaturbelastung
4. Berücksichtigung von Kriechen und Schwinden
5. Lastfallkombinationen mit Teilsicherheitsfaktoren

Berechnung

1. Elastizitätstheorie I. und II. Ordnung auch mit Berücksichtigung von Zugkräften
2. Berechnung der Knicklast
3. Fließgelenktheorie I. und II. Ordnung
4. Einflusslinien für Weg- und Schnittgrößen

15.2 Differenzialgleichungssystem nach Theorie II. Ordnung

Abb. 15.1 zeigt die Einwirkungen und Schnittgrößen am differenziellen Element bei beliebiger elastischer Lagerung des Stabes.

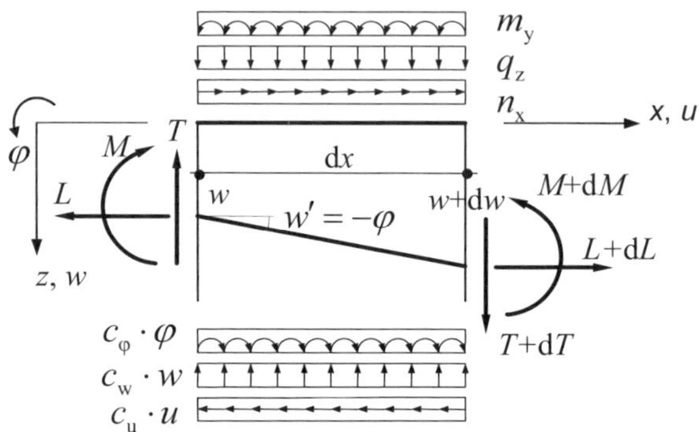

Abb. 15.1 Differenzielles Element nach Theorie II. Ordnung

Für die Kinematik und das Werkstoffgesetz des schubweichen Biegestabes gilt:

$$V = G \cdot A_V \cdot \gamma \qquad V = T + L \cdot \varphi$$

$$M = EI \cdot \varphi_M \qquad w' = -\varphi = -\varphi_M + \gamma$$

V und N sind hier definiert als Schnittgrößen an der verformten Achse aus Biegung und Querkraft. Das Differenzialgleichungssystem für den geraden ebenen Stab nach Theorie II. Ordnung lautet:

$$\boldsymbol{z}'(x) = \boldsymbol{A}(x) \cdot \boldsymbol{z}(x) + \boldsymbol{p}(x)$$

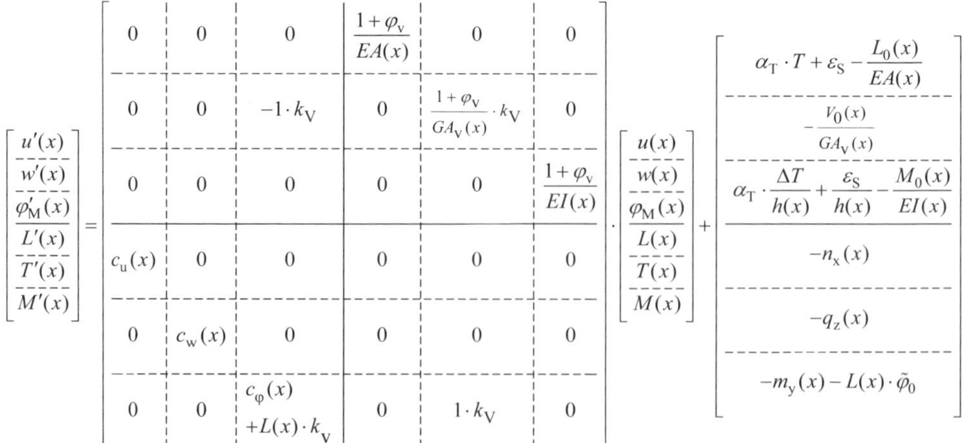

$$\begin{bmatrix} u'(x) \\ w'(x) \\ \varphi'_M(x) \\ L'(x) \\ T'(x) \\ M'(x) \end{bmatrix} = \begin{bmatrix} 0 & 0 & 0 & \frac{1+\varphi_v}{EA(x)} & 0 & 0 \\ 0 & 0 & -1 \cdot k_V & 0 & \frac{1+\varphi_V}{GA_V(x)} \cdot k_V & 0 \\ 0 & 0 & 0 & 0 & 0 & \frac{1+\varphi_v}{EI(x)} \\ c_u(x) & 0 & 0 & 0 & 0 & 0 \\ 0 & c_w(x) & 0 & 0 & 0 & 0 \\ 0 & 0 & c_\varphi(x) + L(x) \cdot k_V & 0 & 1 \cdot k_V & 0 \end{bmatrix} \cdot \begin{bmatrix} u(x) \\ w(x) \\ \varphi_M(x) \\ L(x) \\ T(x) \\ M(x) \end{bmatrix} + \begin{bmatrix} \alpha_T \cdot T + \varepsilon_S - \frac{L_0(x)}{EA(x)} \\ -\frac{V_0(x)}{GA_V(x)} \\ \alpha_T \cdot \frac{\Delta T}{h(x)} + \frac{\varepsilon_S}{h(x)} - \frac{M_0(x)}{EI(x)} \\ -n_x(x) \\ -q_z(x) \\ -m_y(x) - L(x) \cdot \tilde{\varphi}_0 \end{bmatrix}$$

mit $k_V = \dfrac{1}{1 + \dfrac{L(x)}{G \cdot A_V(x)}}$

und $\tilde{\varphi}_0 = \varphi_0 + w_0 \cdot \cos\left(\dfrac{\pi}{L} \cdot x\right) \cdot \dfrac{\pi}{L}$ als Tangentendrehung des Stabes infolge Schiefstellung und Vorkrümmung.

Es werden damit berücksichtigt:

- veränderliche Querschnittssteifigkeit $EA(x)$, $GA_V(x)$ und $EI(x)$
- veränderliche Belastung $n_x(x)$, $q_z(x)$ und $m_y(x)$
- Theorie II. Ordnung mit veränderlicher Normalkraft $N(x)$
- veränderliche elastische Lagerungen des Stabes $c_u(x)$, $c_w(x)$ und $c_\varphi(x)$
- Imperfektionen $w_0(x)$ und $\varphi_0(x)$
- Anfangsdehnungen aus Schwinden ε_s und Temperatureinwirkungen T, ΔT
- Eigenspannungen $L_0(x)$, $T_0(x)$ und $M_0(x)$
- Kriechen mit der Kriechzahl φ_v

Die Aufstellung der Systemsteifigkeitsmatrix erfolgt nach dem bekannten Verfahren der FE-Methode. Nach der Bestimmung des Lösungsvektors der globalen Weggrößen werden elementweise die lokalen Randgrößen vom Zustandsvektor z_i ermittelt. Es wird der Zustandsvektor z_x an jeder beliebigen Stelle x bestimmt. Der Zustandsvektor z_k am Stabende wird mit dem lokalen Vektor der Weggrößen verglichen und dient nach Abschluss der Berechnung zur Kontrolle für die Genauigkeit.

Es ist noch anzumerken, dass die angegebenen Schnittgrößen in Richtung der unverformten Achsen, d. h. in Richtung des lokalen Koordinatensystems, wirken. Für Schnittgrößen in Richtung der verformten Achsen gilt für kleine Verformungen:

$$N = L - T \cdot \varphi \quad \text{und} \quad V = T + L \cdot \varphi$$

Die berechneten Elementsteifigkeitsmatrizen ergeben eine Systemsteifigkeitsmatrix, die gegenüber der exakten Lösung „zu weich“ ist, d. h. die berechneten Verformungen sind zu groß. Erhöht man die Anzahl der Integrationsabschnitte, nähert man sich der exakten Lösung des Problems. Dies zeigt das folgende Beispiel eines Einfeldträgers mit konstantem Moment und konstanter Normalkraft nach Theorie II. Ordnung, Abb.15.2 und Abb. 15.3.

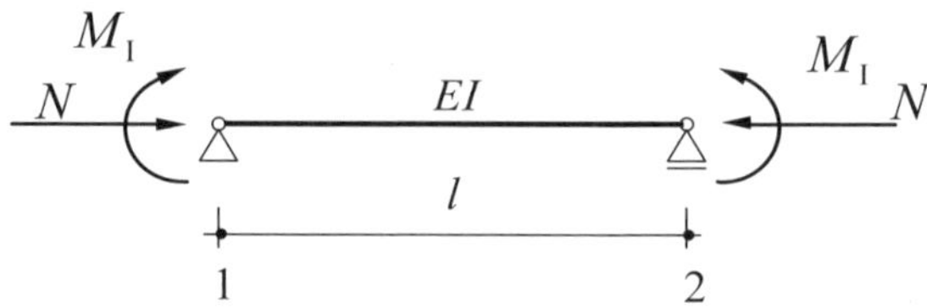

Abb. 15.2 System und Belastung

Die exakte Lösung lautet

$$k = \frac{M_{II}}{M_I} = \frac{1}{\cos\left(\frac{\varepsilon}{2}\right)} \quad \text{mit} \quad \varepsilon = l \cdot \sqrt{\frac{N}{EI}}$$

wobei k der Erhöhungsfaktor für die Berechnung nach Theorie II. Ordnung ist. Die Anzahl n der Integrationsabschnitte entspricht der in der FEM üblichen Elementunterteilung. Die mit Hilfe der numerischen Integration berechneten Elementsteifigkeitsmatrizen können als Makroelemente angesehen werden.

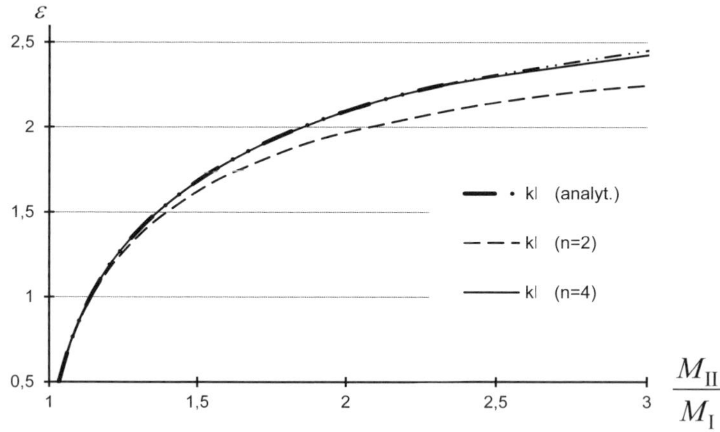

Abb. 15.3 Konvergenz des Berechnungsverfahrens

16 Aufgabensammlung

16.1 Fachwerke

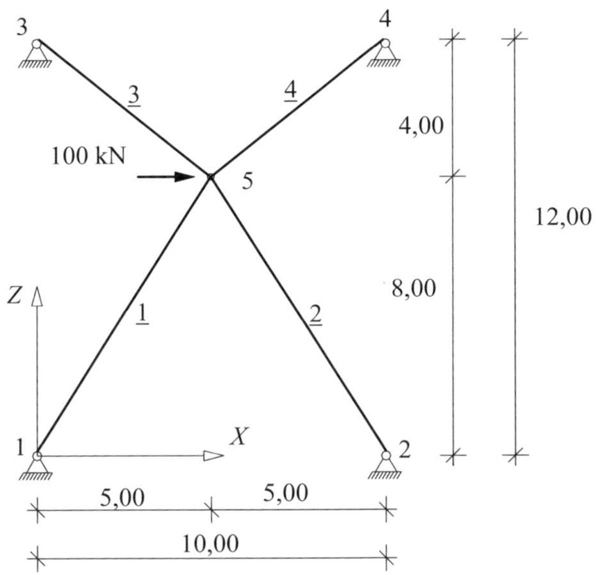

Abb. 16.1 Fachwerk in kN und m

Alle Stäbe:	$EA = 600000$ kN
Das System ist symmetrisch.	$W_5 = 0$
Randbedingungen:	$W_1 = W_2 = W_3 = W_4 = 0$; $U_1 = U_2 = U_3 = U_4 = 0$
Unbekannte:	U_5

Globale Elementsteifigkeitsmatrizen

Stab 1

$$l_1 = \sqrt{(X_5 - X_1)^2 + (Z_5 - Z_1)^2} = \sqrt{(5-0)^2 + (8-0)^2} = 9{,}43 \text{ m}$$

$$s_1 = \frac{Z_5 - Z_1}{l_1} = \frac{8{,}00 - 0}{9{,}43} = 0{,}848 \qquad c_1 = \frac{X_5 - X_1}{l_1} = \frac{5{,}00 - 0}{9{,}43} = 0{,}530$$

$$\frac{EA}{l} = \frac{600000}{9{,}43} = 63627 \text{ kN/m}$$

$$\begin{bmatrix} X_{1,1} \\ Z_{1,1} \\ X_{5,1} \\ Z_{5,1} \end{bmatrix} = \frac{EA}{l} \cdot \begin{bmatrix} 0 & 0 & -c_1^2 & 0 \\ 0 & 0 & -s_1 \cdot c_1 & 0 \\ 0 & 0 & \boldsymbol{c_1^2} & 0 \\ 0 & 0 & s_1 \cdot c_1 & 0 \end{bmatrix} \cdot \begin{bmatrix} 0 \\ 0 \\ U_5 \\ 0 \end{bmatrix}$$

$$\begin{bmatrix} X_{1,1} \\ Z_{1,1} \\ X_{5,1} \\ Z_{5,1} \end{bmatrix} = \begin{bmatrix} 0 & 0 & -17873 & 0 \\ 0 & 0 & -28597 & 0 \\ 0 & 0 & \mathbf{17873} & 0 \\ 0 & 0 & 28597 & 0 \end{bmatrix} \cdot \begin{bmatrix} 0 \\ 0 \\ U_5 \\ 0 \end{bmatrix}$$

Stab $\underline{2}$

$$l_2 = 9{,}43 \text{ m}$$

$$s_2 = \frac{Z_5 - Z_2}{l_2} = \frac{8{,}00 - 0}{9{,}43} = 0{,}848 \qquad c_2 = \frac{X_5 - X_2}{l_2} = \frac{5{,}00 - 10{,}00}{9{,}43} = -0{,}530$$

$$\frac{EA}{l} = \frac{600000}{9{,}43} = 63627 \text{ kN/m}$$

$$\begin{bmatrix} X_{2,2} \\ Z_{2,2} \\ X_{5,2} \\ Z_{5,2} \end{bmatrix} = \begin{bmatrix} 0 & 0 & -17873 & 0 \\ 0 & 0 & 28597 & 0 \\ 0 & 0 & \mathbf{17873} & 0 \\ 0 & 0 & -28597 & 0 \end{bmatrix} \cdot \begin{bmatrix} 0 \\ 0 \\ U_5 \\ 0 \end{bmatrix}$$

Stab $\underline{3}$

$$l_3 = \sqrt{(X_5 - X_3)^2 + (Z_5 - Z_3)^2} = \sqrt{(5-0)^2 + (8-12)^2} = 6{,}40 \text{ m}$$

$$s_3 = \frac{Z_5 - Z_3}{l_3} = \frac{8{,}00 - 12{,}00}{6{,}40} = -0{,}625 \qquad c_3 = \frac{X_5 - X_3}{l_3} = \frac{5{,}00 - 0}{6{,}40} = 0{,}781$$

$$\frac{EA}{l} = \frac{600000}{6{,}40} = 93750 \text{ kN/m}$$

$$\begin{bmatrix} X_{3,3} \\ Z_{3,3} \\ X_{5,3} \\ Z_{5,3} \end{bmatrix} = \begin{bmatrix} 0 & 0 & -57184 & 0 \\ 0 & 0 & 45762 & 0 \\ 0 & 0 & \mathbf{57184} & 0 \\ 0 & 0 & -45762 & 0 \end{bmatrix} \cdot \begin{bmatrix} 0 \\ 0 \\ U_5 \\ 0 \end{bmatrix}$$

Stab $\underline{4}$

$$l_4 = 6{,}40 \text{ m}$$

$$s_4 = \frac{Z_5 - Z_4}{l_4} = \frac{8{,}00 - 12{,}00}{6{,}40} = -0{,}625 \qquad c_4 = \frac{X_5 - X_4}{l_4} = \frac{5{,}00 - 10{,}00}{6{,}40} = -0{,}781$$

$$\frac{EA}{l} = \frac{600000}{6{,}40} = 93750 \text{ kN/m}$$

$$\begin{bmatrix} X_{4,4} \\ Z_{4,4} \\ X_{5,4} \\ Z_{5,4} \end{bmatrix} = \begin{bmatrix} 0 & 0 & -57184 & 0 \\ 0 & 0 & -45762 & 0 \\ 0 & 0 & \mathbf{57184} & 0 \\ 0 & 0 & 45762 & 0 \end{bmatrix} \cdot \begin{bmatrix} 0 \\ 0 \\ U_5 \\ 0 \end{bmatrix}$$

Systemsteifigkeitsmatrix

$$[150114]\cdot[U_5]=[100]$$

Lösung des Gleichungssystems

$$U_5=6{,}662\cdot 10^{-4}$$

Stabkräfte

$$N_s=\frac{EA}{l}\cdot\left[c_s\cdot\left(U_e-U_a\right)+s_s\left(W_e-W_a\right)\right]$$

Hier gilt:

$$N_s=\frac{EA}{l}\cdot c_s\cdot U_5$$

$$N_1=63627\cdot 0{,}530\cdot 6{,}662\cdot 10^{-4}=+22{,}5\text{ kN}$$

$$N_2=63627\cdot(-0{,}530)\cdot 6{,}662\cdot 10^{-4}=-22{,}5\text{ kN}$$

$$N_3=93750\cdot 0{,}781\cdot 6{,}662\cdot 10^{-4}=+48{,}8\text{ kN}$$

$$N_4=93750\cdot(-0{,}781)\cdot 6{,}662\cdot 10^{-4}=-48{,}8\text{ kN}$$

16.2 Durchlaufträger

1. Beispiel: Träger mit elastischer Stützung

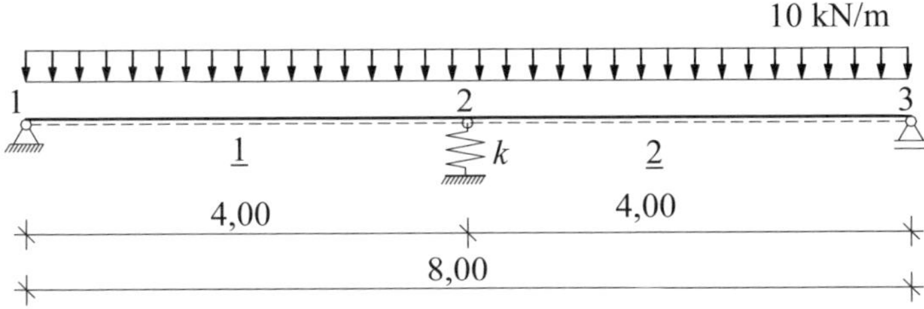

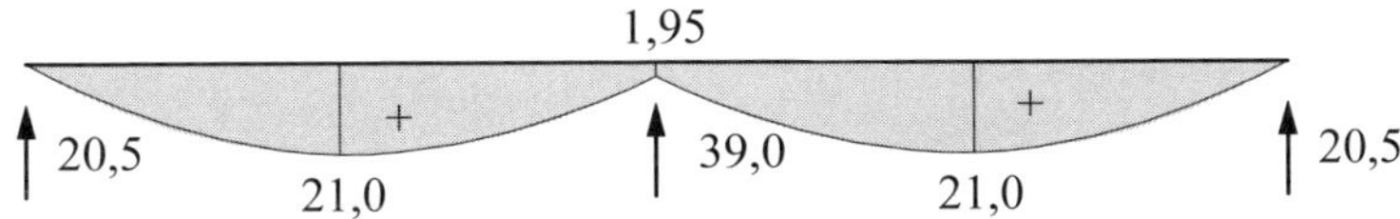

Abb. 16.2 System, Belastung, M-Fläche und Auflagerkräfte in kN und m

$EI=12000\text{ kNm}^2$ $\quad k=4000\text{ kN/m}$

Das System ist symmetrisch. $\varphi_2=0$

Randbedingungen: $w_1=0$; $w_3=0$

Unbekannte: $w_2=f$

Lokale Elementsteifigkeitsmatrizen

Stab 1 Stab Me

$$\frac{EI}{l^3} = \frac{12000}{4^3} = 187{,}5\ \frac{\text{kN}}{\text{m}}$$

$$\begin{bmatrix} V_1 \\ M_1 \\ V_2 \\ M_2 \end{bmatrix} = \frac{EI}{l^3} \cdot \begin{bmatrix} 0 & 0 & -3 & 0 \\ 0 & 0 & 0 & 0 \\ 0 & 0 & \mathbf{3} & 0 \\ 0 & 0 & 3l & 0 \end{bmatrix} \cdot \begin{bmatrix} 0 \\ 0 \\ f \\ 0 \end{bmatrix} + \begin{bmatrix} -\frac{3}{8} \cdot q \cdot l \\ 0 \\ -\frac{\mathbf{5}}{\mathbf{8}} \cdot q \cdot l \\ -\frac{1}{8} \cdot q \cdot l^2 \end{bmatrix}$$

$$\begin{bmatrix} V_1 \\ M_1 \\ V_2 \\ M_2 \end{bmatrix} = \begin{bmatrix} 0 & 0 & -562{,}5 & 0 \\ 0 & 0 & 0 & 0 \\ 0 & 0 & \mathbf{562{,}5} & 0 \\ 0 & 0 & 2250 & 0 \end{bmatrix} \cdot \begin{bmatrix} 0 \\ 0 \\ f \\ 0 \end{bmatrix} + \begin{bmatrix} -15 \\ 0 \\ \mathbf{-25} \\ -20 \end{bmatrix} = \begin{bmatrix} -20{,}5 \\ 0 \\ -19{,}5 \\ 1{,}95 \end{bmatrix}$$

Stab 2 Stab Ma

$$\frac{EI}{l^3} = \frac{12000}{4^3} = 187{,}5\ \frac{\text{kN}}{\text{m}}$$

$$\begin{bmatrix} V_2 \\ M_2 \\ V_3 \\ M_3 \end{bmatrix} = \frac{EI}{l^3} \cdot \begin{bmatrix} \mathbf{3} & 0 & 0 & 0 \\ -3l & 0 & 0 & 0 \\ -3 & 0 & 0 & 0 \\ 0 & 0 & 0 & 0 \end{bmatrix} \cdot \begin{bmatrix} f \\ 0 \\ 0 \\ 0 \end{bmatrix} + \begin{bmatrix} -\frac{\mathbf{5}}{\mathbf{8}} \cdot q \cdot l \\ \frac{1}{8} \cdot q \cdot l^2 \\ -\frac{3}{8} \cdot q \cdot l \\ 0 \end{bmatrix}$$

$$\begin{bmatrix} V_2 \\ M_2 \\ V_3 \\ M_3 \end{bmatrix} = \begin{bmatrix} \mathbf{562{,}5} & 0 & 0 & 0 \\ -2250 & 0 & 0 & 0 \\ -562{,}5 & 0 & 0 & 0 \\ 0 & 0 & 0 & 0 \end{bmatrix} \cdot \begin{bmatrix} f \\ 0 \\ 0 \\ 0 \end{bmatrix} + \begin{bmatrix} \mathbf{-25} \\ +20 \\ -15 \\ 0 \end{bmatrix} = \begin{bmatrix} -19{,}5 \\ -1{,}95 \\ -20{,}5 \\ 0 \end{bmatrix}$$

Feder:

$$[F] = [\mathbf{4000}] \cdot [f] = [39]$$

Systemsteifigkeitsmatrix

$$\begin{bmatrix} 562{,}5 \\ 562{,}5 \\ 4000 \\ \mathbf{5125} \end{bmatrix} \cdot [f] + \begin{bmatrix} -25 \\ -25 \\ 0 \\ \mathbf{-50} \end{bmatrix} = \begin{bmatrix} 0 \\ 0 \\ 0 \\ \mathbf{0} \end{bmatrix}$$

Lösung des Gleichungssystems

$$f = \frac{2}{205} = 9{,}7561 \cdot 10^{-3}$$

Maximales Feldmoment:

$$x = \frac{A}{q} = \frac{20{,}5}{10} = 2{,}05 \text{ m} \qquad M_F = \frac{A^2}{2 \cdot q} = \frac{20{,}5^2}{2 \cdot 10} = 21{,}0 \text{ kNm}$$

2. Beispiel: Träger mit elastischer Stützung

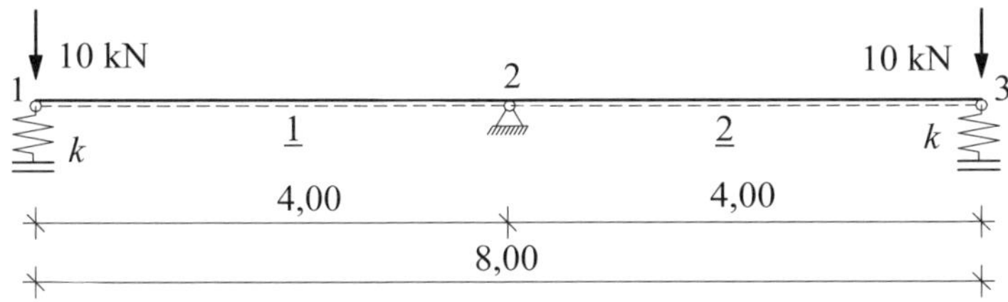

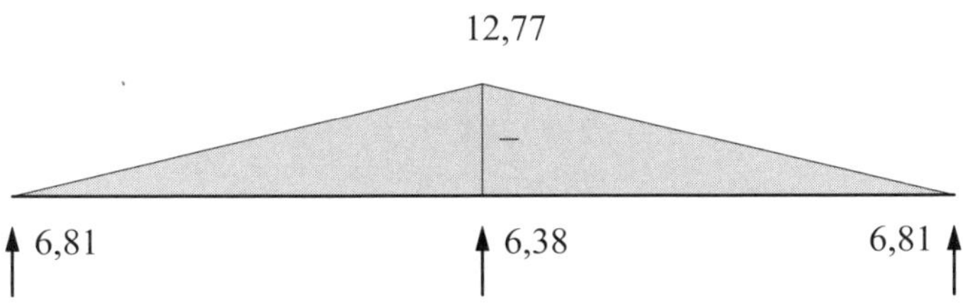

Abb. 16.3 System, Belastung, M-Fläche und Auflagerkräfte in kN und m

$EI = 10000$ kNm^2 $\qquad k = 1000$ kN/m

Das System ist symmetrisch. $\varphi_2 = 0$, $w_2 = 0$

Randbedingungen: $\qquad w_2 = 0$

Unbekannte: $\qquad w_1 = w_2 = f$

Lokale Elementsteifigkeitsmatrizen

Stab 1 $\qquad$ Stab Me

$$\frac{EI}{l^3} = \frac{10000}{4^3} = 156{,}25 \ \frac{\text{kN}}{\text{m}}$$

$$\begin{bmatrix} V_1 \\ M_1 \\ V_2 \\ M_2 \end{bmatrix} = \frac{EI}{l^3} \cdot \begin{bmatrix} \mathbf{3} & 0 & 0 & 0 \\ 0 & 0 & 0 & 0 \\ -3 & 0 & 0 & 0 \\ -3l & 0 & 0 & 0 \end{bmatrix} \cdot \begin{bmatrix} f \\ 0 \\ 0 \\ 0 \end{bmatrix}$$

$$\begin{bmatrix} V_1 \\ M_1 \\ V_2 \\ M_2 \end{bmatrix} = \begin{bmatrix} \mathbf{468,75} & 0 & 0 & 0 \\ 0 & 0 & 0 & 0 \\ -468,75 & 0 & 0 & 0 \\ -1875 & 0 & 0 & 0 \end{bmatrix} \cdot \begin{bmatrix} f \\ 0 \\ 0 \\ 0 \end{bmatrix} = \begin{bmatrix} +3,19 \\ 0 \\ -3,19 \\ +12,77 \end{bmatrix}$$

Feder

$$[F] = [\mathbf{1000}] \cdot [f] = [6,81]$$

Systemsteifigkeitsmatrix

$$[1468,75] \cdot [f] = [10]$$

Lösung des Gleichungssystems

$$f = 6,80851 \cdot 10^{-3}$$

3. Beispiel: Zweifeldträger mit gelenkiger Lagerung

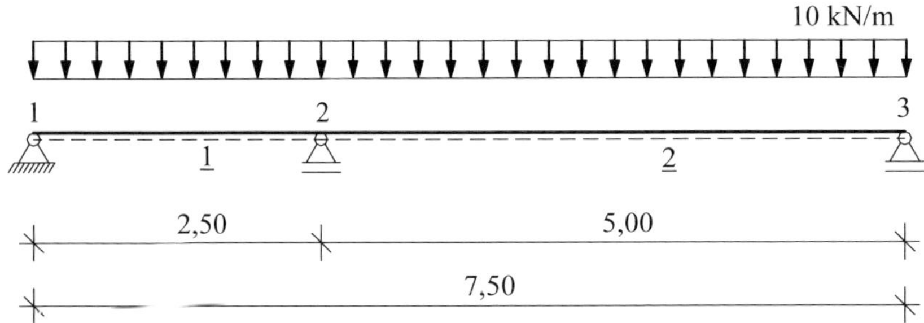

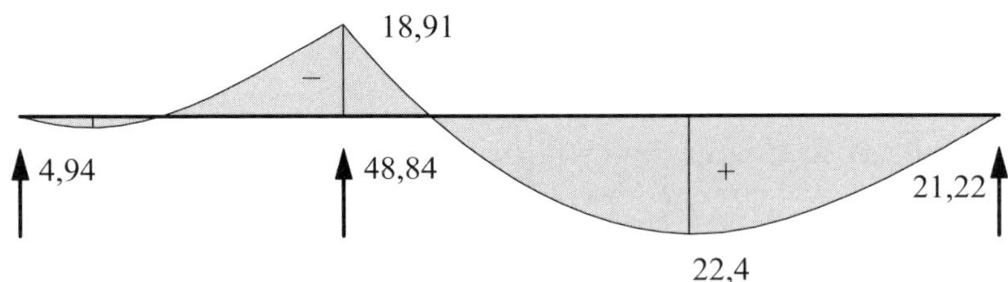

Abb. 16.4 System, Belastung, M-Fläche und Auflagerkräfte in kN und m

$EI = 100000$ kNm^2 $\quad GA_v = 100000$ kN

Randbedingungen: $w_1 = 0$; $\quad w_2 = 0$; $\quad w_3 = 0$

Unbekannte: φ_2

Lokale Elementsteifigkeitsmatrizen

Stab 1 Stab M_e

$$\frac{EI}{l^3} = \frac{100000}{2{,}5^3} = 6400\frac{\text{kN}}{\text{m}}$$

$$\chi_S = \frac{EI}{l^2 \cdot GA_v} = \frac{100000}{2{,}5^2 \cdot 10000} = 0{,}16$$

$$\gamma_v = \frac{1}{1+3\cdot\chi_S} = \frac{1}{1+3\cdot 0{,}16} = 0{,}676$$

$$\begin{bmatrix} V_1 \\ M_1 \\ V_2 \\ M_2 \end{bmatrix} = \frac{EI}{l^3}\cdot\begin{bmatrix} 0 & 0 & 0 & -\Psi_3 l \\ 0 & 0 & 0 & 0 \\ 0 & 0 & 0 & \Psi_3 l \\ 0 & 0 & 0 & \boldsymbol{\Psi}_3 l^2 \end{bmatrix}\cdot\begin{bmatrix} 0 \\ 0 \\ 0 \\ \varphi_2 \end{bmatrix} + \begin{bmatrix} -\frac{4-\gamma_v}{8} q_z \cdot l \\ 0 \\ -\frac{4+\gamma_v}{8} q_z \cdot l \\ -\frac{q_z \cdot l^2}{\mathbf{8}} \cdot \gamma_v \end{bmatrix}$$

$$\begin{bmatrix} V_1 \\ M_1 \\ V_2 \\ M_2 \end{bmatrix} = \begin{bmatrix} 0 & 0 & 0 & -32448 \\ 0 & 0 & 0 & 0 \\ 0 & 0 & 0 & 32448 \\ 0 & 0 & 0 & \mathbf{81120} \end{bmatrix}\cdot\begin{bmatrix} 0 \\ 0 \\ 0 \\ \varphi_2 \end{bmatrix} + \begin{bmatrix} -10{,}39 \\ 0 \\ -14{,}61 \\ \mathbf{-5{,}28} \end{bmatrix} = \begin{bmatrix} -4{,}94 \\ 0 \\ -19{,}96 \\ -18{,}91 \end{bmatrix}$$

Stab 2 Stab M_a

$$\frac{EI}{l^3} = \frac{100000}{5^3} = 800\frac{\text{kN}}{\text{m}}$$

$$\chi_S = \frac{EI}{l^2 \cdot GA_v} = \frac{100000}{5^2 \cdot 10000} = 0{,}04$$

$$\gamma_v = \frac{1}{1+3\cdot\chi_S} = \frac{1}{1+3\cdot 0{,}04} = 0{,}893$$

$$\begin{bmatrix} V_2 \\ M_2 \\ V_3 \\ M_3 \end{bmatrix} = \frac{EI}{l^3}\cdot\begin{bmatrix} 0 & -\Psi_3 l & 0 & 0 \\ 0 & \boldsymbol{\Psi}_3 l^2 & 0 & 0 \\ 0 & \Psi_3 l & 0 & 0 \\ 0 & 0 & 0 & 0 \end{bmatrix}\cdot\begin{bmatrix} 0 \\ \varphi_2 \\ 0 \\ 0 \end{bmatrix} + \begin{bmatrix} -\frac{4+\gamma_v}{8} q_z \cdot l \\ \frac{q_z \cdot l^2}{\mathbf{8}} \cdot \gamma_v \\ -\frac{4-\gamma_v}{8} q_z \cdot l \\ 0 \end{bmatrix}$$

$$\begin{bmatrix} V_2 \\ M_2 \\ V_3 \\ M_3 \end{bmatrix} = \begin{bmatrix} 0 & -10716 & 0 & 0 \\ 0 & \mathbf{53580} & 0 & 0 \\ 0 & 10716 & 0 & 0 \\ 0 & 0 & 0 & 0 \end{bmatrix} \cdot \begin{bmatrix} 0 \\ \varphi_2 \\ 0 \\ 0 \end{bmatrix} + \begin{bmatrix} -30{,}58 \\ \mathbf{+27{,}91} \\ -19{,}42 \\ 0 \end{bmatrix} = \begin{bmatrix} -28{,}78 \\ +18{,}91 \\ -21{,}22 \\ 0 \end{bmatrix}$$

Systemsteifigkeitsmatrix

$$\begin{bmatrix} 81120 \\ 53580 \\ \mathbf{134700} \end{bmatrix} \cdot [\varphi_2] + \begin{bmatrix} -5{,}28 \\ +27{,}91 \\ \mathbf{22{,}63} \end{bmatrix} = \begin{bmatrix} 0 \\ 0 \\ \mathbf{0} \end{bmatrix}$$

Lösung des Gleichungssystems

$\varphi_2 = -1{,}68002 \cdot 10^{-4}$

4. Beispiel: Zweifeldträger nachgiebiger Verbindung

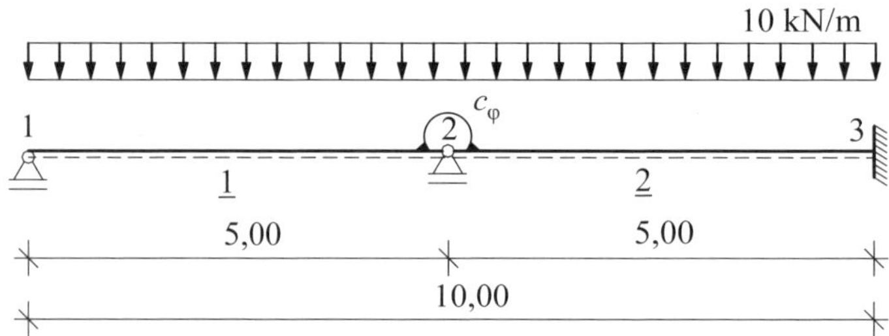

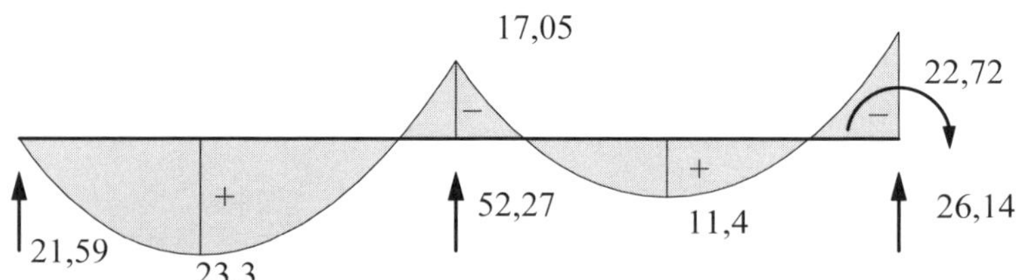

Abb. 16.5 System, Belastung, M-Fläche und Auflagerkräfte in kN und m

Nachgiebige Verbindung im Stab 2 angenommen.

$EI = 20000$ kNm^2

$c_\varphi = 12000$ kNm

Randbedingungen: $w_1 = 0$; $w_2 = 0$; $w_3 = 0$, $\varphi_3 = 0$

Unbekannte: φ_2

Lokale Elementsteifigkeitsmatrizen

Stab 1 Stab M_e

$$\frac{EI}{l} = \frac{20000}{5} = 4000 \text{ kNm}$$

$$\begin{bmatrix} M_1 \\ \hline M_2 \end{bmatrix} = \frac{EI}{l} \cdot \begin{bmatrix} 0 & 0 \\ \hline 0 & 3 \end{bmatrix} \cdot \begin{bmatrix} 0 \\ \hline \varphi_2 \end{bmatrix} + \begin{bmatrix} 0 \\ \hline -\frac{1}{8} \cdot q \cdot l^2 \end{bmatrix}$$

$$\begin{bmatrix} M_1 \\ \hline M_2 \end{bmatrix} = \begin{bmatrix} 0 & 0 \\ \hline 0 & \mathbf{12000} \end{bmatrix} \cdot \begin{bmatrix} 0 \\ \hline \varphi_2 \end{bmatrix} + \begin{bmatrix} 0 \\ \hline \mathbf{-31{,}25} \end{bmatrix} = \begin{bmatrix} 0 \text{ kNm} \\ \hline -17{,}05 \text{ kNm} \end{bmatrix}$$

Stab 2 Stab M_{ae} mit Drehfeder c_a am Knoten *a*.

$$\frac{EI}{l} = \frac{20000}{5} = 4000 \text{ kNm}$$

$$\begin{bmatrix} M_2 \\ \hline M_3 \end{bmatrix} = \frac{EI}{l} \cdot \begin{bmatrix} 4 \cdot \left(1 - \dfrac{1}{1 + \dfrac{c_\varphi \cdot l}{4 \cdot EI}}\right) & 0 \\ \hline 2 \cdot \left(1 - \dfrac{1}{1 + \dfrac{c_\varphi \cdot l}{4 \cdot EI}}\right) & 0 \end{bmatrix} \cdot \begin{bmatrix} \varphi_2 \\ \hline 0 \end{bmatrix} + \begin{bmatrix} \dfrac{1}{12} \cdot q \cdot l^2 \cdot \left(1 - \dfrac{1}{1 + \dfrac{c_\varphi \cdot l}{4 \cdot EI}}\right) \\ \hline -\dfrac{1}{12} \cdot q \cdot l^2 \cdot \left(1 + \dfrac{1}{2 + \dfrac{c_\varphi \cdot l}{2 \cdot EI}}\right) \end{bmatrix}$$

$$\begin{bmatrix} M_2 \\ \hline M_3 \end{bmatrix} = \begin{bmatrix} \mathbf{6857} & 0 \\ \hline 3428{,}6 & 0 \end{bmatrix} \cdot \begin{bmatrix} \varphi_2 \\ \hline 0 \end{bmatrix} + \begin{bmatrix} \mathbf{+8{,}93} \\ \hline -26{,}76 \end{bmatrix} = \begin{bmatrix} +17{,}05 \text{ kNm} \\ \hline -22{,}70 \text{ kNm} \end{bmatrix}$$

Systemsteifigkeitsmatrix

$$[18857][\varphi_2] + [-22{,}32] = [0]$$

Lösung des Gleichungssystems

$$\varphi_2 = +1{,}18365 \cdot 10^{-3}$$

Die Rotation ϕ der Drehfeder folgt aus:

$$\phi = \frac{M_\varphi}{c_\varphi} = \frac{-17{,}05}{12000} = -1{,}4208 \cdot 10^{-3}$$

Am Knoten 2 entsteht ein Knick von der Größe ϕ. Der Endtangentenwinkel $\tau_{2,2}$ beträgt:

$$\tau_{2,2} = \varphi_2 + \phi = 1{,}18365 \cdot 10^{-3} - 1{,}4208 \cdot 10^{-3} = +2{,}37154 \cdot 10^{-4}$$

16.3 Dehnstarrer Rahmen

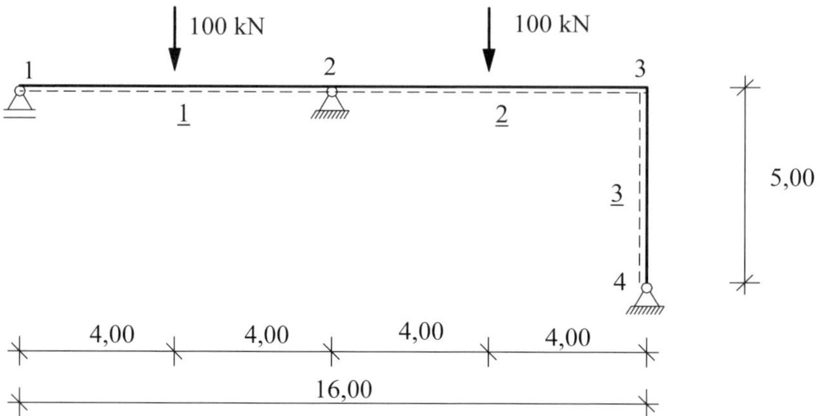

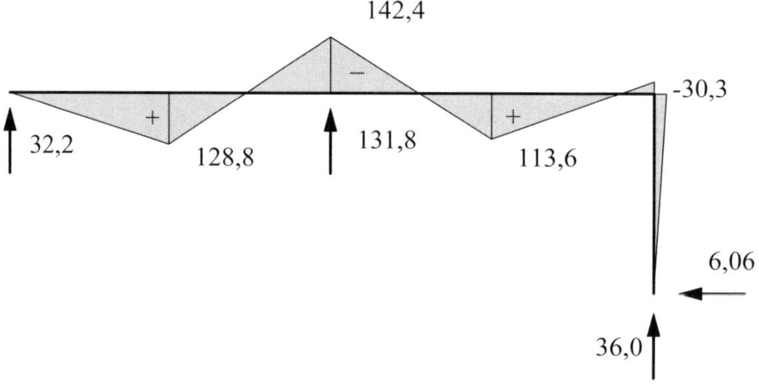

Abb. 16.6 System, Belastung, M-Fläche und Auflagerkräfte in kN und m

Stab 1 und Stab 2: $EI_1 = 256000 \text{ kNm}^2$

Stab 3: $EI_2 = 100000 \text{ kNm}^2$

Randbedingungen: $w_1 = 0$; $w_2 = 0$; $w_3 = 0$; $w_4 = 0$

Dehnstarres System

Unbekannte: φ_2; φ_3

Lokale Elementsteifigkeitsmatrizen

Stab 1 Stab Me

$$\frac{EI_1}{l_1^3} = \frac{256000}{8^3} = 500 \ \frac{\text{kN}}{\text{m}}$$

$$\begin{bmatrix} V_1 \\ M_1 \\ V_2 \\ M_2 \end{bmatrix} = \frac{EI}{l^3} \cdot \begin{bmatrix} 0 & 0 & 0 & -3l \\ 0 & 0 & 0 & 0 \\ 0 & 0 & 0 & 3l \\ 0 & 0 & 0 & \mathbf{3l^2} \end{bmatrix} \cdot \begin{bmatrix} 0 \\ 0 \\ 0 \\ \varphi_2 \end{bmatrix} + \begin{bmatrix} -\frac{5}{16} \cdot F \\ 0 \\ -\frac{11}{16} \cdot F \\ -\frac{\mathbf{3}}{\mathbf{16}} \cdot F \cdot l \end{bmatrix}$$

$$\begin{bmatrix} V_1 \\ M_1 \\ V_2 \\ M_2 \end{bmatrix} = \begin{bmatrix} 0 & 0 & 0 & -12000 \\ 0 & 0 & 0 & 0 \\ 0 & 0 & 0 & 12000 \\ 0 & 0 & 0 & \mathbf{96000} \end{bmatrix} \cdot \begin{bmatrix} 0 \\ 0 \\ 0 \\ \varphi_2 \end{bmatrix} + \begin{bmatrix} -31,25 \\ 0 \\ -68,75 \\ \mathbf{-150} \end{bmatrix} = \begin{bmatrix} -32,20 \\ 0 \\ -67,8 \\ -142,4 \end{bmatrix}$$

Stab <u>2</u> <u>Stab</u> M_{ae}

$$\frac{EI_1}{l_2^3} = \frac{256000}{8^3} = 500 \ \frac{\text{kN}}{\text{m}}$$

$$\begin{bmatrix} V_2 \\ M_2 \\ V_3 \\ M_3 \end{bmatrix} = \frac{EI}{l^3} \cdot \begin{bmatrix} 0 & -6l & 0 & -6l \\ 0 & \mathbf{4l^2} & 0 & \mathbf{2l^2} \\ 0 & 6l & 0 & 6l \\ 0 & \mathbf{2l^2} & 0 & \mathbf{4l^2} \end{bmatrix} \cdot \begin{bmatrix} 0 \\ \varphi_2 \\ 0 \\ \varphi_3 \end{bmatrix} + \begin{bmatrix} -\frac{1}{2} \cdot F \\ \frac{\mathbf{1}}{\mathbf{8}} \cdot F \cdot l \\ -\frac{1}{2} \cdot F \\ -\frac{\mathbf{1}}{\mathbf{8}} \cdot F \cdot l \end{bmatrix}$$

$$\begin{bmatrix} V_2 \\ M_2 \\ V_3 \\ M_3 \end{bmatrix} = \begin{bmatrix} 0 & -24000 & 0 & -24000 \\ 0 & \mathbf{128000} & 0 & \mathbf{64000} \\ 0 & 24000 & 0 & 24000 \\ 0 & \mathbf{64000} & 0 & \mathbf{128000} \end{bmatrix} \cdot \begin{bmatrix} 0 \\ \varphi_2 \\ 0 \\ \varphi_3 \end{bmatrix} + \begin{bmatrix} -50 \\ \mathbf{+100} \\ -50 \\ \mathbf{-100} \end{bmatrix} = \begin{bmatrix} -64,02 \\ +142,4 \\ -35,98 \\ -30,3 \end{bmatrix}$$

Stab <u>3</u> <u>Stab</u> M_a

$$\frac{EI_2}{l_3^3} = \frac{100000}{5^3} = 800 \ \frac{\text{kN}}{\text{m}}$$

$$\begin{bmatrix} V_3 \\ M_3 \\ V_4 \\ M_4 \end{bmatrix} = \frac{EI}{l^3} \cdot \begin{bmatrix} 0 & -3l & 0 & 0 \\ 0 & \mathbf{3l^2} & 0 & 0 \\ 0 & 3l & 0 & 0 \\ 0 & 0 & 0 & 0 \end{bmatrix} \cdot \begin{bmatrix} 0 \\ \varphi_3 \\ 0 \\ 0 \end{bmatrix}$$

$$\begin{bmatrix} V_3 \\ M_3 \\ V_4 \\ M_4 \end{bmatrix} = \begin{bmatrix} 0 & -12000 & 0 & 0 \\ 0 & \mathbf{60000} & 0 & 0 \\ 0 & 12000 & 0 & 0 \\ 0 & 0 & 0 & 0 \end{bmatrix} \cdot \begin{bmatrix} 0 \\ \varphi_3 \\ 0 \\ 0 \end{bmatrix} + \begin{bmatrix} 0 \\ \mathbf{0} \\ 0 \\ 0 \end{bmatrix} = \begin{bmatrix} -6{,}06 \\ +30{,}3 \\ +6{,}06 \\ 0 \end{bmatrix}$$

Systemsteifigkeitsmatrix

$$\begin{bmatrix} 96000 & 0 \\ 128000 & 64000 \\ 0 & 0 \\ \mathbf{224000} & \mathbf{64000} \\ 0 & 0 \\ 64000 & 128000 \\ 0 & 60000 \\ \mathbf{64000} & \mathbf{188000} \end{bmatrix} \cdot \begin{bmatrix} \varphi_2 \\ \varphi_3 \end{bmatrix} + \begin{bmatrix} -150 \\ +100 \\ 0 \\ \mathbf{-50} \\ 0 \\ -100 \\ 0 \\ \mathbf{-100} \end{bmatrix} = \begin{bmatrix} 0 \\ 0 \\ 0 \\ \mathbf{0} \\ 0 \\ 0 \\ 0 \\ \mathbf{0} \end{bmatrix}$$

Lösung des Gleichungssystems

$$\varphi_2 = +7{,}89141 \cdot 10^{-5}$$

$$\varphi_3 = +5{,}05051 \cdot 10^{-4}$$

16.4 Eingespannte Stützen

1. Beispiel: Eingespannte Stützen

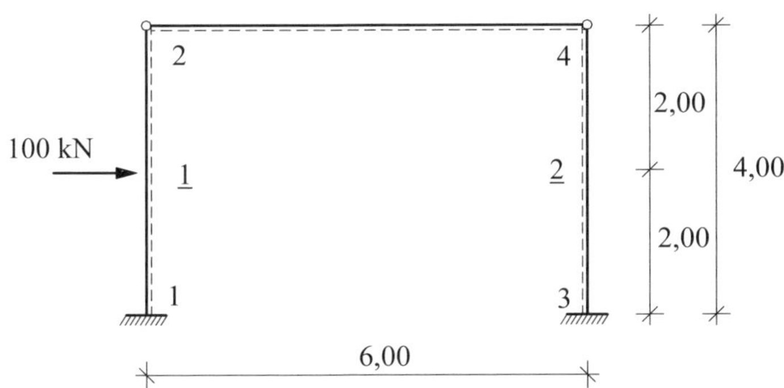

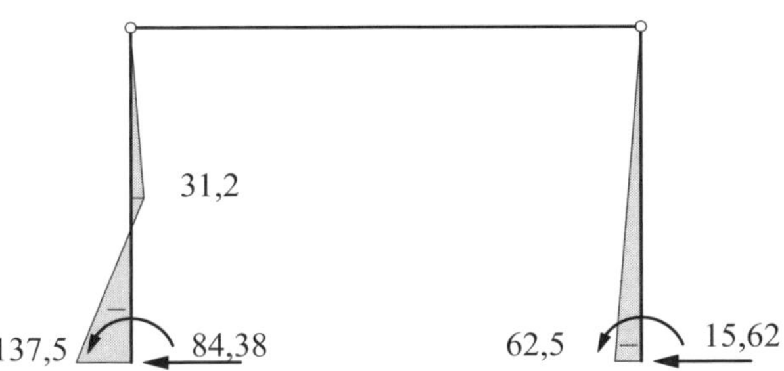

Abb. 16.7 System, Belastung, M-Fläche und Auflagerkräfte in kN und m

$EI = 80000 \text{ kNm}^2$

Randbedingungen: $w_1 = 0$; $\varphi_1 = 0$; $w_3 = 0$; $\varphi_3 = 0$

Dehnstarres System

Unbekannte: $w_2 = w_4 = f$

Lokale Elementsteifigkeitsmatrizen

Stab 1 Stab Ma

$$\frac{EI}{l^3} = \frac{80000}{4^3} = 1250\ \frac{\text{kN}}{\text{m}}$$

$$\begin{bmatrix} V_1 \\ M_1 \\ V_2 \\ M_2 \end{bmatrix} = \frac{EI}{l^3} \cdot \begin{bmatrix} 0 & 0 & -3 & 0 \\ 0 & 0 & 3l & 0 \\ 0 & 0 & \mathbf{3} & 0 \\ 0 & 0 & 0 & 0 \end{bmatrix} \cdot \begin{bmatrix} 0 \\ 0 \\ f \\ 0 \end{bmatrix} + \begin{bmatrix} -\frac{11}{16} \cdot F \\ \frac{3}{16} \cdot F \cdot l \\ -\frac{\mathbf{5}}{\mathbf{16}} \cdot F \\ 0 \end{bmatrix}$$

$$\begin{bmatrix} V_1 \\ M_1 \\ V_2 \\ M_2 \end{bmatrix} = \begin{bmatrix} 0 & 0 & -3750 & 0 \\ 0 & 0 & 15000 & 0 \\ 0 & 0 & \mathbf{3750} & 0 \\ 0 & 0 & 0 & 0 \end{bmatrix} \cdot \begin{bmatrix} 0 \\ 0 \\ f \\ 0 \end{bmatrix} + \begin{bmatrix} -68{,}75 \\ +75 \\ \mathbf{-31{,}35} \\ 0 \end{bmatrix} = \begin{bmatrix} -84{,}375 \\ +137{,}5 \\ -15{,}625 \\ 0 \end{bmatrix}$$

Stab 2 Stab Ma

$$\frac{EI}{l^3} = \frac{80000}{4^3} = 1250\ \frac{\text{kN}}{\text{m}}$$

$$\begin{bmatrix} V_3 \\ M_3 \\ V_4 \\ M_4 \end{bmatrix} = \frac{EI}{l^3} \cdot \begin{bmatrix} 0 & 0 & -3 & 0 \\ 0 & 0 & 3l & 0 \\ 0 & 0 & \mathbf{3} & 0 \\ 0 & 0 & 0 & 0 \end{bmatrix} \cdot \begin{bmatrix} 0 \\ 0 \\ f \\ 0 \end{bmatrix}$$

$$\begin{bmatrix} V_3 \\ M_3 \\ V_4 \\ M_4 \end{bmatrix} = \begin{bmatrix} 0 & 0 & -3750 & 0 \\ 0 & 0 & 15000 & 0 \\ 0 & 0 & \mathbf{3750} & 0 \\ 0 & 0 & 0 & 0 \end{bmatrix} \cdot \begin{bmatrix} 0 \\ 0 \\ f \\ 0 \end{bmatrix} = \begin{bmatrix} -15{,}625 \\ +62{,}5 \\ +15{,}625 \\ 0 \end{bmatrix}$$

Systemsteifigkeitsmatrix

$$\begin{bmatrix} 3750 \\ 3750 \\ \mathbf{7500} \end{bmatrix} [f] + \begin{bmatrix} -31{,}25 \\ 0 \\ \mathbf{-31{,}25} \end{bmatrix} = \begin{bmatrix} 0 \\ 0 \\ \mathbf{0} \end{bmatrix}$$

Lösung des Gleichungssystems

$$f = \frac{1}{240} = +4{,}1667 \cdot 10^{-3}$$

2. Beispiel: Eingespannte Stützen

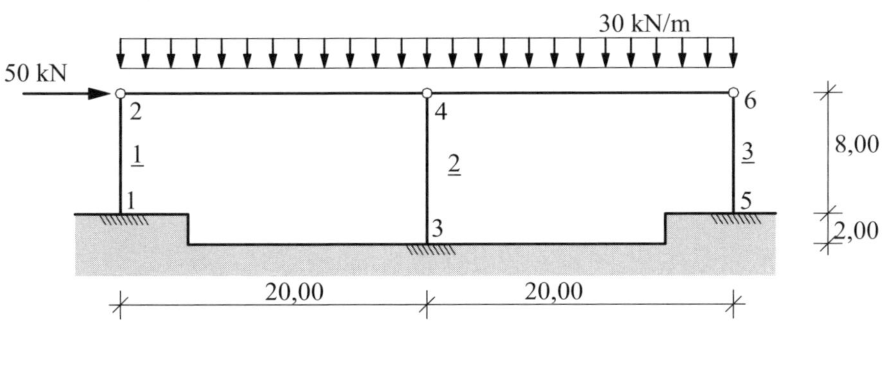

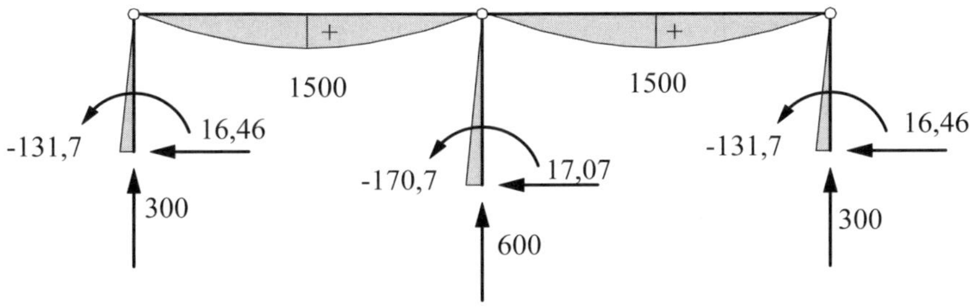

Abb. 16.8 System, Belastung, M-Fläche und Auflagerkräfte in kN und m

Werkstoff: S 235 $E = 21000\ \text{kN}/\text{cm}^2$

Querschnittswerte:

Stab 1, 3 Profil HEA 280 $I = 13670\ \text{cm}^4$

Stab 2 Profil HEA 340 $I = 27690\ \text{cm}^4$

Unbekannte:

Stab 1, 2, 3: f

Lokale Elementsteifigkeitsmatrizen

Die Berechnung der lokalen Randschnittgrößen mit der Vorzeichenregelung FEM ist direkt in den lokalen Elementsteifigkeitsmatrizen angegeben.

Stab 1 Stab Ma

$EI = 28707\ \text{kNm}^2 \qquad l = 8{,}00\ \text{m}$

$w_1 = 0; \qquad \varphi_1 = 0; \qquad w_2 = f$

$$\frac{EI}{l^3} = 56{,}0684\ \frac{\text{kN}}{\text{m}}$$

$$\begin{bmatrix} V_{1,1} \\ M_{1,1} \\ V_{2,1} \\ M_{2,1} \end{bmatrix} = \frac{EI}{l^3} \cdot \begin{bmatrix} 0 & 0 & -3 & 0 \\ 0 & 0 & 3l & 0 \\ 0 & 0 & \mathbf{3} & 0 \\ 0 & 0 & 0 & 0 \end{bmatrix} \cdot \begin{bmatrix} 0 \\ 0 \\ f \\ 0 \end{bmatrix}$$

$$\begin{bmatrix} V_{1,1} \\ M_{1,1} \\ V_{2,1} \\ M_{2,1} \end{bmatrix} = \begin{bmatrix} 0 & 0 & -168{,}21 & 0 \\ 0 & 0 & 1345{,}64 & 0 \\ 0 & 0 & \mathbf{168{,}21} & 0 \\ 0 & 0 & 0 & 0 \end{bmatrix} \cdot \begin{bmatrix} 0 \\ 0 \\ f \\ 0 \end{bmatrix} = \begin{bmatrix} -16{,}46\ \text{kN} \\ +131{,}7\ \text{kNm} \\ +16{,}46\ \text{kN} \\ 0\ \text{kNm} \end{bmatrix}$$

Stab 2 Stab Ma

$EI = 58149\ \text{kNm}^2$ $l = 10{,}00\ \text{m}$

$w_3 = 0;$ $\varphi_3 = 0;$ $w_4 = f$

$$\frac{EI}{l^3} = 58{,}149\ \frac{\text{kN}}{\text{m}}$$

$$\begin{bmatrix} V_{3,2} \\ M_{3,2} \\ V_{4,2} \\ M_{4,2} \end{bmatrix} = \frac{EI}{l^3} \cdot \begin{bmatrix} 0 & 0 & -3 & 0 \\ 0 & 0 & 3l & 0 \\ 0 & 0 & \mathbf{3} & 0 \\ 0 & 0 & 0 & 0 \end{bmatrix} \cdot \begin{bmatrix} 0 \\ 0 \\ f \\ 0 \end{bmatrix}$$

$$\begin{bmatrix} V_{3,2} \\ M_{3,2} \\ V_{4,2} \\ M_{4,2} \end{bmatrix} = \begin{bmatrix} 0 & 0 & -174{,}45 & 0 \\ 0 & 0 & 1744{,}47 & 0 \\ 0 & 0 & \mathbf{174{,}45} & 0 \\ 0 & 0 & 0 & 0 \end{bmatrix} \cdot \begin{bmatrix} 0 \\ 0 \\ f \\ 0 \end{bmatrix} = \begin{bmatrix} -17{,}07\ \text{kN} \\ +170{,}7\ \text{kNm} \\ +17{,}07\ \text{kN} \\ 0\ \text{kNm} \end{bmatrix}$$

Stab 3 Stab Ma

$EI = 28707\ \text{kNm}^2$ $l = 8{,}00\ \text{m}$

$w_5 = 0;$ $\varphi_5 = 0;$ $w_6 = f$

$$\frac{EI}{l^3} = 56{,}0684\ \frac{\text{kN}}{\text{m}}$$

$$\begin{bmatrix} V_{5,3} \\ M_{5,3} \\ V_{6,3} \\ M_{6,3} \end{bmatrix} = \frac{EI}{l^3} \cdot \begin{bmatrix} 0 & 0 & -3 & 0 \\ 0 & 0 & 3l & 0 \\ 0 & 0 & \mathbf{3} & 0 \\ 0 & 0 & 0 & 0 \end{bmatrix} \cdot \begin{bmatrix} 0 \\ 0 \\ f \\ 0 \end{bmatrix}$$

$$\begin{bmatrix} V_{5,3} \\ \hline M_{5,3} \\ \hline V_{6,3} \\ \hline M_{6,3} \end{bmatrix} = \begin{bmatrix} 0 & 0 & -168{,}21 & 0 \\ 0 & 0 & 1345{,}64 & 0 \\ 0 & 0 & \mathbf{168{,}21} & 0 \\ 0 & 0 & 0 & 0 \end{bmatrix} \cdot \begin{bmatrix} 0 \\ \hline 0 \\ \hline f \\ \hline 0 \end{bmatrix} = \begin{bmatrix} -16{,}46 \text{ kN} \\ \hline +131{,}7 \text{ kNm} \\ \hline +16{,}46 \text{ kN} \\ \hline 0 \text{ kNm} \end{bmatrix}$$

Systemsteifigkeitsmatrix

Die Untermatrizen werden zugeordnet, die Summe der Elemente für das Gleichungssystem ist fett gedruckt. Die Horizontalkraft ist im Lastvektor positiv, wenn sie in Richtung der unbekannten Knotenweggröße wirkt.

$$\begin{bmatrix} 168{,}21 \\ \hline 174{,}45 \\ \hline 168{,}21 \\ \hline \mathbf{510{,}87} \end{bmatrix} \cdot [f] = \begin{bmatrix} 0 \\ \hline 0 \\ \hline 0 \\ \hline \mathbf{+50} \end{bmatrix}$$

Lösung des Gleichungssystems

$$f = +9{,}7872257 \cdot 10^{-2} \text{ m}$$

16.5 Theorie II. Ordnung

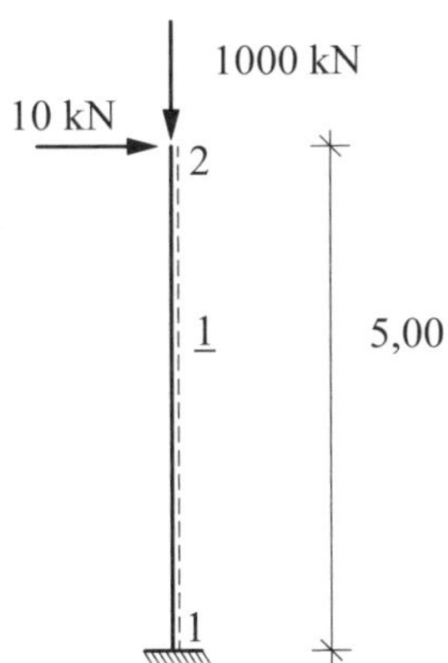

Abb. 16.9 Schubweicher Stab nach Theorie II. Ordnung

Querschnittswerte:

$EI = 30000 \text{ kNm}^2 \qquad GA_v = 30000 \text{ kN}$

Verzweigungslast:

$$N_{cr} = \frac{\pi^2 \cdot EI}{l^2 \cdot \left(1 + \dfrac{\pi^2 \cdot EI}{l^2 \cdot GA_v}\right)} = \frac{\pi^2 \cdot 30000}{10^2 \cdot \left(1 + \dfrac{\pi^2 \cdot 30000}{10^2 \cdot 30000}\right)} = 2695 \text{ kN}$$

Näherungslösung:

$$\max M_{II} = \frac{F \cdot l}{1-\dfrac{N}{N_{cr}}} = \frac{10 \cdot 5}{1-\dfrac{1000}{2695}} = 79{,}5 \text{ kNm}$$

Berechnung mit FEM

Randbedingungen: $\varphi_1 = 0$; $w_1 = 0$

Unbekannte: w_2

Lokale Elementsteifigkeitsmatrizen

Stab 1 Stab Mₐ

$$\frac{EI}{l^3} = \frac{30000}{5^3} = 240\frac{\text{kN}}{\text{m}} \qquad \chi_S = \frac{EI}{l^2 \cdot GA_v} = \frac{30000}{5^2 \cdot 30000} = 0{,}04$$

$$\gamma_v = \frac{1}{1+3\cdot\chi_S} = \frac{1}{1+3\cdot 0{,}04} = 0{,}893$$

$$\varepsilon^2 = \frac{N \cdot l^2}{EI} = \frac{1000 \cdot 5^2}{30000} = 0{,}833 \qquad \Psi_3 = 3\gamma_v - \frac{1}{5}\varepsilon^2 = 3\cdot 0{,}893 - \frac{1}{5}\cdot 0{,}833 = 2{,}512$$

$$\Psi_6 = 3\gamma_v - \frac{6}{5}\varepsilon^2 = 3\cdot 0{,}893 - \frac{6}{5}\cdot 0{,}833 = 1{,}679$$

Systemsteifigkeitsmatrix

$$\begin{bmatrix} T_1 \\ M_1 \\ T_2 \\ M_2 \end{bmatrix} = \frac{EI}{l^3}\cdot \begin{bmatrix} 0 & 0 & -\Psi_6 & 0 \\ 0 & 0 & \Psi_3 l & 0 \\ 0 & 0 & \Psi_6 & 0 \\ 0 & 0 & 0 & 0 \end{bmatrix} \cdot \begin{bmatrix} 0 \\ 0 \\ w_2 \\ 0 \end{bmatrix}$$

$$\begin{bmatrix} T_1 \\ M_1 \\ T_2 \\ M_2 \end{bmatrix} = \begin{bmatrix} 0 & 0 & -403 & 0 \\ 0 & 0 & 3014{,}4 & 0 \\ 0 & 0 & \mathbf{403} & 0 \\ 0 & 0 & 0 & 0 \end{bmatrix} \cdot \begin{bmatrix} 0 \\ 0 \\ w_2 \\ 0 \end{bmatrix} = \begin{bmatrix} -10 \\ +74{,}8 \\ +10 \\ 0 \end{bmatrix}$$

$$[403][w_2] = [10]$$

Lösung des Gleichungssystems

$$w_2 = \frac{10}{403} = +0{,}024814$$

Das maximale Moment beträgt 74,8 kNm. Die Näherung liegt auf der sicheren Seite.

17 Literaturverzeichnis

[1] Werkle, H. (2008): Finite Elemente in der Baustatik, Statik und Dynamik der Stab- und Flächentragwerke, 3. Auflage, Verlag Friedr. Vieweg & Sohn, Braunschweig/Wiesbaden

[2] Ahlert, W. (2002): FEM – Finite-Elemente-Methode im konstruktiven Ingenieurbau, mit durchgerechneten Beispielen und vielen Abbildungen, Werner Verlag, Neuwied

[3] Krätzig, W. B. (2005): Tragwerke 2, Theorie und Berechnungsmethode statisch unbestimmter Stabtragwerke, 4. Auflage, Springer-Verlag Berlin/ Heidelberg/New York

[4] Knothe, K./Wessels, H. (2008): Finite Elemente, Eine Einführung für Ingenieure, 4. Auflage, Springer-Verlag Berlin/Heidelberg/New York

[5] Wunderlich, W. (1973/74): Kolleg Torsions- und Stabilitätsprobleme I u. II, Ruhr-Universität Bochum

[6] Wunderlich, W./Kiener, G. (2004): Statik der Stabtragwerke, B. G. Teubner Verlag, Wiesbaden

[7] Kindmann, R./Kraus, M. (2007): Finite-Elemente-Methoden im Stahlbau, Verlag Ernst & Sohn, Berlin

[8] Kindmann, R./Uphoff, H.: FE-STAB Tragfähigkeit und Stabilität von Stäben bei zweiachsiger Biegung mit Normalkraft und Wölbkrafttorsion, Entwurf vom 05.06.2014
URL:http://www.ruhr-uni-bochum.de/stahlbau/mam/software/2._fe-stab.pdf
URL: http://www.ruhr-uni-bochum.de/stahlbau/software/index.html.de

[9] Dallmann, R. (2009): Baustatik 3, Theorie II. Ordnung und computerorientierte Methoden der Stabtragwerke, Carl Hanser Verlag, München

[10] Gröger, G. (1995): Entwicklung eines FE-Statikprogramms zur Berechnung von ebenen Balkenelementen mit sich stetig ändernden Querschnittsabmessungen nach Theorie 1. und 2. Ordnung unter Berücksichtigung nachgiebiger Verbindungen in Knotenpunkten, Grenzschnittgrößen und elastischer Bettung, Diplomarbeit Fachhochschule Gießen-Friedberg
GWSTATIK:
URL:https://www.ing-gg.de/

[11] Wagenknecht, G./Gröger, G. (2000): Numerische Integration – ein elegantes Verfahren zur Berechnung der Übertragungsmatrix und der Elementsteifigkeitsmatrix mit veränderlichen Größen, in: Theorie und Praxis im Konstruktiven Ingenieurbau, ibidem-Verlag, Stuttgart

[12] Wagenknecht, G. (2014): Stahlbau-Praxis nach Eurocode 3, Band 1, Tragwerksplanung, Grundlagen, 5.Auflage, Bauwerk Beuth Verlag, Berlin

[13] Wagenknecht, G. (1972): Ein schematisiertes Verfahren zur manuellen Aufstellung der Systemmatrix für die Berechnung von Stabtragwerken nach Theorie I. und II. Ordnung, Berichte aus dem Labor für Numerik und Baudiagnostik im Bauwesen der Technischen Hochschule Mittelhessen, herausgegeben von J. Minnert und G.Wagenknecht, Heft 3: mit weiteren Literaturangaben
URL:https://www.thm.de/bau/images/stories/File/einrichtungen/labore/Berichte_LNB-Heft_3.pdf

[14] Schneider, K.-J./Schweda, E./Seeßelberg, Ch./Hauser, Ch. (2007): Baustatik kompakt, Statisch bestimmte und statisch unbestimmte Systeme, 6.Auflage, Bauwerk Beuth Verlag, Berlin

18 Stichwörterverzeichnis